染整节能减排新技术

刘江坚　编著

中国纺织出版社

内 容 提 要

本书对近年来染整加工中节能减排新技术的发展状况进行了较为全面的论述，内容涉及染整工艺、设备、染化料以及染整企业节能管理等方面。除了对现有常规工艺和设备提出节能减排的思路和方法外，还重点介绍了目前先进节能减排新技术的研究成果和应用情况，为染整加工和设备制造企业提供了较为系统的节能减排方法。

本书可供染整行业从事染整工艺、设备管理和设计人员及纺织院校染整专业师生参考。

图书在版编目(CIP)数据

染整节能减排新技术/刘江坚编著．--北京：中国纺织出版社，2015.5

ISBN 978-7-5180-0894-0

Ⅰ．①染… Ⅱ．①刘… Ⅲ．①染整-节能-研究 Ⅳ．①TS19

中国版本图书馆 CIP 数据核字(2015)第 050867 号

策划编辑：张晓蕾　　责任编辑：朱利锋　　责任校对：王花妮
责任设计：何　建　　责任印制：何　建

中国纺织出版社出版发行
地址：北京市朝阳区百子湾东里 A407 号楼　邮政编码：100124
销售电话：010—67004422　传真：010—87155801
http://www.c-textilep.com
E-mail:faxing@ c-textilep.com
中国纺织出版社天猫旗舰店
官方微博 http://weibo.com/2119887771
北京通天印刷有限责任公司印刷　各地新华书店经销
2015 年 5 月第 1 版第 1 次印刷
开本：787×1092　1/16　印张：19
字数：404 千字　定价：68.00 元

前言

染整加工是纺织品获得最终使用性能和高附加值不可缺少的一道工序，其生产过程的能耗和排污也是最大的。《纺织工业"十二五"科技进步纲要》将17项节能减排印染新技术列入其中，涉及织物的前处理、染色、印花和后整理。为了对染整节能减排的新技术有一个比较全面的认识和了解，本书按照技术分类的形式，从设计原理和使用方法方面进行介绍。

高效低能耗前处理是建立在短流程和低温工艺条件的基础上，在提高反应条件的同时获得高效、低能耗及良好的处理效果。低温练漂可避免对织物纤维的损伤，减少化学助剂消耗和污染。生物酶工艺替代传统的烧碱工艺和短流程的碱氧工艺，利用生物酶制剂特有的专一性和高效性，以及反应条件低和可自然降解等特性，以达到耗水少易洗净的去杂效果。圆筒针织松堆气胀式丝光工艺，使织物在松堆过程中就可以获得足够的碱作用时间和溶胀效果，既省去开幅工序，同时还可避免织物的卷边和张力过大，尤其适于含有弹力纤维的针织物的丝光。

染色的节能减排对染整加工的全过程具有很重要的意义。织物和纱线的小浴比染色，进一步降低了用水量和排污。气流染色和气液染色实现了织物松式绳状染色最小染色浴比，在提高活性染料直接性的同时，减少了电解质的用量。不仅具有显著的节能减排功效，而且提高了被染织物在染液中的匀染程度，减少了工艺过程的时间。少助剂、低温以及纤维改性染色，特别是湿短蒸工艺，降低了助剂用量和工艺能耗。

冷轧堆处理工艺可用于前处理和染色，都是在常温条件下进行，不需要或少量消耗蒸汽。冷轧堆前处理工艺简单，布面效果好，且效率高。冷轧堆染色不需要消耗元明粉，并且可提高活性染料的直接性。泡沫整理需要的水更少，且不用加热，具有显著的节能减排效果。目前主要应用于织物的整理，染色还有待于进一步改善。

生态染整涉及染化料、生物酶、涂料、无水介质、微胶囊以及超声波等方面，在一定程度上是一种无污染排放的加工，也是未来染整加工发展的方向。数码喷墨印花是近年发展起来的具有显著节能减排效果的技术，无须制网，省水省汽。拉幅定形机的在线检测、废气余热回收和净化，已成为必备装置。

传统染整后的洗涤是一道耗水、耗汽、工艺流程长的工序，对染整节能减排具有很大影响。根据净洗原理，分析不同水洗方式，对水洗过程采用分阶段控制，可实现高效节能的净洗效果。

染整节能减排是一项系统工程，涉及资源、染化料、工艺过程、设备性能及企业管理等诸多环节。为此，本书除列举了部分已得到应用的节能染整设备和工艺外，还介绍一些染整控制新技术以及染整企业节能减排管理方面的发展情况，旨在为染整企业实施节能减排提供帮助。

总之，染整节能减排在目前乃至今后相当一段时间里是染整发展的首要任务，只有从生产源头抓起，对每一个生产环节实施严密监控，才能够实现真正意义上的节能减排。鉴于编著者的水平和信息资源有限，书中难免存在错误和不确切的地方，恳请各位同行提出宝贵意见。同时也在这里向参考文献的作者表示感谢。

编著者

2014年6月

目录

第一章　染整节能减排的意义和要求

染整加工作为纺织品深加工的一个重要工序，一方面是为满足人们物质生活对服装色彩和服用性的要求，另一方面需要消耗一定能源并产生污染排放。而在地球资源不断枯竭和环境污染日趋恶化的今天，如何在满足人类社会物质文明发展的同时，减少资源浪费和生产过程所产生的污染，是现代工业发展所必须考虑的。采取各种节能减排措施或淘汰落后的生产方式，也是染整加工在当前社会环境下获得生存和发展的一项重要任务。

第一节　染整加工所面临的形势

纺织品的传统染整加工过程需要消耗大量的水和热能，经使用后的水中含有大量的化学残留物，必须经过处理，达标后才能够排放。这种以消耗有限资源并对环境产生影响为前提的加工方式，显然要受到当今节能减排形势的约束和限制。除此之外，纺织品在染整加工中为满足使用要求，需要接触许多化学品。在这些化学品中现已查明有些是对人体健康以及环境产生危害的，并有明文规定禁止使用或限量使用。因而，染整加工面临着资源、环保、加工成本以及产业政策限制的压力，要求在未来的发展中，采用环保型的加工方法和化学品。

一、资源消耗和污染控制

纺织品的发展日趋高档化，一方面是人们消费水平的提高，另一方面是纺织品功能性的增强。染色加工要满足这种发展趋势，就必须不断提高产品加工附加值。这不仅能够为加工企业自身带来经济利益，同时还可为社会减少资源的浪费，让有限的资源变成物有所值的产品。

染整加工过程中，为满足工艺要求，需要消耗大量的水和热能。而水是地球上所有生命体赖以生存的源泉，产生热能需要消耗燃烧物质（如煤炭）。水和煤都是地球上有限的资源，而且随着工业化的进程，这种资源已经趋于枯竭。因此，人们必须寻找新的能源，并且通过工艺流程的改进，消耗更低或更少的能源。水作为染整加工的主要消耗资源，在传统的染整加工中占有很大比例，只有采用新的工艺流程，提高设备使用性能，才能够减少水资源的消耗。

传统染整加工过程中，一方面要消耗大量的新鲜水，另一方面使用后的水产生了一定的污染。如何在染整发展中，既能满足人类对纺织品的需求，又能消耗最少的资源，对环境产生最小的污染，是节能减排形势下所必须考虑的问题。根据环保要求，染整过程中产生的废水会对环境造成污染，必须经过处理，达到国家规定的排放标准后才能排放。由于废水处理需要投资建立一定规模的设施，费用较高，因此许多中小印染厂试图偷着排放，甚至有靠近海边的印染厂偷着排放到大海里，通过退潮将废水带入深海，给海洋中的鱼类生物造成危害。对此，已经引起了环保部门的重视。

从发展的观点来看，必须对染整过程建立一个有效的全过程控制措施。从染化料、染整工艺和设备上，提供具有保护生态环境的特性和功能。染化料必须采用环保型的，对环境和人体健康不产生危害。染整工艺应以消耗最少水和化学品，并以天然或者可以降解的染化料作为主要媒介。染整设备不仅要满足工艺要求，还应具备低能耗和短流程工艺的功能。特别是在清洁化生产过程中，要求设备能够结合染化料和工艺，成为真正具有显著节能减排效果的加工手段或方法。

二、染整加工成本

传统的染整加工属于劳动密集型，通过消耗大量的人力和物力来获取所需的使用价值。在科学技术以及生产力高速发展的今天，人们的劳动价值观以及对环境资源的态度发生了很大变化，传统的染整加工已越来越不相适应了。主要表现在生产效率、加工品质要求、原材料消耗和劳动力短缺等方面。

1. 生产效率提高 纺织品市场具有较大的波动性，尤其是染整行业受到市场的影响最大。最大特点是：品种繁多、时尚化、小批量多品种以及加工周期短。为了满足这种市场需求，染整加工必须采用先进的工艺和设备，以提高生产效率。工艺和设备技术水平的提升，再加上科学规范的管理制度，是提高生产效率的重要手段。在企业产品的经营过程中，没有附加值高的产品占领市场，必然会不断增加企业的运行成本，最终被市场所淘汰。

2. 加工品质提升 随着人们物质生活水平的不断提高，对纺织品的品质要求也越来越高。这不仅加剧了市场的竞争力，而且还增加了加工成本。而传统的加工工艺和设备，除了对产品质量的稳定性以及质量的提升具有一定的局限性外，所消耗的能源及排污处理费用，也大大增加了企业加工成本。

如今，纺织品不仅是满足服饰外观色彩的需求，更重要的是对人体健康和使用后废弃对环境产生的影响。这里既需要加工过程采用对环境友好的化学品，同时还要求在使用过程中不产生对人体有危害的物质。这种具有环保型的纺织品，首先是纺织材料，然后是使用的化学品以及加工过程。天然纤维以及天然染料不仅具有一定的环保性，而且还有许多具有一定的保健功能，关键是加工过程如何采用具有环保性的手段，不破坏纤维原有的环保性能。

3. 原材料成本增加 染整加工的原材料一方面取决于市场，另一方面与企业自身的技术和生产管理有关。市场的原材料受到石油和煤炭价格的影响，企业一般是无法掌控的。但是，企业内部的原材料消耗，却可以在自己的掌控之中。显然，提高工艺和设备技术水平，采用合理的科学化管理，可以减少原材料的浪费和消耗。

4. 劳动力短缺 染整加工企业的劳动环境相对较差，尤其是夏天的高温作业，对人的体能消耗以及精神状况影响很大。另外，由于染整企业大多建在远离城镇的地方，所以给职工生活造成了一定程度的不便。除此之外，其他产业的兴起，扩大了劳动就业面，而大多数染整企业的加工产品附加值不高，很难提高劳动报酬。正因为这些诸多的影响因素，使得近几年染整企业出现了招工难的局面。

三、相关产业政策

由环保部和国家质量监督检验检疫总局发布的GB 4287—2012《纺织染整工业水污染物排放标准》已于2013年1月1日起正式实施，新标准对染整水污染物的排放提出了更高要求。这也是为了进一步保护环境和资源，实现国家"节能减排'十二五'规划"目标的需要。同时还提出了"十二五"时期淘汰落后产能的印染设备，主要包括：未经改造的74型染整生产线，使用年限超过15年的国产和使用年限超过20年的进口前处理设备、拉幅和定形设备、圆网和平网印花机、连续染色机，使用年限超过15年的浴比大于1∶10的棉及化纤间歇式染色设备等。如何满足这一新形势下的要求，染整工艺和设备都在采取积极的应对措施。

1. 染整准入条件 根据节能减排形势的需要，国家在颁布《纺织染整工业水污染物排放标准》之前，还公布了《印染行业准入条件》，对印染企业也提出了准入要求，染整加工企业若达不到标准和条件的要求，只能被关闭或转行。在标准和准入条件实施之前，印染行业带动了一些地方或区域的经济发展，甚至是支柱产业。但是，这种经济发展或经济效益，往往是以牺牲环境和资源为代价而换来的，是一种短期经济效益。因而，国家和一些地区已经意识到这种经济发展所带来的后果，要求限制或迁出染整加工业。纺织加工业既然是关系到民生的产业，就应该在满足人们物质生活需求的同时，减少加工过程的能源消耗及污染排放。严格执行国家的相关标准和规定，以节能减排为目标经营和发展企业。

2. 淘汰落后产能 纺织"十二五"发展规划中，要求染整行业在提高工艺水平和装备技术性能的同时，淘汰落后产能的技术装备。目前国内有相当一部分印染企业的技术装备，与染整机械的发展水平不协调。这里既有企业自身工艺水平和产品结构的原因，也有企业经营者对工艺和设备技术更新的观念问题。情愿以高薪聘用工艺人员，去弥补落后装备缺陷，而不愿意通过技术改造，改变现有的落后工艺路线和方法。产品质量完全依赖于人的技能来保证，仅仅考核产品的质量指标，而忽略生产加工过程中的能耗和排污。以牺牲较大能源资源和污水处理费用，换取质量不稳定的产品。企业总是在微薄利润或者亏损的环境下生存，阻碍了企业的发展和进步。

四、清洁生产

清洁生产是指对生产过程和产品采取整体预防的环境策略，减少或者消除对人类及环境的可能危害，并充分满足人类需要，使社会经济效益最大化的一种生产模式。简单地说，就是对生产全过程和产品周期全过程的控制。其中生产过程要求节约原材料和能源，淘汰有毒有害的原材料，并尽最大可能地减少生产过程中的废物排放量。产品周期全过程则要求从原料的提取到产品的最终处置过程中，对人类和环境产生的影响最小。

由此可见，清洁生产是生产与治理相结合，强调的是减少污染物的产生，而不是污染物产生之后的处理。对染整加工的清洁生产而言,则要求对生产原料、生产过程、工艺路线以及设备进行全过程控制。

对于生产原料,必须改变传统按织物类别、染色和后整理的品质要求以及成本等技术经济指标来选用染化料,确定工艺路线的方法,而应该根据产品质量的生态性和长期连贯稳定性来决定原材料的选取。首先应优先选用可再生材料,并且尽可能使用回收材料,提高资源的利用率;其次是节省能源及减少原材料投入;第三是应该使用环境兼容性好的低污染、低毒性的材料和染化料,并且所用的材料应易于再回收、重复利用、再加工或者容易被降解。例如天然彩棉,无甲醛、无磷助剂,禁用染料的取代品及可降解的高分子材料等。

对于生产全过程控制,主要是针对生产各工序中所产生的污染和废水而提出的。要求各生产工序减少污染和废水,对产品的生产链采用具体防止污染和节约资源的措施,对末端废水进行总量控制,将污染降低至最低程度。这一过程实际上涉及两个方面,一是生产全过程采用无污染、少污染的工艺和装备进行现代化加工;二是产品的整个生命周期要求从原材料的选用到使用后的处理,对人类健康和环境不产生危害。

工艺路线要求采用高效短流程、优化工艺结构以及工艺参数在线检测等。与其对应的设备应具备先进的控制方式和显著的节能减排功效,可对工艺过程进行实时控制。特别是中控系统,能够将生产过程、质量控制、染化料配送以及计划管理整合起来,以提高生产效率和产品质量,并且减少能耗和加工成本。

第二节　染整行业的可持续发展

纺织品的应用已从传统的人们生活中发展到产业领域,而染整加工又是提高纺织品使用附加值必不可缺少的组成部分。染整过程是纺织品加工实现节能减排的关键环节,只有采用具有节能减排效果的先进染整工艺和装备,才能减少能源消耗和排污。染整行业与其他行业一样,作为国民经济发展中的一个组成部分,必须以保护生态环境为前提求得可持续发展。尤其是在当前的节能减排形势下,染整加工需要从工艺流程和设备结构方面,采用积极的应对措施,以高效节能、提升产品附加值和提高市场竞争力作为企业发展的战略目标。

一、高效低能耗

染整企业在节能减排新形势下要求得生存和发展,在提高产品加工品质的同时,必须采用具有高效低能耗的先进工艺和技术装备。传统的染整加工是将产品的质量放在首位,而效率和能耗放在次要位置。这种生产经营模式,看似所有工作服务于产品质量,给企业带来了一定经济效益。但是这种生产过程所造成的能源消耗和低效率,长时间会给企业造成更大的经济利益损失。本来可以用来创造更大经济价值的能源,却用于加工一些低档产品,使得公共资源也得不到合理利用。如果在保证加工质量的同时,通过先进的工艺和技术装备达到高效节能,那么对企业将会产生更大的利润空间,同时也会产生良好的社会效益。因此,采用高效低能耗的工艺和装备,是染整行业可持续发展的必要手段。

二、提升产品附加值

染整加工在纺织品的整个生产过程中,始终是起到提高其使用价值的作用。在传统纺织品的加工中是这样的,在现代纺织品的加工中仍然如此,只不过是要求更高了而已。同样的纺织原材料加工出来的纺织品原坯,经过不同的染整加工路线,可以获得不同的使用和商用价值,对印染加工企业产生的经济效益也迥然不同。染整行业在可持续发展过程中,必须不断提升产品的附加值,才能够赢得市场主动权,甚至引导市场消费。

三、产品技术创新

未来的产业发展是一个技术创新时代,任何产品只有通过不断地技术创新,才具有生命力,不被市场所淘汰。染整技术的发展也证明了,产品的技术创新不仅是企业的发展动力,同时也是纺织品市场竞争的重要手段。对染整设备制造商来说,设备结构性能和控制功能的技术创新,是企业技术发展和进步的标志。染整设备的技术创新可以提升染整工艺水平,推动染整行业的发展。设备的技术创新既包含了满足纺织品加工的品质要求,同时更重要的是突出节能减排功效。染整机械只有这样才能够适应当前节能减排形势,并得到可持续发展。

四、提高市场竞争力

近年来,受到各种外界环境因素影响,染整市场的竞争十分激烈。许多染整企业由于内部经营方式以及管理的原因,纷纷倒闭或改行,即使没有倒闭的企业也是举步维艰。有许多染整企业抱怨能源和原材料价格上涨,而加工费用越来越低;原来同样的产品质量客户认可,而现在要求提高了,给企业带来了诸多困难。产生这些问题的原因,最重要的是企业的产品在市场上缺乏竞争力。而导致这一问题出现的直接原因:一是企业的产品结构缺乏创新,没有能够为使用者带来更大的使用价值或经济效益;二是企业自身的加工成本高,造成销售价格比别的同类产品高。一些加工成本高而附加值并不高的纺织品,其加工过程中的能耗占有相当大的比例,使得加工的利润空间几乎为零。如果生产过程中出现多次返工,甚至造成亏损,将企业一步步逼向困境。因此,染整企业的产品结构和加工方式必须与市场紧密结合起来,不断进行技术创新,提高产品的使用价值,降低能耗,以提高市场竞争能力。

第三节　节能减排对染整的基本要求

染整加工节能减排主要包括三个方面,一是能耗的控制,除了水、汽、电外,还包括能源循环利用,如余热回收以及处理水的二次回用;二是加工过程排放的控制,包括废水、废气及化学品;三是对排放污染物的净化处理,包括废水和废气的净化处理。由于每项控制的内容与相应的染整工艺条件、设备的性能和辅助功能有着密切联系,因而可从以下几个方面满足节能减排的基本要求。

一、水、汽、电能耗控制

水、汽、电作为目前染整加工的主要能耗，与工艺和设备密切相关。而现代染整装备不仅要具备先进加工工艺所需的性能和功能，更重要的是要体现出高效节能的功效。众所周知，水的消耗在染整加工过程中占有很大的比例，同时也是蒸汽和染化料消耗、排污的主要源头。通过工艺优化和设备节水功能的改进，降低加工过程的耗水量，可以达到显著的节能效果。例如前处理的高效短流程、小浴比染色、受控染色及受控水洗等，都产生了显著的节水效果。其中气流染色、冷轧堆染色、湿短蒸染色等节水染色技术，已经在生产中得到了应用，并且取得了实效。降低了染整加工过程中的水消耗，意味着蒸汽、染化料的消耗以及排污量的降低。

染整加工的电耗主要是对设备动力部分采用变频控制技术，可根据工艺和产品的类型不同，采用不同的工艺速度、流体介质循环流量。特别是间歇式溢流或溢喷染色机、筒子染色机，可根据织物与染液的交换规律，在不同阶段采用不同的染液循环流量控制，不仅可以获得较好的匀染效果，减少染液对织物或纱线的起毛影响，还可节省电耗。拉幅定形机的循环风机采用变频控制，可在最大限度节省电耗的条件下，对织物产生最佳的喷风效果。

二、优化染整工艺

传统的间歇式溢流或喷射染色工艺，大多将前处理、染色和后处理在同一机台中完成，强调一机多用功能。但近年来人们发现，这种工艺路线除染色外，前、后处理在染色机中进行，需消耗更多的能量，且对织物品质和生产效率都有很大影响。特别是出现高效短流程连续式前处理和水洗工艺后，织物的前、后处理与染色分开进行更能显现出节能降耗的效果，并且产品质量大为提高。目前已有许多厂家将织物的前、后处理放在高效连续式处理设备中进行，而染色设备仅用于染色加工。这样更有利于发挥各自的优势，提高劳动生产率和加工质量，节能降耗。

因此，对染整工艺进行优化，充分发挥各工序的优势，可以提高生产效率，缩短工艺流程。染整工艺的优化不仅可以降低生产成本，而且还可以减少因工艺流程过长，对织物纤维和表面所造成的损伤或破坏。通过染整设备的优化组合，以最低的能耗和最高的生产效率满足染整工艺的不同需求，已成为现代染整技术实现节能减排的重要手段。

三、采用先进的染整技术

落后的染整工艺和装备技术水平，无疑是能耗和污染过大的根本原因。染整技术的发展需要解决两个基本问题：一是提高产品的加工质量，满足各类纤维织物对染整品质的要求；二是要提高生产效率，节能减排。满足产品加工质量要求，是实现产品最终使用价值的目的，而高效节能、低排放是当前节能减排形势需要。因此，只有采用先进的染整工艺和装备，才能够在保证产品加工质量的同时，实现高效节能。此外，在采用先进染整技术的同时，还必须与淘汰落后的染整工艺和设备相结合。避免有实力的企业采用先进染整技术后,将落后的技术设备扩散到经济实力弱小的企业。否则,对整个染整行业来说,节能减排只不过是经济实力的象征,失去了它的真正意义。因此,采用先进的染整技术,实现节能减排目的,是整个染整行业发展的需要,同时也是对今后染整加工的基本要求。

四、余热、废碱回收和废气净化

染整工艺中,大多需要升温、保温和降温过程。与间接升温过程一样,降温通常也是采用间接式冷却,需要消耗大量的冷却水。在设备上增加一套辅助装置,可将具有一定温度的冷却水(经热交换后温度升高)直接用于染整中的水洗,或者另外回收作为备用。间接式换热器在升温和保温中所产生的冷凝水具有较高的温度,可通过一个回收系统进行二次利用。丝光后的碱液通过专用的回收装置进行回收,可用于前处理中的煮练。定形机采用积木式烘房,对热空气进行多次循环,可充分利用热能。对定形机的废气净化处理,不仅可以减少废气有害排放,而且还可回收废气中的油作为他用。

第四节 染整高效节能的基本特征

随着科学技术水平的不断提高,纺织品染整加工的工艺和装备正向着精确、可靠和自动控制方面发展,为提高染整质量和工艺的重现性奠定了良好基础。在适应新型纤维纺织品染整加工的同时,染整高效节能和环保的特性已日趋凸显。提升纺织品染整加工的附加值,具有显著的高效节能功效,已成为现代染整技术进步的基本特征。具体表现在以下几方面。

一、染整产品"一次成功率"

染整产品"一次成功率",实际上就是以最低的能耗成本加工出正品率最高的产品。在传统的染整加工中,能耗成本要占整个染整过程总成本的60%以上。这里既有染整工艺和设备的影响因素,也有人员技能和管理的影响因素。两者的影响一旦控制不好,就容易造成产品返修率高,并且消耗大量的能源和资源,而换取的是质量不高的产品。

在一定程度上,染整工艺受到设备的性能和功能的限制,尤其是比较落后的染整设备,工艺技术人员技能水平的高低就决定了染整过程能否正确进行。传统的染整加工过程更多的是依靠人的经验去控制,并且这种经验不能完全准确地判断正在进行的染整过程是否成功,它只能做到对不符合要求的产品进行修复,最终成为合格品。这就是传统染整工艺中产品"一次成功率"不高的重要原因之一。

显然,染整产品的"一次成功率"对节能减排具有更重要的意义,并且还决定了产品的加工成本高低。从形式上看,是对产品质量的考核,但真正反映的还是能耗。因此,提高染整产品"一次成功率"是染整高效节能的一个重要特征,它集中体现了工艺、设备和管理等在节能减排方面的具体实施状况。

二、染整工艺的重现性

在染整过程中对已做过的染整工艺再现是非常重要的,尤其是间歇式染色工艺,对同一批完全相同的染色订单,安排在同类机型的不同机台上加工,或者同机台续缸进行,都会反映出工艺的重现性问题。尽管现在设备制造商已经提供了大容量间歇式染整设备,以尽量减少多批或者续加工所产生的重现性问题,但由于设备的结构限制,并不能完全满足所有订单均在同一时间内,在一台设备中完成染整加工。因此,只有实现染整工艺的重现性,才能保证任何时候都能加工完全相同的染整订单。当然,染整工艺的重现性,主要还是依靠染整设备的各项功能来保证。

除此之外,染整工艺的重现性还受到织物纤维性能变化、工艺操作、前道工序、染化料的供应渠道、染化料的配送以及生产管理的影响。要满足染整工艺的重现性,必须建立一整套质量控制管理系统,并且从原料开始就进行控制。

三、高效短流程

通过染整设备性能的不断创新和提高,并且优化染整工艺,可减少加工过程的时间和能源消耗。前处理采用高效短流程,既可提高生产效率,又可降低能耗和排污。

四、在线检测控制

对染整工艺过程通过在线检测控制,不仅可以有效控制工艺过程,保证工艺过程的顺利实现,而且还可以实时控制能耗,使设备始终保持在一个最佳工作状态。例如染色机的温度、织物与染液的交换状态、染液 pH 以及加料过程等采用在线检测控制,可以在保证染料对织物纤维获得均匀上染的同时,减少热能、电能以及染化料的消耗。对定形机的织物表面温度以及废气排放湿度进行在线检测,可以有效地控制织物的定形效果,同时还可以减少织物或废气所带走的热量。

五、工艺过程控制

现代染整技术的发展,可以将许多影响染整过程的工艺参数,通过设备的在线检测和程序自动控制,非常精确地进行控制,进而控制整个染整过程,可获得较高的"一次成功率"。甚至可以实现只要确定几个基本参数,如被加工织物的材料、品种克重、总重量和颜色等基本参数,设备的控制功能就可给出一组相关的其他参数,如浴比、布速、温度和加料控制等,形成一个染整工艺全过程实时控制系统。既能保证产品加工质量,又可达到高效节能的最佳效果。

六、节能降耗和低排放

节能减排已成为现代染整技术的一个重要组成部分。能耗对染整加工来说,既决定了产品成本的高低,也限制了生产规模的扩大;减排则是印染工业可持续发展与保护人类生存环境的需要,也是染整企业发展的目标。染料的开发、染色工艺的制订、染色设备性能和功能的配备等,都在围绕节能减排的要求去进行。染整加工作为一个能耗和污染较大的行业,只有在满足织物染整加工质量的同时,实现节能减排的工艺过程,才能够在节能减排新形势下得到发展。为此,染整加工中,无论是工艺和设备,还是染化料,都是在保证产品加工品质的基础上,将节能减排作为一项重要的基本特征在实际应用过程中体现出来。

第二章　高效低能耗前处理

从质量上讲，纺织品退、煮、漂前处理需要达到的工艺指标主要有毛细效应、白度、退浆率及除杂情况等，而前处理设备需要满足的工艺参数包括给液量、汽蒸温度、堆置时间、轧液率以及洗涤效果等。纺织品的前处理是染整加工的第一道工序，其处理效果的好坏直接关系到后续染色、印花和后整理的品质，因而也是最重要的一道工序。有调查统计表明，织物染整中有21%的质量问题是出在前处理，45%的质量问题与前处理不当有关。从能耗和排污方面来讲，印染加工中的能耗主要发生在前处理过程中。传统前处理（如退浆、煮练和漂白）的工艺流程长、能耗大、效率低、设备投资和占地面积大。随着能耗和排污形势的日趋严重，染整加工的传统模式已经严重制约了纺织行业的可持续发展。印染行业作为一个既关系到民生，又涉及能耗和污染的产业，必须从工艺和装备上采取适应当前形势发展的相应措施，才能够继续发展下去。

因此，高效、环保、节能减排已成为前处理工艺发展的必然趋势。目前已得到应用的高效前处理有低碱前处理，如采用高效精练剂加工工艺；生物酶前处理，如应用果胶酶、煮练酶、蛋白酶、淀粉酶、过氧化酶与各种类别的酶精练工艺；低温前处理，如冷轧堆前处理工艺；高效短流程前处理，如一步法处理工艺；"绿色"精练剂和助剂的前处理，如过氧化氢漂白或精练的"无氯漂白"工艺；无水或非水前处理，如极小浴比或泡沫浴精练工艺等。短流程前处理具有工艺流程短、效率高和能耗低等特点，可节约水、蒸汽和电 30%～50%。生物酶退浆处理可用生物酶工艺代替传统碱处理工艺，既可提高织物品质，又可节能减排。

第一节　短流程前处理工艺

高效短流程前处理工艺起源于 20 世纪 70 年代，主要是受到当时的石油能源危机影响，西方国家的印染行业为了应对高能耗的前处理而研发的节能工艺。在随后的科技和精细化工发展的影响下，出现了各种高效前处理助剂和控制技术，使得前处理效率得到进一步提高，工艺流程缩短，为高效短流程前处理奠定了良好基础，并使其得到迅速发展。在高效短流程前处理工艺中，高效稳定剂和精练剂，以及不同设备单元优化组合起到了重要作用。通过缩短工艺流程，控制工艺条件，达到高效节能的目的。目前已成功应用的高效短流程前处理工艺，主要有一步法、二步法和酶氧无碱等工艺。其中一步法和二步法短流程工艺可节约水、电、汽 30%～50%。

一、工艺过程及方法

织物高效短流程前处理，主要是通过浸轧→反应（冷堆法或汽蒸法）→洗涤三个基本过程，给予织物与处理液充分的反应条件，以获得高效、低能耗及良好的处理效果。织物在浸轧处理时可获得充分的吸透，并且带有较高的液量。织物轧堆后经历一个热处理过程，可保证堆置后织物上大量残存的助剂充分发挥作用，提高织物纤维的毛细效应。最后通过高效强力水洗，将织物上处理下来的杂质充分去除。为了保证这种"高、热、净"的处理效果，除了工艺上需要合理地确定处理液的组成，适当提高双氧水和烧碱的浓度，优选适合于新工艺的渗透剂、助练剂和稳定剂等外，设备还要配有与工艺相适应的高效短流程结构和装置。例如高给液装置、汽蒸以及高效或强力水洗单元等。通过这些单元对三个基本过程的有效作用，织物可在最低的能耗条件下达到最佳的处理效果。

缩短前处理工艺流程一般采用两种方法：一种是将传统的退、煮和漂合为一步，称为一浴一步法；另一种是织物经退浆后，将煮和漂合为一步，称为二浴一步法。二浴一步法工艺相对比较容易控制，但必须注意，在这之前，应选用棉籽壳少、退浆充分的半制品，否则难以取得良好的效果。水洗一般采用高效率水洗设备，可达到一次洗净效果。

通常，缩短前处理工艺流程会增加化学品的浓度，引发沉淀和分解，影响工作液在织物上的渗透扩散，给纤维织物、设备及操作带来了一定的风险性。对此，设法提高织物的带液量，就成为设备制造商的研究对象。提高织物带液量，可降低化学品浓度，并可避免织物在蒸箱中产生折痕。各种高给液的装置就是在这种背景下出现的。

二、一步法工艺

就是将传统的退浆、煮练和漂白三步过程改为退煮漂一浴汽蒸法进行，而退煮漂汽蒸一步半工艺则是先轧退浆液卷堆后，再轧碱氧液汽蒸 1h（100～102℃）进行高效水洗。因堆置后是一步完成，故称为一步半工艺。有浆织物进行轧碱氧液堆置，轻浆轻薄织物则进行轧淡碱堆置。退煮漂一浴汽蒸的碱浓度和温度较高，双氧水的快速分解会造成织物损伤，需要降低烧碱和双氧水浓度，并加入性能优良的耐碱稳定剂。但是，对重浆和含杂量大的纯棉厚重织物难以达到所要求的处理效果，因此，该工艺仅适用于涤棉混纺织物和轻浆的中薄织物。

实施一步法前处理工艺，关键是要选用在较高碱浓度下对双氧水具有良好稳定效果的双氧水稳定剂。能够使双氧水在常温浓碱条件下，保持一定的稳定性，并在高温汽蒸分解过程中，只对织物中的浆料和纤维天然杂质产生氧化破坏作用，而不切断纤维素的大分子链，使纤维损伤程度控制在允许的范围内。

从目前应用的角度来看，实施一步法工艺必须建立在优化工艺、高效染化料和助剂、先进设备功能的基础上。因为一步法耗用的染化料和助剂量相对较大，并且有可能对纤维和织物的强度造成损伤，最后反而导致加工成本高，或产品质量下降。因而一步法工艺的推广应用还需要一个过程，尤其是一些中小型印染企业还缺乏这种条件。

三、二步法工艺

根据退、煮、漂的不同组合形式，二步法工艺可分为两种。一种是织物先经退浆，再经碱氧一浴煮漂，即：浸轧退浆液卷装堆置，高效水洗，然后浸轧碱氧液汽蒸（温度 100℃，时间 45～

60min),高效水洗;或者是轧堆退浆,高效水洗,再高给液浸轧碱氧液,高效汽蒸(102℃短蒸2~4min),高效水洗。该工艺的织物退浆是单独进行并经过充分水洗,可以减少对煮漂的影响,故可适于含浆率较高的厚重紧密纯棉织物。考虑到碱氧一浴中的碱浓度较高,会加快双氧水分解,必须慎重选择氧漂稳定剂。另一种是织物先经退煮一浴处理,然后再采用常规漂白处理。即:浸轧碱氧液及精练剂,在100℃温度下汽蒸50~60min,高效水洗,然后再浸轧双氧水常规漂白,在100℃温度下汽蒸50~60min,最后再经过一次高效水洗。该漂白过程是采用常规传统工艺,故对稳定剂的要求不高。为了减少碱对双氧水的影响,要求退煮后必须进行充分水洗。由于漂白是在碱浓度较低的条件下进行的,双氧水的分解速率比较缓慢,所以对织物纤维的损伤较小。该工艺适用于含浆率较低的中薄纯棉织物和涤棉混纺织物。

从二步法工艺流程来看,不管是先退浆,还是先退煮合一工艺,都必须浸轧退浆、煮练或氧漂工作液,以及渗透剂等必要的助剂。由于在进行前处理之前的织物,有可能是纯棉坯布、烧毛后轧碱灭火的或者经冷轧堆置过的,织物上难免附着一些灰尘、杂质等,也有的坯布存在拒水性能的差异,因而很难使织物大量均匀地吸附工作液。为此,除了依靠渗透剂的作用外,还必须依靠机械的浸轧作用,将织物纤维之间所充满的空气排除,并均匀地吸附或渗透足够的工作液。采用高给液装置,织物可在较短时间内获得高带液量,满足工艺对蒸汽浓度的要求,同时又可避免织物在蒸箱内产生折皱印。

四、酶氧无碱工艺

值得注意的是,在传统的和短流程的纯棉织物前处理工艺中,都选用烧碱、表面活性剂等化学药品,在高温条件下对织物进行去除杂质。冷轧堆前处理尽管是低温,但烧碱浓度很高。这些碱残留在废水中,必然对环境造成污染。因此,如何消除这种影响,就成为前处理工艺的一个新课题。采用生物酶工艺替代传统的烧碱工艺和短流程的碱氧工艺,是近年来发展起来的一项具有环保性的前处理工艺。该工艺利用生物酶制剂特有的专一性、高效性、反应条件低、可自然降解、耗水少易洗尽、去杂效果好等特性,不仅减少了对环境的污染,而且还可降低能耗。

酶氧无碱前处理工艺与传统的碱氧前处理工艺不同,使用的助剂是由多种对纤维素杂质有专一分解作用的酶和一些化学助剂制成的复合精练酶代替烧碱,并与双氧水配合使用,用于棉织物的退浆和煮练。这种复合精练酶是由多种生物酶如果胶酶、纤维素酶、脂肪酶和蛋白酶等组成,具有高效的生物催化特性,在精练过程中能够使双氧水的漂白pH维持在10.5~11。在一定条件下对某种物质有专一的高效催化分解作用,可使织物坯布上的浆料、蜡质、果胶等杂质裂解而易溶于水,并在机械力的作用下脱落,达到退浆、煮练的效果。若再通过双氧水对织物的漂白作用,就具备了退、煮、漂一浴一步法前处理工艺条件。由于酶的催化作用具有高度的专一性和严格的选择性,只对棉纤维表皮(即角皮层与初生胞壁)的杂质产生去除作用,而不破坏初生胞壁中的纤维素成分,因而对纤维的损伤程度比传统的烧碱练漂工艺要小得多。

酶氧一浴练漂前处理工艺流程:织物毛坯→生物酶氧练漂→水洗。工艺条件:温度95℃,

保温时间50min。工艺处方:生物酶2.0g/L;27.5%H_2O_2 5.0g/L;渗透剂1.0g/L。

五、工艺条件及控制

短流程前处理工艺将传统三步工序组合为一步或二步,并且织物中所要除去的浆料、蜡质和果胶等杂质,必须集中在一步或二步中完成,因而增加了烧碱(浓度要高数10倍以上)和双氧水(用量要高2.5~3倍)的用量,加速了各类反应速率。此外,还有其他各种高效助剂的用量也高于传统工艺,如高效渗透剂、乳化剂等,并且还要选用耐强碱浴的高效稳定剂。这种工艺条件虽然有利于棉蜡质乳化、油脂皂化、半纤维素和含氮物质水解、矿物质溶除以及木质素和浆料的溶胀,但双氧水在强碱浴中加快了分解,提高了纤维素氧化速率,使棉纤维更容易受到损伤。因此,必须严格控制工艺条件,以达到最终的处理效果。其中温度、时间、pH、双氧水和稳定剂等,是影响工艺条件的主要因素,可通过有效控制碱氧浓度和温度、织物带液量以及强化水洗等手段,获得一个合适的反应速率,使各类去杂反应在一定时间内完成,并且在完成去杂反应的同时,对纤维产生的损伤最小。

1. 碱氧浓度 短流程前处理工艺的碱氧浓度控制非常重要,因为它直接影响到织物的处理效果和纤维的损伤程度。碱浓度过低会影响到织物纤维的毛细效应,过高又会影响织物白度,并且会降低织物纤维的强力。一般可采用中心旋转法进行工艺优化,以最少的试验次数获得最大的信息量。然后再通过回归方程的预测值,利用计算机绘出二维恒值图,优化出最佳工艺条件的某个区域,并能够直观地分析和比较各变量的影响大小及相互关系。在工艺优化选择过程中,应注意所使用的试验仪器和条件在整个试验过程中保持一致。为了使织物的去杂程度达到半制品质量要求,并且不损伤织物纤维,必须严格控制双氧水反应速率,并且要合理确定工艺处方(如烧碱、双氧水和各种助剂用量)。

2. 碱氧液温度 在浸轧碱氧液时,其溶液温度不能高于织物温度,应保持在室温条件下。如果碱氧液温度高于织物温度,那么织物浸入溶液中,其纤维空隙中所含的空气将受热膨胀,就会阻止碱氧液的渗入。此外,碱氧液温度低还可防止双氧水的分解。

3. 织物带液量 要达到短流程前处理工艺效果,应设法提高被处理织物的带液量。特别是未经处理的纯棉纤维具有拒水性时,必须加入适当的渗透剂,提高处理液对纤维渗透能力。考虑到处理液的碱性较强,应选用耐碱稳定性较好的渗透剂。尽管如此,还必须借助机械的浸轧作用,在较短的时间内将织物内的空气排出。采用高轧液率轧车可排出织物内部空气,在织物内外形成压力差,使处理液能够很快渗透到织物纤维内部,达到较高的织物带液率。此外,为了保证打卷时织物带液量、张力和线速度的前后一致性,应采用中心驱动的打卷方式。

4. 强化水洗 短流程前处理工艺必须采用高效强化水洗,特别是冷堆后首先必须经过102℃的高温热碱处理,然后进行高效强化水洗。可采用高温低水位蛇形逐格倒流的高效水洗设备。

六、工艺实例

短流程前处理工艺在目前生产实践中已经得到了应用,并且获得了较好的节能减排效果。

这里列举了一些印染厂的工艺应用实例。可能因各印染厂设备和工艺条件存在一定差异,因而具体工艺也有所不同。

1. 针织物平幅练漂 织物:18tex纯棉单面针织物。

工艺流程:

进布→渗透除油→水洗→浸轧氧漂剂→汽蒸氧漂→热水洗→温水洗→水洗→轧水出布

使用设备:德国欧宝泰克(Erbatech)斯考特(Scout)平幅湿处理机。

工艺处方及工艺条件见表2-1。

表2-1 工艺处方及工艺条件

工艺处方及工艺条件			工艺参数
除油,渗透	助剂	渗透精练剂PROTE-PON GS(g/L)	2
		螯合剂PLEX PED(g/L)	2
		除油剂PROTE-PON NFD(g/L)	1
	工艺条件	温度(℃)	50
		堆置温度(℃)	50
		堆置时间(min)	3
连续汽蒸氧漂	助剂	渗透剂SOL WH(g/L)	1.5
		快速氧漂剂BLG(g/L)	15
		双氧水(27.5%)(mL/L)	18
	工艺条件	汽蒸温度(℃)	100
		汽蒸时间(min)	40
		热水洗温度(℃)	90
		工艺速度(m/min)	35

2. 纯棉弹力薄型织物退煮一浴二步法工艺 工艺流程分为二步,工艺处方及工艺条件见表2-2。

表2-2 工艺处方及工艺条件

工艺处方及工艺条件			工艺参数
第一步(退煮)	助剂	烧碱NaOH(g/L)	30~40
		精练渗透剂ST-10D2(g/L)	8~10
		螯合分散剂FK-422D3(g/L)	1.5~2
	工艺条件	汽蒸温度(℃)	100~102
		汽蒸时间(min)	60
		轧液率(%)	75~80
第二步(漂白)	助剂	双氧水(100%)(g/L)	2.0~3.0
		精练渗透剂ST-10D2(g/L)	1~3
		氧漂稳定剂FK-601(g/L)	6~8
		螯合分散剂FK-422D3(g/L)	2~3
	工艺条件	汽蒸温度(℃)	100~102
		汽蒸时间(min)	60
		轧液率(%)	75~80
		pH	10.5~11

第一步流程:

平幅进布→单辊浸渍→2格高效平洗→浸渍→汽蒸→单辊浸渍→4格高效平洗→平幅落布

第二步流程：

单辊浸渍→浸渍槽→汽蒸→单辊浸渍→3 格高效平洗→平洗→烘燥→平幅落布

3. 纯棉厚重织物退煮一浴二步法工艺 工艺流程为二步，工艺处方及工艺条件见表 2-3。

第一步流程：

平幅进布→单辊浸渍→2 格高效平洗→浸渍→汽蒸→单辊浸渍→4 格高效平洗→平幅落布

第二步流程：

单辊浸渍→浸渍槽→汽蒸→单辊浸渍→3 格高效平洗→平洗→烘燥→平幅落布

表 2-3 工艺处方及工艺条件

工艺处方及工艺条件			工艺参数
第一步（退煮）	助剂	烧碱 NaOH（g/L）	40~60
		精练渗透剂 ST-10D2（g/L）	8~10
		螯合分散剂 FK-422D3（g/L）	1.5~2
	工艺条件	汽蒸温度（℃）	100~102
		汽蒸时间（min）	60
		轧液率（%）	75~80
第二步（漂白）	助剂	双氧水（100%）（g/L）	3.0~5.0
		精练渗透剂 ST-10D2（g/L）	2~4
		氧漂稳定剂 FK-601（g/L）	6~8
		螯合分散剂 FK-422D3（g/L）	1~2
	工艺条件	汽蒸温度（℃）	100~102
		汽蒸时间（min）	60
		轧液率（%）	75~80
		pH	10.5~11

4. 酶氧两段工艺 即酶退浆、碱氧煮漂二步法。织物品种：纯棉机织物 29tex×36tex（20 支×16 支）、14.6tex×14.6tex（40 支×40 支）、4.4tex×5.8tex（133 支×100 支）。

工艺流程：

进布→平洗（浸轧酶，90℃）→轧车→平洗（浸轧酶，90℃）→轧车→酶堆（90℃、5min）→蒸洗箱→轧车→蒸洗箱→轧车→蒸洗箱→轧车→水洗箱→重轧车→过落布架→进布→浸氧漂液（平洗槽）→轧车→双层网带汽蒸箱（100℃、40~45min）→红外对中→4 台蒸洗箱（配套 3 台轧车 1 台重轧车）→烘筒烘干→落布

工艺处方及工艺条件见表 2-4。

表 2-4 工艺处方及工艺条件

工艺处方及工艺条件			工艺参数
酶退浆（第一槽轧液率 85%）	助剂	宽温退浆酶（g/L）	3
		JFC（g/L）	3
		pH	7~7.5
	工艺条件	温度（℃）	90
		堆置温度（℃）	50
		堆置时间（min）	5

续表

工艺处方及工艺条件			工艺参数
煮漂 （轧液率85%）	助剂	精练剂（g/L）	13~16
		稳定剂（g/L）	5
		双氧水（g/L）	14~16
		水玻璃（g/L）	5
		螯合分散剂（g/L）	3
		烧碱（g/L）	15~20
	工艺条件	汽蒸温度（℃）	100
		汽蒸时间（min）	40~45
		热水洗温度（℃）	90
		工艺速度（m/min）	35

与常规退、煮、漂三段工艺及低碱两段（碱氧）工艺相比，酶氧两段工艺主要有两点不同：一是原工艺退、煮段汽蒸主要采用双层网带汽蒸箱，存布量高达6000m。而现在选用新型高温松堆小蒸箱代替双层网带汽蒸箱后，容布量仅为300m，是原来的5%，缩短了生产周期；二是原工艺退、煮网带汽蒸箱前有三个蒸洗箱，后有五个蒸洗箱（四个热洗一个冷洗）。而酶氧工艺设备无须网带汽蒸箱，用高温酶堆箱代替，三个蒸洗箱只用两个平洗槽代替。由于酶退浆易水洗，原退浆后5个箱洗蒸，现只用4个蒸洗箱（三个热洗一个冷洗）。全机流程缩短，比原工艺设备排列长度缩短了15m。

第二节　短流程前处理设备

前处理工艺与设备是密切相关的。工艺流程简单、高效节能、产品质量稳定以及加工成本低，是高效短流程工艺对设备的基本要求。前处理工艺装备必须具有柔性、通用性和快速反应能力，才能够适应高效短流程前处理的工艺。其中的浸轧、汽蒸和水洗三个阶段，对整个前处理的效率和品质起到了很重要的作用，而织物带液量、预热时间，对前处理高效短流程工艺具有非常重要的作用。高给液和透芯给液是高效短流程中浸轧部分的关键，并以透芯给液效果为佳。采用复合蒸箱和条栅式汽蒸箱，在充分保湿汽蒸的同时更节汽节水。水洗单元采用逐格逆流水洗方式，既加大了水洗浓度梯度，又提高了水利用率。在前处理设备中采用真空抽吸和均匀轧辊技术，具有显著的节能和节省染化料效果。

本节介绍短流程中浸轧、汽蒸、真空抽吸以及设备流程，水洗部分放在第十章中介绍。

一、高给液装置

高效短流程和冷轧堆前处理中，织物的带液率对短时间的织物渗透和助剂的均匀反应，都具有非常重要的作用。棉织物坯布在初次遇水时，因纤维存在果胶质、蜡质和浆料等杂物，具有拒水性，需加入适量具有耐碱和稳定性的渗透剂，加快织物纤维的湿润。采取高给液和透芯给液装置，可加快织物纤维的“透芯”。为了排出织物纤维内部空气，还需通过轧车的浸轧作用,促使处理液迅速渗透到织物纤维内部。目前主要有轧辊加压法、真空加压法、蒸汽加热驱赶空气法,其中真空加压法效果较好。如德国寇斯特公司的 Flex-Nip 高给液装置,德国高乐公司的 Dip-Sat-Plus 装置,德国门泽尔公司的 Optimax 高给液装置等。织物卷绕过程中,为了保证织物均匀带液,应始终处于恒张力状态,故一般采用主驱动辊进行卷装。

传统前处理设备大多采用普通浸渍槽给液,织物的带液量很低,而且只是对织物表面给液。国外较先进的高给液装置大致可分为三种结构形式:刮刀式给液装置、轧液式装置和溢流槽+"S"穿布轧车。刮刀式给液装置由于给液时间短,刮刀对织物施加的压力有限,所以给液难以渗透到织物内部。经测定,渗透到织物内部的化学品溶液仅有 10%左右,其带液量约 90%。若增加刮刀对织物的压力,虽可增加织物的带液量,但同时也有可能对织物造成撕裂。

轧液式给液装置虽然增大了化学品溶液进入织物内部的压力,但由于一次轧液时间太短,织物内部渗透的化学品溶液仍然较少。经测定,渗透到织物内部的化学品溶液约为 40%,带液量为 80%左右。溢流槽+"S"穿布轧车实际上就是通过中小辊轧车,先将浸渍工作液前的织物内部空气挤压排除,然后经过三次浸渍,并加大容布量和延长渗透时间,以达到较好的织物渗透。经测定,采用该方法进入织物内部的化学品溶液可达 80%左右,带液量在 130%左右。

1. 德国高乐(Goller)公司 Dip-Sat-Plus 高给液装置 该装置采用的是溢流槽+"S"穿布轧车结构形式。其工作原理是,织物在进入高给液槽之前,先经过中小辊轧车,轧液率控制在 60%。织物在不受到损伤的同时,其内部的空气被充分排除,紧接着进入高给液槽,织物在高给液槽中,受到化学品溶液的反复穿透,并且不断占据原被空气所占据的织物内部空间。织物经过三个浸渍槽的反复浸渍,有 19m 长的容布量受到长时间的渗透,化学品可均匀地渗透到纱线芯部,达到"透芯"效果。所谓的"透芯"指的是给液透入到经纬纱之间及纱线纤维之间的空间。经过给液"透芯"的织物,再经过"S"轧车,将浮在织物表面的部分给液轧去,然后再次实施"透芯",将织物的轧液率控制到 120%,从而达到带液量大且均匀的效果。图 2-1 为 Dip-Sat-Plus 高给液装置。

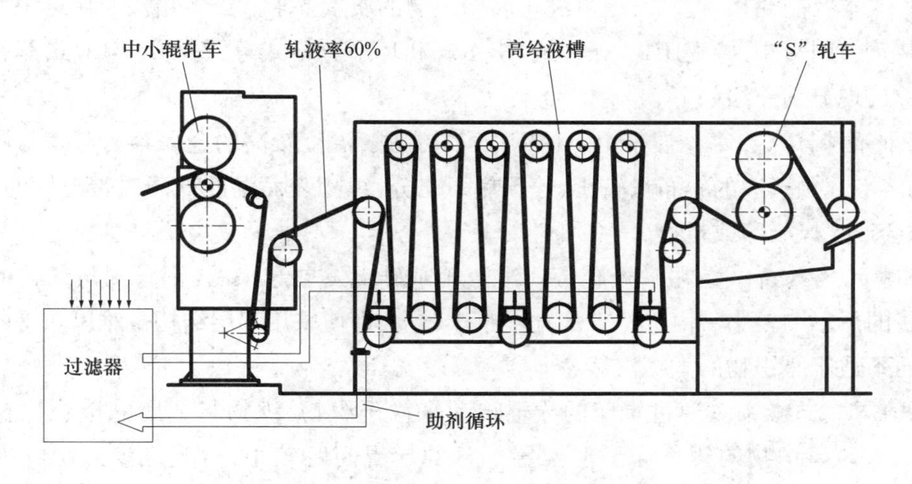

图 2-1 Dip-Sat-Plus 高给液装置

Dip-Sat-Plus装置还配置了一套物料循环系统，采用定量加料控制。织物在浸渍过程中可始终保持一定的浓度，在不损伤纤维的同时，可获得均匀一致的处理效果。通过该系统，还可有效控制化学品的反应速率，避免过量施加化学品造成的浪费，减少水洗负担。此外，化学品可稳定地渗透到织物中，生产中无需滴定，进一步提高了生产过程的可靠性，并减少操作难度。该系统中过滤器内的化学助剂和液位可自动控制。

2. 德国门泽尔公司Optimax高给液装置 该装置利用真空吸液原理。主要由上下两套轧车、织物狭缝通道以及输液管等组成，如图2-2所示。工作原理是，被浸湿的织物由下进入轧车，出轧点之后进入由两个导布辊和轧辊构成的楔形溶液沟槽。在该处产生强烈的气液交换，工作液在负压的作用下渗透到织物纤维内。织物出楔形沟槽后向上穿过密封的狭缝通道进入上轧车。在该轧车的作用下，织物上多余的液体被轧去，获得工艺所需的轧液率。装置中有一收集管，可将轧车所轧出的工作液收集起来，织物经过时受到负压作用得到进一步渗透。

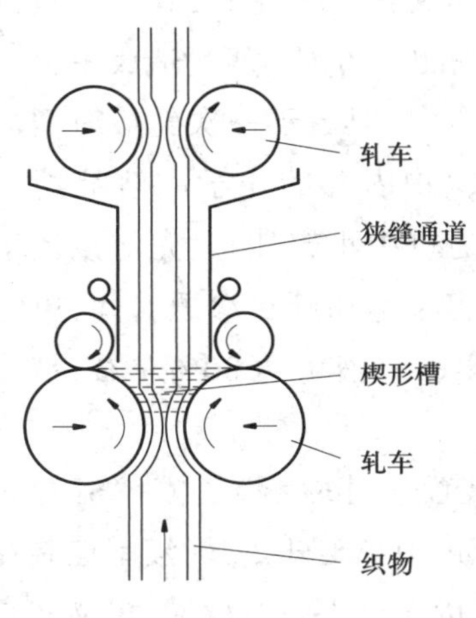

图2-2 Optimax高给液装置

二、汽蒸箱

汽蒸箱在织物退煮漂前处理的浸轧、反应和洗涤过程中，主要用于反应段控制温度、湿度和织物的输送方式。其中织物的输送方式，对织物能否获得均匀受热和湿度影响较大。提供均匀、充分的温度和湿度，织物可获得良好的去杂效果。为此，汽蒸箱要求预蒸区的预热时间要长，以保证织物能够充分均匀受热，尽量避免堆置后再受热。

汽蒸箱分为绳状汽蒸箱和平幅汽蒸箱两种。绳状汽蒸箱生产效率高、成本低，能够满足印花织物对前处理的质量要求，但对稀薄织物容易产生纬斜、位移和擦破等问题。平幅汽蒸箱的生产效率、成本及能耗相对较差，但可满足高档织物的质量要求。汽蒸箱按照输送织物方式分为平板履带式、网带式、导辊床式、条栅式、R-box和环形分格式等，每种结构形式都有其自身的一些特点，现分别介绍如下。

1. 平板履带式汽蒸箱 履带由不锈钢板冲孔制成，温度较高的金属容易蒸发与履带接触织物中的溶液。预蒸区的容布量较小，若预热不充分，织物表面温度低于履带温度时，堆置汽蒸中织物会产生风干印或折痕。

2. 网带式汽蒸箱 是在平板履带式汽蒸箱基础上发展起来的，钢丝网与织物的接触面小，受金属的热影响较小。由于网带部分堆布量较少，即使采用双层结构也难以获得较大的容布量，因而不适于厚织物的煮练汽蒸。

3. 导辊床式汽蒸箱 通过辊床的导辊转动来输送织物，织物与金属的接触位置不断在改变，可有效改善织物的烫伤印。但堆置部分的导辊间距较小，对蒸汽渗入织物内部有一定影响，也会产生风干印或折痕，并且容易沾污导辊。对此，有制造商采用多孔辊作为辊床，兼有网带和条栅优点，织物与蒸汽可获得较大的交换空间，并且增加了输送织物的摩擦力。

4. 条栅式蒸箱 条栅可分为活栅和固栅两种。活栅通过偏心轮作圆周运动，每一次向前运动输送织物的位移量取决于偏心轮的偏心距大小。该蒸箱预蒸区的容布量较大（约 40m），导辊直径为 150mm，上导辊分为四组，分别由交流电机拖动，并可变频调速。蒸箱每组第一根下导辊的下面装有一个小浸渍槽，可以补充水或工作液。还有的条栅式蒸箱设计成上、下两层，分别由交流电机、减速箱偏心轮带动活动条栅作往复起伏摆动。织物在被向前输送的同时，还可不断得到松动，使蒸汽渗入到织物内部。当织物自上层转入下层时，织物上、下面可作 180°的调换，使织物的堆蒸更匀透，并可避免织物产生风干印和烫伤印。

5. R-box 汽蒸箱 是由直径为 1800mm 的大网辊和网带组成“U”形堆置通道夹持织物进行液下处理，可避免织物漂浮后紊乱，但出布较困难。其煮漂汽蒸效果较好，可达到绳状水平。该结构的预蒸区的容布量较小，折叠于网辊及网带中间时，因液面在网辊的 1/4 以下，大部分织物长时间暴露在蒸汽中，故容易产生压皱印和风干印。此外，该形式汽蒸箱的液下浴比较大，经过一段时间后，工作液中所沉积的浆料及杂质，不仅会引起浓度的变化，而且还会对织物造成沾污。

6. 环形分格式汽蒸箱 该结构由日本和歌山铁工厂设计。依靠液下煮练可部分弥补设备预蒸部分的容布量。对椭圆形分格输送，不能有紊乱现象，否则会影响出布，甚至起皱。与 R-box 汽蒸箱类似，也存在因液下浴比大，造成易沾污和工作液浓度变化等问题。

对一般汽蒸箱的出布来说，都会产生织物皱印现象，尤其是水封出布带有压辊形式的汽蒸箱更是如此。主要原因是织物松堆后转为紧式平幅运行时不能快速展平，并马上经过水洗和轧点，继而产生皱印。如果采用先展平后浸轧的汽封结构，并且提高出布速度，则此现象会得到有效改善。

三、真空抽吸装置

为了进一步降低织物的轧液率，除了提高轧车轧点线压力之外，还可设置真空抽吸装置。这里介绍两款真空抽吸装置。

（1）德国欧宝泰克（Erbatech）公司的真空吸水装置（图 2-3）。主要是针对一些高密织物在前处理水洗轧压时杂质的去除问题。该装置可设置在两个水洗槽之间（图 2-4），与轧车可交替设置。针织物的吸水栅条采用了鱼骨式结构，并设有自动封口装置。使用旋涡式气/水分离器进行脱水，另外配备过滤器分隔尘埃和碎散纤维等。真空泵采用变频驱动控制，并有隔音和排风装置。

（2）瑞士贝宁格（Benninger）公司的 Hydrovac 真空脱水装置（图 2-5）。主要用于液体分离。在去水、飞絮、乳化和分散污物的同时，还可去除水溶性染料和浆料。通过该装置去除浓度高的污物，可显著降低后续水洗的能耗。该装置主要由抽吸管、预分离器、分水器、隔膜泵及旋转泵等组成。抽吸管采用锥形结构，可防止污物聚集，并且对经过抽吸口的织物产生的摩

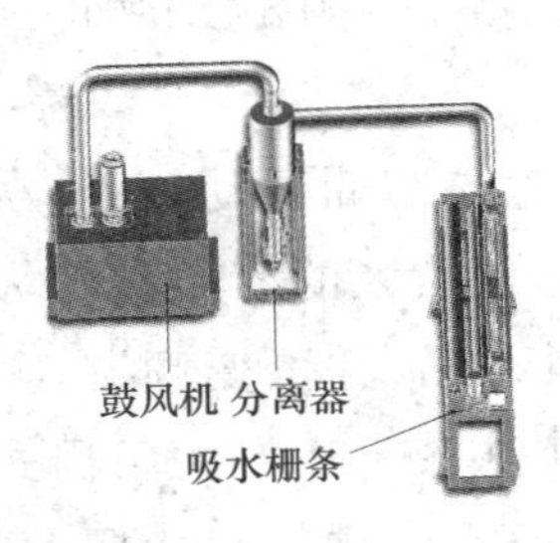

图 2-3　真空吸水装置

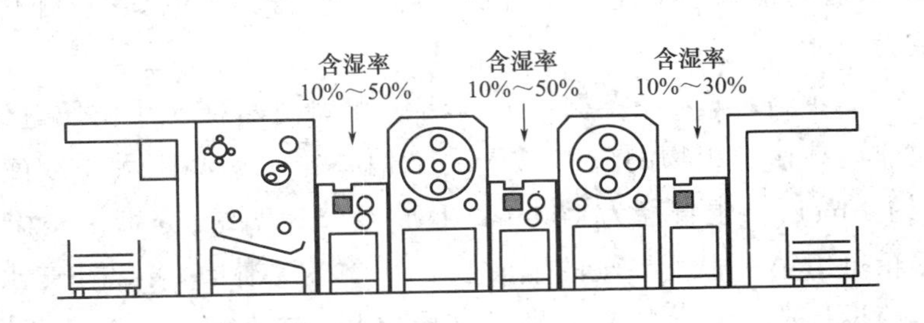

图 2-4　真空吸水装置设置位置示意图

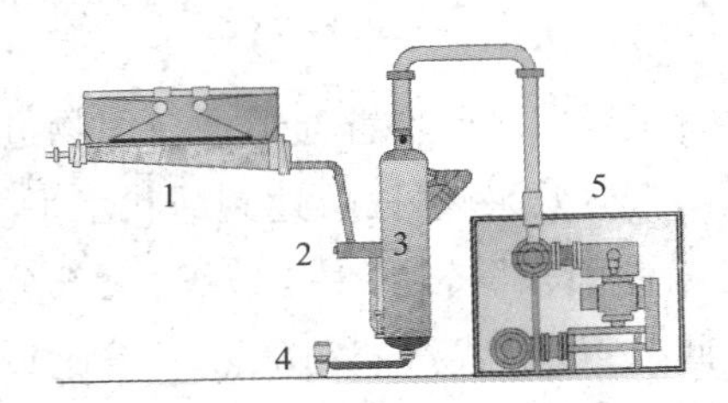

图 2-5　Hydrovac 真空脱水装置
1—抽吸管　2—预分离器　3—分水器
4—隔膜泵　5—旋转泵

擦力小。抽吸口可调整,容易从其上方触及。

四、短流程前处理设备流程

短流程前处理工艺主要通过提高轧、洗、烘、蒸通用单元效率,并对其进行优化组合来实现。瑞士贝宁格(Benninger)退煮漂设备的节水节能技术,主要是提高水洗槽温度,使织物在水洗过程中达到既蒸又洗的效果。同时为确保洗液能在最短的时间内最大限度地穿透织物,采取翅片辊、网孔辊、多角辊等不同形式的导布辊,通过冲淋、多进多轧等方式来达到溶液快速交换的目的,提高水洗效率。意大利美赛拉(Mezzera)的 HWT 高温水洗机、泰克赛尔(Texcel)的 Roller Steamer 水洗机,是将 120℃的高温水从管子中喷向翅片辊上运行的织物,高温水一旦遇到空气就变成 105℃的蒸汽,通过翅片间的缝隙对织物进行强力渗透,从而使得织物在高湿、高热状态下获得优良的水洗效果。短流程前处理可根据不同前处理工艺要求,配置高给液装置组成不同的联合机。

这里介绍几家欧洲短流程前处理工艺设备流程。

1. 瑞士贝宁格(Benninger)公司 Ben-Bleach 煮漂联合机(图 2-6)　该机具有低张力和高效洗涤效果,为针织物由绳状向平幅加工转化提供了有效方法。将堆置反应箱、前处理蒸箱和液下堆置水洗单元,与 Trikoflex 高效水洗单元组合在一起,可以满足针织物平幅处理的所有工艺。不仅具有灵活的工艺性,而且还可以提高生产效率,降低能耗。

图 2-6　Ben-Bleach 煮漂设备流程示意图

设备流程：

进布架→储布水洗装置→汽蒸箱→高效水洗装置→出布架

联合机主要单元结构特性如下：

（1）Trikoflex LT-V 型储布及水洗组合单元（图 2-7）。该单元可根据工艺要求提供一个反应区域，并对时间和温度进行控制，进行去碱还原水洗、氧化酸碱度平衡水洗以及固色水洗等。织物经过喷淋区冲洗后进入辊床区，在不同的工艺条件下用清水或化学洗液不断冲洗。在预设的反应时间内，织物纤维被膨润后以短流程送入后段漂洗或清洗。具体应用中，可根据需要选择一个或两个洗液循环。对于反应过程，可在进布单元上配置一个浸渍槽和轧车进行织物堆置反应。织物堆置时间可在 0.5～4min 内进行灵活调整，织物堆置和水洗可形成各自独立的循环洗液，并且织物处于无张力状态。

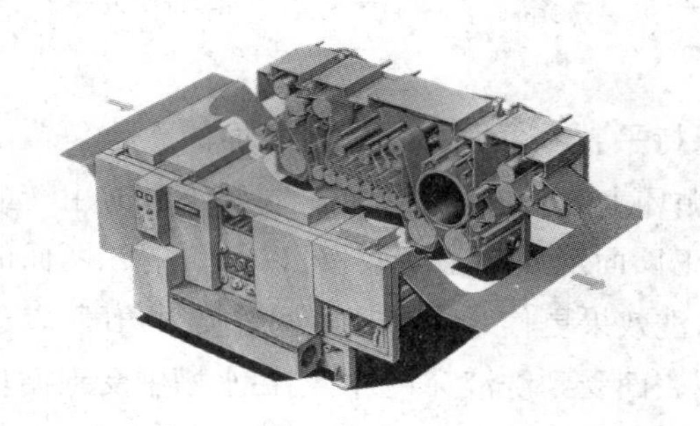

图 2-7 储布及水洗组合

图 2-8 Reacta 模块化汽蒸箱

（2）Reacta 模块化汽蒸箱（图 2-8）。该蒸箱采用模块化设计，可根据不同织物或不同工艺要求进行组合使用。进口采用气封口，出口采用水封口。织物进入蒸箱穿过三个大直径传动辊，进入导辊床堆置区，堆置反应时间 3～30min，织物处于松弛无张力状态。汽蒸箱内上部可配置喷淋，喷化学助剂进行脱矿，或者喷洗液进行洗涤或中和。进布段有一个对织物进行直接蒸汽加热的加热区，可立即升至反应温度。在蒸箱内织物穿过一段很短的距离被牵引到专用单元，经开幅和对中后送至蒸箱出口。

该单元配置了一套化学助剂计量系统，由进料泵、电感流量计和控制阀等组成，可保证化学助剂计量的重现性。以每千克进布量为基准计量化学助剂，具有较高的精确度。浸渍进料系统为自动控制，一旦织物带进来的水过多，液位控制即可自动减少注水量。

此外，该机还可显示织物克重、开车进水量（总体积以升为单位）以及追加液配方（mL/kg）等数据。

（3）Trikoflex LT-V 型储布水洗单元（图 2-9）。为了减少含水针织物张力和被拉长的可能，该机将浸没辊直径设计得尽可能大，转鼓之间的距离尽可能小。将织物在辊之间转移放在液面以下，并通过该结构产生波形水流来提高洗涤效果。该水洗系统的核心部件是沟槽型转鼓（图 2-10），主要由沟槽体和网眼罩构成。其工作原理是：织物包覆在转鼓外表面，具有较

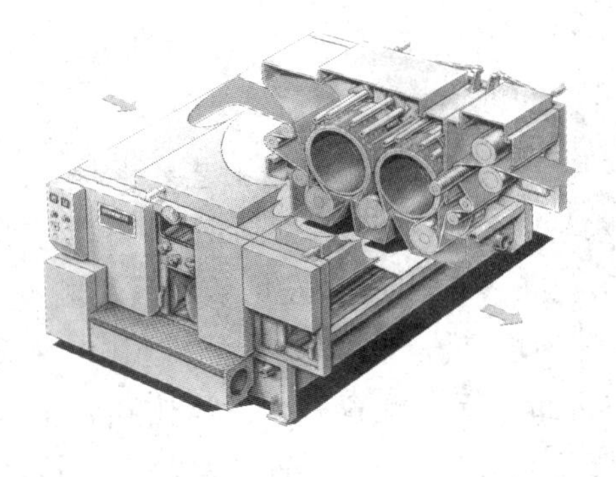

图 2-9　Trikoflex LT-V 型储布水洗单元

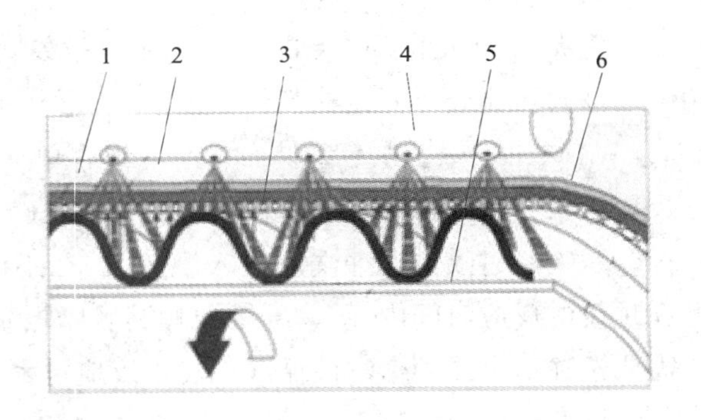

图 2-10　沟槽型转鼓结构示意图

1—织物　2—外层液膜　3—沟槽体

4—喷淋管　5—封闭式辊体　6—网眼罩

大的接触面,使得织物在一段较长的接触过程中保持平整和低张力。转鼓表面的沟槽包覆了一层网眼罩,上方设置四个喷淋管,可形成强大的循环水流喷淋区。织物通过喷淋区时由转鼓支撑,强烈水流穿过织物。洗液穿过织物时,在其正反面形成一个液膜,可以很快清除两面的杂物,同时也清洗了网眼罩。比传统的网式转鼓水洗效果更佳。喷淋管可调整喷射角度,以达到最佳的水洗效果。此外,织物除了在沟槽型转鼓表面受到洗液穿过外,还在水槽中受到循环洗液的交换作用。所以在织物正反面产生了交叉水流和强流液膜,具有强烈的去污效果。

2. 德国高乐(Goller)针织物连续式漂白水洗联合机(图 2-11)　该机可用于针织物除油、预缩或机织物退浆处理。主要由低张力水洗单元、松弛水洗单元和堆置蒸箱单元组成。与目前间歇式溢喷染色机前处理相比,可节省水 50%、蒸汽 70%、助剂 35%。经平幅处理后的针织物,布面光洁,不起皱,不卷边。

设备流程:

进布架→堆置单元→轧车→单转鼓水洗箱→轧车→施加助剂装置→轧车→蒸箱→单转鼓水洗箱→双转鼓水洗箱→轧车→出布架

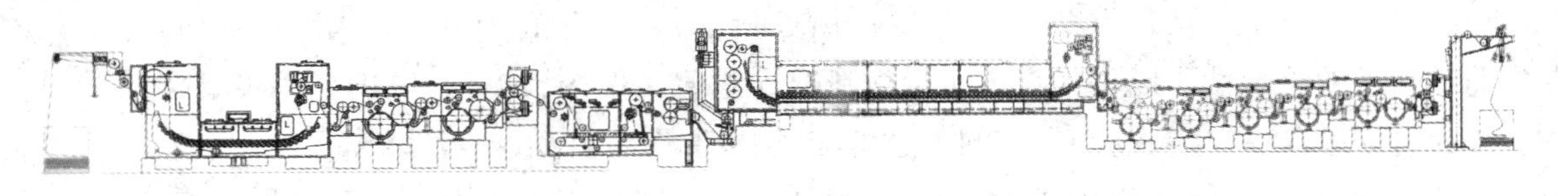

图 2-11　德国高乐(Goller)针织物连续式漂白水洗联合机示意图

(1)堆置单元(图 2-12)。该单元配有高液位和低液位,液位可灵活调节,与过滤器相连,可有效地去除织物中的杂质和毛羽。有紧式和松式两种穿布形式,无须改变穿布路线。辊床采用单独传动,可控制堆置时间。具有强力喷淋作用,可使织物上的糊料充分膨化。堆置的时间、温度及与其他单元的同步可通过电脑设定和修改。

(2)施加助剂装置(图2-13)。织物处于松弛堆置状态,通过足够的浸渍时间和洗液的强力循环作用,可对织物进行充分浸渍渗透。采用"S"形轧车,可有效提高织物的带液率。

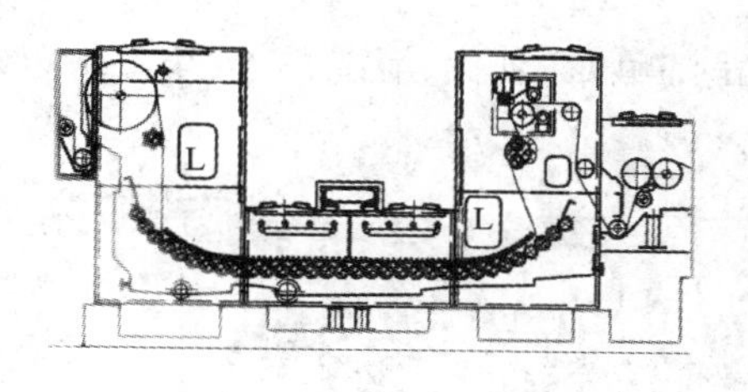

图2-12　堆置单元示意图

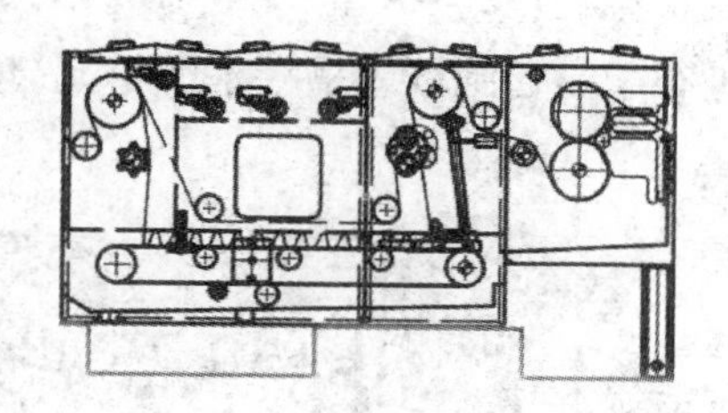
图2-13　施加助剂装置

(3)汽蒸箱(图2-14)。可提供102℃的工艺条件,在化学助剂和机械的共同作用下,织物纤维中的蜡质、棉子壳以及其他杂质可获得充分的膨润分解,有利于去除织物中的各种杂质。采用蒸箱底槽加热方式,可充分确保饱和蒸汽量及稳定性。可监控织物的堆放量和堆置时间,通过传感导辊精确提升织物,以保证其在无折皱条件下进入水洗单元。

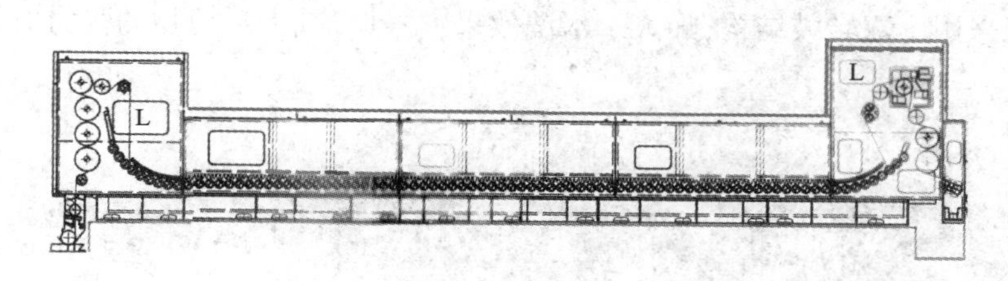

图2-14　汽蒸箱

(4)高效水洗单元。该单元将振荡水洗、液下浸洗和喷淋水洗进行三合一组合,并对耗水量进行控制,以最少的水量达到最佳的水洗效果。它将水洗槽液位设置得很低,以加快水流循环。特殊设计的转鼓表面可产生正压和负压,去污能力强。洗液往返穿透织物的频率很高,加速污物去除。采用独立变频传动的牵引转鼓,对织物产生的张力很低。每个水洗箱体配置两个张力传感器和两个扩幅辊,减小了针织物的张力和卷边。

3. 德国欧宝泰克(Erbatech)公司斯考特(Scout)针织物平幅湿处理机　对于针织物的连续式加工,德国欧宝泰克(Erbatech)始终是积极倡导者,几乎涵盖了织物的染色前、后处理及印花后处理的所有设备。每种处理工艺可以按照用户的要求进行不同的设备工艺流程组合,从提高产品质量和节能减排方面,提供了最佳方案。

(1)预处理(预洗)设备结构特征及设备流程。设备主要单元有松弛堆置槽、堆置/水洗单元、转鼓式水洗箱和轧车等。松弛堆置槽内采用摆动式导布辊,可使织物获得较长时间的浸渍,保证织物的充分渗透,并可得到松弛(收缩)效果。堆置/水洗单元主要是为织物提供一定的堆置时间,使织物纤维浸渍的助剂能在其内部进行充分化学反应,堆置的时间为0~5min。对于敏感性织物(易起皱)可提供紧式模式。织物包覆在转鼓上,强大的水流循环穿过,并加充分的喷淋，使织物能获得良好的渗透和清洗。为了避免对织物产生过大拉伸，采用了连续张力控制。轧车采用中固结构，可减少水洗后的轧液率。设备流程如图2-15所示。

设备流程：

进布架→松弛堆置槽→水洗单元（堆置）→转鼓水洗单元（乳化、清洗）→轧车→出布架

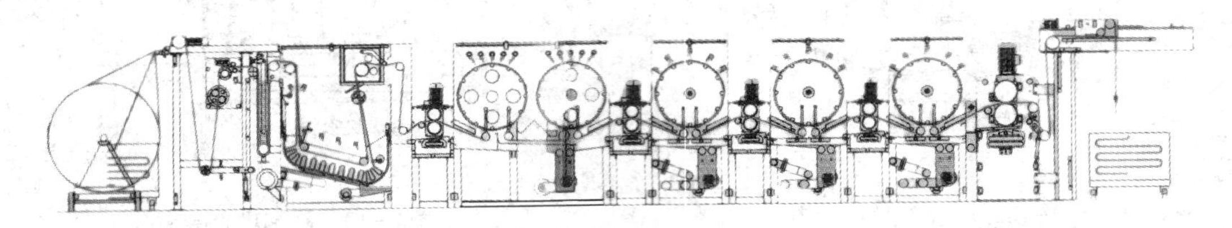

图2-15　预处理（预洗）设备流程示意图

（2）漂白设备结构特征及设备流程。设备主要单元有织物储存箱、堆置/水洗单元、浸渍槽和双转鼓水洗箱等。织物储存箱的弧形底衬有聚四氟乙烯条板，用作不间断退卷时的储存和松弛织物。浸渍槽采用小容积高深度结构，可保持漂白剂的新鲜度，使织物的浸渍充分而均匀。蒸箱内的织物处于饱和蒸汽中，并以波浪形在条状方形管上运行，完成织物的漂白过程。该机的水洗箱采用了双转鼓结构，加大了水洗效果，并且可减少对织物的张力。设备流程如图2-16所示。

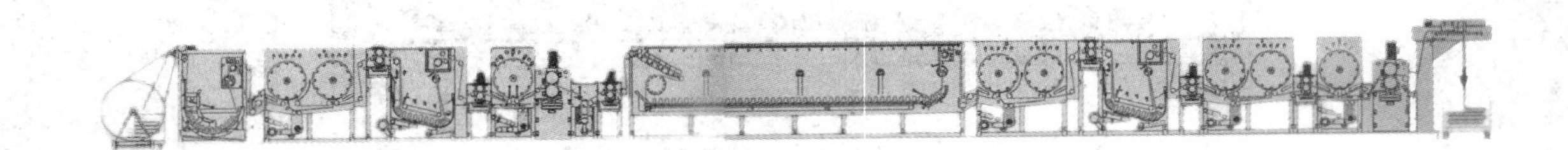

图2-16　漂白设备流程示意图

设备流程：

进布架→织物存储箱→双转鼓水洗单元→堆置水洗单元→轧车→单转鼓水洗单元→轧车→浸渍槽→轧车→蒸箱→双转鼓水洗单元→轧车→堆置水洗单元→轧车→双转鼓水洗单元→轧车→单转鼓水洗单元→轧车→出布架

五、短流程前处理设备的控制

除了机械单元结构形式满足高效短流程外，设备的控制也是保证各项功能的关键部分。目前国外先进的前处理设备自动化程度比较高，其控制系统可归纳为三个层次。

（1）基础自动化控制系统。最基础的控制系统具备了屏幕图像显示和操作面板，可用于输入各种工艺参数，但没有工艺处方储存功能。工艺参数控制包括：蒸汽量、水量、化学助剂量、洗液循环、轧辊压力、反应时间、汽蒸温度和湿度、进水量以及织物张力等。

（2）高层次自动化系统。相对基础控制而言，可通过更高一层的控制系统实现所有工艺助剂和设备工艺条件参数化，从电脑中随时读取、设定和控制机台运转等功能。操作面板具有

图形显示功能,工艺参数控制与基础自动化控制系统相同。

(3)可进行数据登录的全工艺流程自动化系统。该控制系统除了具有高层次自动化系统的功能外,还增加一些参数记录,如耗电量、生产工艺参数、故障信息、设定值与实际值的偏差、统计报表等。对工艺流程数据中的工艺类型、化学剂、水、温度和设备运行状态等参数,均可进行设定、输入和储存,并可透过屏幕的操作,更加快捷和简便的进行更改。对设备运转过程中出现的故障,如突然停电或水量不足等,均可显示或打印出来,并显示出故障的种类、发生的位置以及排除故障的方法。

第三节 低温练漂

低温练漂指的是低温煮练和低温漂白,用以去除棉纤维中的共生物、色素和浆料等。生物酶煮练和烧碱煮练都是对棉纤维中的共生物进行水解,其中生物酶煮练属于生物催化反应,烧碱煮练则属于化学水解反应。生物酶具有专一性,只能对部分纤维杂质起作用。影响化学水解反应速率的主要因素有反应温度、反应物的浓度和所使用的催化剂。化学水解反应速率随着温度的提高而加快,温度若相差10℃,则反应速率就会相差2~3倍。也就是说,要达到相同的水解率,若在温度低10℃的条件下进行,则时间就会延长2~3倍。反应物的浓度对反应速率的影响也很大,随着浓度的提高,反应速率也加快。此外,选择催化效率较高的催化剂,可以降低反应速率。烧碱实际上也是一种催化剂,煮练的温度低(如冷轧堆),使用烧碱的浓度就高。

由此可见,传统的练漂需要使用较强的化学助剂,并消耗大量的热能。织物在高温强碱条件下,会造成强力下降、手感差和折皱等质量问题。冷轧堆前处理虽然能耗降低,但需要占用很长的时间。在倡导节能减排的今天,开发低温练漂工艺具有一定的现实意义。

一、低温练漂的作用及条件

传统的棉织物练漂主要是通过烧碱对棉纤维中的果胶和蜡质进行皂化水解作用,以达到去除这些杂质的目的。低温练漂是利用双氧水在低温下分解有效成分,去除纤维的共生物、色素及浆料等。在低温条件下,双氧水一般不会对棉纤维共生物和浆料产生作用,但在有低温练漂剂的存在下,就有可能进行低温练漂。调整低温练漂剂的部分组分,通过相互协同作用可提高整体反应效果,缩短低温练漂中织物的堆置时间。低温练漂处理后,不仅织物的白度好,而且对织物没有强力损伤。与传统工艺相比,可节约蒸汽60%,加工成本可降低10%。

双氧水在传统的漂白工艺中,因重金属离子的催化作用促使双氧水分解,减少了对漂白起作用的有效成分。如果在相同工艺条件下,加入一种特殊的氧漂活化剂,改变双氧水的有效分解率,提高对漂白起作用的有效成分含量,那么在漂白温度70℃左右,织物即可获得很好的白度,并且可以降低纤维损伤和失重。

由于低温练漂工艺是在满足织物前处理质量要求的条件下,降低加工过程的温度。因而,除了通过特殊低温漂白活化剂的作用外,还要考虑到选择低温(70℃)条件下能够去除针织物油剂及其杂质的低泡型表面活性剂,以及低温(70℃)条件下可提高棉纤维渗透性的助剂。

二、低温练漂工艺

低温练漂主要是通过助剂的作用,改变练漂的工艺条件,因而也形成了助剂为主要控制条件的工艺。这里介绍广东德美精细化工股份有限公司开发的三种适于针织物低温练漂工艺:果胶酶精练型、活化酶精练型和双氧水活化型低温练漂工艺。

1. 果胶酶精练型低温练漂工艺　早期人们认为,棉纤维毛细效应的影响因素主要是纤维中的蜡质,要提高毛细效应就要去除纤维中的蜡质。后来经过试验发现,用四氯化碳萃取后棉织物的毛细效应并没有改变,而将果胶质萃取后,棉织物的毛细效应却有很大提高。在实际应用中,可利用果胶酶、半纤维素酶和脂肪酶的作用去除果胶质。德美公司生产的精练酶在50~60℃、pH为6~8条件下即可反应,并可将精练、抛光和染色共浴进行,果胶去除率可达到95%。不过,果胶酶对棉纤维中的色素和棉籽壳并不产生作用,也不能提高纤维白度,因而这种精练酶仅适用于品质较好的棉纤维染中、深色。

精练、抛光一浴工艺处方:精练酶DM-8654(1%)、非离子渗透剂DM-1361(0.5g/L)、中性纤维素酶DM-8659(1%~1.5%)。

精练、抛光一浴工艺流程:加入精练酶DM-8654、非离子渗透剂DM-1361,调节pH为6~7,升温至55~60℃,再加入中性纤维素酶DM-8659,保温40~60min,保温结束后升温至85℃使酶失活,排水,染色。

该工艺中同时使用了精练酶和纤维素酶,可省去1~2道水洗。并且在纤维素酶的水解作用下,纱线变得更细,捻度有一定程度降低,有利于去除棉籽壳。

2. 活化酶精练型低温练漂工艺　针对纯精练酶DM-8654存在的缺陷,德美公司开发了低温活化酶DM-8656,配合活化酶保护剂DM-8657的作用,可以实现生物酶和烧碱、双氧水共浴处理,能够获得较好的白度和毛效。与常规煮漂工艺相比,该工艺中加入了活化酶,烧碱用量可降低50%,pH降低1~1.5,温度为75~80℃,毛细效应可达到10cm/30min以上。经测试,按相同工艺配方染中、浅色时,色光和深度与常规工艺相当,色差值ΔE差异在0.5以内,二者牢度基本相同。

工艺处方:精练剂DM-1335(1g/L)、活化酶DM-8656(1g/L)、活化酶保护剂DM-8657(0.5g/L)、双氧水(27.5%,5~10g/L)、烧碱(0.7~1g/L)。

工艺流程:预加入活化酶保护剂、精练剂、烧碱、双氧水,测试pH合格后(调节pH至10.5~11),加入活化酶,升温至75~80℃,保温45~60min,按正常工艺水洗、过酸、除氧、染色。

3. 双氧水活化型低温练漂工艺　活化酶低温精练工艺可用于中、深色染前的练漂处理,具有较好的处理效果和环保性。但不能满足染浅鲜色前的白度要求,且工艺过程较繁琐。对此,德美公司又开发了应用较为简便且适用范围更为广泛的双氧水活化型低温练漂工艺。

双氧水的漂白机理目前有几种假说,其中较为普遍的观点认为:过氧化氢与弱酸一样,在碱性介质中离解生成过氧化氢负离子。而过氧化氢负离子具有引发过氧化氢形成游离基的作用,二者都有较高的活性,能够分解色素。有研究表明,用乙酸或乙酸酐催化反应可制得过氧乙酸,其活化能比双氧水低,而氧化电位比双氧水高,氧化能力高于双氧水。过氧乙酸可在较低温度下活化,实现低温漂白。基于这种情况,许多助剂开发商已经研发出可用于低温练漂的活化剂,如酰胺基类化合物、烷酰氧基类化合物、酰基已内酰胺化合物等类型。这几类化合物在低温时,可释放出过氧乙酸离子,具有漂白作用。这些活化剂的优点是,与单独使用双氧水工艺的白度相同,对纤维不产生损伤;但不足的是活化剂的活性能量不稳定,价格较高,工艺依存性差。

德美公司的双氧水活化剂 DM-1430 属于这类活化剂。既可用于常规工艺降低温度的练漂,也可用于冷堆工艺。其漂白度可达到常规工艺水平,毛效相对略低,但也可达到 8cm/30min。织物顶破强力较常规工艺高 8%~10%,织物损伤降低 1%~1.5%。

浸染工艺处方及工艺流程:精练剂 DM-1335(1~2g/L)、双氧水活化剂 DM-1430(0.8~1g/L)、双氧水(27.5%,5~10g/L)、烧碱(1.5~2g/L)。升温至 75~80℃,保温 45min,后面水洗过酸等工艺与常规工艺相同。

针织物冷堆工艺处方及工艺流程:OK 枧油(2~3g/L)、多功能精练剂 DM-1116(10~15g/L)、双氧水活化剂 DM-1430(3~5g/L)、双氧水(27.5%,30~50g/L)、烧碱(1~2g/L)。

工艺流程:

两浸两轧→堆置 16~20h→水洗、过酸、除氧→染色

低温练漂工艺可以用于纯棉、粘胶、腈纶和羊毛类等织物。这种低温和低碱条件,不仅可以降低能耗和排污,而且可有效减少对织物纤维的损伤,提高产品质量。

三、低温一浴一步连续练漂工艺

山西彩佳印染有限公司将冷轧堆前处理与传统退煮漂三段工艺结合起来,采用自己研发的室温练漂剂,并对设备局部单元进行改进,分别进行了五种工艺流程试验,即:轧→堆→洗→轧→蒸→洗;轧→堆→轧→蒸→洗;轧→堆→蒸→洗;轧→堆→洗→轧→堆→洗;轧→堆→洗。其中“轧→堆→洗”工艺通过低温练漂剂作用,将传统练漂工艺温度 100℃改为 40℃条件下进行,实现了双氧水室温“退、煮、漂”一浴工艺。与传统工艺相比,该工艺的堆置时间从 12~24h 减少为 75~90min,化学品总用量可减少 40%以上,蒸汽用量减少 50%以上,污水 COD 值降低 40%,pH 由 12 降至 7~8。具有显著的节能减排和经济效益。

1. 低温练漂工艺流程

室温进布→高给液浸轧练漂工作液(带液率 100%)→室温连续堆置(温度 35~40℃,网带箱堆置时间 75~90min)→七格蒸洗箱热洗(前三格温度 60~65℃,后四格温度 90~95℃)→烘干

2. 工艺处方及工艺条件见表2-5。

表2-5 低温练漂工艺处方及工艺条件

工艺处方及工艺条件		用量及设定参数
练漂	低温练漂剂(g/L)	9.8~10
	烧碱(g/L)	10~12
	双氧水(100%,g/L)	24.75
工艺条件	织物浸轧练漂液带液率(%)	100
	堆置温度(℃)	35~40
	网带箱堆置时间(min)	75~90

3. 工艺控制 该工艺的织物堆置时间与蒸箱结构形式和温度有关。表2-6是经试验得出的不同蒸箱结构形式所满足的加工要求。

表2-6 织物堆置时间与温度

织物堆置时间(min)	蒸箱温度(℃)	可满足的染色加工	蒸箱结构形式
30	75	特浅色	较短蒸箱
45	70	特浅色	较短蒸箱
50	50	浅、中深色	一般蒸箱
50	60	浅、中深色	一般蒸箱
60	50	浅、中深色	一般蒸箱
90	40	浅、中深色	较长蒸箱
60×2=120	50	特殊紧密织物染色	二浴完成

第四节 织物松堆丝光

棉织物经过丝光处理后可获得耐久性的光泽，提高染料的吸附能力，并且还可提高成品尺寸的稳定性，降低缩水率。传统针织物的丝光加工有筒状、筒状平幅和剖幅三种形式。其中筒状或筒状平幅丝光容易出现布边轧痕，织物的经、纬斜以及织物的拉长现象；剖幅平幅丝光需要控制卷边和张力，还要多一道开幅工艺。传统的针织物丝光大多采用剖幅平幅丝光，基本上是以提高织物光泽为主的一种“常规紧式”布铗丝光。

近年来出现了圆筒针织松堆气胀式丝光工艺，织物在松堆过程可以获得足够的碱作用时间和溶胀效果。该工艺是对织物在进入轧点之前进行空气吹鼓胀，以避免织物产生折痕。织物在没有过分张力的条件下，碱液对纤维进行充分和均匀的渗透。织物以圆筒状进行加工，既省去开幅工序，同时还可避免织物的卷边和张力过大，尤其适于含有弹力纤维的针织物的丝光。

一、常规紧式丝光存在的问题

由丝光原理得知，纤维素纤维经浓碱处理后发生剧烈溶胀，纤维横截面由腰子形转变为近似圆形或椭圆形。此时若对纤维不施加张力任其收缩,即使横截面形态发生变化,也不会有明显光泽现象。只有在纤维浸渍碱液后或者在洗碱过程中,同时对纤维实施纵向张力减少纤维表面的皱纹,才能够使纤维获得明显的光泽,并且光泽的程度会随着张力的加大而增强。当施加的张力足以使纤维在含碱液情况下保持长度不收缩,或者收缩后再将其拉伸至原有长度时,纤维的光泽可达到最佳效果。这就是棉织物采用常规紧式丝光的目的所在。然而,紧式丝光工艺对织物所施加的张力,会影响到织物吸附碱液均匀性,以及碱对麻类织物的品质影响。

1. 张力的影响 紧式丝光工艺虽然可以使织物获得一定的光泽效果,但由于织物在张紧状态下,碱液很难渗入纤维内部,尤其是在经、纬纱线的交织点处,影响到纤维的溶胀性。此外,织物在丝光过程中的张力作用下连续运行,设备的长度限制了烧碱和纤维的作用时间(45~50s)。而实践证明,织物碱处理的作用时间,即使在松堆下也必须保持在5min以上,纤维才能达到较好的溶胀效果。因此,紧式丝光工艺无法满足碱对纤维作用实际所需的时间,纤维不能获得充分溶胀。这种没有充分溶胀的纤维除了增加织物的光泽效果外,并没有使其他如吸收染料的能力、染色的均匀度、降低缩水率及节约用碱等方面得到改善。

2. 丝光工艺的适用性 纤维素纤维的丝光作用与织物纤维特性、混纺织物中棉纤维所占的比例以及提高染色性等因素有关,必须根据这些相关因素以及具体的使用要求,确定是否需要进行丝光处理。例如,苎麻织物本身就具有良好的光泽,若采用常规紧式丝光处理,就会导致苎麻纤维在浓碱下受到损伤,并使纤维手感粗硬。但是采用松堆丝光处理,就会提高染色性能,降低内应力,并改善手感。又如,涤/棉(65/35)织物本身已经具有良好的光泽,即使浸轧烧碱后在松堆状态下,也不会因有1/3的棉产生溶胀而使织物收缩。因而对涤/棉织物进行丝光处理的目的,应该是提高染色的上染量,减少上染不均匀的发生。况且在丝光之前还要经过一次拉幅定形处理,织物幅宽可以得到有效控制,织物的缩水率完全可以控制在允许范围内。由此可见,纯棉织物目前的丝光要求,不仅是为了改善织物外观的光泽,更重要的是获得染整加工的其他品质。

二、松堆丝光的作用

与紧式丝光工艺相比,松堆丝光的一个重要过程就是松堆。它是织物经过第一道浸轧碱液后,不经绷布辊而直接进入"J"形箱或履带箱进行松式堆置。在松式堆置中织物纤维可被碱液充分渗透,并且持续作用5min以上,使织物纤维能够获得均匀的溶胀。纤维素纤维经松堆丝光后,溶胀性、纤维吸附性、匀染度、幅宽和缩水率、用碱量和能耗等都得到了很大改善。

1. 纤维素纤维的溶胀性 没有经过烧碱处理的纤维素纤维主要是纤维素Ⅰ型,经碱处理后,纤维结晶区,c 轴和 a 轴的晶胞参数以及 β 角发生了变化,部分纤维素Ⅰ型转变为纤维素Ⅱ型。从Ⅰ型转变为Ⅱ型的多少可反映出纤维的溶胀程度。纤维素Ⅰ型和Ⅱ型的X射线衍射图谱各有其特征峰,通过电脑对图谱进行分峰处理可得到纤维素Ⅰ和维纤素Ⅱ含量的数据,并由此可计算出纤维的结晶度。经纱在紧式丝光中受到强烈拉伸,经纱伸直紧贴在纬纱上,实际上是对纬纱施加了纬向张力。而紧贴着的经、纬交织点处,就难以透入碱液,尤其是经密高的织物更明显。相比之下,松堆丝光就不会发生这种现象。

丝光对苎麻的作用效果要比棉小，主要是苎麻的结晶度较高、纤维壁较厚以及杂质含量较高，加之紧式工艺张力大，碱液很难渗入纤维。而常规紧式丝光工艺虽然通过提高碱浓度可提高苎麻的溶胀，但会损伤纤维的强力，并且造成纤维的手感粗硬。若采用松堆丝光工艺，则可延长作用时间，改善纤维溶胀效果。

2. 纤维素纤维的吸附性 纤维素纤维织物经碱处理后，可降低纤维的结晶度和密度。这意味着增加了纤维的无定形区，为染料向纤维内部的扩散提供了有利条件。松堆工艺的这种作用效果要比常规紧式工艺更明显。试验表明，松堆丝光工艺的碱液浓度降低至常规紧式工艺的70%，对麻类织物染色的得色率仍可提高20%以上；涤/棉织物中即使只染其中占1/3的棉，其得色率也可提高5%~10%，某些染料甚至可达20%。因此，采用松堆工艺，具有显著的节约染料效果，并且颜色的鲜艳程度也有所提高。

3. 织物的匀染度 松式丝光工艺在提高纤维素纤维吸附性的同时，还可使纤维获得均匀的吸附能力，为染料均匀上染纤维提供了条件。松堆丝光工艺能够使碱液容易透入纤维内部，碱可对织物纤维不同部位进行均匀作用，使纤维获得均匀和充分的溶胀，进一步提高了染料对织物的匀染度。此外，对于不同成熟度的棉纤维，通过松式丝光工艺的纤维均匀溶胀，可以减小不同成熟度的棉纤维对染料吸附能力的差异，提高匀染性，甚至对棉结“白芯”也会起到改善作用。

4. 织物的幅宽和缩水率 紧式丝光工艺对织物产生的经向张力较大，布铗拉幅时织物门幅不易伸展。另外，织物纤维在生长过程中，纤维分子间自由形成的氢键在纤维之间产生的内应力，也会阻碍织物纱线的伸展。这些因素影响到织物幅宽，导致织物的缩水率高。如果采用松堆丝光工艺，碱对纤维均匀和透彻的溶胀，可将纤维分子间的氢键进行解键，消除或减小内应力的影响，使得织物幅宽可进行拉伸。经洗碱和烘干后，纤维分子间在新的位置上能够形成新的且有规则的氢键，将织物的尺寸相对稳定下来，从而达到所需的织物缩水率。

5. 用碱量和能耗 松堆丝光工艺可显著降低丝光浸轧碱液的浓度。与常规紧式丝光工艺相比，碱浓度可降低25%~30%，补给碱液的浓度也降低30%，从而减少了碱用量。由于碱浓度的降低，回收碱时也减少了蒸发水分所用蒸汽量。

三、织物松堆丝光工艺与设备

棉纺织品的丝光经过了五十多年的发展，人们看到更多的是获得织物光泽效果所带来的商用价值，而对丝光对其他纤维素纤维（如苎麻）以及在棉混纺织物中棉纤维的作用并没有太深入的研究。因而没有真正发挥出丝光的应用效果。随着节能减排形势的发展，以及松堆丝光工艺的出现，丝光工艺的使用意义又重新得到了印染工作者的认识和重视。这里对织物松堆的工艺和设备作一简单介绍。

1. 织物“紧式”与“松堆”丝光工艺 国内有研究者结合紧式和松堆两者的丝光功能，曾设计出可实现“松堆”和“紧式”丝光功能的工艺和设备，可用于苎麻织物、涤棉或涤麻混纺织物以及纯棉织物。该工艺分为两次浸轧碱液，第一次浸轧后松堆，目的是使织物经向、纬向均获得充分的溶胀或收缩；第二次浸轧碱液目的是防止织物松堆因露在空气中可能产生的带碱不均匀。经过绷布辊后再进入轧车，目的是调节第二次浸轧碱液时轧辊的线速度，控制织物张力，使织物恢复到收缩前的长度，并控制纬密。最后经拉幅、水洗和烘干。

工艺流程：

浸轧碱液（浓度为180g/L）→松堆5min→浸轧碱液→进入绷布辊5～8只→两辊小轧车→布铗拉幅→水洗→烘干

2. 圆筒针织物松堆气胀式丝光 上海协曼特机电设备有限公司开发的圆筒针织物松堆气胀式丝光机采用充气鼓胀形式，可防止织物产生折痕。织物在进入轧车之前处于气胀状态，使其保持无折痕运行处理。这样圆筒状针织物就不会发生卷边和擦伤现象。该机采用了浓碱浓度、温度、反应时间以及织物经纬向张力的在线检测控制，不仅可进一步保证织物的丝光品质，而且具有显著的节能效果。图2-17为该机设备流程示意图。

设备流程：

浸碱单元（3个）→松式渗透单元→热水去碱定形箱→水洗单元

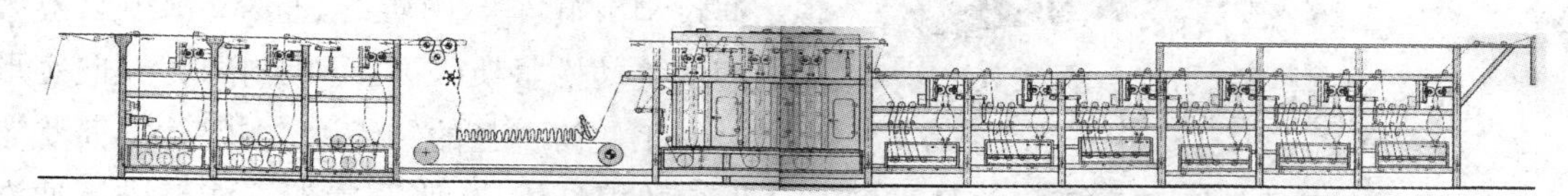

图2-17　Lztsg（A）-120型圆筒针织物松堆气胀式丝光机设备流程示意图

（1）浸碱单元（图2-18）。碱浸渍槽采用“三浸一轧”形式，保证织物能够得到充分浸透。5个直径为300mm导布辊，由链条独立传动，辊表面带有网孔。2个导布辊在上，3个导布辊浸在碱液中。这样有利于碱液浸入双层织物。3个碱浸渍槽的碱液相连通，织物连续通过每个槽。织物经最后浸渍后，进入轧辊之前可形成气胀状态，避免织物产生折痕。

碱浸渍槽内的碱浓度可在线检测，并有配碱和加液自动控制，以保证碱浓度稳定在工艺要求范围内。槽内碱循环管路中配有清洁过滤装置，可去除循环液中的毛绒和杂质。

（2）松式渗透单元（图2-19）。该单元由进布辊、打手机构、网状输送履带、堆布量控制、提布辊和环状扩幅器等组成。织物在透风过程中，处于无张力和松堆状态，可减少织物受到挤

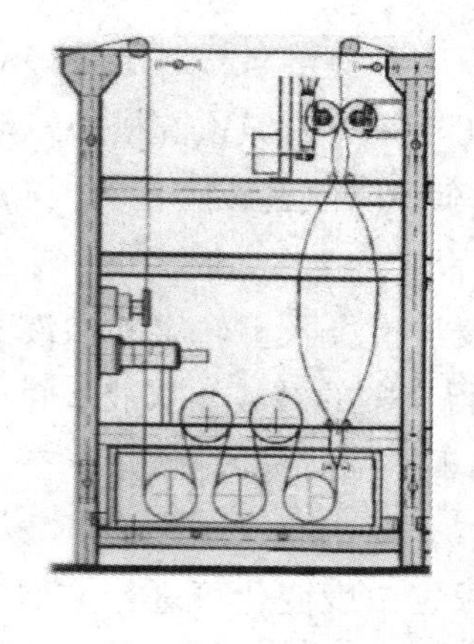

图2-18　浸碱单元

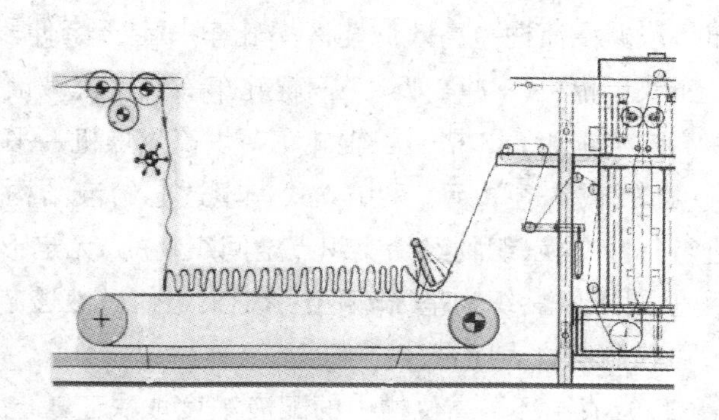

图2-19　松式渗透单元

压和拉伸影响。与传统针织物处于紧张状态输送相比，可避免织物产生折痕。织物浸渍浓碱后，以松弛状态堆置在输送网带上，堆置时间3~10min，且可调。织物在堆置的过程中，其纤维可获得充分的渗透、扩散和溶胀，以达到最佳的丝光效果。

(3)热水去碱定形箱(图2-20)。气胀式扩幅装置可检测圆筒针织物的鼓胀直径，并将检测到的数据传送到充气装置，以确定是否对圆筒针织物充气。该装置可控制织物的纬向定形尺寸。热水去碱定形箱中有三组热水喷淋装置，每一组有三个圆环喷淋管，其圆周上分布了多个扁平型喷嘴，可将热淡碱以水珠状对织物进行强力冲洗。喷淋淡碱液形成逐格逆流，循环热水经过清洁过滤后，由大流量输送泵输入喷淋管。气胀圆筒针织物在运行中，上方是轧车(控制织物带液量)，下方是大直径网孔辊筒，均为独立主动辊。通过调节轧车与网辊线速度及每组喷淋装置之间的气动松紧架张力，可控制织物经向定形尺寸。对于任何直径的针织物，在保持圆筒状态下，均可获得稳定的长度和宽度。并且受到充分收缩的棉纤维，在张紧状态下能够进行冲洗去碱。

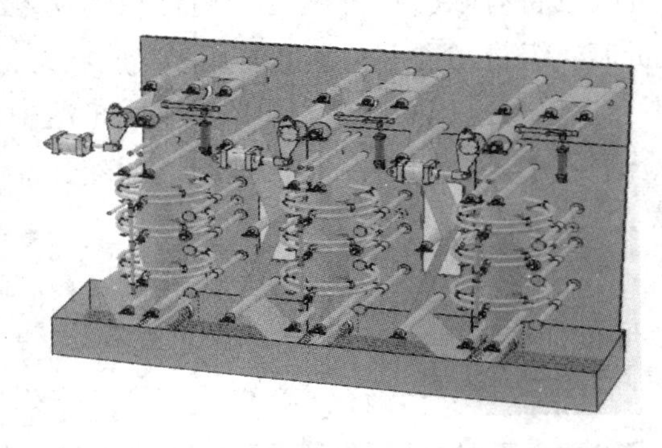

图2-20 热水去碱定形箱三维立体图

(4)水洗单元。丝光后经过六格相同的水洗单元，每个水洗单元采用“三上四下”导布辊形式，其中上导布辊为主动辊。每格水洗槽具有独立的温度控制，可根据工艺要求分别设置。第四格水洗槽配置了酸中和装置，可以设定pH。该单元能够进行多种酸剂的自动配液和加液，并可保持洗涤水的pH恒定。

3. 高效布铗松堆丝光 山东源丰印染机械有限公司开发的YF 1098-180型高效布铗松堆丝光机，具有干、湿两用功能。干进布时，织物直接进入高给液装置，带液率可提高10%~15%；湿进布时，织物经预浸渍槽和高效轧车，获得均匀稳定的低轧液率后再进入高给液装置，可减少烘干的蒸汽消耗。

设备流程：

平幅干进布(平幅湿进布→预浸渍槽→高效轧车)→高给液轧车→落布松式堆置→对中进布→浓碱浸渍槽→高效低轧液率轧车→定长牵伸段→三辊轧车→热淡碱预洗槽→三辊轧车→布铗拉幅机(3冲3吸)→三辊轧车→直辊去碱槽→三辊轧车→高效去碱蒸箱→(二辊轧车→高效水洗箱)×3格→三辊轧车→烘筒烘燥机→平幅落布

(1)轧碱渗透单元。采用立式三辊透芯给液结构，织物经浸渍槽进入重轧辊并在液下轧点进行气液交换，织物经纬交织点空间织物的“无定形区”可获得充分的碱液。从液下轧点出来后进入增效槽，织物呈“微真空”状态，迫使碱液透芯。经开幅辊扩幅后进入上轧点(空气环境)，可控制织物表面带液。

(2)碱液循环。高位槽中的配液浓度取决于工艺处方，并根据浓度变化可进行追加。通过液位自动控制系统可将液位控制在合理的范围内。前后轧碱槽连通，通过循环泵自动定时循环碱液，确保织物始终能够获得均匀和稳定的新鲜碱液。循环泵通过旁通管路可将碱液输入高位槽内进行碱液浓度自控，避免直接排放造成浪费和污染。

（3）碱浓度自动控制。轧碱槽的碱液浓度采用碱浓度自动在线控制，控制精度高，可避免人为影响因素，并且可提高工艺重现性和减少碱的消耗。

（4）定长控制。由热淡碱预洗单元、绷布牵伸单元和轧碱单元组成的定长控制系统，可控制织物经向牵伸长度，并通过在线设置牵伸比例，与工艺线速度同步稳速运行。织物松堆后经向长度收缩为7%~17%，经定长控制段在比例稳速“串联”跟随线速度控制下，可将牵伸单元出布预设在95%~100%。这样可避免松堆丝光而影响织物长度。

（5）热淡碱预洗单元。松堆丝光在定长牵伸段设置热淡碱预洗，可提高丝光光泽，并且可降低织物的含碱量，有利于后续布铗拉幅。该单元可将轧碱槽溢流碱液和布铗段倒流碱液混合为浓度85g/L±5g/L，通过加热到65℃，产生流量为30L/min的喷淋液。这种配碱方式使全线逆流无排放，减少碱消耗和污染。

（6）采用“三冲三吸”。松堆丝光工艺碱液浓度要比常规紧式丝光工艺浓度下降30%，将常规“五冲五吸”改为“三冲三吸”，真空抽吸水盘表面滑动摩擦改为滚动摩擦，可减少对织物的摩擦力，避免产生“极光”、“凹纬”等缺陷。

参考文献

[1] Volker Kunzmann. Goller高效Dip-Sat-Plus高给液系统[J]. 王济永，译. 印染，2007(12)：35-36.

[2]《针织工程手册 染整分册》(第2版)编委会. 针织工程手册：染整分册[M]. 2版. 北京：中国纺织出版社，2010.

[3] 马学亚，柴化珍. 棉织物及纱线一浴低温练漂工艺最新研究成果及推广[C]. //第十二届全国印染行业新材料、新技术、新工艺、新产品技术交流会论文集. 北京：中国印染行业协会，2013.

[4] 陶乃杰. 综论织物“松堆丝光”和“常规紧式丝光”全功能布铗丝光工艺和设备研究[J]. 染整技术，1994(3)：14-18.

第三章　织物和纱线的小浴比染色

纺织品的浸染技术发展较快，无论是从适用纺织纤维和织物品种范围，还是节能减排应对措施上，都比传统的浸染有很大的技术提升，尤其是溢喷染色和筒子纱染色已成为目前织物和纱线染色加工的主要手段。而近年出现的气流染色，使得染色浴比几乎达到了织物浸染浴比的最低极限，即使传统的溢喷染色浴比也降到了最低限。染色浴比的降低意味着水耗、能耗以及排污的降低，染色全过程控制提高染色的"一次成功率"，也间接地降低了能耗和加工成本，对印染行业实现节能减排起到了重要作用。本章主要介绍小浴比浸染技术在节能减排方面的一些实施措施。

第一节　小浴比溢喷染色

溢喷染色经历了四十多年的发展，已成为目前织物间歇式染色的主要工艺方法。染色浴比已由早期的 1∶12 以上降到 1∶(6~8)，不仅缩短了染色工艺时间，还降低了能耗(水、蒸气、染化料等)及排污，是节能减排的一项重要举措。研究表明，小浴比染色还可以提高活性染料的直接性，降低盐的用量，减少排放液中盐的残留量，并提高染料的利用率和染色深度。

实现小浴比溢喷染色必须是建立在染化料、工艺和设备统一协调的基础上。小浴比改变了染料的上染条件，如染液浓度提高。由于活性染料的直接性和浓度在小浴比条件下相对较高，对织物的上染速率快。如果被染织物与染液没有良好的交换条件，就会造成染料在织物上分布不均匀。一旦这种状态维持时间过长，就很难通过移染来达到匀染。所以，对织物与染液交换的单次循环上染量，以及染液分布的均匀性的控制提出了更高要求。设备的染液循环系统必须满足循环染液分配的均匀性，尽量缩短染液温度和浓度分布平衡的时间。与此同时，染化料必须与小浴比染色工艺条件相适应，如适当降低活性染料的直接性，尤其是敏感色，提高染料的溶解度。除此之外，小浴比溢喷染色还必须与企业的工艺水平和生产管理相适应，力求工艺的稳定性和重现性。

为了对小浴比溢喷染色有一个全面的认识和了解，本节结合染化料和工艺条件，简单介绍一下与小浴比溢喷染色相关的染化料，以及工艺条件要求和控制。

一、小浴比溢喷染色对染料和助剂的影响及要求

小浴比溢喷染色工艺条件的一个重要参数就是浴比，而浴比的变化会改变染液中的染料和助剂浓度，继而影响到染料的直接性、上染率以及固色率。浴比对不同染料的影响是有差异

的,其中小浴比对活性染料的直接性影响最大。对于染色深度较深的染液,小浴比对染料和助剂的溶解性影响也很大,容易使染料产生聚集,造成染色不匀。

1. 直接性和固色率 活性染料的直接性和固色率与浴比有着密切关系。当染色深度(即染料用量)一定时,染料和助剂的浓度随着浴比的降低而提高,染料的直接性和固色率也随之增加。表3-1列出了浴比对各类常见活性染料直接性和固色率的影响。对于不同类别的活性染料拼色,浴比会引起较大的色差,这是因染料直接性受到影响而产生。

表3-1 浴比对各类常见活性染料直接性和固色率的影响

活性染料	直接性/固色率(%)			
	浴比1:3.5	浴比1:5	浴比1:10	浴比1:20
二氯喹噁啉(DCC)	57/78	53/76	50/74	30/67
二氟一氯嘧啶(FCP)	74/80	68/78	65/76	50/72
一氯均三嗪(MFT)	77/79	71/77	68/75	57/71
乙烯砜(VS)	38/72	36/70	32/67	25/62
双乙烯砜(Bi-VS)	40/92	36/92	34/90	26/84
二氟一氯嘧啶/乙烯砜(FCP-VS)	62/98	58/98	55/97	44/92

染料固色率的增加是因为染料直接性的提高,增加了染料与纤维的反应概率。为了表述染料的直接性和固色率与浴比的关系,可将染料直接性与固色率的比值作为浴比的函数,得到如表3-2所示的关系。该表反映出,直接性与固色率的比值随着浴比的减小而增加,但要比直接性增加得慢一些。

表3-2 直接性与固色率的比值和浴比的关系

活性染料	直接性与固色率的比值			
	浴比1:3.5	浴比1:5	浴比1:10	浴比1:20
二氯喹噁啉(DCC)	0.73	0.69	0.67	0.56
二氟一氯嘧啶(FCP)	0.92	0.87	0.85	0.69
一氯均三嗪(MFT)	0.97	0.92	0.90	0.80
乙烯砜(VS)	0.52	0.51	0.48	0.40
双乙烯砜(Bi-VS)	0.43	0.39	0.38	0.31
二氟一氯嘧啶/乙烯砜(FCP-VS)	0.63	0.59	0.56	0.48

由此可见,小浴比提高了活性染料的直接性(或上染率)和固色率,因而对染液与织物的交换条件提出了更高要求。为了保证染料对织物的均匀上染,用于小浴比染色的活性染料直接性应低一些,以控制上染速率。此外,染料的直接性越高,对盐的依存性越低,即所需的盐浓度也就越低,从而可大大减少盐的用量。因此,染液中盐的用量,应根据染色深度、浴比大小、

染料溶解度和染料对纤维的亲和力等因素来确定。实验和应用表明，随着浴比的降低，达到相同上染率的盐浓度不断减少，并且这种变化速度很快。例如染料用量为6.0%(owf)，浴比为1∶10时，染液的盐浓度可达60%(owf)，而在1∶3.5的浴比条件下，染液的盐浓度仅为6%(owf)，相差10倍。所以小浴比的活性染料染色，可节省大量的盐。表3-3为浴比与盐浓度的关系。此外，小浴比染色对同一染色深度，也可减少染料和碱剂的用量。

表3-3 浴比与盐浓度的关系

染料用量(%，owf)	盐浓度(%，owf)			
	浴比1∶3.5	浴比1∶5	浴比1∶10	浴比1∶20
0.1	0.1	5	15	40
0.5	0.5	7.5	22.5	60
2.0	2	12.5	40	100
6.0	6	20	60	160

2. 溶解度和稳定性 在一定温度下，100g水所能溶解染料或助剂的最大质量(g)，为该染料或助剂在此温度下的溶解度。每种染料的溶解度大小都不相同，对于溶解度差的染料就不能制备浓的染液，染深色困难。而对小浴比溢喷染色来说，同一染色深度的染液浓度比大浴比要高很多。能够满足大浴比溶解度的染料，在小浴比条件下浓度会很高，尤其是在加料桶中浓度会更高。例如，浴比为1∶20，染料用量为6%(owf)，其染液的浓度为3g/L，在加料桶中化料时的浓度则为60g/L(加料桶中染液体积占总染液的5%)；而在浴比为1∶5的条件下，染料用量同样为6%(owf)时，总染液的浓度为12g/L，加料桶中化料时的浓度则为240g/L。加料桶中如此高的浓度，对许多染料来说是很难溶解的。因此，小浴比溢喷染色应选用溶解度较高的染料。由于传统的染色工艺中，对溶解度相对差的染料，一般是加入如尿素、溶解盐等助剂来帮助溶解。但对小浴比染色来说，这些助剂本身的溶解性可能又会产生问题。因此，应考虑开发溶解度较高，并且具有相对稳定性的染料。

3. 染料的聚集 在小浴比条件下染色，染液的浓度较高，尤其是染深色。为了保证匀染性，必须通过染液的快速循环来提高染液与被染织物的交换程度。而快速循环染液内部所产生的剪切力，会破坏分散染料中的分散剂，使得染料容易产生聚集。分散染料发生聚集后，很难向纤维内部扩散。最终影响到颜色的深浅，甚至产生色斑。因此，用于小浴比染色的分散剂，应具有较强的抗剪切能力。

二、小浴比溢喷染色工艺条件

染料对织物纤维的上染(吸附)和固着(反应)，必须在一定的工艺条件下，通过过程控制才能够顺利完成。染色工艺条件的稳定性是织物获得匀染和重现性的关键，而控制染色工艺条件中的主要参数，又是顺利实现小浴比溢喷染色过程的基本要求。小浴比溢喷染色工艺条件通常包括以下一些基本内容。

1. 染色浴比 对于小浴比染色工艺条件来说，浴比是一个非常重要的参数。浴比除了对染料的影响之外，主要是对染液的循环状态的影响。染色浴比过低往往会造成织物上染液的温度和染料浓度分布不均匀，影响染料对整个织物的均匀上染和固着。因此，溢喷染色的浴比必须保证织物各个部分在上染过程中，均可获得相同上染概率的条件（即染液浓度和温度）。而小浴比满足这一要求，主要是依靠染液与被染织物的交换状态，以及获得均匀分布的时间。显然，只有通过染液循环和喷嘴才能够提供这种条件。

在溢喷染色过程中，染液主要包括两部分：一部分是织物所带染液，纯棉织物带液量为250%~300%，纯涤纶织物约100%；另一部分是循环染液，工作时充满主循环管道、热交换器及喷嘴供液分配管等。织物上所带的染液是无法改变的，而循环染液则可通过设备结构的优化，减少其无效储液空间来降低。但是，循环染液量的降低也是有限的，必须以保证被染织物及时获得温度和染料浓度平衡，以及主循环泵不产生汽蚀为前提。从目前应用的情况来看，能够满足这种条件的染色浴比大多在1∶(5~7)。若低于这个范围，具有一定的工艺风险性。

2. 染色温度 染料对织物的染色过程包括上染和固色。其中上染过程中的温度变化率，即升温速率，是控制染料均匀上染的关键。固色是对已上染的染料进行固着的一个过程，不同染料具有不同的固色温度，同一类染料有高温、中温和低温固色之分。对于活性染料来说，随着温度的升高，染料的直接性会降低。所以活性染料在常温下进行上染，更有利于提高染料的上染率。不过，上染温度过低，染料的上染速率较低，时间过长，影响生产效率。考虑到小浴比会提高活性染料直接性，并且染液的浓度相对较高，在一定程度上可以弥补温度对上染速率所产生的影响。因此，小浴比溢喷染色的温度主要是对温度分布均匀性的控制，其染色温度可适当降低一些。

3. 被染织物的带液量 小浴比的染液浓度相对较高，在上染的初始阶段，染料对纤维的上染速率很快。若染液与织物不能快速交换，就很容易造成上染不均匀。事实上，在短时间内织物与染液没有足够的交换次数，初始上染是很难获得均匀分配的。所以，在小浴比染色工艺条件下，通常必须控制被染织物在一个循环周期中的带液量，尤其是浅色或上染率较快的超细纤维织物更是如此。

4. 染液的pH 不同类型染料的染色需在相应的染液pH条件下进行，例如常规染色中，活性染料是在碱性条件下固色，分散染料是在酸性条件上染。在小浴比条件下，染液的pH波动较大，如果没有精确加料控制，很难保证所需的pH。

三、染色工艺过程控制

满足小浴比染色工艺条件，主要是对染色工艺的过程控制。既要控制单缸的染色过程，保证匀染性和所需的染色深度，还要保证相同工艺的重现性，提高染色的“一次成功率”。小浴比染色工艺过程控制，主要是对几个重要参数进行控制，使其在整个染色过程中处于受控状态。小浴比染色工艺条件是根据所用染料、助剂、织物性能以及最终染色质量要求，由设备的结构性能和控制功能来保证的。染液温度和浓度的分布，以及染液与织物的交换状态，与设备的结构性能和过程控制有密切关系。染色机除了其储布槽、染液循环管路和喷嘴的结构，能够满足织物的循环状态以及织物与染液的交换过程之外,还必须具备一些重要染色工艺参数(如温度、染液与织物交换状态、pH 及计量加料等)在线检测和动态控制的功能,使整个染色过程处于受控之中。

1. 模拟量液位控制 小浴比能够提高活性染料的直接性,不仅意味着上染率的提高,而且还降低了对中性电解质的依存性。因而染色浴比的波动对染色过程影响较大,必须精确控制,以确保染色工艺的重现性。一般采用压差式模拟量控制,或者入水计量控制,能够有效地控制小浴比精度。对于混纺织物的染色浴比,应按照织物某一组分纤维计算,而不是按织物总重量来计算。

2. 比例升温 在小浴比染色的实际升温过程中,喷嘴中的染液温度总是要高于其他部分的染液,织物的热平衡需要一定时间,所以实际升温曲线总要滞后于设定升温曲线。除了一些特殊工艺在升温过程中适当设置保温段外,还必须采用比例升温控制,即以控制加热蒸汽的进汽量大小来控制温度变化率。一些对温度比较敏感的染料,主要是控制低升温速率,以便染料在温度敏感区达到均匀上染。

3. 染液与织物的交换状态 对小浴比溢喷染色来说,染料与被染织物的接触,以及向织物纤维表面动力和扩散边界层提供新鲜染液,主要是发生在喷嘴和导布管中。由于喷嘴中的染液对织物的作用比较剧烈,并且小浴比的染液浓度相对较高,即使在 1 秒之内,织物也可获得非常高的上染量。所以,为了保证整个织物的均匀上染,必须控制织物循环一圈的染料上染量。

在间歇式溢喷染色过程中,染料对织物的上染和固着,需要一定的染液和织物交换次数,而完成一定交换次数所需的时间就反映出了染色时间的长短。显然,提高织物与染液的交换频率可以缩短染色过程的时间。因此,小浴比溢喷染色过程应根据染液与织物的交换次数来确定每个阶段所需的时间,而不应套用大浴比的过程时间。否则,超出的时间里织物只能做无用的运行,对织物的表面产生磨损,甚至对已键合的活性染料造成水解断键。

4. 染液温度和浓度的分布 要获得织物的均匀上染,必须在固色之前对整个织物提供一个温度和浓度均匀分布的条件。在小浴比染色条件下,储布槽内织物仅与部分主循环染液接触,升温过程中织物各部分总会存在一定温差,需经历一个热平衡时间。而染液的浓度差,主要是发生在加料过程中,尤其是一些敏感色如咖啡、艳蓝和翠绿等,会影响均匀上染。

因此,小浴比染色的染液温度和浓度的均匀分布,主要是由设备的结构性能来保证,而且也是小浴比染色机的关键技术。首先是设备需具备染液的快速循环系统,并设置染液循环旁路,在温度的变化中能以非常短的时间达到温度平衡;其次是在保证织物不产生过大张力(主要是针织物和弹力织物)的条件下,织物与染液具有较快的交换频率;再次就是主体循环染液的浓度变化率不要太大,刚注入的染料或助剂与主体循环染液要有一个稀释过程,然后再与被染织物接触。

5. 染液 pH 在染色过程中,随着染料对被染物的上染,会出现染浴 pH 的变化,例如活性染料随着上染的进行,逐渐呈现酸性。而这种变化破坏了适于染色的染浴的 pH(活性染料须在碱性下)状态,影响了染料对被染物的继续上染,所以必须检测和控制染浴 pH 的变化。对于酸性染料染色,必须保持染液始终处于酸性状态。分散染料的染色也是处于弱酸条件,以保证其稳定性。由此可见,染液的 pH 状态是保证染色正常进行所必须满足的条件,应该始终处于控制之中。

6. 计量加料 加料过程包括染料和助剂两部分,而加料方式对染料上染的均匀性有很大影响。一般染料的上染速率随时间呈逐减趋势,为了在尽可能短的时间让织物获得匀染,就必须控制织物在每次交换中染料的上染量,也就是希望染料在整个上染过程中始终保持均匀的上染量。这就需要对染料采取非线性添加,染料的加入量随时间成对数曲线关系。对药剂和助剂的控制,主要反映在分几次添加、按怎样的比例分配、每次加入的速度是多少等方面。对于活性染料染色,盐控制着上染率,碱控制着固色率。染深、浅色时,盐剂和碱剂的添加方式,对染料上染起到非常重要的作用。由于活性染料染色需要较多的盐促染,而一次化盐需很多染液,并且还不能及时溶解,所以许多加料系统配置了溢流式化盐装置,采用动态化盐。

四、适于小浴比染色的基本条件

应用表明,在小浴比溢喷染色中,染化料、工艺和设备三者之间有着非常紧密的联系。纺织纤维及面料的发展必然引导染色新工艺和染化料的开发应用,同时也对工艺条件提出了新的要求。小浴比溢喷染色工艺的开发不仅是满足染色工艺的品质要求和重现性,更重要的是节能降耗。只有将这三者有机地结合起来,才能够真正实现小浴比溢喷染色。

1. 适于小浴比染色的染料 目前应用于溢喷染色的大部分活性染料,基本上都是针对 1∶8 浴比以上而开发的,并且为了提高上染率,采用多活性基设法提高染料的直接性。但是,活性染料的直接性随着浴比的降低而提高,如果在 1∶4 的浴比条件下选用直接性较高的活性染料,就会加快上染速率,容易产生不均匀上染。因此,小浴比染色应选用直接性低的活性染料。此外,不同类别的活性染料拼色时,浴比对色差影响较大。特别是小浴比条件下的活性染料拼色,应尽量选择上染曲线相同的染料进行拼色。其原因主要是每只染料的直接性存在差异。

2. 开发小浴比的染色工艺 染色工艺是根据染料对织物纤维的上染规律,并结合选用的染料性能和设备功能而设置的染色步骤。只有在相应的染料、纤维、设备结构性能和控制所构成的一定条件下,才能够实现相对应的染色工艺。因此,同一类染料对某一纤维的上染过程,与染色过程的工艺条件有很大关系,并且工艺条件又是由具体使用的设备所提供或满足的。浴比的改变实际上就是工艺条件发生了变化,必然要影响到染料的上染状态。在小浴比条件下,染料的浓度提高了,被染织物经过喷嘴时,即使带有较少的染液量,也足以保证织物在一个循环周期中对扩散边界层所需的染料量。如果在良好的染液循环状态下,并有较快的织物和染液的交换频率,那么完成上染和固色的时间显然要缩短许多。染色工艺时间的缩短,不仅可以减少已固色染料的水解断键,提高色牢度,同时还可减少能耗,提高生产效率。所以,小浴比溢喷染色工艺,必须结合染料和小浴比设备的性能去开发,而不应套用传统大浴比溢喷染色的工艺。

3. 满足小浴比染色工艺条件的设备功能 染色机是提供染色工艺条件,为完成染料向织物纤维上染和固着过程的具体实施手段或者工具。染料在小浴比条件下,加快了对织物纤维的上染速率,为了获得均匀上染,必须采取有效的温度变化率来控制。在固色过程中,固色的均匀性必须通过计量加料进行控制。显然,温度和染液浓度变化的均匀性及梯度,以及染液pH的稳定性,都是要通过染色机相应的功能和控制来保证的。

小浴比溢喷染色是目前纺织品染色实现节能减排的有效手段之一。只有掌握小浴比染色的基本要求和规律,并将染化料、工艺和设备三者结合起来同步进行研发和应用,才能够保证染色过程的顺利实现和工艺的重现性。而实现小浴比水洗,又是提高溢喷染色机水洗效率,降低用水量和能耗的关键技术。对染色和水洗过程进行控制,是顺利实现小浴比溢喷染色的重要方式,也是染化料、染色工艺与设备功能的高度统一和结合。随着控制技术的不断发展,以及人们对小浴比染色的深入研究,无论是染色工艺,还是染色设备,都将为使用者提供更加节能、可靠而简便的加工方法。

第二节　小浴比纱线筒子(经轴)染色

纱线筒子染色是纱线染色的一种方法,并且由色纱制成的纺织品具有较高的附加值。小浴比纱线筒子染色过去是指浴比在1∶4,并且染液是单向循环。由于对设备的染液循环系统以及筒子纱的接口密封要求很高,而国产的筒子染色机一般无法达到,所以在过去相当一段时间里,染色浴比都在1∶(6~7),也称之为中浴比。近几年,一些设备制造商通过机器结构优化设计,对关键件的质量控制,已经能够做到浴比1∶4的染色工艺,从而进一步地降低了加工过程中的水、蒸汽、染化料消耗,减少污水排放。小浴比条件下的纱线染色,不仅能够节省水和蒸汽、减少排放,而且还可提高活性染料的直接性,减少对盐类的依存性,降低盐类的消耗和污水助剂的含量。因此,小浴比是筒子纱染色节能减排的一个主要特征。

一、小浴比纱线筒子染色的主要特点

在筒子染色技术的发展过程中,染液与纱线的交换条件及方式始终是作为降低染色浴比的主要研究对象。在能够满足纱线染色质量的基础上,不断对染色工艺参数和设备结构性能进行优化,很大程度上提高了节能减排的功效。其中染液的比流量、循环方式、染液与纱线的交换状态以及纱线筒子络筒质量等,对纱线筒子实现小浴比染色起到了非常重要的作用。

1. 比流量　它是纱线筒子染色流量设计的主要依据。过去一直认为比流量越大越有利于匀染,但近年来的实际应用表明并非如此。过大的比流量,需要消耗很大的主循环泵功率,并且会使纱线产生毛羽,甚至将筒子纱冲垮,造成染液循环短路。实际上,过去提高比流量,很大程度上是为了弥补由于泄漏而造成的染液有效循环量不足而采取的保守方法。而现在,通过提高筒子纱装载接口的密封性能,大大减少了染液的泄漏量。只要满足筒子纱染色实际所需的比流量,就完全可以保证染色质量。如果采用变频技术控制染液有效循环流量,实现同步染色,那么将更有利于匀染和节能。因此,小浴比纱线筒子染色的比流量要比传统的筒子纱染色小很多。

2. 染液单向循环 为了保证染料在筒子纱内中外层的上染和固色达到均匀一致,染液循环通常都是采用"内→外"和"外→内"交替进行。染液双向循环要求主缸内的所有筒子纱必须被浸没在染液之中,如果没有设备结构上的措施减少染液循环系统中的储液量,那么浴比至少要在 1∶8 以上才能满足染液双向循环的要求,否则,主缸内顶层筒子纱就会露出液面。染液单向循环只有"内→外",而没有"外→内"的循环,筒子纱可以露出染液面。因而这也意味着浴比可以大为降低。

采用染液单向循环时,必须保证筒子纱之间、顶锁等接口的密封性。同时,对染色工艺、筒子纱的密度、比流量以及主循环泵特性等方面都有一定要求。在设备结构上,采用抗汽蚀性强的离心泵可以提供稳定的比流量,每根筒子纱柱上增加一个外套管,染液由内向外穿过纱层后在筒子纱外部形成一定的静压腔,有利于外层纱的匀染性。染色工艺上,通过自动程序能够精确控制温度和加料过程。

3. 染液与纱线的交换频率 染色工艺一般以时间来控制染色过程的每个工序,一定的染色工艺条件进行染色过程的时间,实际上就是完成染料上染和固色过程所需的时间。实践表明,温度的变化率、浴比的大小、染液与纱线的交换频率以及加料方式,对完成上染和固色过程所需的时间是有影响的,其中影响最大的是染液与纱线的交换频率,而它又体现在两者的相对运动程度上。在染色过程中,染料对纤维的上染和固色需要通过一定的染液和纱线的交换次数来完成,而交换次数所需的时间就是达到匀染和所需染色深度的时间。

由此可见,要完成一定的染液和纱线的交换次数,交换频率高的要比交换频率低的所需的时间短。由于小浴比的染液相对较少,即使不采用很大流量的主循环泵,也可获得较高的染液循环频率,从而缩短了染液与纱线交换次数所需的时间。除此之外,染液与纱线的交换过程,还可根据染料对纤维的上染规律,对上染速率较快的阶段提供较大的流量循环,而其余上染速率慢或者还没有上染的阶段,降低染液循环流量。这样既可保证匀染性,避免对纱线表面产生毛羽,又可节省能耗。这种染液循环流量的变化,也称为"脉动循环"。

4. 筒子纱络筒密度和重量 严格控制筒子纱的松式络筒密度和重量,是保证筒子纱染色质量的前提。过去的筒子染色机由于技术水平和结构性能的限制,设计者没有真正了解和掌握循环染液在筒子纱中的流动规律。普遍认为,筒子纱的松式络筒密度不宜过大,否则会影响染液的穿透力,造成单个筒子纱内中外色差。而现在的应用表明,在低比流量条件下,由于有较高的染液循环系统压力,并且染液泄漏很少,染液完全可以穿透密度较大的纱层。筒子纱络筒密度提高,染液从纱的纤维之间穿过,并且纱线各点与染液可获得均等的接触(尤其是圆柱形两端最外圈部分),为整体筒子纱纤维提供了均匀上染的条件。因此,只要有设备性能的保证,纯棉筒子纱密度在 0.40g/cm^{3}以上可得到更好的匀染性。

在筒子纱染色中,单个筒子纱的纱层厚度通常不大于 50mm(主要是考虑到染液的穿透能力),络筒密度也是有限制的,所以单个重量在 1kg 左右。一般容量大的筒子染色机,筒子纱的数量也多,形成了很多筒管之间的接口,不仅增加了泄漏口,而且装卸纱的劳动强度高。如果是长丝类的筒子纱,单个重量在 1.2kg,那么纱线接头增多,给下游工序如织造带来了一定的工作量。为此,现在已有向大筒子纱染色发展的趋势(单个重量达到 2~5kg),通过增加长度

(纱层厚度基本不变)来加大重量,减少泄漏口和纱线接头。这样有利于降低比流量和提高生产效率。当然,这对松式络筒机和染色机的性能有更高的要求。

5. 染料和助剂减少 等量的同种染料,在不同浴比染浴中的浓度是不一样的。浴比高的染料浓度低一些,浴比低的染料浓度高一些。由于任何染料不可能全部都上染到纤维上,总有一部分残留在染液中,因而要达到相同的染色深度,浴比高的要增加染料的用量。这里除了与染料的结构特性有关外,主要是与染料在不同浴比条件下所表现出的直接性有关。实验表明,活性染料的直接性随着浴比的降低会提高,也就是上染率会提高。而活性染料的直接性提高,就意味着对促染剂(如盐)依存性的降低,不仅提高了活性染料的利用率,而且还减少了盐的用量。

除此之外,许多染料需在一定的碱性条件下与织物纤维发生反应,如活性染料在碱性条件下与织物纤维形成化学键而固着,还原染料在碱性浴中进行还原。碱将染浴的 pH 控制在一定的范围内,高浴比要消耗大量的碱,而活性染料的直接性又低,在碱液浓度较高的染浴中,会产生大量的染料水解,造成染深色困难。相比之下,小浴比提高了染料的直接性,在相同的碱液浓度下所消耗的碱量也小,染料的水解程度下降,有利于染深色,节省染料。

6. 设备结构性能 小浴比纱线筒子染色的节能与设备结构性能总是分不开的。采取染液强制对流加热方式,加快了染液循环的热传递,可提高换热效率,减少蒸汽的消耗量。将传统的重力排放改为压力排放,可减少纱线排液后的带液量,有利于提高水洗效率,减少纱线脱水能耗。利用间接降温余热水进行同步水洗,既省水又省蒸汽。这些设备的结构性能,对染色加工的节能减排起到了不同程度的作用。

二、比流量的分析与选择

在筒子纱染色技术中,涉及一个非常重要的技术参数—比流量。它的基本概念是:每千克纱线在单位时间内所穿过的染液量,其单位是:升染液/(千克纱线 · 分钟)[L/(kg · min)]。完成染色工艺过程就是在设定的时间内,使染料在纱线纤维上达到均匀的上染并固着在纱线纤维上。按照间歇式染色原理,被染物(这里指纱线)与染料必须在一定的接触次数中,才能完成上染的三个基本过程:吸附、扩散和固着。在这个过程中,除了以温度来控制上染速率的快慢外,主要是通过染液的循环,保证整个被染物(纱线)的温度均匀性和与染料接触均匀。

1. 比流量的作用 比流量在筒子纱染色中起着非常重要的作用,它是设备主泵流量选取的主要依据。传统的观念认为,选择较大的比流量可以提高染液(确切地讲是染料)与纱线的交换次数,有利于纱线的匀染性。同时还认为,单个筒子纱的内、中、外色差,或者层与层之间的色差与比流量过小有关系。实践证明,过去主要考虑的是理想中纱线与染液的交换频率,也就是染液的循环频率(因为纱线是静止的),而忽略了染液循环流量受循环系统(包括纱线的穿透)阻力的影响而发生的变化。正由于这种变化影响的存在,使得实际上的染液循环流量并不是我们当初设置的数值,而是减去泄漏(占的比例较大)和克服阻力损失后所剩余的那部分流量。如果在这种流量条件下能够将纱线染好,那么,我们假设将泄漏(通过结构的改进)降低到最低限度,并适当提高主泵扬程来克服阻力损失,完全可以降低当初设置的比流量。

2. 实际染液循环 在染液实际循环系统中，由于设备结构的影响，染液循环时不可避免地产生沿程和局部阻力损失，而克服这些损失必须消耗一定能量。同时，系统中还存在一个非常大的阻力损失，那就是穿透筒子纱层的阻力损失。这些阻力损失统称为压力降损失，都是由对流体(即染液)产生强制循环的动力源——主循环泵的扬程来提供的。由流体力学原理得知：系统中压力降与流体流速的平方成正比，也就是与流量的平方成正比(流量=过流面积×流速)。如果实际中能够实现较大的比流量，单从染色这方面来考虑，对匀染性是有利的。但对密度较大的纱层(如经轴纱的密度一般在 0.40~0.45g/cm^3)，或者吸水后具有较大溶胀的纤维(如粘胶纤维)，则会因为阻力增大而产生很大压力降。这种压力降必然会使主循泵特性曲线的工作点向较高扬程方向移动，而流量随之下降。也就是说实际产生的流量已经发生变化，并不是原设定的流量了，而且主泵有可能没有工作在特性曲线上的经济效率范围内(通常认为主泵在不低于最高效率的 7%范围内工作是经济的)。出现这种情况，纱线中的染液循环流量下降，整个循环系统压力增高，相当一部分染液可能从密封较差的接口泄漏，造成染液短路。因此，实际染液的循环是受到整个系统影响的。

3. 比流量的选择 传统筒子染色机的设计中普遍认为：纱线与染液的交换频率，主要取决于染液的循环流量，因此比流量的选取都比较大，而对扬程的选取并不看得那么重要。按照这个要求，一般都是选择混流泵，其特点就是大流量，低扬程。事实上，由于过去的设备结构上存在较大的缺陷，如顶锁、换向装置等容易产生很大的泄漏，造成染液循环短路。而为了保证一定的染液量必须穿过纱层，所以不得不将总流量的 30%~40%用于补充这部分泄漏。从这一点可以说明，传统的比流量仅仅是一个名义值，并没有反映出纱线染色实际需要的比流量。

由此可见，筒子染色机通过结构的改进，提高循环染液的利用率，省去曾经作为补偿泄漏的那部分流量，适当提高系统总体所需的扬程，就可以满足纱线密度或者容量增加而产生纱层阻力所需的能耗。实践证明，在保证循环系统有效染液循环率 90%以上筒子染色机的比流量，可以选择 20L/(kg · min)[传统设计至少在 35L/(kg · min)以上]。由于按此比流量所选取主泵的比转数小于 300，属于高比转数的离心泵，所以可以减小主泵进、出口管径，减少管路中的储水量，降低染液浴比。

三、低比流量的功效

通过上述分析可以看出，采用低比流量，只要染色机的结构性能能够得到保证，不仅可以满足染色质量要求，而且还可带来节能减排的功效。具体有如下几个方面。

1. 主泵工作效率 选择低比流量和较高扬程后，可以将过去采用的混流泵改为高比转数(n_s=200~300)离心泵，随之而来的特性曲线也发生了变化。根据叶片离心泵设计理论，在流量—功率特性曲线上，离心泵的功率随流量变化比混流泵快。由于现在筒子染色机主循环泵电机都采用了交流变频技术，在保证主泵效率不变的条件下，可通过转速变化给出不同的流量和扬程，所以基于离心泵的流量—功率变化特点，能够在不同流量下减少功率消耗。

此外，离心泵与混流泵相比，其流量—效率特性曲线也比较平缓，在流量变化的范围内，偏离最高效率点的范围也不会太大。这对筒子纱在装载变化或者对遇水容易发生溶胀的纤维(如粘胶纤维)来说,流量在变化过程中,可始终保持较高的工作效率,提高了主泵的工作效率。

2. 主循环系统容积 采用低比流量,主泵在相同总功率条件下,相对提高扬程可以增大克服纱层穿透阻力的能力。这样不仅能够充分保证被染物获得均等的上染概率,还可以减少循环管路系统的容积,因为相同功率的离心泵进出口管径一般比混流泵小。如果再通过结构的优化设计,又可达到进一步降低浴比的目的。

3. 筒子纱的匀染性 采用低比流量、高扬程后,密度较大的单个筒子纱(有经验表明,纯棉单个筒子密度可达 $0.45g/cm^3$),由于染液主要从纱线纤维之间穿过,而不是从纱线之间穿过,所以可获得较好的匀染性和透染性。主泵的扬程相对提高,还可将纱杆的染液过流口面积相对减少,增加筒子纱层(在实际应用中最高可达 17 层纱),并能使上下层筒子纱获得均等流量。这对于大容量筒子纱染色来说,对保证上下层筒子纱的匀染性尤为重要。因此,低比流量提高了筒子纱的染色质量,减少了因染色质量问题而返修所造成的能源和时间浪费。

四、动态染液循环控制

根据染料对纤维的上染规律,在染色过程中染料在染液和被染物之间的浓度是变化的,并且染料随着时间会逐步转移到被染物中。染料在这个转移过程中,总是从初始对被染物上染最快逐步降至最慢,最后达到一种动态平衡。如果被染物还没有达到所需的染色深度,那么就要通过工艺措施(如通过染液与被染物相对运动,强化两者的交换程度)打破这种动态平衡,不断让染液中的染料向被染物中迁移。但是染料向被染物转移速率的总趋势是下降的,并且染料在纤维上达到了所需的浓度后,染液的循环作用就不再明显了。因此,为了有效利用染液的循环,就应该根据染料对纤维的上染规律,采用一种动态染液循环。这就是近几年出现的动态染液循环控制技术。

1. 染色过程的流量作用 固定的染液循环流量在同一染色过程中,并非总是能够发挥最佳效果。分散染料在聚酯纤维的玻璃化温度以下几乎不上染,剧烈运动的染液会使它产生凝聚,染浅色时保温固色阶段几乎没有再多的染料上染。这些现象都说明始终不变的染液循环流量,在染料不上染或已经达到饱和值的情况下,对上染过程并不产生作用。相反只会消耗更多的功率,并且由于染液频繁穿过纱线而使表面造成毛羽。此外,经轴纱以及在水中溶胀性较大的纤维(如粘胶纤维)或热收缩性大的化纤长丝,由于纱线的密度在染色过程中发生的变化会影响到染液循环流量,如果是发生在上染最快的时间段里,就有可能造成动力边界层内染料供应不足而出现上染不均匀。因此,染液循环流量对保证纱线染色质量、减少无效染液循环和降低能耗起着很重要的作用,应根据染料对纤维上染过程的变化规律或上染条件进行控制。

2. 同步染色的控制 同步染色就是根据染料在被染物上的上染和固色规律,以及温度、流量、浴比和助剂产生的影响,给予一个合理的染液循环流量,以最少的能耗达到染色质量要求。显然,采用同步染色能够在保证质量的同时有效地利用能源。同步染色控制要求根据染料在不同温度或者不同密度上染的规律,给予相应的染液循环流量控制,在染料上染快和慢的时间内进行增减染液循环流量。同步染色在设备上主要是通过主循环泵的交流变频控制循环染液流量来实现的。循环染液流量最好是采用流量计检测并可反馈信号给计算机，再由 PLC 实时控制主循环泵转速。对主循环泵的特性曲线，从目前的使用效果来看，选择高比转数的离心泵比较适合，其特性曲线平缓，有利于纱层压力的稳定性。

第三节　小浴比染色机

染色机是实现染色工艺过程的手段，其染色条件、控制功能以及高效节能功效，已成为现代染色技术的重要标志。间歇式染色机近年来发展较快，设备与染色工艺的结合也越来越密切。在设备的结构性能上，除了对部分影响染色工艺的参数，进行深入研究并找出规律，提出新的要求和控制方法外，还涉及与节能减排相关的其他影响因素。其中如何满足小浴比染色工艺条件，一直是染色设备研发人员的主要攻关目标之一。本节就目前的小浴比染色机主要技术特征作一简单介绍。

一、小浴比溢喷染色机

目前溢喷染色机的主要节水特点就是采用小浴比染色，以及小浴比工艺条件的控制方式。如何实现小浴比条件下的染色过程，对工艺和设备都有较高的要求。被染织物如何在较小的浴比条件下达到均匀上染，并且不产生折痕或擦伤，需要染色机具有良好的染液循环系统，以保证染液温度和浓度变化的均匀性。被染织物与染液的交换方式，是获得织物单次循环匀染度的关键。此外，采用小列管形式热交换器，强化染液循环传热系数，不仅可以提高传热效率，而且还可满足小浴比染液循环。

小浴比溢喷染色机的结构特点主要体现在以下几方面。

1. 主缸体的结构形式　浴比的大小除了与循环管路系统有关外，与主缸体的结构形式也有很大关系。高温高压溢喷染色机的主缸形式有罐式（俗称“O”形缸）和管式（俗称“J”形缸）两种，主要是考虑到高温高压条件下，必须采用圆筒受压元件。常温常压溢喷染色机目前主要以短矩形为主，储布槽与高温高压罐式相似。但是也有的采用圆环形，可以承受一点微压，用于略高于沸点的前处理工艺。管式主缸内储布槽中的织物基本上是浸没或半浸没在染液中，并依靠染液带动向前运行。所以管式主缸没有足够的染液是无法带动织物运行的，浴比都是在 1∶12 以上。相比之下，罐式主缸储布槽中的织物，可以在衬有聚四氟乙烯棒或板的圆弧段上滑行向前移动。也有采用转鼓形式，利用重力的偏心作用，使转鼓带动织物转向前部。显然，目前只有罐式主缸体的结构形式，能以最少的储液量来达到降小浴比的目的。

2. 织物循环方式　在传统的溢喷染色机中，被染织物主要是依靠喷嘴产生的染液喷射力以及提布辊的提升力带动而循环的。而在小浴比溢喷染色机中，总体循环染液量减小了，供喷嘴的染液量也相对减少。此外，染液浓度相对较高，为了保证织物的均匀上染，必须控制织物单次循环中染料的上染量。在这种条件下，牵引织物循环的染液喷射力就受到了一定限制，必须将提布辊作为主牵引力，以保证织物的循环速度。但是，相对染液喷射力作为牵引织物循环的主要动力，提布辊牵引织物循环没有那么柔和或缓和，需要考虑对织物表面的保护。

为了增加对织物的摩擦力，减少相对滑动，目前绝大部分溢喷染色机的提布辊表面，一般都是采用夹持耐磨橡胶条。但是，以这种方式提高对织物的牵引力，往往容易造成织物表面损伤。因此，以提布辊作为牵引织物循环的主要动力源，应该考虑如何提高对织物产生的握持力，而不是表面摩擦力。20 世纪 80 年代，国外曾有一家著名的染色机制造商，对提布辊的结构形式进行了大量实验，并确定了一种最佳形式。采用交叉斜肋条形式，织物在提布辊的包角段是以空间折角形式接触，可大大提高提布辊对织物的握持力。这种提布辊结构形式，在小浴比染色机中仍然值得借鉴。

3. 染液循环系统 溢喷染色机的染液循环不仅承担着牵引被染织物循环的功能，同时还携带染料和热能与被染染织物进行交换，为染料上染织物纤维提供条件。因此，染液循环必须能够与被染织物进行均匀接触，以保证被染织物的温度和染料上染浓度处于均匀分配状态。溢喷染色机都是通过主循环泵对染液进行强制循环，以提高染液与被染织物的交换程度，并缩短染液的温度和浓度平衡时间。由于小浴比染色的液位较低，在温度接近水的沸点时，主循环泵容易产生“汽蚀”（一种物理现象），影响染液循环的流量和扬程，严重时会出现染液断流。而一些染料在该温度下往往又是上染最快的阶段，容易出现上染不均匀现象。此外，若没有特殊的管路结构措施，染液回流到主循环泵进口处可能很慢，在常温下主泵就有可能产生“汽蚀”，严重影响到染液上染的均匀性。

因此，小浴比溢喷染色机采用了抗“汽蚀”性较强的离心泵，并设置快速回液系统。对高温高压染色机，还应增加一个气垫加压以提高水的沸点。但是，常温常压染色机不能进行气垫加压，否则会引起安全事故。从这一点来看，小浴比溢喷染色机设计成高温高压形式，对提高主循环泵的抗“汽蚀”性，具有很重要的作用。

4. 被染织物与染液交换状态 溢喷染色属于浸染过程，需要被染织物与染液在一定的时间里完成一定的交换次数，以保证染料对织物的均匀上染和所需的染色深度。小浴比溢喷染色的织物与染液交换，主要是在喷嘴和导布管中进行，两者的交换状态与完成织物的匀染度所需的交换次数有着密切的关系。显然交换的程度越激烈，越有利于织物的均匀上染；同时达到匀染度所需的交换次数也相应减少。但是，对一些娇嫩的织物来说，强烈的染液与织物交换可能会对织物造成损伤。因此，被染织物与染液的具体交换状况，与染色机的喷嘴形式和被染织物组织结构有关。基于这一要求，目前小浴比溢喷染色机的喷嘴，大多采用缓流形式，类似于早期的“溢流+喷射”结构。

5. 高效换热装置 列管式热交换器是目前溢流和喷射染色机采用较多的一种形式，具有传热效率高、温度控制简单等特点。为了满足小浴比染色机的小浴比循环特性，改变过去仅通过增大换热面积来提高换热效率的方式，而采用小列管以强化换热系数来提高换热效率。对于同等染液循环流量来说，通过过流截面较小的列管（换热管）比过流截面较大列管的流速快。染液流速提高可强化换热能力，提高换热效率。为了保证冷热流体在换热过程获得充分的热传递时间，让蒸汽尽可能释放出潜热，提高热利用率，目前有染色机将热交换器设计成细长型(即增加长径比)。这样既不会增加染液循环空间,同时又可提高换热效率。

此外,列管式热交换器在管路系统中的安装方式有立式和卧式之分,立式安装占用空间小,结构紧凑;而卧式则相反,但效率略高于立式的。从目前的主机结构来看,立式安装似乎更有利于设备管路的结构布置,所以也是采用最多的一种形式。

从节能方面来考虑,目前还有染色机利用间接降温时冷却水所携带的热能,在热交换系统与染液循环系统之间设置一套管路系统,再配置一定的控制功能。可在工艺保温完毕进行降温时,启动这套系统进行同步降温,让从热交换器中完成换热的间接冷却水进入主循环对织物进行热浴水洗。实际上就是完成工艺保温后,将冷却和水洗放在同一个步骤中进行。这样不仅可以提高水洗效率,减少水洗时间和水量消耗,同时还可以避免高温织物突然遇冷而产生的各种疵病。

图 3-1 为香港立信公司最新推出的 TEC 系列型高温染色机,具有显著的高效节能效果。其独特的喷嘴和导布管结构设计,较好地解决了目前罐式染色机加工高密度针织物存在的折痕问题。染液循环管路采用优化设计,进一步降低了循环染液。图 3-2 为德国第斯(Thies) Imaster H_2O 超小浴比溢喷染色机,集中体现了罐式染色机的许多优点,自由染液与储布槽内织物分离,仅存放在储布槽与筒体之间。没有设置主回液管,染液循环管路采用优化设计,可实现较低的染色浴比。提布辊设置在主缸体内,降低了织物的提升高度,大大减小了织物在提升过程中的张力。储布槽后部设置了一个可自动调节通道高度的弧板,以满足轻薄和厚重织物的不同堆积状况,避免了压布或翻布的现象。该机的同步染色控制系统,对程序的每个步骤可提供相应的喷嘴压力,保证提布辊速度和喷嘴压力牵引织物速度的同步,可自动优化织物的循环状态。

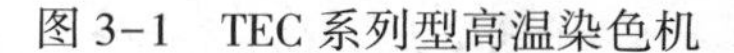

图 3-1 TEC 系列型高温染色机

图 3-2 Imaster H_2O 溢喷染色机

二、小浴比筒子染色机

小浴比筒子染色机在满足染色工艺的条件下,主要是对染液循环系统空间尽可能缩小来降小浴比。从早期的全充满、半充满发展到目前的小浴比,经历了工艺条件和设备结构同步发展的过程。小浴比筒子染色机在节能方面,主要体现在设备主结构和辅助功能的优化设计。

1. 设备主结构特征 筒子染色机主结构对整机性能起到至关重要的作用，尤其是大容量的出现，对染液循环系统以及染液与纱线的交换状态，提出了更高的控制要求。设备的主结构包括染液换向装置、热交换器、纱线染笼以及主缸体形式等，除了各自承担的局部功能外，在整体上也形成了一定的协调关系。

(1)将换热器与主循环泵设计为一体并直接联于换向装置，省去了相当一部分主循环管路，以达到减少自由循环染液储存量的目的。这样即使不采用染液单向循环也可以降小浴比，并且具有较好的工艺操作性。这是目前国内大部分筒子染色机所采用的结构形式。

(2)近年来出现的染液单向循环形式，浴比可以降至全部筒子纱完全不浸没在染液中的程度。由于不需要进行染液换向，所以干脆取消换向装置。对染液的单向循环，可根据染色过程的不同阶段，进行流量实时控制。染液单向循环对筒子纱之间的接口以及顶锁的密封有较高要求，并且装卸纱时一旦不慎损坏密封，不易及时发现。密封失效会导致染液循环短路，最终有可能使整缸纱线产生质量问题。因此，目前这种形式主要适于一些管理比较规范的印染企业。

(3)对于容量不大(500kg 以下)的筒子染色机，采用小螺旋管的盘管式换热器，并设置在主缸体下部封头内，在获得较高的换热效率的同时，可减少储液空间。小螺旋管具有强化传热的效果，并且占用空间不大。主循环泵采用多级轴流泵(增加扬程)，可通过正、反转进行换向。不需要换向器，省去了所有的主循环管路。

(4)采用(卧式)管式筒体，每根筒子纱柱都有各自的管式筒体，通过一定的方式并联起来，形成不同容量的并联组合。这种形式的主循环系统容积大概是目前筒子染色机中最小的，因此浴比很小(据介绍最小浴比可达 1 : 3)。这种形式的筒子染色机需要配置一些自动装卸的辅助设备，否则，装卸的劳动强度大。这样一来，设备的总体投入成本提高了，国内真正用得起的厂家并不多。但从节能减排、提高生产效率(可采用自动装卸纱)方面来讲，是值得推广应用的。

(5)染笼纱杆采用非等同心圆分布，可在容积相等的条件下增加容纱量，减少筒子纱柱之间的空间，降小浴比。这实际上是染笼纱杆的优化排列。随着小浴比单向循环形式的出现，对染笼的制造要求也越来越高，特别是密封结构。

2. 辅助功能 主结构是为满足染色工艺或者设备性能参数(浴比和比流量)而设计的，同时在节能减排方面也起到了一定作用。然而，一些辅助功能在节能减排方面更加凸显，如高效换热、水洗受控、压力脱水以及余热回用的辅助功能，与主结构一样，已经成为设备节能的主要特征。

(1)高效换热。目前比较先进的筒子染色机都是采用外置管壳式换热器，其主要目的是为了提高换热效率。从传热学来讲，高温流体(如蒸汽)走壳程，而低温流体(被加热的染液)走管程，并且将换热器设置在主循环管路中，加快管程中低温流体的流速，可以有效提高换热效率，减少蒸汽消耗。当然，这种结构形式会提高设备的制造成本，使用者一次性设备成本投入可能较高，但能够获得长久经济效益。

小浴比筒子染色机所采用的管壳式换热器，也有采用小通径换热列管，以提高主循环染液在列管中的流速。加快换热列管中染液流速可强化换热系数，提高换热效率。还有换热器在壳程外表面（与大气接触散热）增加一个与管程相通的夹层，利用壳程外表面的换热面积来加热染液，减少热量的损失。

（2）水洗受控。水洗不仅关系到织物染色后的色牢度，而且还是小浴比染色机节水的关键。传统的溢流水洗方式，是通过溢流稀释残留染液来达到水洗要求的。小浴比染色机采用传统的稀释水洗方式，水洗时间很长，水洗的效果也相对较差。若采用连续式水洗，将水洗过程分阶段，分别以水流速度、温度变化的不同组合进行控制，那么就能够以最少的耗水和最短的时间达到最佳的水洗效果。这就是水洗过程的受控，也是目前小浴比染色机节水的主要控制技术之一。

（3）压力脱水。压力脱水是利用压缩空气多次挤压（或称为压榨）筒子纱，将所含的部分液体分离出去，以达到减少能耗的目的。首先，在染色完毕并排放主体废液后，纱线中还含带或吸附大量残余染液，要通过后续的水洗进行去除。通常是采用溢流式水洗，大量的残余染液浓度比较高，需要多次进行稀释，耗水耗时间。其次，水洗完毕排液后出纱，吸附大量水的纱线增加了脱水的能耗。然而，在这些后续工序之前增加一道压力脱水过程，可以排除大量残余染液或水，提高水洗效果（增加水洗梯度），降低消耗。目前，比较先进的筒子染色机配置了这项功能，但因密封的原因还没有达到最佳效果。

（4）余热回用。染色的加热过程中，提高换热效率、减少热能消耗，是实现节能减排的一项有效措施。然而，前处理、染色保温后的降温，往往需要先排掉热废液，或者进行间接降温。这一过程总要将一部分热量排掉。为此，通过设备的辅助装置，充分利用废液（包括间接换热的冷凝水）中的余热，已经成为目前先进染色机节能措施之一。例如，热交换器的同步降温，就是将保温后的降温冷水与废液的余热交换后用于水洗，而降温后废液还省去了排入污水处理池之前的降温处理过程。可谓一举两得。

图 3-3 为香港立信的 Allwin 高温筒子纱染色机，集中体现了机械结构的优化设计，将主泵、换向和热交换器设计为一体。染液的主循环管路空间缩小，进一步减小浴比。可采用染液单向循环进行染色，浴比最低可达 1∶4。

图 3-3　Allwin 高温筒子纱染色机

参考文献

[1]刘江坚．间歇式织物染色技术[M]．北京：中国纺织出版社，2011.
[2]邹衡．纱线筒子染色工程[M]．北京：中国纺织出版社，1999.
[3]刘江坚．筒子纱染色的比流量[J]．印染，2006，32(8)：29-30.

第四章　气流(液)染色及设备

从染色理论上讲,气流(液)染色仍属于浸染法的范畴。与液流喷射染色相比,织物与染液的交换状态、相对循环运动以及温度对上染率的控制等方面,气流(液)染色更具有一些优势。主要表现在:织物与染液的交换(在喷嘴中接触)频率及剧烈程度;染液的温度和浓度分布的均匀性;织物在小浴比条件下抗折皱性等。这对于那些瞬染(上染率与时间曲线的起始斜率)高的染料来说,在染色过程的最初阶段,可以尽快达到纤维总体上染的均匀性;同时,对一些比表面积较大的新合纤织物,也可得到非常好的匀染性。当然,气流(液)染色的最大特点,还是节水、节蒸汽、节助剂以及排放小。

由于气液染色是在气流染色的基础上,并结合了溢喷染色的优势而发展起来的,但同时又有一些自身的特点。所以在本章中,将气液染色和气流染色相同部分放在一起讲述,而不同部分则分别以气流染色和气液染色进行介绍。

第一节　气流染色工作原理及形式

一、工作原理

与其他浸染方式相同,气流染色中染料对被染物的上染过程,仍然是被染织物与染液在喷嘴中经过一定交换次数,完成染料对织物纤维的吸附、扩散和固着过程。气流染色与传统溢流或溢喷染色最大的不同点是,以循环空气牵引被染织物作循环运动,而染液不承担牵引织物循环运动的作用,只作为携带染料及热能的媒介,为染料上染织物纤维提供均匀分配的条件。因此,气流染色省去了牵引织物循环的那一部分染液,也是能够降低染色浴比的关键所在。此外,气流牵引织物通过喷嘴和导布管后,由于气流的自由射流作用比较大,使绳状织物可以获得较好的纬向扩展,织物在储布槽中堆积所形成的折痕可以得到一定展开。所以,气流染色可以最大限度地减少织物折痕的产生,特别是紧密度较高的针织物。

由此可见,气流染色并没有改变染色原理,而只是以气流替代牵引织物作循环运动的那一部分染液,染液对被染织物的上染过程,仍然是要通过两者进行周期性的交换才能够完成。一切满足上染条件的控制参数,如温度、浴比、加料、染液与织物的相对运动及交换程度,在气流染色过程中同样是作为工艺条件来控制的。当然,染色浴比的降低,会在一定程度上改变染色条件,在上染过程中更多的是起到了积极作用,例如活性染料直接性的提高,以及对中性电解质的依存性降低等。

二、气流染色的形式

气流染色的形式主要是从染液与气流循环的相对关系来区分的,没有确切的定义。从气流染色的概念出现后,出现了各种形式的气流染色,主要是体现在染液与气流对织物的作用形式不同。但以空气牵引织物作循环运动,却是它们的共同特点。而染液在气流染色中,对织物的牵引作用已经不存在了。从这种意义上来讲,染液仅仅是作为染料的携带载体,承担完成染料对被染织物均匀上染的作用。所以,气流染色仍然属于浸染方式,只是染色条件与传统溢喷染色相比发生了变化。鉴于这种情况,这里仅从染液与气流对织物的作用形式来对气流染色作一区分。目前主要分为气流雾化式和气压渗透式两种。

1. 气流雾化染色 该形式的原创技术是德国特恩(Then)公司。它的原理是染液通过特殊的雾化喷嘴,形成颗粒极细的雾化状染液喷入混合室气流中;经混合后的气、液两相流体(相当于夹带染液的气流),再通过拉法尔管喉部环形缝隙喷出,与被染织物接触,并牵引其运行。夹带染液的气流在牵引织物运行的同时,还为染料上染织物纤维提供机会。相对传统溢喷染色喷嘴而言,气流对织物纤维的接触面积大,渗透力强,可尽快打破织物纤维表面与内部的动平衡,并且减薄扩散和动力边界层厚度,及时提供新鲜染液,为纤维的匀染提供条件。由于染液不担负牵引织物循环的作用,所以可以有效地控制织物在每一个循环过程中上染量,有利于颜色深浅和上染速率的控制。图 4-1 为气流雾化式喷嘴示意图。

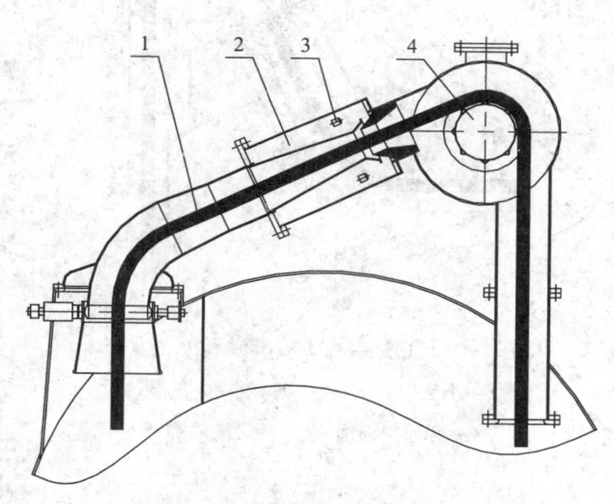

图 4-1 气流雾化式喷嘴结构示意图

1—织物 2—染液与气流混合腔

3—染液雾化喷嘴 4—提布辊

需要说明的是,喷嘴中的染液是弥散在气流中的,其浓度和温度对织物纤维的分布较为均匀。对于浴比小、染液浓度高的气流染色来讲,被染织物与染液的这种交换方式,可保证染料对织物纤维的均匀上染。当织物离开导布管时,气流的自由射流作用对织物产生一定的纬向扩展,可减少织物永久性折痕的产生。由于雾化后染液与气流混合,并由气流带入拉法尔管的过程中,气流需要消耗很大一部分能量,为了保证气流具有足够的能量(静压能和动压能之和)牵引织物循环,风机的额定功率通常选择的都比较大。

由于染液的浴比小、浓度高,必须控制织物循环一周的染料上染量,以保证整个织物的均匀上染,所以总体循环的部分染液要通过旁通直接回到主回液管中。这部分回流染液在保证所需的喷嘴染液同时,更重要的是及时缩短在升温或加料过程中染液温度和浓度平衡的时间。在染色的过程中,回流染液必须始终处于流动状态,只有在水洗过程中才关闭。对于回流部分与提供给喷嘴的染液分配比例一般是有要求的，可通过染液通道的流量变化来控制，有采用比例阀控制。至于分配比例是多少为合适，与织物纤维的染料上染特性有关，一般是通过试验或经验积累获得，将成功的参数编入程序中去。

2. 气压渗透染色 该项技术是德国第斯（Thies）公司采用的。它的设计原理是，将染液喷嘴和气流喷嘴分成两个独立部分，染液喷嘴在气流喷嘴之前。织物首先经过染液喷嘴，与染液进行交换，多余的染液通过一个旁通直接回到主回液管。交换后的织物经过提布辊进入气流喷嘴，气流在牵引织物循环的同时，对已吸附在织物上的染液加以气压渗透，加快染料对纤维上染。该形式的染液也不起牵引织物循环的作用，实际上相当于一个软流喷嘴，对织物的作用非常缓和。由于染液喷嘴是被染织物与染液进行交换的地方，仅需要满足染料对织物的上染条件，而不需考虑牵引织物循环的染液，所以需要的染液量也很小，可以达到减小浴比的目的。相对气流雾化式而言，气压渗透式的气流喷嘴，只承担纯粹的气流牵引织物的作用，不对染液产生消耗，所以风机的额定功率可以相对低一些。与此同时，染液与织物的交换状态与溢喷染色更接近。图 4-2 为气压渗透式喷嘴结构示意图。

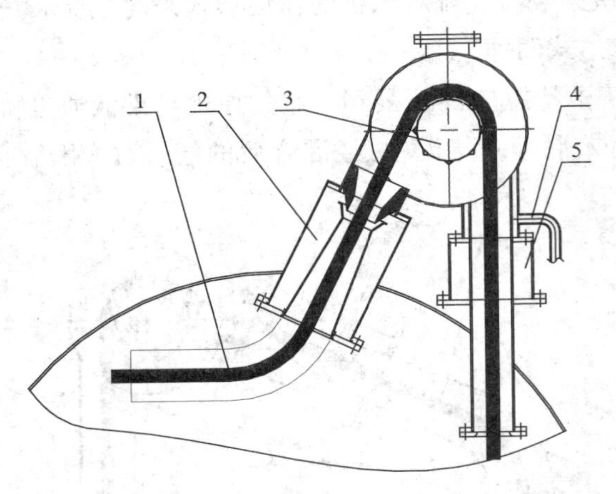

图 4-2　气压渗透式喷嘴结构示意图
1—织物　2—气流喷嘴　3—提布辊
4—旁通染液回流　5—染液喷嘴

从近十年的应用情况来看，气流雾化式染色形式占主流，并经过不断改进以及工艺的开发，获得了良好的使用效果。气压渗透式染色形式，从染色工艺条件来看，更接近于小浴比溢喷染色形式。德国第斯（Thies）公司在小浴比溢喷染色技术上，进行了较为深入的研究，许多技术已经延伸到气流染色机中，甚至具有气流染色和溢喷染色两种功能。

三、气流染色工艺条件

气流染色工艺条件包括温度、时间、浴比、加料以及染液与织物循环状况等内容，是为实现染色工艺而对控制方式所设定的具体量化值。工艺条件中所涉及的工艺参数，与染色过程有着密切的联系，也是经过实验并在实践中经过反复验证而获得的，具有一定的真实性和可靠性。在具体染色过程中，对这些工艺参数进行有效控制，可保证染色的匀染性和工艺的重现性。随着染色基础实验及电子控制技术的不断进步，对染色工艺进行参数化设计，可以实现气流染色全过程的自动控制，有效地保证染色质量。

织物在气流染色过程中主要是由气流牵引，反复经过提布辊、喷嘴和储布槽进行循环；而染液是重复通过热交换器获取热量并在喷嘴中传递给织物，使织物获得均匀的温度分布和一定的温度。在一定的染色浴比、温度、压力和时间条件下，织物不断与染液进行周期性交换，使染料完成对织物的上染和固着。在这个染色过程中，染色温度、时间、浴比、织物与染液的交换方式是完成染色的最基本条件，也是满足染色工艺要求的工艺参数特征值。这些参数从不同方面影响染色工艺过程的变化，最终影响到织物的染色质量，因此，实现染色工艺过程实际上就是对这些工艺参数的控制。为了减少人为的影响因素，提高工艺的重现性和生产效率，可对主要染色工艺参数进行编程，实现自动化控制，并且许多工艺参数还可以进行动态控制。染色工艺过程中的变化状态，可通过实时监控，自动调整到一个合理的范围内，将染色工艺状态控制在一个最佳范围内。

第二节　气流染色机的结构特征

气流染色仍然是通过染料对被染物进行吸附、扩散和固着来完成上染过程，但其实现染色过程的一些方式与设备的结构有密切关系。只有了解气流染色机的结构特征，才能够充分发挥其效能及潜在功能。气流染色机主要是通过以下组成部分反映出其结构特征。

一、气流牵引织物循环

与传统溢流或喷射染色机所不同的是，气流染色机主要是依靠气流来牵引织物作循环运动，染液携带染料通过喷嘴与被染织物进行周期性地交换，完成上染过程。在气流喷嘴中，织物一方面受到气流的牵引，另一方面在气流中悬浮并产生激烈抖动。这一过程加快了染液向织物纤维动力边界层的运动，不断打破染料吸附和解吸所形成的动态平衡，在一定程度上起到了缩短上染和匀染时间的作用。

织物在气流喷嘴中运行时，实际上还有一个扩展过程，不断改变绳状位置，减少了织物经向或者纬向永久性折痕形成。织物进入喷嘴前是呈绳状的，进入喷嘴和导布管后，在气流场的作用下，纬向得到一定扩展，充分与雾状染液接触(若采用气压渗透原理的气流染色，扩大了气流与已吸附染液织物的接触面，进一步提高渗透的均匀性)。当织物离开喷嘴和导布管后，气流动压力突然释放，织物速度减慢，并受到气流自由射流的扩展作用，又以一定纬向扩展的松式绳状摆幅落入储布槽。在整个染色过程中，织物在储布槽内始终没有浸在染液中。

采用气流牵引织物循环，气流在不同截面通道(如喷嘴和导布管的变截面)的速度变化，可对织物产生一种柔和的松紧(挤压或扩伸)作用，消除织物及纱线在染色或前处理之前织造过程中所产生的应力，并且可获得良好的织物手感。某些织物(如亚麻类)，通过一定的工艺参数调整(如速度、喷湿量)，可以进行机械式柔软整理。

二、织物与染液的交换方式

织物与染液的交换是染料上染过程的一个重要组成部分，其交换的方式对染色均匀性以及染色过程的时间有很大影响。对浸染来说，织物与染液相对运动越强烈，交换的频率就越高,有利于织物染色的均匀性。在气流染色过程中,织物与染液的相对运动比较强烈。织物在高速气流牵引下,不仅运行速度快,而且在气流中的抖动也很激烈。染液除自身的循环频率高外,还以极细的水雾与抖动的织物快速接触,加速了染料在动力边界层和扩散边界的扩散速度。

织物与染液的交换主要是在喷嘴中完成的。气流雾化(确切地讲应该称为染液的雾化)染色时,首先是染液经特殊喷嘴形成液滴较小的雾状,然后借助气流作用喷向织物,完成染液的吸附过程。气液染色的织物先经过染液喷嘴(实际上是软流喷嘴),与比较缓和的染液进行交换,交换后的染液大部分通过旁通直接回到主回液管,而交换后的织物经过提布辊后进入气流喷嘴。气流在牵引织物运行的同时,对织物表面所吸附的染液形成压力渗透,加速染料向纤维表面的扩散。

三、空气动力循环系统

空气循环不仅是牵引织物循环的动力,同时还对染料向织物纤维扩散产生渗透作用。由风机、气流喷嘴、气流风道和过滤装置等组成的封闭循环系统,可形成空气循环。风机一般采用高压离心风机,并有足够大的风量。其安装形式有内置式和外置式两种。内置式结构紧凑,风道沿程阻力损失小;外置式占地空间较大,局部阻力损失小。风机的额定功率,一般设计得比较大,主要考虑到克重大的织物需要保证足够大的风量牵引。而对中厚以下织物的风量,可通过电机变频控制在80%以下;如果是轻薄织物,风量甚至可用到50%。为了解决气流染色机循环风机额定功率过大的问题,目前已有采用单管独立风机的结构形式。这样可以减少风道沿程或局部损失,提高风能的有效利用率,达到减小风机额定功率的目的。这种单管独立风机的气流染色机总风机额定功率,可以比原来下降50%,并且有利于多管气流染色机的设计和制造。

空气动力循环系统是气流染色机的技术核心部分,尤其是采用气流雾化形式的结构,必须保证染液的雾化效果,以及与织物的充分接触。降低循环风机的额定功率,也是目前气流染色机技术发展的创新点。对这部分结构,制造商都有自己的专利技术保护。

四、染液循环系统

染液循环系统是为染料上染织物纤维过程提供均匀交换条件而设置的。染料在织物每一个循环中的上染量,织物所含带的染液与主体染液的温度和浓度差,都是由染液循环系统来控制。由于气流染色的浴比极低,染液的浓度相对较高,对温度和浓度的变化非常敏感,因此,必须通过控制来保证整个染液系统,在温度变化(升、降温)和浓度变化(加料)时的均匀性。

染液喷嘴是染液循环系统中的一个重要组件,其作用是为织物和染液提供交换条件。在气流染色中,无论采用哪种原理,染液都不起牵引织物循环的作用。染液喷嘴的结构形式决定了织物与染液的交换方式,对于采用雾化原理的染液喷嘴,要求能够产生雾化效果;而对于采用气压渗透原理的染液喷嘴,则相当于一个软喷射的喷嘴,要求能够控制织物的带液量,保证气压渗透作用的效果。

五、连续式水洗

水洗是染色工艺中一道重要工序,水洗是否充分关系到色牢度的好坏。传统工艺中大浴比的水洗,是通过溢流稀释来达到要求,但往往耗水量非常大。小浴比如果采用稀释水洗,不但耗水量更大,失去了小浴比节水的意义,而且水洗的效果也不佳。相比之下,气流染色机采用的是连续式水洗方式,进水和排液同时开启,与织物交换后的洗液直接排放,不参与循环。此外,根据染色后浮色在织物纤维中存在的形式,分别以水流、温度的不同组合进行控制。气流染色机的连续式水洗和过程控制,可以提高水洗浓度梯度,达到高效、节水的水洗目的。

六、染色过程控制

实现染色工艺必须对染色过程进行控制,程序各阶段的时间、染液的温度、织物的运行状态、染料和助剂的注入等,都是对染色过程实施控制的手段。相对溢喷染色浴比较大的条件而言,气流染色的小浴比条件,对这些控制手段的精度要求更高。除此之外,空气在常温和高温下的密度变化,热塑性纤维在高温条件下的收缩,也会影响到织物最初设定的循环频率。对于这些变化,只要有可能影响到织物的匀染性,一般都需要实施过程控制。对一些影响过程变化的参数检测,通过 PLC 和电脑进行动态控制,可以有效地保证染色过程的顺利进行。

染色过程控制已经涉及了染液循环比例分配,对织物进行高带液量和低带液量的控制。根据被染织物纤维比表面积大小的不同,以及染色与水洗所需水量的不同,控制织物的带液量,可以保证上染速率快的织物在最短的时间内达到最佳的匀染效果。尤其是超细纤维织物,在这种条件下可以获得比溢喷染色更好的效果,并且"一次成功率"很高。所以染色过程控制是气流染色的一项关键技术。

第三节　气液染色及设备结构特征

气液染色技术是笔者经过多年研发,并已成功应用于生产实践的一项科研成果。该技术综合了气流染色和溢喷染色两者各自的优点,不仅染色工艺操作简单,而且具有显著的节水节汽和节电效果。它充分发挥气流和染液各自对染色过程的作用,提高气流的有效利用率,使循环风机的额定功率降低到原来的 50%以下。解决了目前气流染色机的功率消耗大的问题,进一步提高了小浴比染色机的综合性能。

一、气液染色的工作原理

气液染色是以循环气流牵引织物循环,组合式染液喷嘴进行染液与被染织物交换,完成染料对织物上染过程的一种新型染色方法。在织物单次循环过程中,织物首先与喷嘴染液进行交换,向织物纤维提供单次循环所需的染料上染量。染液喷嘴采用间断式环形喷射和喷雾式相结合，可对织物产生剧烈的交换。但作用力分散，对织物不产生损伤。织物与染液交换后再经提布辊进入气流喷嘴，受到气流的渗透压作用，进一步提高织物上染液分布的均匀性。织物离开导布管时，在气流自由射流的扩展作用下，消除织物的绳状折痕。在织物单次循环中，染液对织物具有较高的匀染程度，因而完成匀染过程的时间也相应缩短。与目前气流染色机相比，该机气流对染液不产生能量消耗，所以风机功率下降了50%以上，具有显著的节电效果。

二、气液染色的组合形式

气液染色可采用染液雾化染色、染液喷射染色、雾化和喷射组合染色三种形式。

1. 染液雾化染色 染色过程中，染液通过雾化喷嘴雾化后与被染织物进行充分和均匀地接触，完成染料对织物纤维的上染过程。从喷雾喷嘴喷出雾化状染液，不受任何干扰直接与织物进行交换。不仅染液颗粒细小，与织物的接触面积大，而且均匀。对比表面积较大的超细纤维，因上染速率较快，为了保证均匀上染，可采用染液雾化染色。

2. 染液喷射染色 采用与普通喷射染色相似的喷嘴，可形成一种软喷射的交换形式。其给液量比雾化染液量大，可适于一些吸水性较强、克重相对较大的纤维素纤维的染色。与普通喷射染色所不同的是，被染织物与部分交换后的染液可形成逆流，使得织物在进入喷嘴之前有一个预交换过程，增加了被染织物单次循环与染液交换的概率，进一步提高了织物单次循环的匀染度。对于一般棉针织物可采用染液喷射染色，织物纤维既可获得一定的染液交换量，又可减少过多染液对匀染性的影响。

3. 雾化和喷射组合染色 将染液雾化喷嘴与染液喷嘴同时开启，加大染液喷射量。由于染液喷嘴的染液喷射量相对较大且柔和，可对织物形成一个包覆水环，减缓了染液雾化喷射对织物的作用。这种组合对织物纤维表面染液边界层产生一定作用，加快了染料向纤维表面的扩散，提高了匀染程度。由于该种组合染色也存在部分染液的逆流，因而也提高了被染织物单次循环的匀染度。对毛巾类吸水量较大的织物，可采用雾化和喷射组合形式染色，以满足较大的染液交换量。

4. 染液喷嘴强力喷射水洗 水洗时，染液雾化喷嘴与染液喷嘴同时开启，可产生较大的喷水量。不仅新鲜水与织物上的废液的浓度梯度大，而且与织物交换后的水有一部分逆流向下，与织物形成逆流之势。这种效果类似于连续式水洗中的逐格逆流洗涤状况，新鲜水与织物交换后，自然流入后面污物较多的织物，进行重复利用。织物所带的水洗液经过提布辊挤压，可分离出污水，并直接排放。

三、气液染色的工艺条件

气液染色机的气、液分离及组合式喷嘴的交换形式，使染色工艺条件发生了相应的变化，对染色过程起到了一些有利作用。在继承气流雾化染色机和普通溢喷染色机部分优点的同时，气液染色的工艺条件还体现出自身的一些新特点，如织物单次循环的匀染度、上染速率、对织物作用力的分解以及小浴比染液循环的稳定性等。具体表现在以下几个方面。

1. 染液与织物的交换程度 织物在浸染过程中，染液与织物在喷嘴中的单次交换状态，对染料完成均匀上染所需的交换次数具有很大影响。显然，两者交换的程度越剧烈，越有利于缩短染液与织物的交换次数,即缩短染色过程的时间。气液染色机染液喷嘴的三种组合形式,无论哪种形式,织物与染液在一个交换周期中,都要经历提布辊接触挤压和气流的渗透压作用。这对交换后织物吸附染液的均匀分布,以及减薄织物纤维表面染液边界层(动力边界层和扩散边界层)厚度,加快染料向纤维表面扩散起到了积极作用。

除此之外,一般染料在浸染过程中,界面移染和全过程移染是获得织物均匀上染的主要手段。但对一些色牢度较高的染料来说,往往移染性相对较差,完全依靠界面移染和全过程移染有一定困难。只有通过染液与织物的强烈交换,缩短界面移染和全过程移染时间,才可达到缩短染色过程时间的目的。气液染色具有较强的染液与织物交换能力,在短时间内可获得均匀的染液分布,相对降低了对界面移染和全过程移染的依存性。

2. 织物单次循环染料上染量控制 对相同染色深度(或染料浓度)来说,小浴比的染液浓度相对较高,染料对被染织物纤维的上染速率较快。要保证染料的均匀上染,必须控制织物每次循环的染料上染量。与普通溢流或溢喷染色机相比,气液染色机没有牵引织物循环的那一部分染液,喷嘴处的供液量完全可以根据工艺要求进行调节,容易保证浅色织物的均匀上染。

3. 对织物循环动程作用力的分解 织物在气液染色的循环过程中,牵引织物循环的作用力实际上由三部分形成,即气流主牵引力、提布辊牵引力以及喷嘴染液喷射的轻微牵引力。对于织物同一循环速度,分段作用力有利于减缓由于针织物的局部张力过大对幅宽的影响。

4. 染色工艺时间 由于被染织物与染液的交换程度比较剧烈,织物循环一周的上染率和匀染程度得到提高,所以获得织物整体匀染和染色深度所需的循环次数相对减少,即可缩短染色工艺时间。这样不仅可以提高生产效率,减少能耗,同时还可以减轻因织物运行时间过长而引发的织物表面损伤。对含有弹力纤维(如氨纶)的针织物,可减少对弹力纤维的损伤程度。

5. 染液循环泵的抗汽蚀性 气流雾化染色机为了保证染液雾化喷嘴的染液雾化效果,必须采用扬程较高的离心泵。而小浴比的低液位无法满足泵抗汽蚀所需的染液倒灌高度,容易使主循环泵产生汽蚀,造成染液循环不稳定。相比之下,气液染色机的染液喷嘴对循环泵的扬程要求较低,可选用比转数较高的离心泵,因而具有较好的抗汽蚀性,提高了染液循环的稳定性。

四、气液染色机的结构特征

采用气流雾化原理设计的染色机,染液首先是在夹套中经过染液雾化喷嘴进行雾化,然后在气流的作用下,从气流喷嘴环缝隙喷出,与织物进行交换。在这个过程中,无论是气流还是雾化染液,其状态都发生了很大变化。原来经喷嘴雾化的染液与气流相遇,形成气液两相体,需消耗很大的气流能量(为了保证牵引织物循环所需的风量,就需要增大风机功率)。这是气流染色机采用大功率风机的主要原因。除此之外,在高温(98℃)条件下,空气的黏性系数以及水蒸气的影响,也会增加气流的能量消耗,但这种影响相对较小。

为了改变这种工作状况,降低气流的能量消耗,将气流喷嘴与染液喷嘴分别独立设置,以减少雾化染液对气流能量消耗的影响。气流在承担牵引织物循环的同时,对与染液交换后的织物纤维表面边界层产生渗透压作用，可加快染液的扩散速度。染液可根据不同工艺要求，采用不同喷嘴形式，完成染料对织物的上染过程。这种气液染色形式集中体现了气流染色和溢喷染色的优点，同时还拓展出了一些新的染色功能。从设备的结构特征上，主要反映在以下几方面。

1. 织物与染液的交换过程 染液喷嘴和气流喷嘴各自承担相应的功能，染液喷嘴在提布辊之前，气流喷嘴在提布辊之后。织物在染液喷嘴中与染液进行交换，然后经提布辊进入气流喷嘴。织物在进入气流喷嘴之前，与多余的染液分离，分离后的染液直接回到主回液管。染液与织物交换后有部分沿织物逆向下流，可对即将进入喷嘴的织物段进行预浸染。当进入喷嘴后再被重新分配。实际上织物经历了四次染液的分配过程，即预浸染、交换、提布辊挤压和气压渗透，进一步提高了匀染性。

2. 气流对织物的作用 目前气流染色机的循环染液在气流喷嘴和导布管中与织物进行交换，在一定程度上会削弱气流对织物的扩展作用。而气液染色机的气流对织物是单独作用，减少了自由染液对气流的干扰，使织物离开导布管后，在气流的自由射流作用下向四周扩散的角度更大，可尽快展开绳状织物产生的折痕。此外，气流对交换后的织物还会产生两个作用：一是减薄染液边界层厚度，加快染料向纤维表面的扩散速度；二是对吸附不均匀的织物纤维，通过气流的吹散作用，进行染液重新分配。这为进一步提高织物单次循环的匀染度提供了更加有利的条件。

3. 染液喷嘴组合功能 气液染色机采用了一套组合式喷嘴，具有雾化和喷射组合功能，可提高被染织物单次循环的匀染度。该部分由雾化喷嘴和间断式环缝隙喷嘴组成，设置在提布辊前部垂直段。染液与织物交换后直接回到主回液管，织物经提布辊进入气流喷嘴。根据不同的织物品种及染色要求，可选用相应的织物与染液交换形式。织物在染液喷嘴中与染液进行充分交换后的大部分多余染液（即自由染液）直接回到主回液管，有利于染液的快速循环。与普通溢喷染色机所不同的是，气液染色机喷嘴中与织物交换后的染液，总有一部分会沿着织物呈逆向流动。正是这部分逆流染液会在织物进入喷嘴之前，有一个预交换过程，增加了一次织物与染液的交换机会，从而提高了织物单次循环的匀染度。

4. 风机功率下降 气液染色机无论采用哪种染液与织物的交换形式，气流都不对染液产生能量消耗，因而只需要消耗原气流染色机风机功率的一半，即可完成织物染色过程所需的风量和风压。在发挥气流染色对匀染的优势同时，解决了目前气流染色机风机耗电量大的问题。

气液染色机染液与被染织物构成了充分的交换条件，并通过喷嘴的不同组合形式，充分发挥出各种染色交换效果，进一步扩大了织物品种适应范围，并且具有较好的工艺重现性。该机型集中体现了气流雾化染色和溢喷染色各自的优势，增加了气流对纤维表面染液分布均匀性，以及对绳状织物的纬向扩展作用，解决了目前罐式溢喷染色机加工紧密度较高的针织物，容易产生折痕的弊病。其液流喷嘴的水流喷射作用，加大了水洗喷射力和水量，并与织物形成逆流水洗、清浊分流，大大提高了水洗浓度梯度和扩散能力。图 4-3 是笔者为佛山三技精密机械有限公司研发的 ASH-plus 型高温气液染色机。

图 4-3　ASH-plus 型高温气液染色机

第四节　气流(液)染色机的高效前处理功效

在间歇式溢流或喷射染色中,前处理大多是与染色在同一台缸内完成。这样做虽然设备流程短了,但前处理往往要消耗大量的水和蒸汽,而且产品的质量也不稳定。气流染色机的出现,在提高染色节能减排效果的同时,还显现出前处理的优势。这与气流染色机自身的结构特性有关,为织物前处理的机械作用提供了有利条件。充分利用好气流染色机的前处理功能,可以达到高效、低能耗和高品质的加工过程。气流染色机这种功能的延伸,对间歇式染色机的节能减排具有更深层的意义。

一、前处理的设备条件

通常,织物前处理的工艺是根据织物前处理的基本要求,选择相应的处理剂(如碱、酶和双氧水等),再确定前处理的工艺方法和设备。专用的连续式前处理工艺流程较长,主要是由几个基本单元组成,完成织物浸渍处理液、堆置反应和水洗过程。其中堆置反应是决定织物最终处理效果的关键过程,水洗是完全分离织物杂物,保持织物处理效果的过程。气流染色机基本具备了织物前处理的三个主要处理过程,它是通过以下条件来满足织物前处理过程的。

1. 织物的汽蒸　织物在气流染色机的储布槽内与循环液体是分离的,在一定的温度(如100℃)条件下,实际上是处于一个汽蒸过程。蒸汽对织物纤维的热传递较快,而蒸汽冷凝水加速织物纤维的溶胀,并且可使整个织物获得均匀的受热和湿润。这个过程就如同连续式汽蒸箱一样,为织物提供了一个非常好的汽蒸环境,织物纤维的杂物在助剂的作用下,加快脱离纤维，当进入喷嘴后再经过气流的振动拍打作用即可容易分离。

织物在退、煮、漂工艺过程中，汽蒸不仅可以使织物纤维获得均匀的温度和膨润，而且还可加速处理剂的反应速率，缩短处理时间。气流染色机兼作织物前处理最大的优势，就是能够为织物提供一个松弛的汽蒸过程。这是目前其他溢喷染色机所不具有的，也是气流染色机的前处理效果好的关键所在。

2. 处理液对织物的作用 织物在汽蒸条件下，还在喷嘴中与循环处理液进行周期性的强烈交换，可以促使处理剂（如酶、双氧水等）对织物产生强烈的反应。目前大部分退浆和煮练都是采用酶处理工艺，而织物之间的机械揉搓，可加快酶的反应速率，提高处理效果。

气流染色机浴比较小，高速气流牵引织物运行，处理液与织物具有较高的交换频率。而酶在小浴比条件下，可保持较高的浓度和强烈的活力。织物与处理液的相互作用，为酶提供了快速反应的条件，可以在较短的时间内达到织物的处理效果。此外，织物采用双氧水（H_2O_2）漂白，在气流染色机中也可获得最佳效果。在100~110℃的汽蒸环境下，再加上循环热浴的作用，双氧水可得到充分的分解。不仅对织物处理的白度好，而且可以减少双氧水的浪费。

3. 对织物作用的柔和度 助剂对织物的作用，通常需要一定的机械作用。如酶处理过程，就需要通过织物的揉搓，加速酶对纤维的反应速率。这种机械作用，是织物之间的作用，或者密度不大的流体（如空气）的振动拍击作用，而不是外界硬物的作用（如摩擦）。所以，气流对织物的作用，既可以使织物之间产生较强的揉搓，又不会对织物造成任何损伤。

4. 水洗方式 提高水洗效率主要是依靠工艺和设备。气流染色小浴比节水的真正含义应该是包括前处理、染色和后处理的全过程。目前间歇式溢喷染色可兼作前、后处理工艺，其中水洗过程的耗水所占比例最大。这主要是传统大浴比水洗工艺都是采用溢流式水洗，以耗费大量水来不断稀释残留在织物中的废液而造成的。小浴比如果采用稀释水洗，由于织物残留的废液浓度相对较高，需要消耗较长的时间才能达到要求。因此，根据净洗基本原理，增大扩散系数、浓度梯度以及缩短扩散路程能够加快净洗速度，也就是提高净洗效率。对这三个参数的控制方式是：通过提高洗液温度来增大扩散系数，增强洗液水流速度的激烈程度来缩短扩散路程，促使新鲜洗液与污浊液的快速分离来提高浓度梯度。

气流染色机由于自身结构的特点，织物在储布槽内与主体洗液分离，高温条件下自然形成一个汽蒸过程，而通过喷嘴时又有一个热洗的过程。织物在水洗的过程中，实际上是经历“汽蒸—热洗—汽蒸”周期性的交替过程。汽蒸可溶胀织物纤维，加速纤维、纱线毛细管孔隙中杂质向外表面的扩散速度；热洗可尽快打破洗液边界层的平衡状态，缩短扩散路程并且提高浓度梯度。显然，这一过程为气流染色机用于前处理提高净洗效率提供了有利条件。

基于气流染色机的结构特点和水洗过程，可实施阶段受控，以消耗最少的水和时间达到充分水洗效果。

二、对织物的作用效果

气流染色机由于具备了上述织物前处理工艺条件，将汽蒸、高速水流冲洗以及织物气流振动揉搓融为一体，具备了一个高效短流程的工艺过程，所以处理后的织物品质明显高于普通溢流或喷射染色机。具体表现如下。

1. 反应充分 织物在气流染色机的储布槽中，处在具有一定湿度的汽蒸状态下，织物纤维不仅可以得到均匀的膨润，同时还可以与织物表面所吸附的煮练剂进行均匀地反应。与传统的汽蒸过程一样，织物表面煮练液的浓度较高，可在较短的时间内达到充分的反应。在这种环境下，进行酶退浆或煮练处理，可得到充分的反应；织物漂白时，双氧水也可获得充分的分解，加速去除棉籽壳和色素，提高织物白度。

2. 织物处理均匀 织物在实际的前处理过程中，由于各种影响因素的存在，不可能将织物上所有共生物彻底去除，但是要求织物上残留的共生物必须均匀，否则，会出现染色不均匀。所以，处理后的织物残杂均匀性对染色是非常重要的。气流染色机提供了良好的织物堆积空间，处于汽蒸过程的织物纤维所带的煮练液是在喷嘴中获得的，比浸在溶液中要均匀；同时受热也是在一个气相空间中，因而受热和接触煮练液的均匀性都比较好，从而为织物的均匀反应提供了保证。

3. 水洗充分 织物在普通溢流或喷射染色机中前处理之后的水洗，大多采用溢流式水洗方式，即在一定的水位条件下，边进水边排液。洗液中总是会残留一部分废液，使得一些残留物吸附在织物纤维之间或表面上。而对目前的小浴比溢喷染色机来说，降小浴比意味着增加了染浴浓度，要达到所需的水洗效果，就必须延长水洗时间。相比之下，气流染色机采用了连续式水洗方式，织物在每一次循环中，被冲刷下来的污物可及时与织物分离，并直接排放，使织物在较短时间内就能够获得充分的水洗效果。

4. 织物手感好 普通的溢流或喷射染色机，以及连续式前处理机，将织物的共生物去除后，织物的手感相对较差。对于一些品质要求较高的织物，还需要进行化学或机械柔软整理，以获得一定的柔软度。织物纤维在未经前处理之前所含有的蜡质或油剂，本身就能够使织物具有一定的柔软度。当这些含带的物质为了染色需要而被去除后，反而使织物纤维因缺少这种润滑物质，增大了纤维之间移动的摩擦阻力，最终导致织物的柔软度下降。若采用气流染色机进行织物前处理，气流对织物进行的多次揉搓，不仅是为加快处理反应速率提供条件，同时还可降低织物纤维的刚性，使之恢复到适当的柔软度。这种处理过程，完全是伴随着前处理而产生的一种效果，相当于附带进行了一次机械柔软整理。

三、用于碱减量处理

服装面料的时尚化、个性化和风格化已愈来愈受到广大消费者的欢迎。许多新型纺织品材料的出现，通过特殊染整工艺的加工，可表现出与常规纺织品材料所不同的风格，具有较高的商用价值。因此，印染企业常以新型材料纺织品的风格化加工来提高产品的附加值。

在实际应用中，基于气流染色机原理和结构的基本特点，可以不断扩展出许多新的使用功能，并且效果不亚于一般的专用设备。随着气流染色技术应用的普及，还有许多功能正在探索之中。气流染色机不仅在染色加工中具有显著的匀染性、重现性和节能环保等特性，而且还表现出一些织物其他湿处理功能。例如采用气流染色机进行聚酯类纤维碱减量处理，可以减少能耗和污染，并且质量稳定。这里简单介绍一下气流染色机的碱减量处理功能。

1. 碱减量处理的设备条件 气流染色机最显著的特征是改变了被加工织物的牵引方式，以气流牵引被加工织物进行循环运动，加快了被加工织物与染液或助剂溶液的交换频率，并且能够增强两者作用的剧烈程度。在这种结构性能的基础上，再配置先进的计量加料系统和控制程序，就可以精确地控制织物在湿态下的各种处理工艺，并且保证工艺的重现性和产品质量的稳定性。就聚酯纤维的碱减量处理而言，气流染色机具备了以下一些条件：

①被处理织物与碱液的交换充分。

②织物在动程中产生的张力小。

③织物的抖动及布面揉搓在不损伤织物表面的条件下，提高助剂对织物纤维表面的作用效果。

④储布槽的汽蒸作用不仅缩短了处理时间，同时还提高了处理效果。

⑤碱剂反应的充分性和均匀性。

聚酯纤维的碱减量处理实质上是通过碱对纤维的水解反应来实现，而碱剂与织物的作用条件，又关系到碱对纤维反应的充分性和均匀性。充分反应可以利用较少碱剂达到所需处理的效果，而反应的均匀性可以使整个织物纤维达到预期风格。织物在气流染色机中进行碱减量处理，可获得非常好的作用条件。首先，小浴比可以使碱溶液的循环频率提高，加快织物与碱溶液的作用和交换次数，提高碱对纤维的水解速度；其次，织物在不携带更多水的情况下，受到高速气流的牵引及抖动作用，可使织物之间在气流中获得充分的揉搓和摩擦，不但均匀、柔和，而且不会损伤织物表面；最后，同样的碱溶液浓度，小浴比可以减少碱的消耗量。

2. 碱减量处理的工艺参数 织物的碱处理在满足织物碱处理所需的设备结构性能和工艺条件下，还必须通过相应的工艺参数控制，才能够顺利完成处理过程。对工艺参数采用全自动程序控制，可有效减少人为的影响因素，保证工艺的重现性。气流染色机在碱减量处理过程中，主要是对以下一些工艺参数进行控制。

(1)碱浴浓度。对于相同浓度的碱浴来说，浴比的降低可以减少碱剂的消耗量；碱剂用量的减少在小浴比条件下，仍然可以获得较高浓度的碱浴。在碱减量工艺中，碱浴的浓度对纤维的减量多少有很大影响。所以，传统的碱减量工艺都是以控制碱浴的浓度来达到纤维的减量要求。但在浴比较大的条件下，为了获得较高的碱浴浓度，往往需要使用大量的碱剂。在小浴比条件下，即使较少的碱剂也能够达到很高的碱浴浓度，这时再通过减量织物与碱浴的强烈相互机械作用，同样可以获得非常好的减量效果。

(2)温度。温度是大多数湿处理过程所必须控制的重要参数，通常根据织物品种和湿处理工艺要求而设定。织物在一定的温度条件下，可以加快纤维大分子链段的松弛，以及处理助剂对纤维反应速率。为了保证整个织物的处理效果均匀一致，必须对织物、主缸槽体内和处理液的温度进行控制，保证各点的温度均匀性。

(3)时间。处理液对织物的作用以及织物的周期性循环满足所需的机械作用都需要一定时间，因而时间是控制碱处理过程的重要条件。在其他参数一定的条件下，碱处理过程进行的程度取决于时间的长短。时间短了，达不到处理要求；时间过长，碱水解反应程度过大，会造成织物纤维强力过分下降或布面损伤。

(4)织物的运行状况。主要体现在织物运行的线速度或与碱液的交换条件。若织物长度一定,织物线速度高,则织物循环的频率高,高速气流对织物振动拍击和织物之间的揉搓作用次数多,处理的效果也就越充分。不同的织物品种和碱处理工艺有不同的要求,一般是根据最终产品要求来确定。

(5)循环风量。它是决定织物处理效果的重要参数。织物的线速度和高速气流对织物振动拍击的程度,可以通过风量的大小进行控制,尤其是与提布辊线速度的关系是保证处理过程的关键。风量大小可根据织物品种和处理工艺来确定,并由自动程序去完成。

3. 气流染色机与溢喷染色机碱处理综合性能对比分析 随着气流染色机的逐步应用,一些使用者将传统溢流或喷射染色机的碱减量处理工艺应用于气流染色机上,无论是在提升产品的质量上还是在节能减排上,都取得了明显的经济效益。表4-1是某印染厂的应用情况的综合对比,可能各家的使用工艺条件有差异,不一定是最佳值。

表4-1 气流染色机与溢喷染色机碱减量处理工艺对比

项　目	气流染色机	溢喷染色机	消耗量比较	备　注
碱剂消耗(kg碱/t织物)	156	240	-35%	—
水消耗(t水/t织物)	2	10	-80%	不包括水洗
蒸汽消耗(t蒸汽/t织物)	1.6	6	-73%	—
电消耗(kW·h/t织物)	472	336	-40%	气液染色机可降低50%
其他助剂消耗	相同	相同	—	—
减量率控制	相同	相同	—	—
织物效果	相同	相同	—	—
工艺时间	相同	相同	—	—
一次成功率(%)	95	80	—	—
废液中COD含量情况	相同	相同	—	总排放量降低80%

从表4-1可以看出,处理过程中的耗水和耗汽,气流染色机比溢喷染色机有明显优势,碱剂可以节省1/3。虽然废液中COD的浓度基本不变,但单位重量织物的废液排放量降低了80%,具有明显的减排效果。加工单位重量织物的耗电量比较高,可能与织物的运行速度、处理的时间等工艺参数的设定有关。提高织物运行速度意味着织物与处理液的交换频率提高,加速了碱剂的反应速率,以及对织物处理的均匀性,完全可以缩短时间,减少设备长久运行所消耗的功率。如果采用气液染色机则可降低电耗50%以上。

目前纯涤纶仿真丝、仿麻纱类纺织品都要经过碱减量前处理,涤纶及含涤织物经过碱减量加工后可以提高其柔软性和悬垂性,已成为生产高档仿真丝、仿麻纱及仿毛织物的重要工序。与普通溢喷染色机相同,气流染色机碱减量处理不但适合各种含涤织物,而且对含粘胶纤维比例较高的中厚型涤/粘和涤/粘仿毛织物减量特别有效。气流染色机的小浴比可以大幅度提高碱的利用率,减轻减量后的水洗压力和减少废水的排放量。采用精确的工艺参数程序控制可以有效地控制减量率。

气流染色机的碱减量处理功能,在充分保证产品质量的同时,更加体现出高效、节能和环保特性。充分扩展它的应用功能范围,能够以较经济的加工手段(省去添置价格昂贵的专用整理设备)降低加工成本,提高现有常规产品的附加值,并且为新型纤维的风格整理提供了有效加工方法。气流染色机碱处理功能的应用,对改变传统溢流或喷射染色机高能耗、高碱剂残留量现状,实现节能减排和低碳经济发展都将起到重要的作用。

四、气流(液)染色机水洗功能

采用气流染色机小浴比连续式水洗具有效率高和节能降耗的特点,主要得益于气流染色机不依靠水流牵引织物循环、储布槽织物没有浸在水中、新鲜水与织物在喷嘴中交换后可分离、污水不参与循环而直接排放的结构特征。连续式水洗实际上是将间歇式换液水洗改为连续式换液,即边进边排放。在水洗过程中,主循环泵进口与排液阀之间的截止阀关闭,排液阀开启,切断洗液循环。进水阀设置在主循环泵进口,开启后水直接进入主循环泵,经热交换器到达喷嘴与织物交换。交换下来的污液在进入储布槽的过程中分离,然后直接从排液口排出。

水流量大小由主循环泵电机变频控制,水流温度有两种控制方式。一种是通过主循环管路中的热交换器间接换热,因为只经过一次,所以升温速率相对较慢;另一种是通过“蒸汽-水交换器”进行直接热交换,升温速率较快,但对蒸汽和水的压力稳定性要求较高,否则,蒸汽与水的直接混合很难达到所需的温度。因此,设备上一般需要设置蒸汽比例进汽控制。整个水洗过程的水流和温度可按阶段进行分配,并通过程序控制。

气流染色机由于自身结构的特点,织物在储布槽内与主体洗液分离,高温条件下可形成一个类似于汽蒸的过程,而通过喷嘴时又有一个热洗的过程。织物在水洗的过程中,实际上是处于“汽蒸-热洗-汽蒸”的不断交替过程。汽蒸可提高织物纤维的膨润效果,加速纤维、纱线毛细管孔隙中污物向纤维外表面的扩散速度;热洗可尽快打破洗液平衡的边界层,缩短扩散路程并提高浓度梯度。显然,这一过程为气流染色机提高净洗效率提供了有利条件。

气流染色机采用连续式水洗方式,并通过以下条件来实现水洗功能。

1. 小浴比的快速交换 小浴比的水洗过程,更多的是考虑到如何提高扩散系数和浓度梯度,减少水洗时间。气流染色机采用连续式小浴比水洗,主要是通过水流量在喷嘴中与织物进行快速交换,以提高扩散系数和浓度梯度来达到提高水洗效率的目的。

2. 清浊分流 气流染色机的主循环泵进口前部设置了一个截止阀,在连续式水洗过程中处于关闭状态。而在截止阀与主循环泵进口之间是进水阀,在连续式水洗过程中,进水阀与排液阀同时开启。由进水阀进入的新鲜水通过主循环泵、热交换器进入染液喷嘴,与织物进行剧烈交换。与织物交换后污水在储布槽中与织物分离,从主回液管中的排液口直接排放。洗液主要是在喷嘴中对织物进行作用,交换之后的污物随污水排出,不会对织物产生再次黏附。显然,气流染色机的小浴比在连续式水洗过程中,并不是依据每缸水量的多少,而是体现在每次作用在织物上流量的大小。也就是说,即使消耗较少的总耗水量,只要保证每次作用在织物上水流量,就可达到所要求的水洗效果。

3. 水流的作用 气流染色机的水洗过程主要是发生在喷嘴中，水流量的大小以及对织物的作用程度，对水洗效果起着非常重要的作用。气流染色机主循环泵的流量比溢喷染色机低，虽然水洗时所有的流量都集中在喷嘴中，但气流雾化形式的喷嘴，却受到了结构形式的限制，洗液的流量还是比较小。为此，也有的气流染色机又增加了一套所谓的强力喷射装置，在一定程度上改善了流量小的问题。相比之下，气液染色机有一套液流喷嘴，对加大水流起到了重要作用。

4. 蒸汽与洗液的交替作用 在水洗过程中，除了水流作用外，气流染色机还有一个“汽蒸”过程，对织物产生一个“汽蒸—液洗—汽蒸”交替作用，更加有利于去除织物的污物。气流染色机储布槽内织物与循环洗液不接触，在高温条件下织物实际上是受到类似于湿蒸汽的作用。因织物纤维热传递较慢，温度要低一些，湿蒸汽接触到纤维后会形成冷凝水，加快了织物的膨润，并使一些杂质迅速膨化，削弱了与纤维的结合力。当织物在喷嘴中与洗液强烈交换时，污物就更容易脱离织物。所以，这种交替作用在前处理的水洗中具有明显效果，气流染色机的高效前处理特点主要就是表现在这里。

5. 水洗效率高 水洗占染色用水的比例很大，采用小浴比水洗，消耗的水比大浴比要低，但水洗的时间会延长。气流染色的雾化喷嘴，对染色的匀染性来说，可以控制浓度较高染液对织物循环一周的上染量，并对织物具有较好的匀染性，但对水洗却存在供水量太低的问题。

相比之下，气液染色机采用了大流量、强力连续式喷射水洗设计，与织物交换后的大部分洗液与织物分离，并直接排放。由于织物经过喷嘴是总是与新鲜水交换，所以加大了净洗过程洗液与污物的浓度梯度，以及污物在洗液中的扩散系数。此外，在织物单次循环中，与织物交换后的洗液总有一部分与织物形成逆流。这部分逆流洗液相对于进入喷嘴之前的织物，还是具有较大的浓度梯度，能够加大污物扩散系数。比一次性洗液分离，更具有节水效果。

五、预缩功能

为了避免针织物在湿加工中产生过分变形和折痕，目前有厂家尝试将一些针织物放在气流（液）染色机中进行预缩处理，并获得了成功。经气流预缩整理后的织物，纬密度增加，改善了手感，提高了抗皱性。该功能是通过在设备上增加一套直接入蒸汽的装置，并设置一温度监测点，控制主缸内气相温度。其工艺流程：

织物干态进布→主缸内进入直接蒸汽，升温至90~100℃，保温运行15min→出布

参考文献

[1]刘江坚．间歇式织物染色技术[M]．北京：中国纺织出版社，2011.
[2]刘江坚．气流染色实用技术[M]．北京：中国纺织出版社，2014.
[3]刘江坚．低能耗气液染色机的开发与应用[J]．印染，2013(11)：33-35.

第五章 少助剂、低温及纤维改性染色

随着节能减排形势的发展,传统的浸染工艺通过染料和织物纤维的改性,电解质用量和染色过程的温度也随之降低。这些染色工艺在现有的染色设备中即可实现,不仅节省设备投入成本,而且还可获得较为显著的节能减排效果。目前已经成功应用于生产实践中的有活性染料低盐或无盐染色、中性固色、低温染色以及纤维改性染色。

第一节 活性染料低盐或无盐染色

活性染料存在的最大问题就是上染率低,需要通过加入大量的元明粉或食盐来提高活性染料上染率,并且染完之后这些盐残留在染液中,增加了废水的处理负担。为了改变这种传统的工艺方法,减少活性染料对电解质的依存性,人们开发了低盐甚至无盐的染色工艺,以及为了减少固色中所使用的碱而采用中性固色工艺。在很大程度上减少了盐的用量,甚至完全不使用盐,从而减轻废水的处理负担。

低盐染色的染料均属于双活性基或多活性基染料,对纤维素纤维具有较强的键合能力,因而可提高染料的固色速率和固色率。由于活性染料染色中,盐用量与染料分子结构和性能、纤维的结构及性能、染色工艺(如浴比、温度和碱剂)等因素有关,所以低盐或无盐染色主要是从改变染料结构、纤维改性、工艺控制、设备功能以及开发高盐效应的盐类等方面去研究和开发。其中改变染料结构和工艺条件已获得了很大实用价值,并且得到了应用。这里主要介绍改变染料结构、纤维改性、染色工艺条件和助剂,对活性染料低盐或无盐染色的作用和影响。

一、改变染料结构

通过改变活性染料的结构,可在保证合适水溶性的前提下尽量减少磺酸基团,提高活性染料的直接性,减少对盐的依存性,并可获得较好的移染性、易洗涤性和较高的固色率。改变染料结构主要是通过改善现用染料分子质量(如分子中引入杂环或双偶氮结构等)来提高染料的直接性,或改变活性基团来提高染料的反应性,或者减少染料分子中阴离子型基团,降低带电量,减小染色的盐效应。

1. 提高染料的直接性和反应性 大多数低盐染色的活性染料,是在保证染料溶解性和匀染性的前提下,减少了磺酸基的数目,因而具有较高的直接性。就活性染料化学结构而言,直接性主要取决于染料的疏水与亲水基团的结构和比例,尤其是与分子中阴离子基(磺酸基)的数目和位置有关。阴离子基越多，与纤维的电性斥力就越大（磺酸基集中在染料分子母体芳环上产生的斥力最大），直接性下降也越明显；反之，疏水基团愈多，芳环平面排列性越强，染料直接性就越高，盐用量也就越少。如果在染料母体中引入脲基，那么就可增加染料分子的共平面性，提高染料的直接性，减少盐的用量。但是，染料的直接性并非越高越好，过高的直接性会使水解染料难以去除。此外，增加或改变染料活性基团（如采用二氟嘧啶、乙烯砜硫酸酯和一氯均三嗪、烟酸均三嗪等活性基合理组合）的反应活性，可加快染料的固色速率，减小纤维中染料的活度，提高染料向纤维内部渗透的浓度梯度，加速染料对纤维的上染。

2. 改变染料在染液中的电性 通过改变活性染料的分子结构，将活性染料的阴离子（通常为磺酸基）转变为阳离子（通常为季胺基），可使染料在染液中呈现正电性。这样，纤维与染料间的静电斥力转为静电引力，加大了纤维对染料的吸附力，就提高了染料对纤维的上染率和固色率。改性后的活性染料在水中的染料母体离子已是阳离子（可称为阳离子活性染料），其分子结构中带有嘧啶季铵基团。由于阳离子活性染料的无盐染色与有盐染色相比，其固色率或染色牢度等还存在一些不足，并且价格比普通染料高许多，种类也有限，所以这类染料的应用受到了限制。

二、纤维改性

过去对纤维进行改性，大多仅限于纤维带有暂时性的阳离子性，如果在纤维素纤维上引入氨基（提高纤维的活性）、胺基或季铵盐以共价键形式结合，使纤维素纤维在染浴中呈正电性，由未改性前的静电斥力转变为改性后的静电引力，那么就可加大纤维素纤维对染料的吸附能力，提高染料的上染率和固色率。

近年来使用的改性试剂，就是在胺盐或季铵盐中引入可与纤维中的羟基反应的环氧基，能够与纤维形成共价键结合。纤维素纤维经过这种改性后带有永久性阳离子性，就能够使得染色性能比较稳定。例如，使用三乙醇胺的化合物来改性，或用氯乙基乙二铵的盐酸盐来改性，可生成二乙胺基乙基纤维素，对活性染料具有很强的反应性。由于存在叔胺基，大大加快了固色速率。总之，纤维素纤维接上胺烷基后，既可增强活性染料的反应性，也可在酸性介质中质子化后，形成铵的正离子，定位吸附染料阴离子。

三、染色工艺条件

实现无盐和低盐染色除了对染料和纤维进行改性外，合理设计和控制染色工艺也是非常重要的。首先是要选用配伍性和匀染性好、固色率高以及品质好、重现性好的活性染料；其次是严格控制染色工艺条件，如织物纤维的结构性能和染色前的 pH；染色过程中的浴比、温度、时间、加料方式；助剂的选用和用量以及水的纯度或硬度等。从上染吸附动力学和热力学可知，染料的直接性与染色温度和浴比有关。染色温度越低，直接性越高，需要盐用量也就越少。尤其是上染后期降低温度，可提高染料的上染量。不过，温度太低会降低染料的溶解度和上染速率。所以低温、低盐染色时，应选用适当的助剂来改善染料的溶解和分散性，加快染料的上染和固色速率。

至于浴比对染料直接性的影响，主要表现在：相同用量的染料和助剂，浴比越小，染液中染料、盐和碱的浓度就越高。常见各类活性染料的直接性或上染率和固色率随浴比变化的情况如表5-1所示。由表中看出，浴比越小，染料直接性越高，但在较大浴比中固色率的变化相对较小。不同类别的活性染料拼色时，浴比对色差的影响较大，其根本原因是对染料直接性影响所导致的。

表5-1　浴比对活性染料直接性和固色率的影响(食盐浓度为30g/L)

活性染料类型	直接性/固色率(%)				
	浴比1∶3.5	浴比1∶5	浴比1∶10	浴比1∶20	浴比1∶40
二氯喹噁啉(DCC)	57/78	53/76	50/74	30/67	/56
二氟一氯嘧啶(FCP)	74/80	68/78	65/76	50/72	/63
一氯均三嗪(MFT)	77/79	71/77	68/75	57/71	/64
乙烯砜(VS)	38/72	36/70	32/67	25/62	/54
双乙烯砜(Bi-VS)	40/92	36/92	34/90	26/84	/71
二氟一氯嘧啶/乙烯砜(FCP-VS)	62/98	58/98	55/97	44/92	/82

由于小浴比染色条件可以提高活性染料的直接性和固色率，所以对相同的上染率就可以减少盐的用量。表5-2反映出了浴比与盐浓度的关系，盐的浓度随着浴比的降低而降低，并且变化的速率比较快，尤其是染深颜色，可以相差几十倍。此外，对于同一深度，小浴比可以减少染料和碱剂的用量。

表5-2　浴比与中性电解质浓度的关系

染色深度(%，owf)	中性电解质浓度(%，owf)				
	浴比1∶3.5	浴比1∶5	浴比1∶10	浴比1∶20	浴比1∶40
0.1	0.1	5	15	40	120
0.5	0.5	7.5	22.5	60	180
2.0	2	12.5	40	100	300
6.0	6	20	60	160	540

染色工艺条件中所采用的加盐方式不同，往往会产生不同的盐效应，对染料的上染也会产生不同的影响。染色初始，染液的浓度最高，染料对纤维的上染速率也最快。此时，若加盐或过多地加盐，就会加快染料的上染速率，导致上染不匀，并且还会造成染液中染料的大量聚集，甚至沉淀，最后在织物上形成色点，降低色牢度。当染色过程进行一段时间后，因染料不断上染纤维而使染液浓度降低，染料的上染速率也随之降下来。此时，应通过逐步增加染液中的盐

浓度来提高盐效应,以保证染料继续上染纤维的染色速率。只有在织物纤维已获得了足够的染色深度,并基本达到上染平衡后,这时的盐浓度已不再具有明显的盐效应了。因此,要根据染料性质、用量以及染色工艺条件(包括温度、浴比、pH)的不同,采用合理的加盐方式,例如通过电脑程序进行比例加料控制。此外,碱剂和一些助剂也具有盐效应,应该考虑到染液中各种电解质的总效应,而不能只注意中性电解质的盐效应。

四、染色助剂

在低盐染色过程中,除了对染浴中染料进行改性以减少对盐的依存性外,还可在染浴中添加阳离子型助剂,使其与染料形成松散结合。这样可以降低染料的电性,或者先被纤维吸附,降低纤维界面电性,减小纤维与染料间的静电斥力,以达到提高染料上染率和固色率的目的。例如,在染色之前用三乙醇胺对织物进行前处理,就能使活性染料对纤维素纤维染色的上染率提高10%~20%,并且可将染色牢度提高0.5~1级。此外,还可采用交联剂来降低盐的用量,让染料和纤维都与交联剂发生共价键结合。传统使用的交联剂有脲类、三嗪类、环状脲、多氨树脂叔铵盐与二羟甲基二羟基乙烯脲(DMDHEU)的复配物等,它们大多是含醛类化合物,在高温高湿状态下容易水解重新释放出甲醛。因此,为了完全解决甲醛释放的问题,助剂开发商都在研究开发非醛交联剂。目前这类交联剂主要有:1,3,5-三丙烯酰胺六氢化均三嗪(FAP)、*N*,*N*-亚甲基二丙烯酸胺(MBA)、环氧类化合物、活化乙烯基化合物、多异氰酸酯类、三聚氯氰及其衍生物等。除此之外,一些催化剂如吡啶、烟酸等,可以催化染料与纤维之间的反应,提高反应速率,减少盐的用量。

第二节 活性染料中性固色

活性染料染色的固色,一般都是在碱性条件下进行。其原因有两方面,一是碱性条件可以促使纤维素阴离子浓度增加,加快亲核反应速率;二是卤代杂环类活性染料与纤维或水反应后,会形成氢氯酸或氢氟酸等酸性物质,影响固色反应,通过加入碱剂来中和酸。但是,碱性条件也同时给活性染料带来一些负面影响。主要有:碱性的增强可加快染料的水解速率,降低固色率;对已键合的染料会产生断键反应,使纤维的染色牢度下降;影响染液的稳定性,重现性差;一些如蛋白质纤维在碱性条件下会被水解,纤维素纤维在高温碱性焙烘固色时,纤维泛黄,甚至发生氧化脆损。除此之外,碱在废液中提高了COD,造成废液处理成本上升。因此,活性染料中性固色就成为染色工作者研究的课题。

一、活性染料中性固色基本条件

活性染料在中性条件下进行固色的重要前提是,如何提高活性染料的固色速率。然而,影响固色速率和效率的因素很多,但就工艺条件而言,主要有染料性质、纤维特性、染色介质以及固色反应条件。

1. 染料性质 主要包括染料的反应性、直接性和扩散性方面。染料的活性基结构决定了其反应性,反应性强有利于染料与纤维键合反应。染料的直接性的高低影响到固色速率、固色效率、扩散性、移染性、透染性及水洗牢度等。染料的上染速率、移染性和透染性也受到扩散性的影响。

2. 纤维特性 纤维素纤维与活性染料的结合,主要是在碱性条件下由纤维素纤维羟基电离出来的阴离子,与染料发生亲核反应所致。如果在中性条件下,通过纤维改性接上亲核性较强的基团后,也可加快纤维与染料的亲核反应。除此之外,纤维被充分溶胀后,可加快染料向纤维内部扩散速度。

3. 染色介质 以水为染色介质的上染过程,纤维被水润湿和溶胀后,有利于染料对纤维上染和固着反应。活性染料活性基在染色介质的作用下发生键极化,正、负电荷分离,使碳原子的正电荷增多,也可加快固色的亲核反应。

4. 固色反应条件 染色过程中的反应温度、电解质温度、pH、浴比以及染液的浓度等,都是构成染料对纤维的固色反应条件。其中每一个参数的变化,都会影响到固色反应。例如,染浴 pH 低,纤维素阴离子浓度就低,就会影响到固色反应速率。如果在这种条件下适当提高温度,也可加快固色反应。

二、高反应性染料染色

为了获得活性染料中性固色条件,设法提高染料活性基中的离去基 X 的电负性,使与其相连的碳原子携带更多的正电荷,就可加快染料与纤维的亲核反应。为此,人们以季铵取代基替代染料中的某个原子,以提高染料的反应性。例如,以不同的带正电荷的季铵取代基,去取代一氯均三嗪中的氯原子,即可大大增强染料的反应性。有实验表明,所有季铵取代基的均三嗪活性染料,在 pH = 7 时均可达到或接近最高固色率。这些活性染料不仅在中性条件下提高了反应性,而且在 100~130℃ 固色,温度对固色率的影响不大,因而为与分散染料高温一浴法染色提供了条件。

三、中性固色剂催化染色

对于活性染料的中性固色,还可将染料先与某些化合物进行反应,形成一种反应性比原活性染料还要强的中间物,然后再与纤维进行固色反应。在这一过程中,反应后的化合物可以重新放出,不断与未反应的活性染料进行反应,直到将所有的活性染料反应完为止。这些反应中间物是一些叔胺化合物,可利用其催化作用进行染色。所以也称为催化染色。

研究表明,尽管催化剂可以加快固色反应,但也同时会加速水解反应。其结果是固色效率不仅没有提高,甚至还会降低。对一些浴比大的染色,会增加催化剂的用量。为此,有人提出采用多种催化剂混用,进行多级催化,以提高催化效率。目前已经出现了可用于高温焙烘和浸染固色的中性固色剂,并获得了良好的使用效果。

1. 轧染高温焙烘中性固色 活性染料焙烘固色基本上是在无水状态下的一种固相反应。研究表明,传统活性染料焙烘固色中,尿素作为固色剂,具有多重作用。一是对浸轧染液中染料具有助溶作用;二是高温焙烘时,起到染料的固色介质作用。处于高温焙烘中的织物,尿素可与染料形成低熔共溶物。此时染料呈共熔流体状态,对纤维可进行吸附和扩散,并且与纤维形成共价键而结合在一起。

传统的活性染料高温焙烘固色,以尿素作为助溶剂和固色介质,也产生了一些负面影响。例如,在焙烘过程中,尿素会发生一系列的分解反应,并且随着温度的升高加剧了分解反应,以至于可以全部分解。而分解所产生的一些物质不仅能与活性染料反应,而且还可产生有毒物质。此外,在碱性高温焙烘条件下,纤维素纤维还会出现因泛黄脆损而引起的"黄斑"现象,影响染色的鲜艳度。

为了避免活性染料高温焙烘固色出现的不利影响,东华大学宋心远教授研制了一种固色剂,可在中性高温条件下与双氰胺配合使用,起到很好的固色作用。这种固色剂的中性固色使用条件,也非常适合与分散染料的一浴一步法的热熔固色。该固色剂含有一种活泼中间络合物的组分,只有在高温下与活性染料反应时才能够形成,而染液在室温下却很稳定。

2. 浸染中性固色　普通活性染料在中性固色剂的催化作用下也可在浸染中进行中性固色,但应注意到水对中性固色剂和染料的反应产生不利影响。主要表现在中性固色剂与染料反应形成的中间产物或络合物,在水中会降低反应效率,并且还会增强已形成的中间物或络合物的反应性,加快染料的水解速度。即使增加了固色速率,但却降低了固色效率。

有研究表明,多种组成具有很好的协同效应,并且在温度100℃以上时,pH接近中性即可满足中性固色条件。表5-3以活性艳蓝K-GR为例,比较不同温度中性固色与常规固色的*K/S*值。

表5-3　活性艳蓝K-GR在不同温度的中性固色与常规固色的*K/S*值比较

染色工艺	*K/S*值		
	80℃	100℃	130℃
中性固色	3.703	6.935	6.545
常规碱性固色	6.512	4.112	2.787

表5-3中数据表明,中性固色的*K/S*值随着温度的提高而增加,但在100℃最高,而130℃反而下降。其原因是温度太高,不仅增加了染料水解,而且已键合的染料发生了碱水解断键反应,结果造成染料固色率下降。因此,活性染料中性固色温度在100℃时可达到最高固色率,而高于100℃时染料对温度敏感性就不大了。这种工艺条件主要适于直接性较高的一氯均三嗪类的活性染料与分散染料,采用高温高压一浴法染色。

四、改性纤维中性染色

活性染料中性固色除了选用高反应性染料、中性固色剂和适当提高固色温度外,还可通过纤维改性来提高纤维的亲核反应。有实验证明,用环氧基季铵化合物对纤维素接枝改性后,可在无盐条件下进行活性染料中性染色。主要原因是季铵基具有很强的吸电子能力,增加了邻近羟基的离子化(酸性增强),形成了强亲核性的仲羟基阴离子。有关改性纤维染色的更多内容将在第五节中介绍。

第三节　活性染料湿短蒸染色

传统的轧蒸染色工艺有一步法(轧—烘—蒸)和二步法(轧—烘—轧—蒸)。其中的烘干有两个目的:一是为了减少织物上染料的水解或提高织物浸轧碱剂后的固色率;二是为了提高织物汽蒸时的升温速率。但是,烘干过程会使染料发生泳移现象,并且需要消耗大量的热能和延长工序。吸附在织物纤维上的染料在烘干过程中,通常没有与织物纤维发生固色反应。只有织物再次经过汽蒸时,纤维上的染料重新溶解,才会向纤维内部扩散并发生反应。然而,这两个过程都会引发干织物吸收水分及发热升温等问题,影响染料对织物纤维的均匀吸附和扩散。除此之外,织物在烘干过程中会发生纤维溶胀并收缩,在汽蒸过程中还会发生纤维再次溶胀。织物上的水分烘干蒸发后,再浸轧或汽蒸织物,吸收水分,也会造成能源重复消耗。事实上,染料对织物纤维的快速上染和固色,关键的是保持纤维中具有适当的水分。

轧蒸染色工艺中对织物进行汽蒸,是完成染料对织物的上染和固色过程。织物的汽蒸有干态和湿态之分,各有其优缺点。干蒸的升温快、汽蒸时间短,但工艺流程长、能耗高。织物干蒸工艺中的烘干,容易使织物上的染料发生泳移。汽蒸时染料对织物吸附和扩散也不充分,并且还会因发生纤维结合水的过热而降低固色率。相比之下,湿蒸虽然可以克服干蒸的一些缺陷,但因其较高的含水率(尤其是自由水),不仅升温慢、能耗大,而且染料在湿态织物上受热后容易产生水解,造成固色率下降。因此,对常规织物大多采用干蒸,只有绒类或吸水性很强的织物才采用湿蒸。

综合干蒸和湿蒸各自的优点,尽量降低织物的带液率,并在精确的温度控制条件下,利用过热蒸汽或蒸汽与热空气混合气体进行固色。这就是近年来发展起来的湿短蒸染色工艺。它解决了传统湿蒸固色的缺陷,并缩短了工艺流程和减少了能耗。织物湿短蒸染色只需纤维含有足够多的束缚水,而不需太多自由水即可进行快速上染和固色,因而具有工序短、节能节水、固色率高、染料水解少和工艺重现性好等特点。

织物在湿短蒸工艺中的温度和湿度变化过程,是在专用设备中进行的。含水率在30%的织物在湿短蒸过程中可获得最高的固色率,因此,无论采用哪种升温形式和加热介质,都必须能够快速蒸发湿织物中的水分,使其含水率迅速降至30%。为了满足这种工艺条件,一些设备制造商和染料制造商进行合作研发。其中Hoechst和Bruckner公司研发的Eco-Steam工艺设备,采用热空气和蒸汽混合体作为加热载体,并在蒸箱入口处通过红外线先使织物进行加热。而德国门富士(Menforts)和英国Zeneca公司开发的Econtrol设备和工艺,也是采用热空气和蒸汽混合体作为加热载体,主要是对织物汽蒸过程的湿含量进行精确控制,并采用了敏感度较高的湿度检测装置,由电脑进行控制。与100℃的饱和蒸汽相比,采用热空气和蒸汽混合体作为加热载体,对湿织物不仅升温速度快,而且不会发生过热现象。除此之外,在该升温条件下,会加快湿织物中自由水的蒸发速度,同时还能够维持染料对纤维上染所需的水分。随着该项技术的发展,德国 Babcock 和 BASF 公司开发了一种 Babco-Therm 烘焙机和 Eco-Flash 工艺,并以高温过热蒸汽(180℃)作为加热载体。

由此可见,湿短蒸染色工艺主要是对织物的温度和湿度的控制。由于温度和湿度是相互关联的,织物含水率和加热载体相对湿度,会影响到织物的升温速度和升温曲线平台区温度的高低,从而影响到染料对织物纤维的上染和固着。因此,对设备的温度和湿度控制功能具有很高的要求。

一、湿短蒸染色工艺过程

湿短蒸染色实际上是一个固色过程。而织物的含水率和加热介质的含湿量以及温度,在该过程中起到了非常重要的作用。缩短固色时间并在高温下进行汽蒸,又是湿短蒸固色过程的关键。此外,湿短蒸染色还受到染料性质、纤维特性、固色碱剂以及汽蒸时间等影响,但是最重要的还是织物的含水率和加热介质的湿含量,并且织物的含水率还会影响到后者。在一定湿度的高温汽蒸条件下,已浸轧在织物上的染料可始终处于溶解状态,并且织物纤维也处于溶胀状态,因而就可避免湿态织物在汽蒸过程发生过热现象和因烘干产生的染料泳移现象。由此可见,湿短蒸染色中的"湿"、"短"和"蒸",对染色过程具有十分重要的意义。

1. 织物含湿率的作用与控制　湿短蒸染色中的"湿"具有两层意思:既有织物浸轧染液后直接进行汽蒸(不经过烘干)的含湿状态,又有在高温不饱和蒸汽(保持一定湿度)中进行固色所需保持一定湿度的意思。织物在湿蒸过程中其含水率高,升温时间长,并且染料长时间处于织物所带的溶液中容易产生水解。所以,织物在湿短蒸过程中保持合适的含水率,缩短升温时间,减少染料的水解,就成为控制这一过程的关键。有研究表明,织物中所含带的水分以三种形式存在:一是化学结合水,一般不会与染料发生反应;二是束缚水,在纤维孔道中被孔道壁所吸附,缔合度较高,与染料也不容易发生水解反应;三是自由水,对溶于其中的染料容易发生水解反应。湿短蒸固色过程主要是尽快减少织物中的自由水含量。对棉织物而言,经浸轧后的带液率一般在60%~70%,化学结合水和束缚水总量约占30%,剩下的是自由水。实验证明,在湿短蒸固色过程中,只有含水率在25%~30%的棉织物、含水率在30%~35%的粘胶纤维织物,对活性染料才具有最高的固色率。因此,为了将浸轧后织物的带液量从60%~70%降至30%左右,并满足染料的溶解度和均匀给湿,目前最好的方法是采用过热蒸汽或不饱和蒸汽的混合气体作为加热介质。

2. 过程时间　为了尽快降低湿短蒸固色中织物的含水率(如棉织物的含水率尽快降至30%以下),升温和汽蒸时间要短。例如采用180℃的过热蒸汽可在1s左右使织物升温至100℃。若选用热空气与蒸汽的混合气体,也可将织物快速升温至120~130℃。但以100℃的饱和蒸汽作为湿短蒸的加热介质,一般仅用于含湿率30%以下的织物。

3. 汽蒸过程　以蒸汽或含有蒸汽的混合气作为湿短蒸的加热介质,不仅可以使织物快速升温,而且蒸汽放出潜热所产生的冷凝水还可使织物保持一定的水分,以保证染料对织物纤维的上染和固着。但高温条件下蒸汽的湿度较低,织物的含湿率容易发生变化,所以必须对汽蒸过程的湿度进行精确控制。

4. 助剂作用 在湿短蒸染色过程中，一方面需通过快速升温来减少含水率对染料水解的影响，另一方面还可选用适当的助剂来减少染料的水解。选用碳酸氢钠作为碱剂，溶液的 pH 在 80℃以下时保持在 8 左右；但温度高于 80℃时，因分解成碳酸钠后就会使织物的 pH 很快达到 11 左右，加快染料的水解。因此，湿短蒸的固色应选用碱性较低的碱剂，甚至中性固色剂更佳。

5. 染色工艺流程 湿蒸法（湿短蒸）连续染色机主要适于针织物的连续式染色，对织物产生张力小，工艺流程短。

工艺流程：

进布→浸轧染液→湿蒸（相对湿度 25%～30%，温度 120～130℃，时间 2～3min）→出布→水洗

二、湿短蒸染色工艺条件

湿短蒸染色过程中汽蒸的加热介质主要有过热蒸汽、热空气和蒸汽的混合物等，温度高于 100℃，且具有一定的湿度。织物在这种汽蒸条件下，不仅固色速率快，且固色率高。影响湿短蒸染色工艺的因素主要有：染料的类别和浓度、纤维性质和织物组织结构、碱剂性质、固色温度和时间以及助剂等。此外，湿短蒸染色工艺还受到织物的含水率、加热载体的组成、相对湿度和气体流速等影响，其中气体介质的含湿率和温度影响最大。

1. 染料的适应性 从理论上来讲，湿短蒸为活性染料提供了很好的上染和固色条件，可用于所有活性染料。然而，一定含湿率的织物以及高温条件仍然会对染料产生水解，短时间的固色过程也影响到染料的上染和固着。因此，对用于湿短蒸的染料具有较高的要求。通常，在混合气体中固色，因固色温度相对较低，故应选用反应性较强的染料。可选择二氯均三嗪和乙烯砜类等染料，也可选用同种或异种多活性基染料。在固色温度高的过热蒸汽介质中固色，则可选用反应性较低的一氯均三嗪类染料。湿短蒸染色工艺的湿蒸条件，对一些溶解度较低的染料可获得较好的透染性和色牢度，并能够满足各类染料对温度和时间的依存性，以及染料的配伍性。

2. 织物含水率和热载体含湿率 织物在固色过程中，其含水率的多少取决于纤维种类、加热载体的组成和温度。有试验表明，在 100℃饱和蒸汽中进行固色，含水率为 20%～25%的粘胶纤维织物固色率最高，含水率为 15%～20%的棉织物固色率最高；在过热蒸汽中或热空气和蒸汽混合热载体中汽蒸，棉织物为含水率 30%左右时的固色率最高。其原因是湿织物的水分蒸发较快，织物含水率应相对较高。由于浸轧后的织物带液率大多数在 60%～70%，必须通过低给湿加工才能将含水率快速降至 30%以下。

若选用过热蒸汽作为热载体，则固色时间要比相同温度的热空气与蒸汽混合气体短。过热蒸汽的含湿量取决于其温度，并随着温度的提高而降低。因此，汽蒸过程只要精确控制温度，即可获得所要求的湿度。如果选用热空气与蒸汽混合气体作热载体，就应控制蒸汽含量。混合气体中蒸汽所占的比例高，织物的升温快，并且织物上的冷凝水多，有利于染料的溶解、对织物的吸附和固着。有实验表明，当水蒸气含量达 80%以上时，湿织物在该环境下烘干和固

色的时间仅需要23s，而水蒸气含量在10%以下，时间需要210s以上。因此，选用热空气与蒸汽混合气体作热载体时，必须同时控制温度和含湿率。

3. 处理过程温度和时间　一般取决于加热介质、染料类别和设备。在过热蒸汽中固色，温度通常是在180℃。温度高可加快固色速度，缩短固色时间，一般在20~75s即可完成固色过程。如果在热空气和蒸汽混合气体介质中固色，则固色温度相对低一些，一般在120~130℃，或者干球温度为150~160℃，湿球温度为75~80℃。固色时间为2~3min。混合气体的干、湿球温度和相对湿度都要进行控制，蒸箱中混合气体的相对湿度大小与混入的蒸汽量、织物含水率及蒸发速率有关，需通过温度和气体流速进行调节。

4. 碱剂及pH　碱剂和pH的控制主要是根据染料的反应性、固色温度和时间来确定。但是，湿短蒸固色过程中，湿织物上的染料容易水解，碱剂用量还应考虑到织物的含水率和蒸发速率。在含水率高或染料上染阶段，应降低溶液的pH，当进入固色阶段时（此时织物含水率已降至30%以下）再提高溶液的pH。一些反应性较强的染料如二氯均三嗪类染料，应选用小苏打（碳酸氢钠）作碱剂。这是因为织物含水率很高时，或者织物的温度接近湿球温度（75~80℃）时，小苏打分解较少，织物上pH较低。而当织物含水率降至30%以下时，或者温度逐渐接近于干球温度时，小苏打分解成纯碱（碳酸钠），pH迅速升高，正好满足固色反应的pH。对于一些反应性较弱的染料，如一氯均三嗪等类染料，可以选用纯碱，或烧碱和纯碱，或烧碱和小苏打的混合碱剂。应用强碱性碱剂，特别是用烧碱作碱剂时，浸轧槽中的pH应精确控制，可采取计量将碱液和染料液分开加入。应减小浸渍槽容积，以保证染液pH的稳定性。

三、德国门富士（Monforts）湿短蒸Econtrol工艺

该工艺是由门富士（Monforts）和捷利康（Zeneca）两家公司联合开发的。将连续打卷和热烘干相结合，并且不需太多助剂。采用高反应性活性染料，将被染织物处于一定湿度和温度条件下，可使织物获得很高的得色率。在这种反应条件下，可不使用烧碱或纯碱、盐、水玻璃和尿素等助剂，即可完成染料对织物纤维的上染和固色过程。因而具有显著的节能减排效果。

1. 适用于Econtrol工艺的染色处方及工艺条件（表5-4）　该工艺应选用反应性较高的活性染料，如二氯均三嗪结构。

表5-4　Econtrol工艺的染色处方及工艺条件

染色处方及工艺条件		用量及设定参数
染色	染料1（g/L）	x
	染料2（g/L）	y
	染料3（g/L）	z
	渗透剂（g/L）	1~2
	碳酸氢钠（g/L）	10
工艺条件	混合气体相对湿度（%）	25
	混合气体温度（℃）	120~130
	处理时间（min）	2~3

2. 固色过程 在湿短蒸 Econtrol 工艺中,被染织物经过浸轧染液(染料、碳酸氢钠和润湿剂溶液)后,在空气中短时间内被输送进入温度 120℃、相对湿度 25%蒸汽烘房,滞留 2min 进行固色。在固着过程中,由于选用反应性较强的活性染料,不需要借助较强的碱性(仅用少许小苏打),在织物表面较低的温度 68℃(冷却极限温度)条件下,仅用 2min 的堆置时间即可完成固色。

3. Econtrol 工艺设备流程(图 5-1) 湿短蒸 Econtrol 设备流程:

进布装置→均匀轧车→给湿单元→烘房→出布装置→水洗

设备各单元的工作过程是:进布部分有一储布槽,可保证织物连接更换时的连续性。织物经均匀轧车浸轧后,在较短时间内被送入蒸箱。在蒸箱之前有一个给湿单元,其作用有两个:一是织物经过给湿单元,可获得 30%左右的含湿率;二是染色之前先让一段引布通过蒸箱,使蒸箱内部达到染色时的工艺条件。在染色过程中,蒸箱内温度 120℃、相对湿度 25%的混合气体(热空气和蒸汽)对织物进行汽蒸固色。通过排风调节,可控制蒸箱内加热介质的温度和相对湿度。对于轻薄织物,因织物含带的水分而无法维持蒸箱内 25%的蒸汽含量时,可通过喷射蒸汽进行补偿。

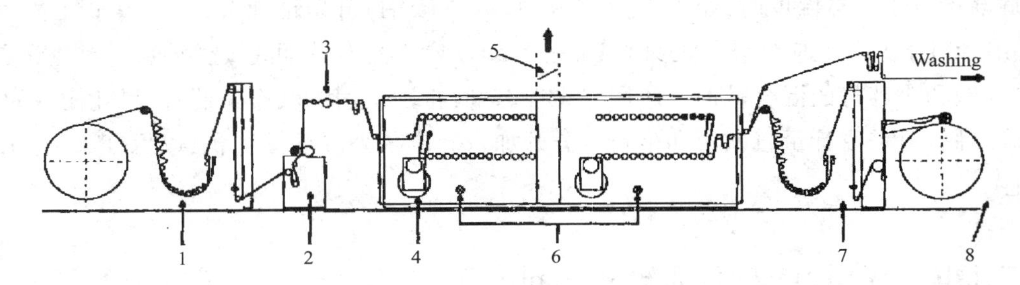

图 5-1 设备流程示意图

1—进布装置 2—均匀轧车 3—给湿单元 4—热风 5—烘房温度监控
6—蒸汽喷射装置 7—出布装置 8—水洗

在蒸汽含量为 25%和喷射温度为 120℃的条件下,织物的温度为 68℃。虽然烘房内所增加的蒸汽量,可能导致烘干能力的轻微下降,但 Econtrol 工艺中织物的滞留时间仅有 2min,所以影响不大。对于不同克重织物离开烘房时具有不同的含湿率,如 100g/m² 的织物离开热风房时布面是干燥的,而 500g/m² 的织物离开热风房时布面还存在着润湿。但是此时织物上的染料已被固着,因而匀染性不会受到影响。

湿短蒸 Econtrol 烘房中的 25%蒸汽含量非常重要,也是不使用尿素的关键。在烘房的循环热空气中,没有蒸汽和尿素时的得色率很低,若有 25%的蒸汽含量,即使没有尿素,也可获得很高的得色率。相反,如果在没有蒸汽的循环空气中,只加入尿素所获得的得色率,也不及 25%蒸汽含量的高。有实验表明,在循环空气中按体积为 25%的蒸汽含量,加上 100g/L 的尿素,其结果与不加尿素的没有区别。因此,在 Econtrol 工艺中可不用尿素,只要控制好烘房湿度在 25%的蒸汽含量即可满足固色要求。

4. Econtrol 工艺特点 主要表现在以下几个方面：

（1）织物的手感较柔软，毛巾布上不会有“条纹”。对死棉具有较好的遮盖性，可避免粘胶纤维织物表面产生“霜花效应”。绒类织物的毛绒不会被压倒。染料泳移少，紧密织物可获得较好的透染。

（2）不需要使用尿素、盐、水玻璃、氢氧化钠和还原防止剂（在 Econtrol 工艺中的染液稳定性约 8h），因而具有显著的节能环保效果。

（3）该工艺不需要红外线预烘、汽蒸、两组分计量，而只需要一个普通烘干机即可。此外，还不需要停留冷堆（如轧卷法）。

（4）工艺简单，适于大、小批量。染色工艺处方仅用到染料、碳酸氢钠和润湿剂，不需打卷和汽蒸工序。生产效率高，能耗低。涤/棉织物采用一浴法进行，可获得优异的表面效果。采用热空气进行固着，不仅比轧卷法的得色率高，而且还具有较好的耐日晒牢度。染色后清洗简单，不需消耗大量水。

5. Econtrol 工艺与传统工艺的能耗对比 这里对传统的轧烘固色法和轧烘/轧蒸法与 Econtrol 法进行对比（表 5-5）。

表 5-5 几种连续染色工艺方法每年化学品消耗量对比

工艺方法	染液及化学品	一班制	三班制	使用条件
Ⅰ. 轧烘固色法（用 200g/L 尿素）	液体（kg/h）	514.08	514.08	40m/min，一班或三班，每年 220 天，80%有效率
	尿素（kg/h）	102.82	102.82	
	尿素（kg/d）	658.05	1974.15	
	尿素（t/m）	13.16	39.48	
	尿素（t/y）	144.77	434.31	
Ⅱ. 轧烘/轧蒸法（用 250g/L 食盐）	液体（kg/h）	514.08	514.08	Ⅰ，Ⅱ，Ⅲ，100%棉，200g/m^2，1.53m 宽度，吸液率 70%
	NaCl（kg/h）	128.52	128.52	
	NaCl（kg/d）	822.53	2467.58	
	NaCl（t/m）	16.45	49.35	
	NaCl（t/y）	180.95	542.86	
Ⅲ. 轧烘（按体积 25%）Econtrol 法（用 10g/L 碳酸氢钠）	液体（kg/h）	514.08	514.08	
	碳酸氢钠（kg/h）	5.14	5.14	
	碳酸氢钠（kg/d）	32.89	98.68	
	碳酸氢钠（t/m）	657.80	1973.40	
	碳酸氢钠（t/y）	7.24	21.71	

由上表得知，当采用 40m/min 车速的轧烘热固法或轧烘/轧蒸法连续染色时，按 1 个班计算，一年要消耗约 144.77t 尿素或 180.95t 盐；若按 3 个班计算，一年要消耗约 434.31t 尿素或 542.86t 盐。

在轧烘热固法中，部分尿素与废气一起被排出，而大部分则在洗涤工艺中进入废水。在轧烘/轧蒸法中，高含量盐也在汽蒸工艺后被洗除。相比之下，Econtrol 工艺只有 7.24t/y 的碳酸氢钠（一班制），或 21.71t/y（三班制）碳酸氢钠被排放到废水中。这就意味着，采用 Econtrol 工艺的水洗排放废水只含有 4%～5%的化学品，大大减少了废液中化学品的浓度。

四、湿短蒸染色的使用现状及发展

湿短蒸染色主要是一个固色过程,无论是工艺还是设备与传统的轧蒸染色有较大区别。目前除了主要适于活性染料染色之外,还不能适于其他一些染料的汽蒸固色。例如还原染料的汽蒸还原,必须在不含氧的条件下进行,而对采用热空气和蒸汽混合气体作加热介质的湿短蒸就不适合。对于涤/棉织物的一浴一步固色,混合加热载体的温度较低,需要较长的处理时间;而加热采用180℃过热蒸汽,固色时间仍然需要4~6min。除此之外,湿短蒸染色对设备的结构性能和控制也有较高的要求,加热载体能够使织物达到快速均匀升温的效果。

采用过热蒸汽或热空气与蒸汽混合气体作加热载体的湿短蒸固色,与常规"轧一烘一轧一蒸"工艺具有较大差异,不能将两者工艺处方和条件互换使用,需要采用各自的专用工艺技术条件。近年来有人将受控染色技术(Controlled Coloration)和湿度控制技术,引用到湿短蒸染色工艺中,获得了较好的使用效果。与此同时,新开发的染化料对湿短蒸染色技术的发展也起到了很重要的作用。这些相关技术的配套,进一步推动了湿短蒸染色的发展。但是,要使该项技术得到更广泛的应用,还需要从基础理论、设备温度和湿度的精确控制、低碱或中性固色工艺、配套染料的配伍性和适用范围等多方面,进行深入研究和开发。

第四节　其他低温染色

通常,染色温度低于常规温度的染色就称之为低温染色。与常规染色工艺相比,低温染色的温度可降低为80~90℃,染色时间可缩短20%~30%,能耗可降低20%~30%。应用表明,许多纤维通过助剂、纤维改性(后面具体讲到)和工艺方法,可以在一定程度上降低染色温度,有利于染整加工的节能降耗。

一、蛋白质纤维低温染色

蛋白质纤维中的羊毛纤维外表面存在疏水性的致密鳞片层,对染料向羊毛纤维的吸附和内部扩散产生阻碍。因而羊毛的常规染色温度一般在98~100℃下进行,以提高染料的扩散速率。但是在高温条件下,羊毛受到温度和化学助剂的作用,不仅会造成强力下降、失重、泛黄及手感粗糙等问题,影响羊毛的天然品质,还要消耗大量热能。为此,开发羊毛的低温染色工艺已成为毛染整节能减排的一项重要工作。

低温染色条件下,使用低温染色助剂,可改善染料对羊毛纤维的扩散和渗透性,使羊毛的染色温度从常规100℃降到80~85℃。蚕丝类织物染色时加入能使纤维膨化的助剂,可在80℃左右条件下用直接染料或弱酸性染料完成染色过程。羊绒和高支(低特)羊毛纤维低温染色过程,可减少纤维的损伤和泛黄程度,使羊绒纤维强力提高10%~25%,短绒率下降20%~40%。此外,采用生物酶低温染色,也具有良好的生态环保和节能效果,并且对纤维不产生损伤。

1. 助剂低温染色 利用助剂对羊毛纤维的溶胀作用，使羊毛在较低的温度范围内发生膨胀，促使染料和酸剂向纤维内扩散。由于羊毛纤维对助剂可产生特殊的亲和力，可形成一层薄膜将纤维包覆起来，而这层薄膜对染料具有较强的亲和力。在这种亲和力的作用下，加快了染料对纤维的上染速率。一些有机还原剂作为助剂可率先打开羊毛纤维的二硫键及部分肽键，增加了染座数量。借助这类助剂对含有较多硫的羊毛表面鳞片层的作用，可增大纤维与染料的亲和性，使上染区间向低温延伸，以获得低温上染条件。

2. 生物酶低温染色 漆酶、过氧化酶等氧化还原酶，能够使各种芳胺化合物或苯酚化合物发生氧化而产生颜色。将羧酸盐、磺酸盐或季铵盐引入这些化合物中，可提高这类化合物对纤维的亲和力和染色牢度。利用这一特性可对纤维素纤维和蛋白质纤维进行染色。

染色过程中添加生物酶后可增加纤维对染料吸收量，尤其是在低温条件下这种作用更明显。当温度接近于酶的最大活性状态时，生物酶的作用效应可达到最大。通常这一温度在50℃左右。在生物酶作用下，加快了纤维对染料的吸附速率，并且还增加了染料向纤维内的扩散性。应用表明，在生物酶最有效作用的范围内，85℃下染料上染所获得的结果与100℃下常规上染所得的结果非常接近。研究还发现，染浴中的酶存在对织物纤维的色牢度不产生影响。因此，以生物酶作为助剂可以在温和的低温条件下对羊毛进行染色，不仅可减少对纤维的强力损伤，保证品质，而且还可节能环保。

二、分散染料助剂增溶染色

在常规的分散染料染色中，由于分散染料分子中不含水溶性离子基团，不能在水中溶解，必须借助分散剂将其以细颗粒状分散在水中，并且只有在130℃条件下才能够完成对聚酯纤维的染色过程。国外有研究表明，分散染料通过天然的脂类助剂（如磷脂）的增溶作用，可以对羊毛和蚕丝等纤维进行上染。通过这种增溶染色方式，在没有载体的作用下，也可对聚酯纤维进行低温染色。这一染色方式，不仅可用于涤纶与锦纶、羊毛和蚕丝等混纺织物的一浴法染色，而且还可替代被禁用的酸性染料，进一步扩大了工艺适用范围。分散染料助剂增溶染色可加快上染速率，提高匀染、透染和重现性，并且可以降低染色温度，具有显著的节能减排效果。

第五节 纤维化学改性及染色

在染整节能减排技术的发展过程中，除了染料、工艺和设备可以提高节能减排效果之外，纺织品纤维的改性对节能减排同样具有很大作用。特别是在染色条件中涉及 pH、温度等时，对废水的污染程度以及能耗都有很大影响。例如，棉纤维中纤维素分子链中虽然含有大量的羟基，对上染过程起到了一定的作用，但由于纤维素的羟基亲核反应性较弱，必须在碱性条件下才能够进行。此外，为了克服纤维表面负电性对染料的斥力，提高染料对纤维的上染率，还需要加入大量的中性电解质。染色中所产生的水解染料以及电解质，增加了废水的污染程度。

又如，聚酯纤维的分散染料染色，传统的高温法需要消耗大量的热能，降温时又要消耗冷却水。

为此，人们在不断赋予纤维新的使用性能的同时，也在对现有的常规纤维通过物理或化学的方法，进行某些性能的改变，例如吸湿性、染色性、抗静电性和阻燃性等。经过物理变性的纤维有异性纤维、变形纤维和复合纤维；用化学方法改性的纤维有接枝纤维、共聚纤维和经化学后处理变形的纤维等。经改性的纤维不仅增加了使用功能，而且提高了染色性能，特别是改善了染色条件，对节能降耗起到重要作用。本节主要介绍纤维化学改性对染色性能的影响。

一、纤维化学改性的染色目的

纤维经化学改性可使某些性能发生改变，如吸湿性、染色性、抗静电性和阻燃性等。但对染色工艺来说，主要是为了达到以下目的。

1. 提高纤维对染料的吸附能力 对纤维素纤维的胺化改性，可增加其对染料的吸附能力。有研究表明，纤维素纤维胺化和季铵化后对阴离子染料的吸附能力增强许多，其一些性能与羊毛相似；如果具有较高的胺化程度，活性染料还可以在中性和无盐条件下上染和固色，并且对阴离子染料（如酸性、活性和直接染料）的上染率可接近100%。

2. 改变染色条件 涤纶通常是指聚对苯二甲酸乙二酯纤维（PET），又称聚酯纤维。针对涤纶所存在的染色性能差（适用的染料品种少，且须在高温条件下进行染色）、吸湿率低、易产生静电荷积累、易起毛起球（特别是针织物）和穿着不透气等缺陷，人们不断对涤纶进行改性，相继出现了聚对苯二甲酸丁二酯纤维（PBT）和聚对苯二甲酸丙二酯纤维（PTT）等改性纤维。在不同程度上改善了涤纶的使用性能和染色性能。例如，由原来涤纶130℃染色温度降至110℃，并且还可获得较高的染色深度。

由于普通聚酯纤维大分子中没有能够与直接染料、酸性染料、碱性染料等结合的官能团，染料分子很难进入纤维内部，故造成染色困难，且色泽单调，限制了聚酯纤维的应用范围。而在PET的聚合物中，以间苯二甲酸磺酸盐作为改性剂，制得阳离子染料可染的聚合物（CDP），磺酸基团上的金属离子易与阳离子染料中的阳离子进行离子交换。用磺酸盐作为改性剂还可以降低聚合物的结晶度，增大非晶区中分子链的活动性，从而达到改善染色性的目的。同时，再以第四单体作为改性剂加入共聚物中，就能制得常压阳离子染料可染聚酯（ECDP）。

3. 降低助剂的消耗 对于纤维素纤维来说，染色过程需要大量的碱剂和中性电解质，这种染色条件既有助剂的大量消耗，又加重了污水处理的负担。对于PTT纤维来说，可在中性染浴中染色，不需要用酸或酸性缓冲剂来调节pH。不仅可以与棉纤维用活性染料共浴染色，还有利于减少助剂消耗和排污。

二、纤维素纤维化学改性

纤维素纤维分子链中含有大量的羟基，具有亲水性，为染料上染纤维提供了条件。但这些羟基也可以与许多化合物发生反应，使纤维的一些性质发生变化，尤其是纤维染色性能的改善，对染色工艺具有十分重要的意义。

纤维素纤维改性主要有三种形式，即改变纤维的物理形态和微结构、纤维表面改性和纤维的内外部同时进行化学改性。改变纤维的物理形态和微结构，可引起纤维染色性能的变化。其中最重要的是强碱处理，如对棉纤维进行碱丝光。其他处理方式，如液氨、甘油以及磷酸处理，也都会改变棉纤维的微结构，或者引起晶型变化，改变纤维物理性能和提高染色性能。纤维表面改性是通过物理、物理化学以及化学方式实现，同样也会改变纤维的染色性能。纤维的内外部同时进行化学改性，通常染色性能会发生更大变化。

与染色性能相关的纤维改性，可安排在纺织品加工的不同阶段进行。如在纤维成型和纺织阶段对纤维进行改性、染整加工中的染色之前改性、染色过程中进行改性，即改性与染色同时进行。

这里主要是从提高纤维染色性能方面，介绍纤维改性的相关内容。

1. 纤维素纤维的胺化改性 提高纤维素纤维染料上染率的重要方法是如何增强纤维对染料的吸附能力。有研究发现，对纤维素纤维胺化和季铵化后，可大大提高其对阴离子染料（如活性、酸性和直接等染料）的吸附性。在足够高的胺化程度下，对阴离子染料的上染率可接近100%，并且可在中性和无盐条件下进行活性染料的染色。改善纤维素纤维染色性能，目前主要是通过氨烷基化和季铵化来实现。主要包括：纤维素纤维的氨基或氨烷基改性、纤维素纤维的氨杂环基改性、纤维素纤维的季铵基改性、纤维素纤维的羟甲基丙烯酰胺及胺化改性以及纤维素纤维的含氮交联剂改性。纤维素纤维接枝改性后，增强了活性染料的反应性。

2. 用氨基聚合物的纤维素纤维改性 由环氧氯丙烷聚合后再与二甲胺通过90℃反应可得到一种氨基聚合物，其氨基含量取决于二甲胺的用量。纤维素纤维通过这种聚合物处理，在酸性条件下氨基质子化后可形成季铵基，并带有正电荷，能够提高对阴离子染料的直接性。当保留该聚合物中的部分氯原子时，聚合物还能够与纤维素纤维产生共价键结合，具有较好的牢度。由于该聚合物是在纤维表面上，会对染料向纤维内部扩散形成一定阻力，所以耐水洗牢度和耐日晒牢度较差，只适于深色织物的固色处理。

3. 纤维素纤维的“活化”改性 前面两种纤维接枝改性，主要是通过提高纤维与活性染料的亲核反应性，或者增强对阴离子染料的吸附能力来提高纤维染色性能。此外，还可对纤维素进行“活化”改性，通过引入比较活泼的反应性基团，与一些亲核性染料（非活性染料）进行反应，形成共价键结合。为了克服活性染料在碱性条件下水解的缺陷以及增强染料亲核性，可通过活性染料与多胺化合物反应，制成含有较强亲核性的氨基染料（非活性染料），并且将引入活泼基团的纤维素纤维与其反应，形成共价键结合，以提高染料的固色率。

4. 纤维素纤维的改性处理工艺 针对增强纤维素纤维染色性能的改性，一般是采用改性剂对纤维素纤维进行改性预处理，特别是纤维素纤维的氨或胺化改性。改性剂的处理过程与活性染料的固色和树脂交联反应基本一样，只是改性剂对纤维的直接性较低，没有染色时的盐效应，烘干中会产生泳移现象。因此，选择改性预处理工艺，应根据改性剂中反应基团和氨基或季铵基的性质来确定。一般情况下，改性剂的直接性高、反应基团反应性较强、氨基或季铵基稳定性差，宜采用低温浸渍处理；反之，则可选择“轧—蒸”或“轧—烘—焙”处理工艺。根据固着条件不同，改性预处理工艺如表5-6所示。

表 5-6 改性预处理工艺

工　艺	方　法
一浴一步法	改性剂与碱剂共浴
二浴二步法	先浸渍碱溶液后浸渍改性剂
轧—堆或轧—蒸工艺	浸轧碱性改性剂溶液后堆置或汽蒸
轧—蒸工艺	浸轧碱性改性剂溶液后汽蒸
轧—烘—焙工艺	浸轧碱性改性剂溶液(含有碱或其他催化剂)后烘干再焙烘

5. 改性纤维素纤维的染色性能　纤维素纤维改性后,其染色性能发生了很大变化。归纳起来主要有以下几个方面。

(1)吸附性及盐效应。将季铵基或质子化的氨基接在纤维素上,形成一定数量的吸附位置,可加快对阴离子染料的定位吸附速度。用季铵化合物改性的纤维素纤维,还可对酸性染料进行定位吸附和非定位吸附,对直接染料也能够发生定位吸附。有研究证实,与未改性纤维的扩散吸附层吸附相比,加入电解质后,对定位吸附的染料通过离子交换作用,会阻止染料上染。在一定条件下,活性染料对季铵改性棉纤维的上染率随盐的浓度增加而下降。因此,在改性纤维的定位吸附中,电解质是起缓染作用的。

(2)染料上染率和固色率。由于阴离子染料在改性纤维素纤维上发生的是定位吸附,具有上染速率快、上染率高的特点,因而纤维在胺化或季铵化程度足够高的条件下,可达到非常高的上染率,甚至接近完全上染。改性纤维素纤维对染料上染率和固色率的提高,是因为纤维素接上具有很强亲核性的氨基,加快了纤维素对活性染料的亲核固色反应。此外,季铵基或氨基质子化形成季铵基后,在诱导效应作用下,增强了邻近羟基的电离,形成了更多的羟基阴离子,也会加快亲核反应速率。

(3)匀染性和配伍性。相对未改性纤维而言,改性纤维的匀染、移染、透染和配伍性等要差一些。匀染性差的原因是染料对改性纤维的上染速率快,且结合力较强,很难通过移染来达到匀染。另外,预处理时若无色改性剂处理不均匀,容易产生染色不均匀,并且在预处理过程中很难发现和控制。因大多数纤维改性都是发生在纱线或织物表面,染料一旦被吸附上就很难再发生移染,故纤维的透染性差,容易产生环染。对于多种染料的拼混,因改性纤维是发生定位吸附,染料出现竞染现象严重,所以,应特别注意染料选择的配伍性,它直接影响到染料的亲和力、扩散性、带电荷数及反应性等。

(4)染色牢度及鲜艳度。改性纤维的染色牢度要比未改性的差许多。主要是含氮改性剂以及纤维上染料的分布状态的影响。有些含有游离的氨基改性剂,可加速染料的光褪色。改性纤维染色时的染料大多集中在纤维表面或外层,容易造成耐晒和耐摩擦牢度下降。为此,应采用分子较小的改性剂,提高染料向纤维内部的扩散能力。

纤维素纤维的胺化改性虽然能够提高纤维的染色性能,但也存在不少问题。所以目前主要用于染色的匀染性要求不高的织物,例如仿牛仔布、与未改性或改性程度不同的纤维混纺及交织后的差异染色。但是,纤维经改性后对未成熟或死棉的染色,具有较好的遮盖性,有利于提高产品的合格率。

三、聚酯纤维化学改性

聚酯纤维(涤纶)具有强度高、弹性好、织物挺括、保形性好、易洗快干、免熨烫和不受虫蛀等优点,是用于服装面料发展较快的的一种合成纤维。由于该纤维的大分子是由许多重复结构单元连接起来的线型长链分子,使之成为高度有规则的排列,因而分子结构紧密,结晶度和取向度高,并且大分子中缺乏吸水基团。这些因素使得纤维刚性较强,吸湿性差,染色困难。传统聚酯纤维染色只能在120~135℃高温高压条件下使用分散染料进行。当与其他纤维(特别是棉纤维)混纺时,不仅染色工艺控制难度大,而且存在能耗高、废水污染大等问题。因而开发易染、深染以及低温染色的聚酯纤维,对降低企业加工成本,节能减排具有一定实际意义。

1. 聚酯纤维的改性 聚酯纤维的PET分子链结构具有高度的立体规整性,所有的芳环几乎都集中在一个平面上,因而能够紧密堆砌,具有很高的结晶度。改善PET性能主要是改变其大分子链结构,可通过三种途径来实现。一是引入有空间阻碍的基团,降低大分子的结晶度;二是引入第三单体,降低分子结构的规整性,使其结构松弛;三是引入与染料分子能够结合的基团,以及具有一定吸水性的基团,提高纤维对染料的亲和力;四是改变工艺条件,增大纤维的非结晶区。

2. 易染改性聚酯纤维 添加第三单体或第三、第四单体改性剂,可以改变PET分子链结构,提高纤维的染色性能。这类改性聚酯纤维主要有以下几种。

(1)阳离子染料可染聚酯纤维。通过具有强酸性的间苯二甲酸磺酸钠作用,在聚酯纤维分子链中引入磺酸基团形成一种共聚酯CDP,而磺酸基团上的阴离子容易与阳离子染料中的阳离子发生作用,使染料固着在纤维中。如果再加入第四单体(如聚乙二醇柔性链段)作为改性剂得到的共聚酯,能够在一定程度上破坏大分子结构规整性,增加了非结晶区,可进一步降低PET的结晶度和玻璃化温度,染料分子在常压下也可进入非结晶区。常用的改性剂有脂肪族和芳香族的二羧酸及衍生物、脂芳族和芳香族二元醇及衍生物、羟基酸类化合物以及脂环族二元酸或二元醇等。

易染共聚酯可制成长丝和短纤,短纤可纯纺、混纺或交织成各种厚薄织物,如哔叽、华达呢和法兰绒等。为了克服因第三、第四单体加入所引起的大分子链规整性的下降,影响聚合物的耐热性,还开发了高强型和耐热型的阳离子染料易染聚酯纤维,以及易染异性纤维和中空纤维等。

(2)酸性染料可染聚酯纤维。该纤维是通过具有碱性基团的改性剂与PET共聚而获得。其共聚单体通常为胺类化合物,即含有烷基、芳基、芳烷基或环烷基的胺类和季铵类化合物。该纤维可用酸性染料进行染色,且具有良好的抗起球性和抗静电性。

(3)两性离子染料可染聚酯纤维。用于对该纤维进行改性的改性剂具有磺酸基团和氨基,因而可用阳离子染料和酸性染料进行染色。

(4)分散染料可染聚酯纤维。该类聚酯纤维有聚酯型和聚醚型两种,前者一般是在大分子中引入了间苯二甲酸酯、双官能团双醇酸酯以及羟基酸类,后者一般为PET或PEO(聚氧化乙烯)的嵌段共聚物。该类共聚物能够在常温常压下用分散染料进行染色,并可获得高温高压下相同时间的染色效果。

(5)PBT 纤维。即聚对苯二甲酸丁二酯,是一种新型聚酯纤维。该纤维具有很好的回弹性和手感柔软性,可在常压下进行染色。与 PET 结合得到的复合纤维,即使只有一半是 PBT 原料,也可在常压下进行深色染色。

四、改性纤维的低温染色

如前面所述,纤维经改性后除了可提高染色性能外,还可采用低温、常压染色。这对节能减排具有一定的实际意义。常规聚酯纤维(PET)须在 130℃ 条件下进行染色,需要消耗大量的蒸汽和时间。而同属于聚酯类的新型纤维—PBT 纤维、PTT 纤维,通过改性后可获得新的使用功能和染色性能。PBT 纤维可在常压下进行染色,PTT 纤维可在 110~120℃ 范围内进行固色。聚酯纤维低温染色,可节省蒸汽和时间。

参考文献

[1]宋心远. 活性染料低盐和无盐染色工艺和助剂开发[C]. //染整行业节能节水、清洁生产、环保新技术交流会资料集. 杭州:浙江省印染行业协会,2007 年.
[2]宋心远,沈煜如. 活性染料染色[M]. 北京:中国纺织出版社,2009.
[3]宋心远,沈煜如. 新型染整技术[M]. 北京:中国纺织出版社,1999.
[4]《针织工程手册　染整分册》(第 2 版)编委会. 针织工程手册:染整分册[M]. 2 版. 北京:中国纺织出版社,2010.
[5]宋心远. 新合纤染整[M]. 北京:中国纺织出版社,1997.

第六章　冷轧堆处理技术

冷轧堆处理是近年来发展较快的一项低能耗染整技术,可用于棉织物的漂白前处理和染色加工。该项技术在欧洲印染厂已经得到了广泛应用,并获得了较好的节能减排效果,在国内应用还不十分普及。但随着节能减排技术的发展,目前已经得到了印染行业的广泛关注,并且在一些印染企业开始使用。尤其是冷轧堆前处理在许多中小印染企业已经开始应用,替代了传统间歇式染色机用于前处理。不仅能耗低,而且提高了布面的处理效果。从目前的发展趋势来看,冷轧堆处理在未来的几年里将会得到更为广泛的应用,对印染行业的节能减排起到重要作用。

本章主要介绍冷轧堆技术原理以及在棉织物的前处理和染色中的应用情况,后处理水洗部分可参阅第十章相关内容。

第一节　冷轧堆前处理

传统的织物前处理工艺主要是通过轧、洗、烘、蒸四个过程来完成,并且烘和蒸所需的能耗最大。随着节能降耗形势的发展,减少前处理工艺能耗,已成为染整行业实现节能减排的一个重要环节。冷轧堆短流程前处理工艺就是在这种背景下产生的,并且在国外已发展得比较成熟。该工艺是织物通过烧碱和双氧水共浴浸轧,然后放在室温条件处理一定时间,最后经过水洗处理,完成织物的退浆、煮练和漂白过程。与传统工艺相比,可节约60%的水、蒸汽和电;与其他短流程前处理工艺相比,可节约30%的水、蒸汽和电。此外,在该工艺基础上,还开发了酶氧工艺和无碱工艺等环保型工艺,也在不同程度上节省了能耗。

一、冷轧堆前处理工艺过程及控制

1. 工艺过程　冷轧堆前处理工艺主要经历轧卷堆、碱处理和高效水洗三个阶段。轧卷堆过程主要是对织物中的杂质进行溶胀,并可对其进行氧化漂白处理;碱处理过程主要是完成对氧化产物的化学降解,加速碱水解、皂化反应、棉纤维蜡质的乳化、分散和增溶等物理化学反应;水洗过程则是将织物上已降解、皂化、碱水解和乳化的杂质,通过剧烈水流进行冲洗分离。由于冷轧堆短流程前处理是碱氧一浴在室温条件下进行的,尽管碱浓度较高,但温度较低无法加快双氧水的反应速率,因而需借助高浓度的化学品,通过长时间堆置来获得充分反应,以达到半制品的质量要求。

织物冷轧堆前处理工艺流程:

浸轧工作液(轧液率120%~150%)→室温密封堆置(18~24h)→水洗(80℃±2℃)

2. 过程控制 冷轧堆前处理的浸轧时间较短,必须采用高给液装置,以保证工作液对织物的充分渗透。冷轧堆前处理的作用比较温和,且对织物纤维损伤小,特别适于棉织物,但其碱氧用量要比汽蒸工艺高50%~100%。此外,冷轧堆短流程前处理的热碱处理和水洗,是进一步提高质量的关键。在碱液中,进一步加快果胶和蜡质的碱水解及皂化、乳化反应。如果织物冷堆后立即进行大量热水冲洗,会造成这些反应不充分,降低了浆料、果胶质和蜡质的去除效果。

普通白度的堆置时间不少于4h,漂白或浅颜色白度的堆置时间不少于6h。堆置环境温度应控制在25~35℃,湿度在65%以上。堆置结束后,按摆放时间的先后顺序进行汽蒸和水洗。汽蒸温度控制在95℃左右,汽蒸时间需10min。水洗温度为50℃,连续逆流水洗中和后的织物应盖好放置,8h内应进行染色。对于普通白度可直接进行染色,特白需先检查并先除去残余H_2O_2。

二、冷轧堆前处理助剂要求

冷轧堆前处理主要通过双氧水在热浴碱性条件下,将传统的退、煮、漂三步过程合为一步碱氧一浴完成。由于三个过程的不同作用条件有区别,为了保证三个过程能够在同一条件下顺利进行,对助剂提出了一定要求。冷轧堆前处理使用的助剂主要有双氧水、烧碱、煮练剂和渗透剂等。

1. 双氧水与烧碱 双氧水对棉纤维的漂白,主要是在碱性热浴条件下对棉纤维中色素进行氧化分解作用的结果。其作用的程度取决于工作液的温度和pH。一定的pH条件下,双氧水在热浴中可1h完成氧化分解反应,而室温下却需要20~40h。因此,双氧水的冷轧堆前处理时间一般都需控制在18~24h,以保证双氧水的氧化分解率达到80%~90%,提高双氧水的作用效果及利用率。

从理论上来讲,双氧水在对棉纤维漂白的同时,对纤维素共生物还具有去除作用,只要碱性热浴的pH调到一个适当值(如pH=10.5~11),可以对含杂相对较小的织物(如涤/棉和高支棉等),采用碱氧一浴法工艺将退、煮、漂合为一体进行。但考虑到双氧水对棉织物纤维中的蜡质的乳化分散、果胶质的皂化水解没有作用,所以冷轧堆前处理的生产工艺配方中,一般都要用到40~50g/L的高浓度烧碱,以提高处理的去杂能力。然而,在这种高浓度碱溶液条件下,虽然可以加快双氧水分解速度,但也会影响到双氧水的稳定性,造成织物浸轧液不均匀,出现漂白不均匀,后续的染色容易产生色差。为了解决这一矛盾,目前出现了无碱双氧水冷轧堆工艺,通过特殊的煮练剂以达到煮漂效果和稳定性的目的。

2. 煮练剂 棉织物纤维中含有蜡质、果胶和色素等共生物,需用煮练剂通过煮练进行去除,以提高纤维的毛细效应。而正确选用冷轧堆前处理煮练剂,是保证织物煮练效果的关键。由于冷轧堆前处理是在同一条件下完成去杂过程,所以煮练剂一般含有有机和无机化学成分,并且配有表面活性剂,可对棉织物纤维中杂质产生乳化、皂化、分解、分散和水解等作用,加快去杂速度。考虑到冷轧堆前处理是在浓碱条件下进行,煮练剂还应对双氧水起到稳定作用。

3. 渗透剂 与传统的前处理工艺相比,冷轧堆前处理的温度低、碱浓度高,棉织物坯布很难被碱氧工作液渗透,尤其是在低温下对织物中的油脂和蜡质的乳化能力很低。为了保证织物能够吸附到足够的工作液,必须加入渗透剂以提高织物对工作液的渗透性。渗透剂中的表面活性剂,以羧酸盐表面活性剂的耐碱性和浓碱溶解度为较好。此外,一些渗透剂还兼有净洗剂作用，可在后续的水洗中对已分解或溶解的杂质进行充分去除。

三、工艺条件

冷轧堆前处理工艺条件主要包括：碱氧溶液温度、织物堆置温度以及水洗控制。

1. 碱氧溶液温度 织物浸轧碱氧工作液时，布面温度应高于初始工作液温度。否则，织物组织内部空隙藏有的空气，会因受热膨胀而阻止工作液对织物的浸入。此外，初始工作液处于低温还可防止双氧水的分解，提高其有效利用率。

2. 堆置温度 冷轧堆工艺织物打卷后的堆置温度，可根据应用条件确定是保持室温，还是提高至40~60℃。由于织物吸附碱和双氧水时是放热反应，一般冷堆时织物温度可保持在30℃左右；若采用加热温堆工艺，可加快化学反应速率，缩短堆置时间。但是，必须保持恒定温度，以保证织物卷装内外层及织物各部分的均匀吸附。此外，温度升高还会增加双氧水的分解速率，使其利用率下降。

3. 高效水洗 冷堆后的水洗，必须采用102℃的高温热碱处理，然后再经过高效强化水洗。应采用高温低水位蛇形逐格逆流的高效水洗设备进行水洗。

四、工艺实例

1. 棉针织物冷轧堆前处理 织物：18tex（32英支）汗布，平方米克重：170g/m^2。

工艺流程一：

进布→浸轧工作液→打卷包覆→堆置→水洗

工艺流程二：

进布→浸轧工作液→打卷包覆→堆置→汽蒸→水洗

工艺处方及工艺条件见表6-1。

表6-1 工艺处方及工艺条件

工艺处方及工艺条件		工艺参数
助剂	冷来帮（g/L）	20
	冷透强（g/L）	5
	双氧水（27.5%，g/L）	40~80
工艺流程一条件	工作液温度（℃）	25~35
	浸轧轧液率（%）	120~130
	堆置温度（℃）	25~35
	堆置时间（h）	4~18
	水洗温度（℃）	60
工艺流程二条件	工作液温度（℃）	100
	浸轧轧液率（%）	40~45
	堆置温度（℃）	90
	堆置时间（h）	35
	汽蒸温度（℃）	97
	汽蒸时间（min）	8~15
	水洗温度（℃）	60

2. 棉及其混纺织物冷轧堆前处理 纯棉织物14.8tex、涤/棉(65/35)织物16.4tex、涤/棉(80/20)织物29.5tex/59.0tex。

工艺流程:

进布→浸轧工作液→打卷包覆→堆置→热水洗(95℃,2格)→热水洗→酸洗(加冰醋酸中和,70℃,1格)→冷水洗→烘干

工艺处方及工艺条件见表6-2。

表6-2 工艺处方及工艺条件

工艺处方及工艺条件		工艺参数	
		纯棉	涤/棉
助剂	QR—冷堆剂(g/L) 双氧水(100%,g/L)	40 8~15	20 3~10
工艺条件	工作液温度(℃) 堆置温度(℃) 堆置时间(h) 热水洗温度(℃)	室温 室温 8~24 80~90	室温 室温 6~12 80~90

第二节 冷轧堆染色

染色工艺中所需的温度高低,直接涉及热能的消耗。降低染色工艺温度,可以有效节约能耗,并且对活性染料来说,还可减少盐用量,提高染料的固色率。因而研究低温染色工艺,对当前的节能减排具有很重要的意义。

冷轧堆染色(CPB)是一种织物半连续式平幅染色工艺,具有固色率高、色牢度好、省能耗和低污染等特点。早在20世纪80年代,欧洲因能源危机的影响,已经普遍采用这种低能耗染色工艺。国内因受到染料和设备的影响因素,再加上该工艺还存在如色光不易控制、染色过程产生的病疵无法及时纠正等问题,一直没有得到全面推广应用。随着印染行业节能减排形势发展的需要,近年来冷轧堆染色工艺又得到了人们的广泛关注。

冷轧堆染色工艺设备和操作简单,已在针织物活性染料染色中得到了很好应用。其染色过程中通常不需要热源,仅在北方冬天气温在零度以下时,需要少量的热源保持浸渍染液一定温度。因此,确切地讲,该工艺应该称之为温浸轧堆置染色。针织物采用这种染色工艺,可避免织物运行中产生的应力过大,或者频繁运行给织物造成的纤维或织物表面损伤。与常规轧染工艺相比,冷轧堆染色可节约水15%、节约蒸汽30%,固着率提高约30%。

一、冷轧堆染色的特点

冷轧堆染色仍然属于浸染方式,目前主要适用于活性染料染纤维素纤维。浸轧染液后的

织物是在室温下经过一定时间的堆置,完成染料对织物的吸附、扩散和固着阶段。与间歇式浸染和连续式轧染相比,冷轧堆染色具有以下一些特点。

1. 固色率高 冷轧堆染色的染液中含有染料和碱剂,活性染料对织物纤维的上染和固色,是在同一时间内缓慢进行的。在这个室温上染过程中,活性染料的水解较少,染料与纤维键合的数量相对增加,因而提高了固色率。实际应用表明,与常规染色深度相比,固色率的提高可节省染料 10%~20%,并且深色的干、湿摩色牢度可提高半级以上。

2. 以时间换取能耗 与连续式轧染工艺相比,冷轧堆染色工艺流程短,织物浸轧染液后打卷堆置,不需要进行预烘、烘干以及固色汽蒸等工序,从而节省了能耗。

3. 避免染料泳移及不均匀上染 由于冷轧堆染色浸轧染液后没有烘干工序,可避免烘干过程中可能出现的染料泳移现象,因而非常适于厚重织物和稀薄织物的染色加工。对于麻棉以及麻粘混纺织物,可以改善因纤维扩散性和吸湿性差异而引发的染色不匀现象。可避免稀薄织物因烘干不均匀所造成的色条。

冷轧堆染色工艺虽然比较简单,但其工艺细节却对染色过程起着重要作用,也是比较难控制的。只有在保证工艺可靠性的条件下,才能够获得最终所需的染色效果。冷轧堆染色在机织物染色上已获得了成熟的工艺,而在针织物应用上,还存在设备控制(如针织物的卷边和张力等)、染料和助剂等一些技术问题,没有得到很好解决。除此之外,冷轧堆染色也存在一些不足,如织物卷装接头印、织物手感较硬等。需要通过设备和工艺的不断改进,找到解决的方法。

二、冷轧堆染色工艺

冷轧堆染色按照染料和碱剂的加入方式不同可分为两种工艺:染料与碱剂预混合成工作液,直接用于浸轧织物;染料与碱剂分开配制,浸轧时由计量泵按照一定比例同时加入到小容积混合器中,然后用于浸轧织物。第一种工艺也称为普通法冷轧堆染色工艺,主要适用于反应性较弱的活性染料,使用碱性较弱的碱剂,要求织物堆置的时间较长。第二种工艺称为快速和受控冷轧堆染色工艺,主要适用于反应性较强的活性染料,使用碱性较强的碱剂,要求织物堆置的时间较短。除此之外,还有两浴法冷轧堆染色工艺和浸轧热卷堆工艺。

1. 工艺流程 冷轧堆染色工艺流程主要分为三个部分:浸轧→堆置反应→水洗。浸轧过程的控制要素有染液温度、轧辊线性压力、织物的吸液率和织物的张力,堆置反应过程主要是温度和时间控制。堆置的温度和带液量应保持恒定,堆置时间可根据选用的染料类别、用量以及碱剂性质来确定。考虑到重力对织物带液的影响,打卷后的织物在固色过程中,必须始终处于连续缓慢转动中。为了防止织物中的碱剂与空气中的 CO_2 等酸性气体接触被中和,降低染液的 pH 而影响固色反应,整个织物卷装需用塑料薄膜包覆封闭起来。包覆织物卷装还可以防止织物中的水分蒸发,保持织物的带液量恒定。冷轧堆染色后的水洗与常规工艺基本一样,但应注意选用硅酸钠作碱剂时,必须加强充分水洗。

2. 普通法冷轧堆染色工艺 该工艺是将染料与碱剂同时放入浸轧槽中,织物浸轧染液(染料与碱剂)后打卷堆置完成上染和固色过程。浸轧槽中染液经过一定时间对织物的不断上染会发生浓度变化(染料上染织物后,染液浓度下降)。为了保证织物的头尾颜色深度均匀一致,必须通过不断更新染液以维持其浓度不变,并选用碱性较弱的碱剂作固色剂。浸轧槽中染液的稳定性对冷轧堆染色起着至关重要的作用,除了与染液中碱性的强弱有关外,还与染液的温度有关。一般尽量将浸轧温度控制在20~25℃较为适合,堆置时间可根据具体染料品种、染色深度、堆置温度以及固色碱剂等使用情况确定,一般设定在8~24h。

由于普通法冷轧堆染色工艺的堆置时间太长,生产效率很低,所以目前使用较少。从节能减排和提高生产效率两方面来考虑,现在应用较多是快速和受控冷轧堆染色工艺。

3. 快速冷轧堆染色工艺 该工艺以强碱或其混合物作为固色剂,与染料须分别配制,以避免对浸轧槽中染料造成大量水解。使用前分别通过计量泵按一定比例输入混合器进行混合,然后注入染液浸轧槽内。在强碱的作用下,固色时间短,因而也称为快速冷轧堆染色。该工艺碱剂的用量取决于染料浓度,随着染料用量的增加而增加。在具体实际应用中,染料溶液和碱溶液的配制比例,应根据染料的溶解度和工艺要求而确定,一般染料溶液与碱溶液之比为4∶1。不过在染料浓度很高时,应适当增加染料溶液量,以保证染料能够得到充分溶解。染料与碱两者液量比值一旦确定,就不应随意改变,特别是要注意输送液管路中,可能有残留而影响到实际两者液量比。

该工艺的染液配制非常重要,染料溶液和碱溶液需按照工艺处方进行分别配制。渗透剂和尿素应加入到染料溶液中,而元明粉则加入在碱溶液中。这样可以充分保证染料的溶解,并且还可防止渗透剂在强碱液中产生水解。分别配制好的染料溶液和碱溶液,在使用前先通过计量泵按照4∶1(染料液与碱液之比)体积比输入混合装置(图6-1)进行混合,然后再输入浸轧槽中。为了保证计量泵的控制精度,浸轧槽的液位采用监控。

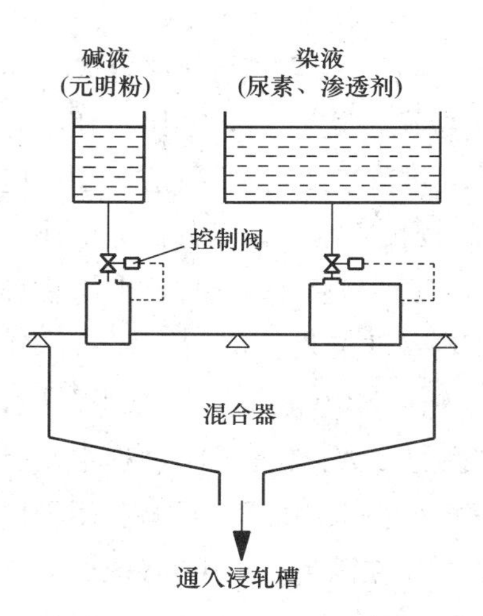

图6-1 染液与碱液混合示意图

快速冷轧堆染色工艺的染液配制与普通法冷轧堆染色工艺基本相同。染液温度应保持恒定,通常控制在20~25℃;堆置时间通常为2~8h,对一些特殊品种可在10h以上。

快速冷轧堆染色工艺由于固色时间短,生产效率高,并且受环境(如环境温度、酸气等)的影响较小,工艺重现性好,所以是目前应用最多的一种冷轧堆染色工艺。近年来,随着控制技术的发展,用于该工艺的设备实现了染料选用、染液配制、浸轧、打卷堆置以及水洗自动控制,使染色过程得到受控,具有较高的染色“一次成功率”。

4. 两浴法冷轧堆染色工艺 该工艺中的染液不加入碱剂,织物经浸轧染液后烘干或直接浸轧固色碱液,再经打卷堆置。由于染料与碱剂共浴对染液的稳定性影响较大,特别是一些反应性较强的染料在这种条件下,容易造成上染不均匀。虽然快速冷轧堆染色工艺采用了混合装置,可以在一定程度上得到改善,但是如果混合装置或生产过程中一旦出现故障,会因时间的延长而导致浸渍槽中染液变化。所以,借鉴两相法轧蒸染色工艺,将碱剂单独在织物浸轧染液后再快速浸轧到织物上,以提高染液的稳定性。通过这种方式还可适当对染液进行升温,有利于改善一些扩散性差以及溶解度低的染料对织物的匀染性。

两浴法冷轧堆染色工艺流程:

织物浸轧染液→浸轧(或喷雾)碱液→打卷堆置(时间 8~12h)→水洗→皂洗→水洗→烘干

由于该工艺流程较长,目前仅用于一些特殊品种。

5. 浸轧热卷堆工艺 织物仍然是在室温下浸轧染液(染料和碱剂),经红外线加热后打卷,然后直接放入具有一定温度和湿度的封闭容器中(可防止织物干燥以及染料的泳移)进行堆置。织物在封闭容器内的堆置过程中,可保持较高和较稳定的温度,有利于那些扩散性差的染料获得匀染和透染的效果。这种条件下可以选用弱碱性碱剂进行固色,因而可提高染液的稳定性和固色率。该工艺选用的染料范围较广,并且可缩短固色时间,但是需要消耗一定的热量。

三、冷轧堆染色的要求及工艺控制

织物的冷轧堆染色首先是浸轧染液,然后在室温下打卷堆置,并连续缓慢转动,使染料均匀上染和固色。完成堆置固色后再进行常规水洗处理,去除水解染料等浮色。冷轧堆染色工艺虽然简单,但染色过程中的影响因素却很重要。因此,对染料和碱剂的选择、过程的温度控制以及织物的前处理都提出了较高的要求。

1. 染料 冷轧堆染色的固色阶段是在室温堆置过程中完成的,一些分子结构大或直接性太高的染料扩散很慢,过早发生固色反应,透染性差,表面色泽不够光洁,即使延长染色时间也难以克服。因此,冷轧堆染色的染料必须具有较高的溶解度和一定的反应速率。染料反应速率过低会影响到匀染性和透染性,而且还会降低固色速率和固色率。活性染料染色的反应速率与染料的活性基团密切相关,一些具有二氯均三嗪、一氯均三嗪和乙烯砜等活性基结构的活性染料,都能够适用于冷轧堆染色。用于冷轧堆染色的活性染料应考虑以下几方面:

(1)在室温下具有完成固色的适中的亲和力和较强的反应性,保证能够与纤维发生共价键结合;

(2)染料的溶解度要高(大于 150g/L)、直接性要低,在浓碱低温条件下不发生聚集;

(3)拼色染料直接性要接近,否则易造成织物头尾色差及色光的稳定性差;

(4)具有较好的耐碱水解稳定性,在染液中的稳定时间尽可能长;

(5)固色堆置时间的范围要宽,可满足不同生产过程的需求;

(6)染料的分子要小,杂质少,且容易渗透扩散,以满足室温下染料对织物纤维的扩散速率。

针对上述情况，染料制造商主要是通过染料分子结构设计、染料与染料复配，以及染料与助剂复配等方法来达到要求。例如亨斯迈纺织染化（汽巴精化）推出的 Cibacron C（现名 Novacron）型活性染料，就是通过降低染料直接性、提高反应性、增加染料耐碱性而用于冷轧堆染色的，并且已有 25 个品种。又如 DyStar 公司推出的具有中等亲和性、碱液中高溶解度、耐碱性和洗净性良好的 Levafix 系列的 CA 型和 E 型染料，其分子结构内含有一氟均三嗪和乙烯砜活性基，固色率可达 90%。根据染料与染料复配增效的理论，DyStar 公司还推出了一套耐碱性很好的活性染料，如 Remazol 系列 RGB 型、黑色染料 Remazol Carbon RGB、Remazol Deep Black RGB 等。这些染料都已成功地应用于冷轧堆染色工艺中。

2. 碱剂 冷轧堆染色的固色温度是在室温下进行的，固色时间较长，织物上的 pH 需要保持在一定的范围内。为了缩短固色时间，并维持织物所需的 pH 范围，一般要选用溶解性较好、对织物上溶液黏度影响小的强碱或其混合碱（强碱和弱碱的混合物）作为固色剂。早期的冷轧堆染色是将染料与碱剂同时在浸轧槽中配制，选用碱性较弱的碱剂。现在冷轧堆染色的染料与碱剂是分浴配制，通过计量泵按一定比例混合后浸轧在织物上。因碱液与染液在浸轧织物之前相互影响较小，所以选用碱性较强的碱剂，并且大多选用强碱与弱碱的混合碱剂。这种混合碱液中，强碱可选用烧碱，弱碱可选用纯碱或硅酸钠。弱碱具有缓冲作用，可将织物上的 pH 稳定在一定的范围内。硅酸钠不但碱性较强，而且具有很强的缓冲能力。但容易污染设备，且不易清洗，对染液的黏度也会产生影响，因而目前应用较少。相比之下，纯碱可以避免这些问题，只是缓冲能力稍差一些。

3. 温度 影响到冷轧堆染色的温度主要包括浸轧染液和织物的堆置温度。入染前或过程中的织物、水、环境以及设备的温度，都会影响到浸轧染液的温度；染色过程中的染料吸附、固色（或水解）反应的放热效应，也会改变浸渍槽中的染液温度。这种温度变化不仅会导致色差和色牢度的下降，而且对配色染料会改变其配伍性。因此，冷轧堆染色的温度必须保持恒定，且可控制。目前一些冷轧堆染色设备配置了热交换器，目的就是控制浸渍染液的温度。

4. 织物前处理要求 与常规染色相比，冷轧堆染色对织物前处理要求更高。据了解，目前国内大部分印染厂的前处理质量，按照冷轧堆染色要求还存在一定问题。这也是冷轧堆染色工艺难以推广应用的一个主要原因。如果织物前处理后出现了白度、毛细效应、pH 以及退浆不均匀现象，那么在冷轧堆染色中就会产生边中色差、前后色差，并且在染色过程中还无法及时发现和控制。织物前处理后所获得的毛细效应，对织物染色过程中的均匀吸附染液也是非常重要的。因为冷轧堆染色的染液浸轧槽容积较小，而且没有像连续式轧染的多浸多轧过程，所以一旦织物前处理的毛细效应不均匀，就很难通过冷轧堆染色的浸轧获得均匀一致的染液上染量，最终导致染色不均匀。冷轧堆染色对织物的毛细效应一般要求在 10cm/30min 以上。此外，冷轧堆染色之前的织物应保持均匀合适的含湿率，一般控制在 4%~6%。织物含湿率太低，反而表现出疏水性，短暂的浸轧时间不容易使织物润湿；织物含湿率太高，会影响到织物的得色率以及布面的均匀性。因此，对前处理工艺中的影响因素如助剂的浓度、温度、轧液率以及时间等，应进行严格控制，尽量减少其对冷轧堆染色过程的影响。

5. 冷轧堆仿样染色 冷轧堆染色生产前的仿样是一项十分重要的基础工作，其准确性直接影响到生产过程的加工品质。目前冷轧堆仿样染色方法主要有微波炉仿样、烘箱卷装仿样、烘箱平铺仿样和常温堆置仿样。

（1）微波炉仿样。布样经过已配制好的染料和碱剂的混合液浸轧后，将浸轧布样的前段部分剪去。在一塑料盒中盛装80mL水，将留下部分的浸轧布样放在塑料盒口上，并绷平后盖上盖子。塑料盒放入微波炉中，在核定功率下处理大约6min。处理之后进行水洗、皂洗、水洗和烘干，进行对色。

（2）烘箱卷装仿样。布样经过已配制好的染料和碱剂的混合液浸轧后，再均匀卷绕在玻璃棒上。在卷绕布样外面用一张塑料薄膜紧密包裹起来，并将两端扎紧。然后悬挂在60℃烘箱内，经过45min固色。最后经水洗、皂洗、水洗和烘干。

（3）烘箱平铺仿样。同样是将布样浸轧染料和碱剂混合液后，在其外面紧紧包裹一层微波保鲜膜。然后平铺在50℃烘箱内，固色60min。最后经过水洗、皂洗、水洗和烘干。

（4）常温堆置仿样。布样经过已配制好的染料和碱剂的混合液浸轧后，再均匀卷绕在玻璃棒上。在卷绕布样外面用一张塑料薄膜紧密包裹起来，并将两端扎紧。然后放置在20～40℃环境内堆置12～14h，之后进行水洗、皂洗、水洗和烘干。

比较上述几种方法，显然，常温堆置仿样状态与实际大生产最接近，只是时间较长。微波炉仿样需要定期核定微波炉功率，并对打样工具有严格的要求。此外，该方法的小样重现性较差。烘箱卷绕仿样，卷绕内部颜色较浅，外部较深部分比大生产样浅10%～15%。烘箱平铺仿样的布面均匀，并且有10～20min的缓冲阶段，具有较好的重现性。因此，建议采用烘箱平铺法进行仿样为宜。

6. 工艺控制 大生产时的水玻璃和烧碱可由体积换算成重量进行量取。室温化料时，混合碱液和染液温度控制在25℃以内。混合碱与染料混合属于放热反应，浸轧槽染液温度应控制在20～28℃。温度过低影响染料渗透，温度过高会产生染料水解。织物轧液率在65%以上，由于织物幅宽总是比浸轧槽宽度小，浸轧槽两端与中间的染液会出现差异，使得浸轧槽两端染料水解比中间快，容易造成织物幅宽两边浅，所以，轧车两边的轧液率应比中间大3%～5%。浸轧槽的染液温度应控制在20～25℃。

采用主动打卷与车速同步，可减小织物打卷张力，特别是稀薄织物，可减少缝头印。稀薄织物应在缝头处垫一层塑料薄膜，以降低缝头印影响。打卷过程中，因织物两边水分蒸发较快，容易导致边浅，所以打卷的时间应以40min换卷为宜。打卷后的织物用塑料薄膜密封包紧，防止染料在固色过程中放出反应热，形成布卷内外温度差而造成色差。对卷装织物密封包覆，还可防止堆置过程中产生泳移，以及因布边碳酸化导致pH下降，减慢染料固色速率而引起的布边色差。堆置固色时的布卷应保持缓慢转动，转速为5～10r/min。堆置温度应比浸轧槽温度高2℃，环境温度应控制在20～40℃。温度过高会在堆置塑料薄膜内层产生水滴，温度过低会影响染料固色牢度。冬季以20℃为宜，夏季以30℃左右为宜。堆置时间为12～14h，堆置时间过长，未固色的染料会发生移染。

水洗时，前两格采用大流量冷水冲洗，温度为35～45℃，主要去除织物表面上的硅酸钠、未反应染料和水解染料。第三、第四格温水洗，温度为50~65℃；第四格加酸将织物pH调节为10左右；第五、第六格90~95℃皂洗，后两格温水洗（70~80℃、50~60℃）。

四、冷轧堆染色工艺实例

针织物冷轧堆染色工艺有平幅和圆筒两种方式。圆筒针织物加工难度大，需用专门的冷轧堆设备。采用平幅加工工艺，除了可提高质量（平幅加工减少了坯布折皱、磨毛等疵病），还比传统的浸渍绳状加工节约10%~15%的生产成本。因此，当前针织物冷轧堆染色工艺，主要趋于平幅加工。

针织物冷轧堆染色平幅加工过程是：经过平幅前处理后的坯布先通过均匀轧车浸轧活性染料染液，然后进行恒张力卷绕。卷绕成所需的卷装后用塑料膜封闭包覆，然后进行连续回转固色。当回转到预定的时间后进行平幅水洗。

1. 棉/氨弹力织物 冷轧堆染色对弹力织物产生的张力较小，尤其是针织物纬向收缩小，一般纬向收缩率不超过3%，可不用再进行预缩处理。此外，氨纶在冷轧堆染色过程中，其弹力不会因受到高温影响而丧失。染色处方及工艺条件见表6-3。

表6-3 冷轧堆染色处方及工艺条件

染色处方及工艺条件		用量及设定参数
染色处方	Remazol 染料(g/L)	x
	NaOH[30%(36°Bé)](mL/L)	y
	NaCl(g/L)	30
	尿素(g/L)	100
	渗透剂(g/L)	1~2
工艺条件	浸轧温度(℃)	20~30
	堆置温度(℃)	25~35
	堆置时间(h)	12
	堆置转动(r/min)	6~8

2. 18.4tex(32英支)纯棉汗布 颜色：浅绿色和深紫色。使用瑞士贝宁格冷轧堆染色机。染色处方和工艺条件见表6-4和表6-5。

表6-4 冷轧堆染色处方及工艺条件(染浅绿色)

染色处方及工艺条件		用量及设定参数
染色处方	Levafix 黄 E-3RL(g/L)	7
	Levafix 艳蓝 E-B(g/L)	2
	尿素(g/L)	15
	渗透剂(g/L)	1
	纯碱(g/L)	20
	50% NaOH(g/L)	0.6
工艺条件	浸轧温度(℃)	20~30
	堆置温度(℃)	25~35
	堆置时间(h)	12
	堆置转动(r/min)	10

表 6-5　冷轧堆染色处方及工艺条件(染深紫色)

染色处方及工艺条件		用量及设定参数
染色处方	Remazol 橙(g/L)	5.1
	Remazol 蓝(g/L)	8.2
	Remazol 深红(g/L)	40
	尿素(g/L)	50
	渗透剂(g/L)	1.5
	螯合分散剂(g/L)	1
	纯碱(g/L)	15
	50% NaOH(g/L)	7.3
工艺条件	浸轧温度(℃)	20~30
	堆置温度(℃)	25~35
	堆置时间(h)	12
	堆置转动(r/min)	10

工艺流程:

浸轧(室温,轧液率 90%)→打卷→堆置(室温,12h,布卷转速 10r/min)→热水洗(80℃,10min)→皂洗(低泡皂洗剂 2g/L,95℃,15min)→热水洗(60℃,15min)→冷水洗(室温,15min)→脱水→烘干

第三节　冷轧堆加工设备

无论是冷轧堆前处理还是冷轧堆染色,主要单元结构基本相同,设备流程也比较简单。本节先简单介绍冷轧堆前处理设备配置及要求,然后重点介绍冷轧堆染色加工设备。通用部分如浸轧、加料系统等,也放在冷轧堆染色加工设备中介绍。

一、冷轧堆前处理设备配置及要求

冷轧堆前处理设备比较简单,主要由浸轧槽、平洗槽和落布装置组成。目前也有在堆置后,增加一道汽蒸单元,然后再进入水洗单元。根据针织物和机织物的不同,有平幅和圆筒两种冷轧堆设备形式。平幅冷轧堆设备配有两个容积为 750L 的化料桶,一个用于溶解和盛装烧碱,另一个用于盛装双氧水。当化料桶溶液浓度为浸轧槽溶液浓度的二倍时,两料桶同时按 1∶1等量向浸轧槽内注入。轧车的线速度一般为 35m/min,以保证织物浸轧工作液的时间在 8s 左右,浸渍槽工作液温度维持在 27℃左右,织物带液率控制在 120%~130%。

圆筒针织物冷轧堆设备配有一个化料桶和一个回收储液槽。工作液通过 4 只喷射管喷射到织物上,喷液量的大小可根据织物克重自动调节。通常轻薄织物正反面各喷射一次,厚重织物正反面各喷射两次。为了避免喷嘴堵塞,在进口处设有一个过滤装置。

设备流程:

浸轧槽→多格平洗槽→落布装置

1. 浸轧槽 可适用针织物平幅圆筒双层浸轧，浸轧槽后由一组橡胶辊来控制轧液率。织物的浸轧既要保证所需的轧液率，同时还要使轧液能够渗入纤维内部。织物线速度在30m/min时，可充分保证浸轧液对织物的有效渗透。有效控制织物轧液率，可保证织物纤维的透芯，并处于饱和状态。即使在织物的堆置过程中，也不会因织物卷装层之间的挤压而造成上染不均匀现象。

2. 平洗槽 一般由8~12台水洗格连接而成，格与格之间设有轧点。前几格槽内底部装有蒸汽加热器，可根据工艺需要选择热水洗。为了提高水洗效果，节约用水量，平洗槽都采用逐格逆流水洗方式。

3. 落布装置 采用摆式落布形式。

二、冷轧堆染色设备配置及要求

冷轧堆染色设备主要由进布、浸轧和打卷等装置组成，固色后的水洗一般是采用高效连续式水洗联合机。浸轧中的均匀轧车在整个织物宽度范围内的轧点压力以及织物的张力，都是在可控且是可重复的状态下观察的。快速冷轧堆染色工艺中，染料和碱剂以4∶1的比例精确混合非常重要，需通过计量泵来保证流量的精确控制。一些智能化的计量装置还可精确控制染色温度、带液率等，对染色过程的可重现性和可控性起到了重要作用。

这里主要介绍进布、浸轧打卷、加料和控制单元，水洗部分可详见平幅高效水洗机部分内容。

1. 进布单元 为了满足不同组织结构织物的进布形式，除了常规的通用装置外，还配置了张力控制和织物冷却装置。对针织物和弹力织物需通过张力控制，尽量减少张力对织物弹性纤维的影响。冷却装置是确保织物进入浸轧槽之前保持一定的恒定温度，以控制染料对织物上染的反应条件，并获得良好的工艺重现性。此外，还配有保证织物平幅进布的扩幅、对中以及防卷边等装置。

2. 浸轧单元 该单元包括浸轧槽和轧车等组件。冷轧堆染色的工作液主要由染料和碱剂组成，早期工艺是将染料和碱剂共浴配制，但稳定性较差，容易造成染料水解，引发色光变化。所以，目前都是将染料和碱剂分浴配制，并按一定比例通过计量泵注入浸轧槽。浸轧槽的容积一般设计得都比较小，以便能够及时更换新鲜染液，避免染化料的水解反应及消耗。浸轧槽配有冷却系统，以防染液温度过高而引发染料的水解。为了保证染液的充分混合和连续输送，还在计量泵和浸渍槽之间设置了一个混合装置。采用内置导布辊，可保证织物的浸渍时间和均匀润透。浸轧槽的结构设计，可确保染化料在低温下极短的反应时间内，对织物进行充分的浸润。在完成换色时，可快速清洗浸轧槽。

对浸轧单元中的均匀轧车有较高要求，整个轧辊宽度上的线性压力均匀且可变全压。调节织物的带液率可控制染色深度，并可避免织物产生左右色差、正反色差以及前后色差。瑞士贝宁格(Benninger)公司的Bicoflex染色轧车，采用立式轧辊排列，夹持导辊呈70°排列，即一组导辊是根据走布路径而倾斜排列的。织物上下以相同的角度同步喂入轧点，避免了织物两面出现轧压差异，而斜对角设置的导辊在牵引织物的过程中，对织物产生的张力最小。与传统的卧式轧车相比，对织物的张力可降低50%。尤其是针织物张力的降低，避免了因张力而导致的色差。

3. 打卷单元 采用中心驱动收卷，并利用变频控制恒张力、恒线速度。织物打卷的张力控制对染色质量影响很大，需根据不同织物要求能够进行张力调节。张力过大会使织物卷绕过紧，布卷之间相互挤压大，容易产生压痕和条印，并且因纱线受到过大张力，阻碍染料对纤维的扩散。由于织物卷径的变化会使其线速度也发生变化，而织物线速度的变化不仅改变了织物浸轧时间和打卷的紧密程度，而且还会改变织物的张力和堆置时间。所以，打卷必须采用中心驱动，保持织物打卷过程中始终处于恒张力和恒线速度。弹性织物在出布点（轧点）与“A”架之间，随着织物的卷入，成卷的“A”架会随直径的增加而自动向外移，并且控制织物张力，防止织物卷边和起皱。打卷压辊始终与布卷保持一定间隙，通过调节张力可改善色条和织物缝头接口的影响。

4. 加料系统 在冷轧堆染色过程中，为了保证染色的均匀性和工艺的重现性，对染料温度和计量添加提出了很高的要求。贝宁格（寇司德）SF型连续加料系统（图6-2）采用了高效监视器和导向装置，可在整个染色过程中通过在线方式进行自动加料，保证冷轧堆染色的生产质量和过程控制的稳定性。该系统采用的温度和计量加料控制具有以下特点。

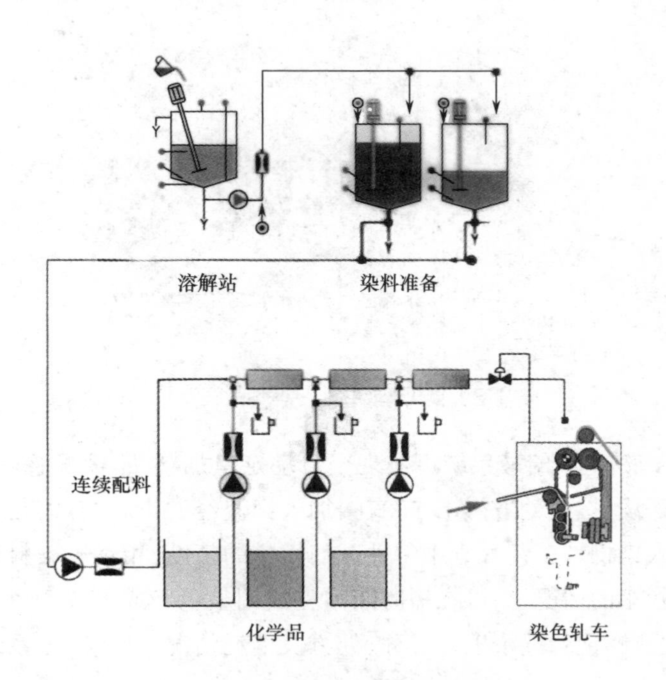

图6-2 SF型连续加料系统

（1）温度控制。不受季节和环境温度条件的限制，可保持打卷温度恒定。在恒温控制条件下，染料可获得均匀上染，并保证染色质量的稳定性。

（2）计量加料。与轧车配套使用，根据染料和单独配制的助剂要求配制染液，可实现冷轧堆染色在线计量。利用混液装置均匀配制染液比例及确定给液量,通过自动控制加料量的容差来精确配制染液,可根据染料的配比量和生产能力调整加料。该系统具有计量轧液率、记录染液消耗量及快速改换颜色等功能,染液损失少。

5. 控制系统 进、出布具有张力控制,可避免色光变化和折皱的产生。对织物及染液的温度进行控制,可在确保相同的反应条件下,获得色光的重现性。对计量供液系统的温度及配料耗度控制,以实现染液与碱液的混合比例为4∶1(工作1h内误差不超过2%)。混合时间以及混合后到单向阀的行程能够做到尽可能短。

三、典型冷轧堆染色设备

结合目前市场应用情况,这里对瑞士贝宁格(Benninger)和德国欧宝泰克(Erbatech)两家的冷轧堆染色设备作一简单介绍。

1. 瑞士贝宁格(Benninger)冷轧堆染色机(图6-3) 该机主要适合于针织物染色,除均匀轧车外,各导布辊之间对织物产生的张力均可达到最低。染液通过液面控制调节,助剂按4∶1的比例控制添加。温度控制系统是采用板式热交换器,用于冷却染液。采用主动中央退卷控制,分段调节导布辊,轧压后织物经传送导布辊低张力打卷。进液比例调节精确度高,温度恒定控制。

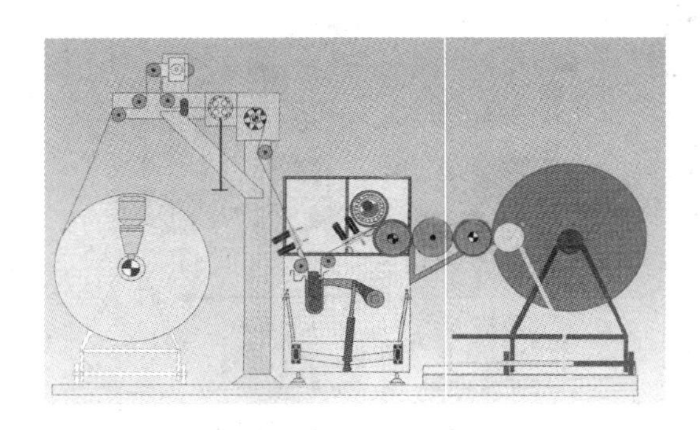

图6-3 Benninger冷轧堆染色机示意图

该机的Contidos SF定量给液系统可实现全自动定量加料,不需配置碱剂预备液,只要根据所染织物颜色的深浅,按照处方(mL/L)直接加入到流经的染料溶液,在一个静置的管道内均匀混合后直接加入染槽。工艺处方中每种碱剂用量的精度,相对于染料量可控制在±1%的误差范围内。在不停车的情况下,可在短时间内完成调整色光或更改颜色过程。对染化料可实施中央操作控制,能够记录整个工艺过程、处方及消耗情况。此外,该系统还配置了自动清洗功能。

2. 德国欧宝泰克(Erbatech)冷轧堆染色机(图6-4) 该机适合于针织物染色,可同时提供槽染和夹染两种加工方式,见图6-5。均匀轧车轧辊采用独立的压力区调节和可馈缩气垫,可保持布边压力均匀,保证不同幅宽织物在整个幅宽的均匀性。浸液槽染液保持动态平衡,浓度变化小。夹口系统带有可调节轧辊。

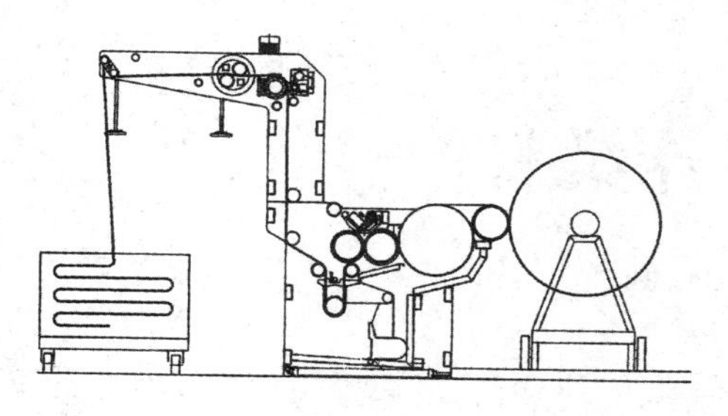
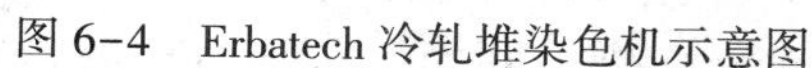

图 6-4 Erbatech 冷轧堆染色机示意图

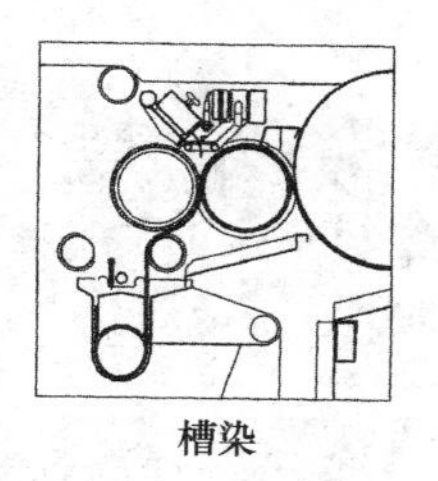

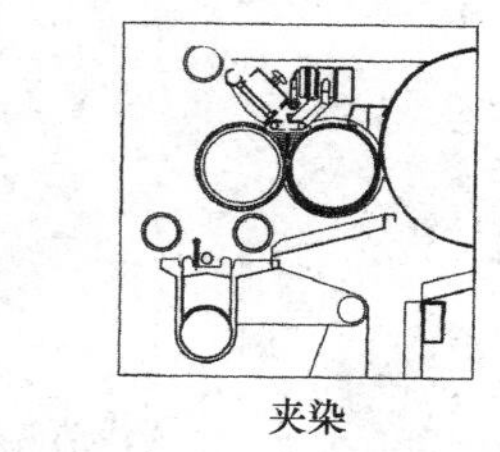

图 6-5 两种加工方式

参考文献

[1]王圣杰,费淼生,朱敏敏,等. 棉针织物冷轧堆节能前处理工艺实践[J]. 针织工业,2011(1):45-46.

[2]文水平,何丽清,王秀丽. 棉针织物冷轧堆染色工艺[J]. 印染,2006,32(15):25-27.

[3]中国纺织机械器材工业协会."中国国际纺织机械展览会暨 ITMA 亚洲展览会 2008"展品评估报告[R]. 2008.

第七章　泡沫染整

早在20世纪70年代,人们已经预测到未来的能源消耗和污染问题。欧洲一些染整设备制造商,除不断改进传统的织物湿加工工艺和设备外,对泡沫染色和泡沫整理技术(统称为泡沫染整)也进行了研发。泡沫染整是一种低给液且节能效果显著的染整加工技术。它是通过一套发泡装置,将空气通过含有表面活性剂的液体中,形成泡沫染整技术工艺所要求的亚稳态泡沫,并将泡沫以均匀状态施加于织物上来达到所需染整效果。具体可以应用到织物的功能性整理、涂料和活性染料染色工艺中,并可由定形机、松式烘干机和预缩机组成联合机,用于泡沫丝光和泡沫印花等工艺。泡沫整理具有显著的节能降耗效果,耗水量可下降50%~80%,化学药剂耗量可降低20%,烘燥热能节省55%以上。

国内20世纪80年代开始研究该项技术,因受到设备控制技术的限制而没有太大发展。随着染整行业节能减排形势的发展,泡沫染整的节能功效又得到人们的高度重视,近几年已应用到生产中。

本章对泡沫染整技术的基本原理和应用情况作一简单介绍。

第一节　泡沫染整的机理及特点

泡沫染整是以尽可能多的空气来替代染整溶液中的水,通过空气将染整的浓溶液或悬浮液膨胀转化为泡沫,然后再经过一定的装置强制将泡沫均匀扩散到织物表面上,以此在最低给湿量的条件下,使织物获得均匀分布的染色或整理效果。因此,泡沫的产生和对织物的均匀施加,是泡沫染整的两个关键部分。了解和掌握泡沫的发生机理和基本特点,对设计研发泡沫发生器和施加装置,以及使用过程中的控制,如何满足织物染整质量要求,具有十分重要的意义。

一、泡沫染整的基本原理

分析和了解泡沫的类型及稳定性,可以有效控制发泡过程。通过发泡剂和稳定剂的作用,能够控制泡沫的大小和稳定性。获得均匀稳定的泡沫后,对织物实施泡沫破裂,可使织物获得所需染料或整理液,从而达到织物所需的染整效果。

1. 泡沫的产生及作用　泡沫是由大量气体分散在少量液体之中形成的微泡聚集体,并以液体薄膜相互隔离,具有一定几何形状。它是一种微小多相、黏度和热力学不稳定的体系。泡沫的形成过程是:气泡首先在含有表面活性剂的水溶液中,被一层表面活性剂的单分子膜所包覆;当该气泡冲破表面活性剂与空气的界面时,第二层表面活性剂就包覆着第一层表面活性剂膜,形成一种含有中间液层的泡沫薄膜层。这种泡沫薄膜层中含有织物染整所需的化学品液体,当相邻的气泡聚集在一起时,就形成了泡沫。图 7-1 是泡沫的形成和结构示意图。

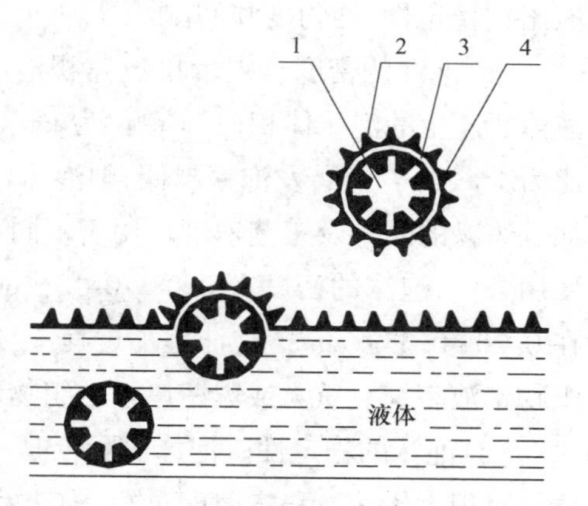

图 7-1 泡沫的形成和结构示意图
1—空气泡 2—表面活性剂分子
3—泡沫层 4—夹层液体

根据 Gibbs 原理,体系表面能总是趋向于维持最低状态,因而泡沫具有自发破裂的倾向。在实际应用中,泡沫的稳定性及流动性是满足使用要求的两个重要特性。泡沫的稳定性是保持其所含液体及维持自身存在所具有的能力,与排液速率的快慢和液膜的强度有关。气泡间的液体在压力和重力的作用下不断被排出,而气泡的液膜在气、液相对密度和界面两侧之间的压差作用下,会逐渐变薄。体相黏度大的液体排液速率较慢,泡沫相对较稳定。当排液使气泡液膜减薄到一定程度时,气泡的稳定性就取决于界面保护液膜的黏度和强度、气体的透过能力、界面上的分子密度及电荷密度等因素,并可用泡沫半衰期来表示。所谓泡沫半衰期指的是,一定体积的泡沫内部所含的液体流出一半所需要的时间。显然,半衰期越长,泡沫就越稳定。

2. 泡沫类型 可分为稳定性泡沫、亚稳定性泡沫和不稳定性泡沫三种。具体特性和使用要求如下。

(1)稳定性泡沫。其稳定性较好,即使在烘干后也不会破裂,并仍然保持其原有结构,但在织物打卷前必须对其挤压(如轧光)或复合。该类型泡沫的稳定性,使其对织物的渗透性变差,但能够稳定地保持在织物底层表面上。稳定性泡沫经挤压破裂后,其液层中的聚合物就可附着在织物底层上,并且牢度较好。所以比较适于织物的泡沫涂层整理。

(2)亚稳定性泡沫。泡沫组分在单位施用面积内仍然处于稳定状态,当泡沫施加在织物上时还存在部分泡沫,烘干时所有空气就会破泡而出,而泡沫中化学品留在织物上。亚稳定性泡沫相当于涂层增稠剂,施加在织物上后会破裂。在家用纺织品染整加工中,可以利用这一特性,对织物正反两面分别施加两种不同的化学助剂,以获得不同的使用性能。例如在织物正面施加阻燃整理剂,并同时在反面利用泡沫封闭体系施加柔软剂或碳氟化合物整理剂。这样既可以满足使用性能,又可节能和降低成本。

(3)不稳定性泡沫。泡沫的化学组成使其在形成过程中处于稳定状态,但施加到织物上就会立即破裂,空气随即离去,而留下的是液体,并且黏度与水相当。其中组成为水、化学品和发泡剂。不稳定性泡沫可由搅拌器产生,输送到给液器,然后通过给液器上缝隙持续、均匀地施加在织物上。用于纺织品和无纺布浸轧时,其施加的量可以决定对织物的渗透量。低施加量即为单面施加,而高施加量则意味着两面施加。该类型泡沫可用于装饰、家纺和产业用纺织品的阻燃和防水整理。

3. 泡沫的特性及要求 为了获得均匀的泡沫施加效果,必须对泡沫的产生和施加条件进行控制。而要满足这一要求,就必须对泡沫的特性有所了解。泡沫的特性主要包括密度(发泡比)、稳定性、均匀度和润湿性等。

(1)泡沫的密度。表示单位体积泡沫的质量,单位为 g/cm^3。还可用发泡率表示,即 1kg 液体所产生的泡沫体积(L),单位为 kg/L。两者关系:密度为 $0.05g/cm^3$ 相当于 50g/L,即发泡比为 1∶20。显然,发泡率越低,则泡沫含液量就越高;反之,则相反。发泡率的大小取决于被加工织物的品种及工艺速度。用于不同目的的泡沫整理,对泡沫的密度有不同的要求。一般使用条件,泡沫的密度在 $0.08 \sim 0.13g/cm^3$;泡沫整理密度在 $0.07 \sim 0.14g/cm^3$;泡沫印花密度在 $0.20 \sim 0.33g/cm^3$。泡沫施加过程中,通过泡沫密度控制织物带液率,降低泡沫密度即减少织物带液率。克重大或紧密厚重的织物应提高泡沫密度,轻薄或疏松织物则应降低泡沫密度。

(2)泡沫的稳定性。泡沫实际上是一种亚稳定聚集体,其形态稳定的时间对染整加工的质量有很大影响。稳定时间过短,泡沫发生器形成的泡沫还未送到织物表面就已中途破裂,对织物的分布就不均匀;如果稳定时间过长,则送到织物上的泡沫不能迅速均匀破裂,同样会造成分布不均匀。

(3)泡沫的均匀度。产生的泡沫只有保持均匀性,才能够获得均匀的染整效果。

(4)泡沫的润湿性。对于前处理不充分或者组织太紧密的织物,泡沫或由泡沫破裂后所释放出的液体,对这类情况的织物应具有较好的润湿性。

(5)泡沫的大小。一般说来,泡沫越小,越接近多面体结构,稳定性就越好。泡沫作为化学品的载体,其壁厚的大小直接决定了泡沫携带化学品的能力。泡沫直径的大小应介于 0.05~0.45nm 之间,该状态下具有较好的机械稳定性和储藏稳定性。若泡沫直径过大,液体就容易迅速向泡沫的顶表面泳移,使泡沫破裂。此外,若泡沫直径过大,其发泡率也降低。在实际的应用中,泡沫的产生量也应适当,泡沫量过少,其润滑性就差,织物在与机械金属表面接触过程中就会产生擦伤;泡沫过多,输送泵容易产生"气蚀",泡沫输送不稳定。

4. 发泡剂和稳定剂 在泡沫染整工艺过程中,如何将泡沫大小形成最佳值,并能够维持泡沫在所要求的时间范围内的稳定性,是控制泡沫染整加工的关键。

(1)发泡剂。发泡剂可分为离子型和非离子型两种。常用的离子型发泡剂有:十六烷基磺酸钠(AS)、十二烷基硫酸钠(SDS)和十二烷基苯磺酸钠(ABS)等;非离子型的有:烷基醇聚氧乙烯醚和椰油酰二乙醇胺(洗涤剂 6501)等。近年来还开发出一些具有生态环保性的表面活性剂,如烷基糖苷(APG)、烷基葡萄糖酰胺(APA)、天然茶皂素和松香聚氧乙烯酯(RPGC)等。阳离子型表面活性剂的发泡性能较差,且价格较贵,故很少使用。阴离子型发泡剂的发泡速度快,但形成泡沫的稳定性较差。相比之下,非离子型发泡剂的发泡性能虽然差一些,但泡沫的稳定性较好,并且具有较好的相容性,可与各种离子型表面活性剂复配,不受树脂整理液中金属盐的影响。有研究和使用表明,一些表面活性剂也可作为发泡剂,并具有较好的泡沫性能。如润湿剂、稳定剂和乳化剂等表面活性剂,就具有较好的发泡性能。如果将这些表面活性剂与合适的稳定剂结合使用,可不加入专用发泡剂就能够产生良好的泡沫性能。

(2)稳定剂。泡沫应保持适当的稳定性,以满足染整工艺的要求。较为理想的稳定泡沫,应该在泡沫与织物纤维接触时,就会立即自身破裂,并且从泡沫接触织物纤维到进入纤维间的时间间隔非常短,一般仅为 0.01 秒。在这个过程中,如果泡沫不稳定,便会过早破裂,使织物产生块状或条状的不均匀润湿。与此相反，如果泡沫过于稳定，也不会均匀地破裂而进入织物纤维。此外，当温度或压力发生变化时，会加快原本排液速率很慢的泡沫，并使泡沫迅速破裂。所以所选用的稳定剂应能使泡沫排液速率减慢，并有合适的流动性。

泡沫稳定剂主要有两类。一类是增黏型稳定剂，主要是通过提高发泡液的黏度来减缓泡沫的排液速率，延长泡沫半衰期，以达到提高泡沫稳定性的目的。这类稳定剂主要有：聚乙烯醇（PVA）、羧甲基纤维素（CMC）、羟乙基纤维素（HEC）和多糖酸等。另一类稳定剂主要是以提高泡沫薄膜的质量，增加薄膜的黏弹性和减少泡沫的透气性等方面来保证泡沫的稳定性，例如在SDS中加入正十二醇就属于这种情况。

除此之外，黏度较高的泡沫稳定剂，在浓度非常低的条件下也可获得良好的使用效果。即使烘燥和焙烘以后织物上有少量残留物，对织物的性能影响也很小。因此，在实际应用中，将羟乙基纤维素和十二醇混合使用，不仅可提高发泡液的本体黏度，还可提高泡沫液膜的表面黏度，大大增加了泡沫的稳定性。

5. 织物表面泡沫层的破裂方法 主要是通过两种方法来实现织物表面泡沫层的破裂。一是采用热敏感性泡沫，由该类型泡沫涂层的织物在烘燥过程中，泡沫会自行破裂，并迅速去除浓缩液中所含的少量水分。二是机械破裂法，即采用卧式二辊轧车、带刮刀的压辊和滚筒刮刀等机械方法进行泡沫破裂。具体过程是，织物在移动时其两侧便形成泡沫滚柱，当经过轧车轧点时，楔形处受到压力的作用，使得泡沫脱水。采用卧式二辊轧车时，应选用泡沫破裂半衰期大的泡沫。因为泡沫破裂半衰期太小，容易过早地脱水，使液体聚集在轧车的楔形处，导致给液不均匀。带刮刀的压辊是在织物表面上涂一层泡沫层，而泡沫涂层的厚度即为刮刀与织物表面的距离。采用这种机械破裂法，必须选择泡沫破裂半衰期大或中等的泡沫。滚筒刮刀法是织物在滚筒刮刀下水平移动时，在滚筒刮刀前形成一个泡沫滚柱，经滚筒刮刀挤压后而脱水。采用这种方法，必须选择泡沫破裂半衰期中等的泡沫。

二、泡沫染整的特点

泡沫染整与常规染整有许多不同点，但最重要的是以空气替代部分水，节约水和能耗。归纳起来有以下几点。

1. 降低用水 泡沫染整是大量的空气取代整理液和染液中的水溶剂，使得耗水和化学品消耗大为降低。此外，染液中不需要添加增稠剂，染色后的水洗简单，耗水量减少。有实验显示，采用泡沫染整，单位织物耗水量比常规工艺减少50%，有些甚至可达80%～90%，污水排放量也随之下降。

2. 节省能耗 常规织物染整湿加工过程中，织物的含湿率为50%～80%，而泡沫染整的织物含湿量则大为下降，例如纯棉平纹织物在泡沫染整中的含湿率仅为15%～30%。织物含湿量的降低，减少了烘干时的能耗。

3. 工艺流程短且可靠 由于带液量与织物的含湿量无关，所以可以进行“湿—湿”加工，取消了中间的烘干过程，缩短了工艺流程。通过程序控制，可以精确地控制织物总带液率。能够迅速将泡沫送到织物中所有纤维表面，保证所需的渗透深度。

4. 泡沫染整的局限性 泡沫技术在过去二十多年的发展过程中，主要是从两个方面进行研究。一是控制气体与液体满足印染要求的精度；二是泡沫产生后在施加过程中，如何解决将不断衰减的泡沫横向均匀地施加在运行的织物上。这里既涉及织物吸湿性的变化对其带液率的影响，同时关系到泡沫染整装置的控制精度。因而，泡沫染整技术更为成功的还是泡沫整理。当然，随着近年来泡沫技术的深入研究，在染色和印花上也获得很大进展。

第二节 泡沫染整工艺

泡沫染整工艺主要包括整理、染色和印花，近年来也有纱线上浆和织物丝光工艺应用的报道，但是较为成功的还是泡沫整理和泡沫印花。泡沫染色匀染性是设备技术的难点，而工艺中多色泡沫染色对均匀性要求较低，并且可以染出多彩效果，兼有染色和印花的双重效果，具有较高的商用价值。泡沫整理工艺中的棉织物防缩抗皱整理，高温焙烘时可减少常规整理出现的树脂泳移现象，并节省整理剂10%~30%。用于拒水、吸湿双面（如手术服）整理时，在正面进行泡沫拒水整理（渗到织物厚度的一半），然后在织物反面施加泡沫吸（亲）水剂或抗菌剂，可达到拒水和透湿亲水双重功能效果。泡沫涂层用于多功能窗帘布整理，接触阳光一面进行遮光和抗紫外整理，而另一面进行阻燃、抗菌、芳香和抗静电等整理，可大量节省化学品，既可减少或防止整理剂间的相互作用，还可节约大量化学助剂。

泡沫染整的工艺流程：

发泡→施加泡沫→泡沫迅速破裂被织物吸收→烘干→（焙烘）→后处理

一、泡沫染色工艺

泡沫染色的浴比小，可节约大量的用水，并可降低各种助剂（如盐、碱和染料）的用量。泡沫染色过程中，染液对织物的渗透性较小，当泡沫与纤维表面接触后，因泡沫内的染料浓度高而水分少，来不及渗透到纤维内部就均匀地破裂于纤维的表面，使织物的表面得色量增加。常规染色织物带液率一般为60%~80%，而泡沫染色的织物带液率一般为10%~40%。不仅能够使织物表面获得较高的得色量，而且还可减少染色废水处理量，降低对环境的污染。

泡沫染色是在染液中加入发泡剂，将染液制成泡沫的形态后再施加到织物上。与常规染色工艺相比，泡沫染色可精确控制给液量，不容易产生头尾色差，通过控制喷入深度可实现单面染色。如何将染料均匀分布在织物上，是泡沫单面染色技术的关键。为此，目前从两个方面进行研发，即通过泡沫染色设备提高匀染性；开发泡沫多色工艺，获得染色和印花双重效果，降低对匀染性的要求。例如，上海誉辉化工有限公司开发的泡沫染色施加设备，成功地解决了泡沫横向施加的均匀性问题。

当然，相对泡沫整理而言，泡沫染色在实际生产中应用难度要更大一些，主要是匀染性问题。其影响因素主要有染料性能（如直接性）、泡沫施加的均匀性和稳定性等。因此，从目前的应用情况来看，泡沫染色主要应用于地毯、绒类厚织物及多彩染色。

1. 地毯泡沫染色 是泡沫染色应用较早且非常成功的工艺,早在20世纪80年初期就已得到了使用。主要有单面泡沫染色、双面泡沫染色和多色泡沫染色等工艺,其中双面泡沫染色可使织物两面获得不同染色效果,而多色泡沫染色利用泡沫的流变性,可获得常规工艺无法做到且风格独特的多彩效果。

多色泡沫染色工艺是:四种染料分别经过发泡器发泡后进入泡沫储槽,再通过两组可控制的泡沫喷口(可呈交叉排列),经喷口喷出的泡沫淌到主动辊筒的表面上,然后经挡板施加到地毯上。

2. 绒类织物泡沫染色 绒类织物的吸水性很大,染色加工难度较大。对于正面为腈纶绒面、底为棉的绒类织物,在其腈纶绒面施染阳离子染料,在棉底面施染直接染料或活性染料,则可获得良好的染色效果。该工艺主要是控制泡沫破裂时染料在织物上的均匀分布,一般是采用双面泡沫染色。该工艺可用于薄绒、立绒、灯芯绒以及人造毛等织物染色。

3. 多色泡沫染色 在过去相当一段时间里,泡沫染色的研究较多的是集中在单面泡沫染色,而且均匀性也是该技术中的难点。这种单一的技术研发制约了泡沫染色的应用发展,在发展节能减排技术的今天,人们更重要的是看好了该项技术的节能潜力。因此,多色泡沫染色作为该项技术的另一方法,具有应用开发价值。当然,多色泡沫染色工艺还存在一些问题,如筛选适于该工艺的染料和发泡剂、发泡染液间的系统相容性、三种或三种以上颜色的染料同时施加的设备以及控制等。这些还有待于染化料、工艺和设备共同努力和协调发展。

4. 泡沫悬浮体染色 将还原染料悬浮体利用泡沫均匀分布在被染织物上,以达到悬浮体的匀染目的,是泡沫运用到还原染料染色的方法之一。可选用一般表面活性剂为作为发泡剂,在发泡的同时还可产生分散作用。经应用表明,泡沫还原染料悬浮体染色,比常规还原染料悬浮体染色的匀染性更好,而且染色后织物的摩擦牢度、汗渍牢度、水洗牢度以及日晒牢度基本相同。

5. 条格色织布 利用泡沫单面染色和阳离子化纤维素的染料吸附差异,可形成一面是格子,另一面是条子的织物表面效果。这就是所谓条格色织布。该织物为圆筒状组织结构,较为蓬松。

染整工艺流程为:

先对经纱和纬纱进行煮漂→经纱染色→用改性剂和烧碱对纬纱(棉纱)进行处理,使其变为阳离子化变性纱(颜色仍然为白色)→整经→纬纱分别用阳离子变性纱和未变性棉纱交叉打纬织出呈条子状的织物→烧毛、退浆→丝光→泡沫单面染色→热定形→水洗、皂洗

二、泡沫整理工艺

泡沫整理技术在染整加工中最先得到应用,也是发展最快的。泡沫整理主要用于树脂整理、柔软整理、阻燃涂层整理、防(拒)水吸湿整理、增白整理、多功能泡沫整理等。泡沫整理就是将含有发泡剂的整理液发泡后,再施加到织物上的一种整理方法。相对常规后整理工艺,织物在泡沫后整理过程中的带液率低,不仅可以减少能耗,而且还可减少整理助剂泳移现象的发

生。对一些张力要求较低的织物，如割绒地毯、毛绒类织物和装饰性织物等，可有效改善品质。除此之外，经泡沫整理后的织物折皱回复角、耐磨性、拉伸强度、撕裂强度以及抗弯曲磨损性能都能够得到改善。不同整理剂可通过泡沫整理分别施加在织物的正反面，也可仅施加于织物的单面。

1. 泡沫树脂整理 棉、涤棉混纺织物经树脂整理后，可获得较好的折皱回复角，提高了织物的抗折皱性能，但同时也降低了织物的强力和耐磨性。大量应用表明，树脂整理过程中整理剂施加不均匀，织物上的整理剂在烘燥过程中会发生泳移，使得织物的强力降低。采用"浸轧—预烘—焙烘"加工工艺，纯棉织物上约有28%的溶液会发生泳移；而采用泡沫整理工艺则可降低泳移量或消除泳移现象，使织物上的树脂分布较均匀，减少对织物强力的影响。其原因是泡沫整理的带液量较低，织物在烘干时的水分蒸发较少，织物纤维毛细管中的整理液不会随着表面液体减少产生的液差而泳移到织物表面上来，减少了烘干过程中的泳移量。除此之外，对于相同整理效果来说，泡沫整理比常规浸轧法节省树脂及助剂用量10%左右，并且织物的手感也有很大改善。

2. 泡沫柔软整理 采用泡沫整理技术（FFT），用各种有机硅整理剂可对不同织物进行柔软整理。有人重点研究了几种典型有机硅柔软剂FFT泡沫整理配方，并在同样织物和化学整理剂用量时，将泡沫整理织物的各项性能与常规浸轧法进行比较。结果表明，用有机硅与耐久压烫树脂一起处理后的涤/棉（65/35）织物、棉/涤（83/17）灯芯绒，在所测量织物的各项性能范围内，FFT法与浸轧法的差异不大，两者都能增加织物柔软度，且能改善物理性能。

3. 泡沫阻燃涂层整理 对织物进行泡沫阻燃涂层整理，已获得较好的实验结果。例如选用溴锑涂层阻燃剂（CFA），采用泡沫背涂工艺对涤/棉织物进行阻燃整理，可获得良好的阻燃效果，并达到国家GB 5455标准。选择乙烯类聚合物作涂层黏合剂，溴类及氮磷类化合物作阻燃剂，对厚重棉织物进行泡沫阻燃整理，不仅可获得优良的阻燃效果，而且不损伤织物强力。有人采用稳泡的阻燃涂层胶对丙纶织物进行泡沫阻燃涂层整理，通过对涂层的工艺条件如涂层刀距、阻燃胶密度和上胶量进行分析，找出对涂层织物阻燃性能的影响因素，以及泡沫密度、压泡压力与织物透气性和涂层膜的关系。应用表明，泡沫阻燃整理比传统工艺简单且节省成本。

4. 泡沫防（拒）水、吸湿整理 采用常规的浸轧法对织物进行拒水整理，织物正反面都有拒水性，但吸湿性变差，影响穿着舒适感。有报道称，日本有人采用Gaston county制的泡沫整理机，试出一种既有拒水效果又有吸汗和排汗功能的双面整理织物，并提高了织物反面的吸湿性和透湿效果。具体方法是：先用含有拒水剂泡沫施加到织物上，使其渗透到织物厚度的一半，然后再对织物反面按同样方法施加吸湿剂，也使其渗透到织物厚度一半。这种双面泡沫整理，主要是控制整理剂不能完全渗透织物。

5. 泡沫增白整理 对于一些厚重织物和要求不高织物的增白，实际上不需要对织物厚度层内部进行增白，而只需对其表面增白即可满足使用要求。因此，可通过调节泡沫的施加量，控制增白剂的渗透程度（甚至只对织物单面增白），使大部分增白剂停留在织物表面来获得增白效果。从实验的情况来看，泡沫施加整理剂的均匀性要比浸轧效果差一些，故泡沫增白整理目前主要用于白底印花织物上。

6. 多功能泡沫整理 国外除了对泡沫的单一整理功能研究之外，还进行了多功能的泡沫整理开发。例如，采用泡沫整理工艺对纯羊毛或毛混纺织物进行防缩、拒水/拒油整理，就是对织物进行双面泡沫施加，使纤维吸液率在15%~30%，以获得良好的拒水/拒油性能，并改善织物的缩水率。又如，采用泡沫整理工艺，将PEG（交联的聚乙二醇）施加到具有拒水性能的非织造医用服织物的背面，可使其获得较好的抗微生物性能，并且轻薄非织造物表面既有可湿润性，又保留其正面的拒水性。除此之外，还可对像窗帘一类的织物进行阻燃、遮光、防紫外线、抗菌、芳香和抗静电等功能的整理。不仅可以节省大量的化学品。而且还可减少整理剂之间的相互影响。

三、泡沫印花

随着泡沫整理技术的发展，泡沫印花也得到了应用。其中应用最早的是地毯印花，然后应用到绒类织物和一般织物的印花。棉及其混纺织物主要是采用活性染料和涂料平网泡沫印花。泡沫印花首先是调制具有一定发泡比[1∶(3.5~4)]的均匀泡沫浆，其调制过程是，先以少量的水溶解活性染料，然后加入发泡剂和增稠剂进行高速搅拌，最后加入稳定剂搅拌。泡沫印花是在平网印花机上进行刮印，然后经汽蒸、后处理（涂料印花烘干即可）完成印花过程。采用冷台版平网泡沫印花，泡沫浆的体积膨胀要比常规色浆大3~4倍，而给浆量却是常规的1/2或1/3，不产生压糊和渗化。当发泡比为1∶(3.5~4)时，活性染料可节约10%~15%，涂料可节约40%，烘燥时可减少热能50%以上。

四、泡沫配制

泡沫是一种在液体连续相中分散着大量气泡的胶体体系。有分散型泡沫、浓缩型（或压缩型）泡沫两种。分散型泡沫是在液体状药剂中喷射空气混合后而形成的；浓缩型泡沫是利用化学反应或物理变化（温度及压力），使气体溶解在液体内而形成的。

泡沫的形成需要一定的条件，纯液体不能产生泡沫。只有在溶液中加入表面活性剂后，气液界面上形成界面吸附，降低液体的表面张力，才可形成发泡的条件并保持泡沫的稳定性。泡沫的稳定性与均匀施加的加工工艺有关，泡沫不稳定就会迅速破裂，无法控制织物的带液率；泡沫若太稳定，也会发生化学品和染料渗透不充分和织物带液率偏低的现象。稳定的泡沫具有高表面能，处于热力学不稳定状态，但实际上又因势垒关系而处于一种亚稳定的状态。

1. 发泡剂的选择 发泡剂主要有离子型和非离子型两类。阳离子型有烷基叔胺、季铵盐、甜菜碱及其衍生物；阴离子型有月桂醇硫酸酯钠盐、十二烷基磺酸钠和十二烷基硫酸钠等；非离子型有C11-C15直链仲醇、C10-C16直链伯醇、C8-C12烷基苯酚的聚氧乙烯醚等。一般阳离子型的表面活性发泡能力较差，而阴离子型和非离子型的表面活性剂发泡能力较强。阴离子型发泡剂的发泡速度较慢，但形成的泡沫比较稳定；而非离子型发泡剂的发泡性和润湿性较好，但泡沫的稳定性较差。因此，在实际应用中，应根据不同的泡沫整理要求，采用相应类型的发泡剂,并且要避免发泡剂与整理剂发生不相容而影响整理效果。

2. 发泡液的配制 泡沫工艺处方主要是根据相应的常规工艺处方中去除所要减少的水,然后加入选定的发泡剂和泡沫稳定剂制订而成。与此同时,还要充分考虑到发泡效率、泡沫稳定性、排液速率、发泡剂和泡沫稳定剂与染料和其他纺织助剂相容性等因素。最后通过混入规定发泡比所需的空气形成泡沫。与含有10%染化料和90%水的常规处方相比,当发泡倍率为1∶2时,泡沫处方中含有10%的染化料、40%的水和50%的空气。显然,泡沫处方可节约50%的水和相应的能耗。表7-1为活性染料、分散染料和涂料的典型泡沫印花处方。处方中发泡倍率为1∶3,化学品部分以重量计,空气以体积计。

表7-1 泡沫印花处方

成分	活性染料印花			分散染料印花		涂料印花	
	常规工艺		泡沫工艺	常规工艺	泡沫工艺	常规工艺	泡沫工艺
	海藻酸钠	半乳化					
染料(涂料)	x	x	x	x	x	(x)	(x)
尿素	4.0	4.0	4.0	—	—	2.0	1.5
糊料	5.0	2.0	0.5	6.0	1.0	—	—
防染盐	1.0	1.0	1.0	1.0	1.0	—	—
柠檬酸	—	—	—	0.7	0.7	—	—
碳酸氢钠	1.5	1.5	—	—	—	—	—
黏合剂	—	—	—	—	—	8.0	8.0
催化剂	—	—	—	—	—	1.0	1.0
发泡剂	—	—	1.5	1.0	1.0	—	1.0
稳定剂	—	—	1.0	—	1.0	—	1.0
火油	—	35.0	—	—	—	76.0	—
水	88.5−x	56.5−x	26−x	91.3−x	29.3−x	13−x	21.5−x
空气	—	—	66.0	—	66.0	—	66.0
合计	100	100	100	100	100	100	100

五、泡沫染整技术存在的问题及应用情况

泡沫染整技术的应用,可减少用水、用热和排污,对印染的节能减排具有很大作用。泡沫染整技术目前在染色方面还存在一些问题,需要进一步研究和试验,而在整理方面已经获得广泛应用。对于泡沫染色,必须结合染料特性、泡沫施加过程中的均匀性和稳定性进行综合研究,包括染料的选择和设备的控制。

1. 泡沫染色存在的问题 匀染性是泡沫染色存在的主要问题,它涉及染料的特性、施加泡沫的均匀性以及泡沫的稳定性。染料的特性主要表现在直接性的影响,直接性较低的染料,可获得较好的匀染性,反之就差。施加泡沫的均匀性,主要取决于泡沫施加装置。如果产生泡沫后直接施加到织物上,再通过轧辊将泡沫进行破裂,就有可能因泡沫不均匀而产生色差。为

了解决这个问题，Autofoam 泡沫整理系统将染液发泡后，通过一个狭缝提前对大泡沫进行破裂，以提高泡沫的均匀性。泡沫的稳定性主要是所携带染液对织物的稳定上染。如果泡沫稳定性太高，就不容易破裂。部分泡沫经过轧辊后仍然没有破裂，进入蒸箱后会产生泡沫圈，引起带液量不匀。如果泡沫稳定性太差，在通过轧辊前就已经破裂，增加带液量。一般情况下，将施加泡沫后的织物快速通过轧辊，可有效控制因泡沫稳定性差所引发的带液不均匀性，但因带液量也随之减小，使颜色变浅。

2. *泡沫染整技术应用情况* 在当今节能减排的形势下，染整技术必须始终以生态环保、高效节能以及低污染为发展目标，而染整装备和工艺又是这一发展目标的关键。为此，与其他染整技术一样，泡沫染整技术也在不断完善和创新，扩大应用范围。例如上海太平洋机电集团印染机械分公司与东华大学合作研制的新型动态圆筒狭缝式泡沫整理设备，已经进入生产应用试验阶段。该机用于纯棉、化纤及其混纺织物的柔软、树脂、防水、上浆和增白等泡沫整理时，其配液耗水量可减少 50%~70%，化学品耗量可降低 5%~10%，烘燥热能可节省 55%以上。在泡沫树脂整理中，因织物含湿量低，避免了织物在烘燥过程产生"泳移"现象。该机可与热定形机、松式烘干机和预缩机等进行组合，以适于不同的整理工艺。

香港 DTC(Datacolor)科技有限公司制造的 Autofoam 泡沫整理系统，采用了双转盘动态式发泡器和全自动的控制器，可提供四种形式施泡机进行选择，分别适用于：一般织物的化学品整理；地毯的背胶；PU 或聚丙烯酸酯涂层；装饰布的阻燃整理；长毛地毯的防污、防水、防虫和抗菌整理；无纺布的纤维黏结加工等。美国 Gaston Systems & Unichem 公司推出的 CFS 泡沫整理系统，在低湿度条件下可将泡沫化的化合物准确地施加在基布上，具有显著的节水降耗效果。该系统不受织物品种和组织结构限制，可进行织物单面或双面加工。该系统减少了化学品消耗。不仅可降低加工成本，而且节能环保。

第三节 泡沫染整装置

泡沫染整设备主要由发泡发生装置、泡沫施加装置和控制系统三部分组成，一般再配置常规的烘燥和平洗单元即可组成一台泡沫染整联合机。目前应用较多的是动态发泡器和狭缝式泡沫施加器组成的泡沫染整装置，主要适用于机织物的泡沫染色和整理。泡沫染整质量的关键是泡沫的稳定性、发泡剂选用、泡沫大小(约 8μm)、泡沫密度以及泡沫均匀性等。如果泡沫不稳定，就会迅速破裂，造成织物带液率不均匀；反之，泡沫太稳定，也容易造成织物带液率偏低及化学品、染料渗透不充分等问题。

一、发泡装置

发泡装置主要有三种形式，即填料式静态发泡装置[图 7-2(a)]、多级网式静态发泡装置[图 7-2(b)]和动态式发泡装置[图 7-2(c)]，目前应用较多的还是动态式发泡器。动态式发泡器的工作原理是通过转子与定子的相对转动，将液体和气体剪切混合后形成泡沫。动态式发泡器具有重现性好、可控性强和发泡倍率范围广等优点。不同形式发泡装置的技术特征见表 7-2，可根据不同染整工艺需要进行选择。

表 7-2　不同形式发泡装置的技术特征

项目	多级网式静态发泡装置	填料式静态发泡装置	动态式发泡装置
发泡方式	多层金属网将液体和空气混合后形成泡沫	填料形成的空隙将液体和空气混合后形成泡沫	转子与定子之间的相对转动将液体和气体剪切混合后形成泡沫
动力能耗	无须外加动力	无须外加动力	交流电机驱动转子转动，变频调速
工艺控制	对发泡通径、网目数及多级排列进行控制，具有较强的工艺适用性	对发泡容量、填料的种类和填充密度的控制，工艺的适应性有限制	对发泡容量、定子与转子的间隙和转速进行控制，具有较强的工艺适用性
泡沫质量	重现性好，清洁保养方便，发泡倍率范围较小	重现性好，清洁保养方便，发泡倍率范围较小	重现性好，可控性强，发泡倍率范围大
制造成本	结构简单，加工方便，成本低	结构简单，加工方便，成本低	结构复杂，加工难度大，成本高

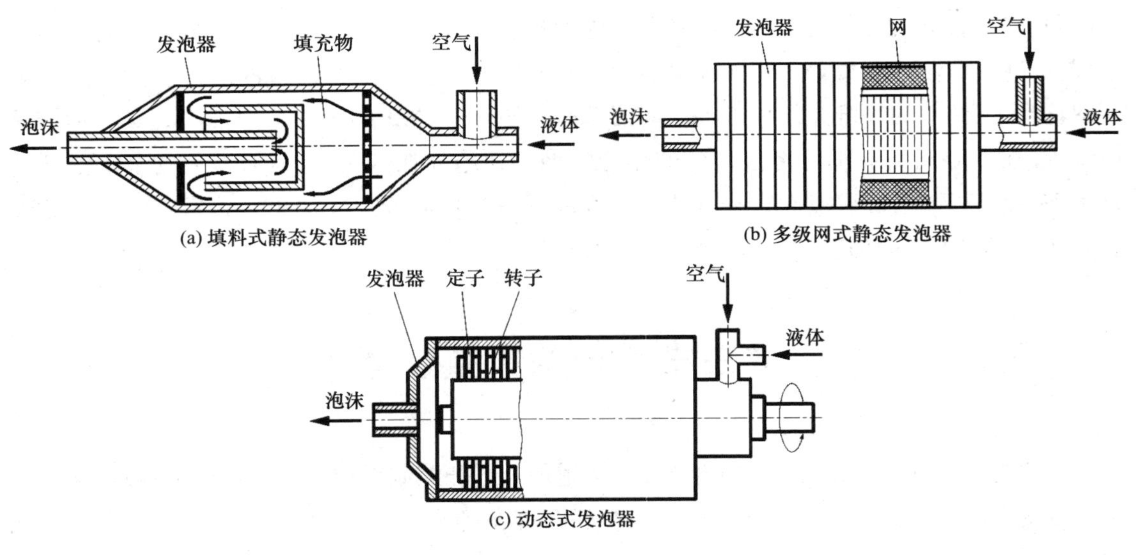

图 7-2　泡沫发生器结构示意图

二、泡沫施加装置

泡沫施加装置有刮刀式、辊筒式、橡胶毯真空抽吸式和圆筒狭缝式等几种形式，如图 7-3(a)～图 7-3(f)。圆筒狭缝式泡沫施加装置的特点是，泡沫依次通过狭缝涂敷到织物上，并在压力作用下迅速渗透到织物内部。泡沫在织物上的施加均匀性好，且不易产生空壳泡。控制系统可根据所加工织物的品种和规格要求，对发泡量、发泡率等工艺参数进行设定和控制。不同形式泡沫施加装置的对比分析见表 7-3。

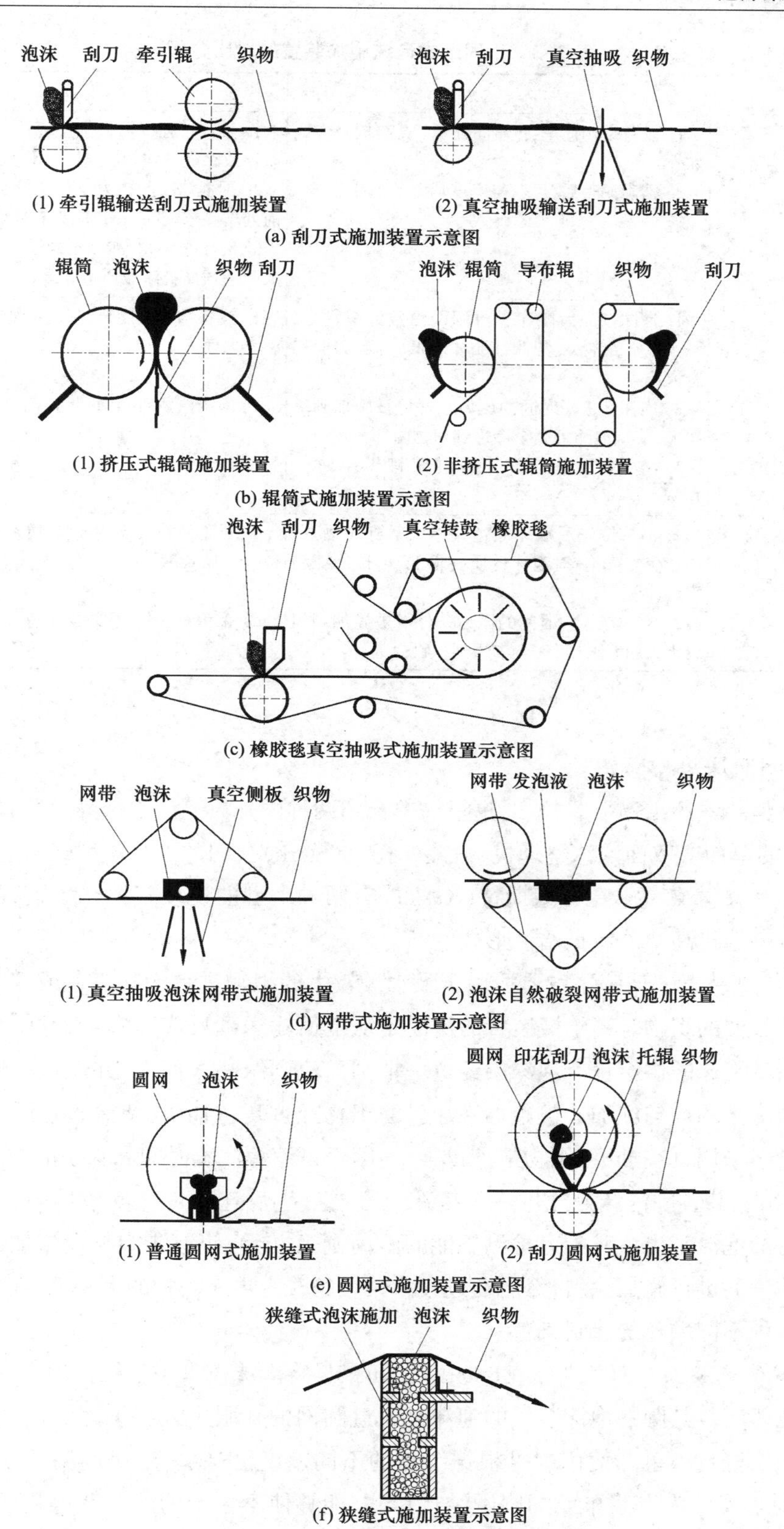

图 7-3　泡沫施加装置示意图

表 7-3 不同形式泡沫施加装置的对比分析

结构形式	优 点	缺 点
刮刀式，辊筒式，橡胶毯真空抽吸式，网带式	1. 设备结构简单，投资费用低（真空抽吸方式除外） 2. 精确调整后，可获得厚度均匀的泡沫层	1. 生产过程中易产生空壳泡，与新鲜泡沫混合后导致涂敷不均匀，故须采用稳定性好的泡沫 2. 因泡沫在无压力条件下施加，所以对织物的前处理要求较高，织物应具有良好的渗透性 3. 对于厚织物，泡沫不能渗入到织物内部，会造成同一截面上涂敷质量的差异
圆网式	1. 泡沫按先后顺序透过圆网涂敷到织物上，不产生空壳泡，对泡沫性质要求低，可选用亚稳定泡沫 2. 泡沫在极短时间的压力条件下被施加到织物上，使得泡沫可完全渗透到织物内部 3. 增稠剂可节省 50%，印花浆料节省 5%～10%	1. 设备结构较复杂，制造质量要求高，操作和调整不方便 2. 泡沫涂敷对圆网和刮刀结构有特殊要求
狭缝式	1. 泡沫按先后顺序通过狭缝涂敷到织物上，不产生空壳泡，对泡沫性质要求低，可选用亚稳定泡沫 2. 泡沫在极短时间的压力条件下被施加到织物上，使得泡沫可完全渗透到织物内部	1. 设备结构较复杂，制造质量要求高，操作和调整有一定难度 2. 采用狭缝封口形式，布边会产生留白现象

三、典型泡沫染整装置

泡沫染整装置的结构形式较多，这里简单介绍两种国外典型的泡沫染整装置，如德国寇斯特（Küster）的单面或双面泡沫整理机、荷兰斯托克（Stork）公司的 FP-II 型圆网泡沫印花机。

1. 连续式泡沫装置 德国寇斯特（Küster）有两种类型的连续式泡沫装置，可根据不同的织物特性进行选择高给液或低给液形式。

（1）高给液装置。该装置主要适用于吸水量较大的织物进行涂料染色或整理，如地毯、长毛绒以及相类似的织物。高给液装置的泡沫是从上面输送到反应器中，通过一个可控制转速的导布辊测量泡沫的供给量。泡沫层经过一把刮刀流到织物表面上，并通过一条间隙可调的狭缝来控制泡沫的均匀施加。被施加泡沫后的织物经过真空抽吸，使涂料能够均匀地渗透到织物内。由于采用真空抽吸，织物带液量很低，因而可缩短汽蒸时间和水洗的耗水量。

（2）低给液装置。泡沫是通过一个特殊混合器产生后连续进入反应器中，然后由导布辊将进入底盘的泡沫带出。其配有检测功能的滚筒刮刀，能够使泡沫均匀地施加在织物上。可先在织物的一面进行施加涂料，然后通过穿布路线的改变再涂织物的另一面，在同一过程中可同时进行两种不同颜色的涂料染色。

2. 圆网泡沫装置 荷兰斯托克（Stork）公司最早将泡沫技术用于染整加工中的涂层、单色染色和单色印花。其圆网泡沫装置的泡沫是通过圆网的孔眼进入到织物上面，并使泡沫发生破裂而对织物进行染色。使用中可根据织物的不同速度，按照一定比例调整泡沫的供给量。采用内部刮浆刀作为上浆单元的圆网结构形式，能够使不稳定的泡沫获得良好的涂层效果。安装在封闭圆网中的刮浆刀可调节，且不产生泡沫污染。对于张力敏感的织物如长毛绒、经编织物等,通过圆网与织物的速度同步控制,可最大限度地减小机械对织物的作用力。

参考文献

[1]邱静云. 泡沫整理工艺及设备[J]. 纺机机械,2003(03):17-21.
[2]李珂,张健飞. 纺织品泡沫染整加工技术[J]. 针织工业,2009(03):36-41.

第八章　生态染整技术

近年来,随着纺织品和相关技术的发展,染整工作者在对传统染整工艺和设备进行不断改进的同时,也在开发一些生态染整技术。有些已经应用到生产实践中,获得了显著的节能减排效果;有些还在实验中,并取得了较大进展。生态染整技术的出现不仅为未来的染整加工提供了技术支撑,而且也推动了染整行业的技术进步,为实现节能减排起到了重要作用。本章介绍一些近年来开发的生态染整技术。

第一节　环保型染料和助剂

环保型染料必须是符合环保有关规定,对加工过程以及被加工物不产生危害。满足环保型染料的条件包括:染料本身无致癌、致敏和急毒性,不含有或不产生有害芳香胺、环境激素和持续性有机污染物;使用后甲醛和可萃取重金属在限量以下,不会产生污染环境的有害化学物质;色牢度和使用性能优于禁用染料。因此,环保型的可被生物降解的染料和助剂,实际上指的是不含烷基酚乙氧基化合物(APEO)的产品,并且还具有良好的工艺性能。

许多经济发达国家的染整加工已经采用可生物降解的助剂,致使减少染整对环境污染和降低废水处理费用产生了积极的影响。近年来我国也对染化料的使用引起了高度重视,并积极引导染整企业使用环保型的染料和助剂。为了对环保型染料和助剂有一个大致了解,本节先介绍一些具有环保特性的染料和助剂。

一、天然染料

天然染料是指从天然的植物、动物或矿产资源中获得、没有或很少经过化学加工的染料。纺织品的环保要求使得部分合成染料的品种使用受到禁用,而有限的石油资源在不断耗尽,也减少了合成染料原料的来源,因而开发天然染料又重新成为印染工作者的研究对象。从生态的角度来考虑,大多数天然染料与环境具有良好的生态相容性,可生物降解和循环利用,对环境和人体危害小。天然染料不仅无毒或低毒,而且来源广泛,既可从植物的叶、花、果实和根茎中提取,也可从动物和矿物中提取。目前又发现细菌和真菌等微生物产生的色素,也可用于生产染料。还有研究者将掌状革菌、粗毛纤孔菌等大型真菌作为天然染料,用于聚酯纤维、聚酰胺纤维和聚丙烯腈纤维等染色。天然染料染色虽然还存在如染色牢度差、色谱不全和价格昂贵等问题,还不能完全替代合成染料,但从环保和健康的方面还是具有很大的开发和应用价值。

1. 天然染料的分类 根据天然染料的来源划分，可分为植物染料、动物染料和矿物染料。其中以植物性染料的种类最多，应用的范围也最广泛。可以提取植物染料的有茜草、紫草、苏木、靛蓝、红花、石榴、黄栀子和茶等；可提取动物染料的有虫（紫）胶和胭脂红虫等；矿物染料中有各种无机金属盐和金属氧化物。按化学组成划分，可分为胡萝卜素类、蒽醌类、萘醌类、类黄酮类、姜黄素类、靛蓝类和叶绿素类共7种。

2. 天然染料的功效 取自大自然中的许多植物染料，除了天然色泽外，还具有药物或避邪作用。例如染蓝色的染草具有杀菌解毒和止血消肿功效，而染黄色的艾草在民间是趋吉避凶的护身符。其他如苏枋、红花、紫草和洋葱等植物，也都具有一定的药用价值。使用这些兼有染色和药用作用的植物制成的染料，能够产生杀虫灭菌、预防皮肤病和提神醒脑的特殊功效。例如以艾蒿制成的染料所染出的纺织品可以医治皮炎，用茜草、靛蓝、郁金香和红花染成的织物具有防虫、杀菌、护肤及防过敏的功效。除此之外，天然染料不存在或很少有毒害，对人体皮肤不产生过敏和致癌，并且具有较好的生物可降解性和环境相容性。

3. 天然染料的颜色 提取天然染料的植物中，具有叶绿素、类胡萝卜素、类黄酮类化合物等，存在于叶、花、果实和茎中。叶绿素为绿色，植物在新陈代谢过程中生成叶绿素与绿色有关，并且对植物的光合作用具有重要作用。

4. 天然染料的主要特点 与合成染料相比，天然色素一般无毒或毒性很小，并且容易生化降解，不产生污染。天然色素来源广泛，是一种可再生的原料。有关资料报道，仿合成染料获得1.7%的染色深度，需要消耗120~240g天然色素的干色素植物，或者相当于500~1000g的新鲜色素植物。由于色素植物可以循环大量种植，完全可以满足作为合成染料的补充用量。除此之外，一些天然色素取自于具有药物作用的植物，因而可获得一定的保健疗效。

当然，天然色素用于纺织品的印染，目前还存在许多问题，如需要消耗大量的植物来获取天然色素，对保护生态环境有一定影响；大多数天然色素的染色牢度较差，即使利用媒染剂也达不到理想效果，况且许多媒染剂本身就具有危害性，产生新的污染。因此，对天然染料的开发和应用，应兼顾各种影响因素，以注重其药物保健功效为主的使用价值。

二、传统合成染料的改良

目前染整加工中使用量最大的是活性染料和分散染料，也是发展最快的两种染料。随着节能减排形势的发展，人们在开发新型环保染料的同时，也对传统合成染料进行适当改良。改良后的传统合成染料可提高上染率，减少对化学助剂的依赖性，并适于小浴比染色工艺条件。

1. 活性染料 活性染料是纤维素纤维纺织品染色的主要染料。具有环保性的双活性基活性染料主要用于深色染色，基本符合REACH（Registration，Evaluation，Authorisation and Restriction of Chemicais，化学品注册、评估、许可和限制）注册要求。有部分环保染料在连续式轧染焙固法、汽固法和轧蒸法工艺中，存在工艺适应性问题。有一些活性染料如活性黄K-R、活性蓝 KD-7G、活性黄棕 K-GR、活性艳红 H-10B 和活性黄 KE-4RN 等，不能满足 REACH 注册要求，因而被禁用。

活性染料在环保特性方面首先是符合生态环境要求，包括生产过程中无污染或少污染；其次增加活性基染料品种和数量，特别是双活性基染料对提高固色率、提升力和湿处理牢度有利；再次就是减少活性染料对助剂的依赖性，如中性或低碱固色的活性染料，高固色率或低盐染色的活性染料。除此之外，还增加了许多新型活性染料如防尘环保型活性染料、液状活性染料、颗粒状新型活性染料等。这些染料具有良好的使用安全性，且污染小。

2. 分散染料 可满足 REACH 注册要求的分散染料有：BASF 公司的 Dispersol C-VS 分散染料（用于涤纶及其混纺织物的连续染色）、Compact Eco-CC-E（Eco-CC-S）分散染料；亨斯迈 Cibacet EL 分散染料；德司达 Dianix AC-E（UPH）染料；日本化药公司的 Kayalon Polyesters LW 分散染料（适用于涤/锦织物染色）。

3. 直接染料 在传统的直接染料中有大部分被禁用，因而也成为重点开发对象。目前已开发出的环保型直接染料主要有以下一些：

（1）氨基二苯乙烯二磺酸类直接染料。该类染料具有色泽鲜艳、牢度适中特点，其中 C.I. 直接橙 39（直接耐晒橙 GGL）具有较好的环保性。C.I. 直接黄 106（直接耐晒黄 3BLL）为三氮唑直接染料，耐日晒牢度可达 6~7 级。C.I. 直接绿 34（直接耐晒绿 IRC）具有较高的上染率和染色牢度，耐日晒牢度达 6~7 级，耐水洗牢度达 3~4 级。

（2）二氨基杂环类直接染料。是以二氨基杂环化合物合成的直接染料，如二苯并二嗯嗪类直接染料。其色泽鲜艳、着色强度和染色牢度高，耐日晒牢度达 7 级。主要品种有 C.I. 直接蓝 106（直接耐晒艳蓝 FF2GL）、C.I. 直接蓝 108（直接耐晒蓝 FFRL）等。

（3）用于涤/棉（涤/粘）织物染色的环保型直接染料。多组分纤维的同浴染色，对染料的高温稳定性、提升力、重现性、色牢度以及环保性能都有较高的要求。可满足这种要求的直接染料有 C.I. 直接黄 86（直接混纺黄 D-R）、C.I. 直接黄 106（直接混纺黄 D-3RLL）、C.I. 直接红 224（直接混纺大红 D-GLN）、C.I. 直接紫 66（直接混纺紫 D-5BL）、C.I. 直接蓝 70（直接混纺蓝 D-RGL）、C.I. 直接棕 95（直接混纺棕 D-RS）、C.I. 直接黑 166（直接混纺黑 D-ANBA）等。

三、纳米生态染料

利用纳米技术制造出来的纳米染料，其染料粒子三维尺寸均小于 100nm，普通染料粒径小于 175nm。纳米生态染料中含有黏合剂成分，而染料本身、工艺过程以及印染织物满足生态要求，才是生态含义的所在。纳米生态染料具有良好的工艺性能和色牢度，并且可适于各种纤维。纳米生态染料之所以具有一系列特殊性能，是因为它具有不同于合成染料和涂料粒子的结构。虽然纳米生态染料的合成技术还处于保密阶段，但其结构已表明存在纳米级(粒径小于100nm)黏合剂粒子,因而它具有优良的黏合性能,没有浮色,不用水洗。

四、环保型染整助剂

印染加工中除了染料之外,染整助剂对生态和纺织品也会产生一定的危害,也是目前印染行业所关注的。其危害主要来源于染整助剂本身的分子结构中的某些组分、加工原料以及某些使用过程所产生的影响。一些国家已通过法律法规和标准,对其中一些有害成分极限含量和排放标准进行了限制,例如酚类化合物中烷基酚聚氧乙烯醚、含磷化合物中蓝藻、部分金属络合剂以及重金属化合物等。一些染整助剂如聚氨酯涂层剂、净洗剂等,也因个别致癌芳香胺的影响而受到限制。还有一些应用较为普遍的染整助剂,如树脂整理剂、固色剂、防水剂、阻燃剂、柔软剂和黏合剂等,也因其自身所游离或释放出的甲醛对织物造成甲醛超量,也引起了高度重视。因此,在染整加工的可持续发展中,在满足使用性能的同时,选择具有环保型的染整助剂也同样十分重要。

前处理工艺中采用各种高效处理剂,不仅对印染行业节能降耗具有很大作用,而且对提升前处理剂技术,替代进口助剂具有十分重要的意义。我国进口的助剂中高性能前处理剂占有一定的比例,如高渗透力渗透剂、高效乳化剂、高效润湿/精练剂、可生物降解的高效络合剂等。这些助剂通过催化技术、绿色溶剂反应技术、复配增效技术、生物技术、循环利用技术、纳米技术和微乳化技术等,可获得一定的节能减排功效。其中催化技术属于原子经济反应技术,具有高选择性、高收率、高纯度和低污染等特点。复配增效技术,也称组合增效技术,具有节能减排和降低成本的显著效果,可通过外复配和内复配两种方式获得。外复配是用两种或两种以上具有不同性能的助剂,按照一定原理和比例进行复配,是助剂生产的主要方式;内复配是在一种助剂分子结构中,引入另一种助剂的功能基团以获得新的功能的方式。

具有环保型的助剂主要有以下一些。

1. 环保型固色剂 过去使用的固色剂中有70%~80%属于树脂型,是双氰胺甲醛的缩合物。这些固色剂中含有大量的游离甲醛,或者分子结构中的*N*-羟甲基会释放出甲醛,对人体和环境会产生危害。为此,开发环保型无甲醛固色剂就成为国内外助剂制造商的首要任务。近年来先后出现了适于活性染料、酸性染料和直接染料的环保型固色剂,不仅可以提高染色的色牢度,而且具有较好的环保性。这其中具有代表性的就是阳离子树脂型固色剂和季铵盐固色剂等。

阳离子树脂型固色剂是由多乙烯多胺和双氰胺缩聚而成,对水质的一般硬度稳定,但对高浓度电解质的存在可能敏感。在酸性条件下稳定,应避免碱性条件。对纤维有亲和力,并且不影响纤维素纤维的手感。季铵盐固色剂是以二烯丙基二甲基氯化铵聚合而成,其特点是季铵盐的阳电荷氮原子位于聚合物的主链上,对纤维具有较大亲和力,与染料磺酸阴电荷产生强烈的库仑力作用。该类固色剂不形成胶束,对染料与纤维的结合没有影响。因而色泽和耐日晒牢度不会发生色变和下降,并且不影响织物手感。

阳离子树脂型固色剂主要有：Yorkshire 公司的 Intrafix BF 无甲醛固色剂、Intrafix CR200 无甲醛固色剂；诺誉化工公司（Noveon）的 Fabritone 680 固色剂；科莱恩（Clariant）公司的 Indosol CR、E-50；国产的 DFRF-1 和 DFRF-2 等。季铵盐固色剂主要有：国外的固色剂 Sunkafix 157、Danfix 505RE；国产的固色剂 DUR、CS 和 RF 等。

2. 环保型匀染剂 常用的分散染料高温匀染剂都是由芳香族酚类环氧乙烷亚甲基的硫酸酯盐，与非离子型表面活性剂复配而成，有些品种含有 APEO 和可吸附性有机卤化物。BASF 公司新开发的环保型匀染剂 Palegal SFD，低温时可起缓染作用，高温阶段（120～130℃）时又可起到促染作用。对各种拼混染料有同步效应，可起到良好的匀染作用。此外，德司达（Dystar）公司的 Levegal PK，Levegal HTC 和 Eastern 公司的 Polyolyol HZV-S 等都属于环保型匀染剂。

3. 环保型黏合剂和交联剂 传统的涂料印花和涂料染色中所使用的黏合剂和交联剂大多含有甲醛，开发低甲醛和无甲醛黏合剂和交联剂是顺应环保形势发展的需要。目前低甲醛黏合剂有 Helizalin Binder ET，国产涂料印花黏合剂 CS，游离甲醛在 20mg/kg 左右。无甲醛黏合剂有 Alcoprint PB55。低甲醛交联剂有 Acrofix ML、Acrofix UC03、Acrofix CA46069 等。国内低温型交联剂 LE-780 是无甲醛交联剂。

4. 低温酶精练剂 烧碱是织物传统煮练工艺中一种重要的除杂助剂，通过烧碱的皂化作用，可以水解天然纤维中的果胶、油蜡和蛋白质等共生物，并通过表面活性剂的乳化和分散作用，将分解物从织物纤维中去除，提高纤维的吸湿性。然而，这种化学反应过程，必须在 100～135℃的高温条件下才能够进行，因而需要消耗大量的蒸汽（约占到染整加工整个用汽量的 60%）。与此同时，烧碱与纤维素还会发生反应，生成纤维素钠吸附在纤维上，需要进行大量的水洗才能够从纤维上去除。不仅增加了耗水量（约占到染整加工整个用水量的 50%），而且还增加了废水的排放量。因此，研究和开发低温下的煮练工艺，就成为当前节能减排的主要任务之一。

有实验证明，棉纤维的毛细效应主要受到果胶质的影响，而与棉纤维的蜡质没有关系。所以，煮练的真正作用是对棉纤维的果胶质去除，并同时去除其他部分杂质。目前采用的生物酶如果胶酶、半纤维素酶、蛋白酶和脂肪酶等，不仅具有良好的去杂效果，而且可减少污染。酶制剂一般在 50～60℃条件下即可发生生物催化反应，而且反应速率很快。其催化反应具有专一性，只对特定的一种物质进行水解或裂解反应，例如果胶酶在棉纤维中只去除果胶质。绝大多数酶的化学本质是蛋白质，具有催化效率高、专一性强、作用条件温和等特点。

果胶裂解酶是从杆状菌衍生而得到的一种果胶酶制剂，利用基因工程和 DNA 编码，将不同的细菌在果胶裂解酶中复制，提高了其耐热性。在温度 50～80℃、pH = 7. 11、无须钙镁离子活化的条件下，果胶裂解酶可用于如浸渍法、轧蒸法等。若加入表面活性剂和其他酶制剂，还可去除织物中的油蜡等杂质。

5. 低温氧漂活化剂 棉织物采用双氧水漂白，可获得较好的白度，工艺稳定，并且对设备不产生腐蚀。双氧水的漂白机理有多种解释。目前普遍认为，过氧化氢具有弱酸性，在碱性介质中离解为过氧化氢负离子($H_2O_2+OH^- \longrightarrow HOO^-+H_2O$);除此之外,过氧化氢负离子又是一种亲核试剂,能引发过氧化氢形成游离基($H_2O_2 \xrightarrow{HOO^-} HO^· +OH^-$)。两者都具有活性,对色素发生氧化分解。但是,双氧水的活化能较高,氧漂须在95℃以上和pH为11左右的条件下进行,并且分解率约为80%。与此同时,还伴随着歧化反应,有效利用率约50%。在冷轧堆练漂时,利用率仅20%左右,大部分被无效分解。为了提高利用率,必须在95℃进行漂白,并且还要加入稳定剂以降低分解速率。

为了节能,国内外都在开发双氧水低温漂白用活化剂,提高双氧水的漂白能力。目前应用较多的有:非离子型四乙酰基乙二胺(TAED)、阴离子型壬酰氧基苯磺酸钠(NOBS)。近年来,国外又成功开发了阳离子型活化剂,其活化能力要比非离子型和阴离子型活化剂更强,氧漂温度可降低到70℃左右,冷轧堆漂白时间缩短到4~6h。即使温度和时间与常规工艺相同,也可减少碱剂用量。因此,双氧水低温漂白用活化剂不仅可节约能耗、缩短工艺时间,而且还可提高产品质量。

6. 高效前处理剂 该类助剂包括高效乳化剂、高效渗透剂、高效冷轧堆精练剂和高效螯合分散剂等,主要用以提高前处理剂的处理能力和效率。

(1)高效乳化剂。化纤纺丝中所带来的有机硅油,在染色之前须去除。目前氨纶专用除硅油剂主要有溶剂型和乳化剂型,各自受温度的影响不同。受精练温度影响较小的溶剂型,对人体健康和生态环境会产生危害;乳化型的浊点较低,高温会明显降低其乳化能力。从环保的角度来考虑,目前主要是采用乳化剂型的。Stock-hausen公司的Sultafon D是一种低泡的高效润湿/精练剂,也是一种高效乳化剂。具有低起泡性,对氨纶中难乳化的有机硅油如硅酮油和矿物油具有较好的洗除效果。如果与Solopol ZF(聚合物络合剂)组合使用,可进行共浴染色。不仅可以减少污染,而且加工成本和时间均可节省60%以上。国内也有一些乳化剂型的除硅油剂,如广州庄杰化工有限公司的ZJ-CH 13去油剂,除了可有效去除织物上污油,还具有润湿、乳化、净洗和分散效果。

(2)高效渗透剂。提高织物对处理液的渗透能力和均匀性,是织物获得良好处理效果的重要措施之一。高效渗透剂具有较强的渗透力,在织物中渗透快且均匀。一般由在碱性条件下具有极强渗透力的表面活性剂所组成,例如KT 08是一种阴离子型的异构醇硫酸酯表面活性剂,在中性条件下无表面活性,而在浓碱溶液中却具有极强的渗透力。又如TEP,也是一种阴离子型表面活性剂,在强碱和高温条件下具有极强的渗透力,并有乳化、脱油和洗涤功能等。

(3)高效冷轧堆精练剂。冷轧堆前处理的工艺条件是,温度低、碱浓度高。不仅碱氧处理液对织物坯布的渗透性很差,对织物纤维中油脂和蜡质的乳化能力也较差,容易产生织物边中或内外的白度和毛效差异。因而需要开发高效冷轧堆精练剂,以解决冷轧堆前处理工艺所存在的问题。杭州多恩纺织科技有限公司的强力精练剂CP-8,是一种高效冷轧堆精练剂,具有润湿、煮练和漂白等多种功能。在冷轧堆精练中可达到较好的毛效(9cm/30min)和白度,不需复漂工序。

(4)高效螯合分散剂。织物前处理中遇到金属离子(织物上的浆料、煮练液及硬水中均存在金属离子),会影响到处理效果,通常需加入高效螯合分散剂。而高效螯合分散剂必须满足一些使用要求。如对水不溶物或无机盐类应具有较强的分散功能,以防止再附着纤维上;对钙、镁和重金属离子,应有较强的螯合屏蔽与分散能力等。高效螯合分散剂用于棉、麻的精练可提高白度,改进手感。在退浆工艺中,高效螯合分散剂可促进淀粉浆料的膨化和分散已水解的浆料。在氧漂过程中对双氧水具有稳定剂作用,并可防止硅斑的形成。此外,高效螯合分散不含有磷和禁用化学物质,并能生物降解。

这类高效螯合分散剂的单体,一般都含有氨基、羟基、羧基、不饱和键等,可与棉中的金属加钙和镁等离子相结合。德国 Stockhausen 公司开发的高效金属络合剂 Solopol ZF,是一种以糖为基础的可以生物降解的聚合物络合剂,可用来取代目前使用的生物降解性比较差的金属络合剂。

7. 耐碱前处理剂 提高助剂在前处理强碱条件下的稳定性及渗透性,也是充分发挥前处理助剂效果的一个重要因素。目前已有多种耐碱前处理剂,如耐强碱的双氧水稳定剂和螯合剂、耐碱精练剂和耐碱渗透剂等,对双氧水的稳定性及对金属离子的螯合起到了良好作用,在精练中具有优良的耐碱稳定性和耐碱渗透性。这些助剂有 Huntsman 公司的 Tinoclarite CBB、Yorkshire 公司的 Seriquest CA 等。不仅去杂效果显著,而且对纤维损伤小。

8. 多功能前处理剂 在开发和应用单项功能的前处理助剂的同时,将多种功能融为一体,也是前处理实现节能减排的重要研究和开发课题。在同一工艺条件下发挥多种功效,可缩短工艺时间,节能降耗。例如 Clariant 公司的 Sandoclean T10 Liq,具有润湿、净洗和稳定等多种功能,可用于退、煮、漂一浴法工艺。考虑到前处理主要是去除纤维中的杂质,提高其白度和吸湿性,多功能前处理剂必须兼有乳化力、润湿渗透力和洗涤力强等性能。

第二节　织物的生物酶处理

棉织物的传统练漂工艺,需要消耗大量的化学助剂、水及热能,并且还要排放含有高浓度污染物的废水,对能耗和污染造成很大影响。为了适应节能减排新形势需要,必须研究和开发具有低能耗、低排放的练漂工艺和设备,取代传统的高温浓碱练漂工艺。其中,利用生物酶对织物进行处理,就是一种具有低能耗和环保特性的工艺。

生物酶是一种无毒、无污染的生物催化剂,属于催化活性很强的蛋白质类物质。可在常温常压、酸碱度适中的温和条件下,催化特定的对象完成反应过程。与传统碱剂前处理工艺相比,生物酶仅对特定的底物产生作用,而不损伤基质。棉织物采用生物酶进行前处理,其断裂强力、顶破强力以及撕破强力等损伤程度较小。

生物酶在染整加工中最早是淀粉酶应用于织物退浆,然后逐步应用到织物的生化抛光、精练、催化分解过氧化氢、蚕丝脱胶、羊毛防缩整理以及纤维改性等工艺。生物酶在染整加工中的应用,对染整工艺实现节能减排,提高产品质量和附加值等都产生了积极的影响。随着生物酶技术的进一步研究和应用开发,扩大了其使用范围和功能,特别是对化纤的改性加工,可以改进吸水性,提高染色性能。

一、酶的基本特性

生物酶是从生物体中得到的一种蛋白质,具有一般蛋白质的物理化学性质。酶分子由氨基酸长链组成,其中一部分链呈螺旋状,另一部分呈折叠的薄片结构。两部分由不折叠的氨基酸链连接起来,使整个酶分子形成特定的三维结构。生物酶一般具有蛋白质的四级结构特征:一级结构指的是肽链的氨基酸残基的排列顺序,不同种类的酶对应不同的氨基酸排列顺序;二级结构指的是主链原子的局部空间排列,即肽链借助氢键结合,形成具有规则的α-螺旋、β-折叠、β-转角等立体结构;三级结构指的是整个分子或基团的空间排列,即卷曲的螺旋状肽链,再以氢键、盐式键和范德华力,进一步折叠盘曲成更加复杂的立体结构;四级结构是由一、二、三级结构相似的单元再聚合而成蛋白质大分子。酶的催化功能,主要是形成二级和三级结构之后而具有的。

因此,生物酶分子并非是由氨基酸组成的简单线型肽链,而是一种具有非常复杂立体结构的巨大分子。正因为这种特殊结构,才使得酶具有极高的催化效率和催化的高度专一性。生物酶的这种特性,更容易受到外界条件的影响而发生变化,例如高温、高能辐射、强酸和强碱以及重金属离子等,都能够对空间立体结构造成损害或变形,削弱酶的催化能力,甚至使其丧失催化能力。

(1)酶催化的高效性。在一个化学反应过程中,如果加入催化剂,那么就可降低反应的活化能,从而加快反应速率。在化学反应中,酶具有降低活化能和增加频率因子(反应分子间的碰撞率)的作用,可加快反应速率。例如,在过氧化氢的分解反应中,以过氧化氢酶作为催化剂,其活化能降低90%,大大加快了反应速率。此外,一般生物酶与底物(即被催化的反应物)具有一定的亲和力,能够发生一定位置结合,增大了频率因子,也会加快反应速率。因此,一般化学反应中,有纯酶催化反应的效率要比无催化剂的高10^5~10^8倍。

(2)酶催化的专一性。一种酶只能对特定的一类或一种物质的化学反应产生催化作用,即仅对特定的化合物、化学键以及化学变化产生催化作用。酶对特定底物的专一性,其一是对底物的专一;其二是对催化的反应专一。但是,酶的专一性程度因酶的种类不同而有差异。仅对一种底物产生作用的酶,具有绝对专一性,即使底物分子发生细微变化,也不能被催化了。相比之下,有一些酶对底物的专一性较低,可以对同一族化合物(称为族专一性)或化学键(称为键专一性)产生催化作用。在染整加工应用中,利用酶催化作用的专一性,可选择性地对特定的一种物质进行反应,而保留另一些物质。例如,选用淀粉酶对棉织物进行退浆处理,既能够去除淀粉浆料,又能保证棉纤维不受到损伤;选用丝胶酶对丝绸进行精练脱胶,在去除丝胶的同时,保护丝素不受到损伤。

二、生物酶作用的过程

酶具有结合的专一性和催化的专一性，而酶分子的催化作用却由酶分子的小部位所产生的，人们将这个部位称为活性部位或活性中心。酶的活性部位具有一定大小和几何形状，呈现出凹坑、孔穴、空洞或空穴等形态。因此，也可将活性部位视为酶分子表面的一个裂槽，对底物的催化作用和结合就发生在裂槽内。酶分子活性部位的裂槽形状和大小，决定了酶对底物的选择性。主要表现在，底物的几何形状和大小与酶的活性部位相适应，酶活性部位的基团与底物上基团具有一定的相互作用力。满足这两个条件，在酶活性部位与底物之间各种力的相互作用下，酶与底物结合起来，底物可获得更多参与反应的键或基团，从而发生催化反应。

有关酶的作用机理，目前还没有完全搞清楚，只是对其作用过程和影响因素有比较清楚的认识。按照 Koshland 的"诱导契合"学说，酶的构象改变是由底物结合到酶的活性部位时而引发的。具有三维结构的酶活性部位，首先与底物结合形成"酶—底物"复合体，然后发生生化作用，形成一种"酶—底物"过渡态络合物，降低了反应活化能，加速反应速率。完成生化反应之后，酶和生成物分离，释放出反应生成物和原来的酶。

三、用于染整的生物酶种类

酶的种类较多，按其催化作用的性质分为氧化还原酶、转移酶、水解酶、裂解酶、异构酶和生物酶，其中用于染整加工中的主要是水解酶和氧化还原酶中的过氧化氢氢酶。生物酶在染整加工中主要用于两个工艺：一个是在天然纤维织物前处理加工中，用以去除纤维或织物中的杂质，满足后续染整加工对织物的坯布要求；另一个是对织物进行后整理，以去除纤维表面的绒毛，改善织物表面品质。目前应用于染整加工的酶制剂主要有：纤维素酶、蛋白酶、淀粉酶、果胶酶、脂肪酶、过氧化氢酶、葡萄糖氧化酶和漆酶等。

1. 果胶酶 果胶酶的主要成分有果胶裂解酶、聚半乳糖醛酸酶、果胶酸盐裂解酶和果胶酯酶。天然纤维素纤维中的果胶物质是高度酯化的聚半乳糖醛酸，果胶酶对果胶物质的作用是：果胶裂解酶、聚半乳糖醛酸酶、果胶酸盐裂解酶直接作用于果胶聚合物分子链内部的配糖键上，而果胶酯酶则对聚半乳糖醛酸酯产生水解，为聚半乳糖醛酸酶和果胶酸盐裂解酶提供更多的位置。

2. 脂肪酶 脂肪酶可将脂肪水解成甘油和脂肪酸。脂肪酶(EC3. 2. 2. 3，甘油酯水解酶)能够分解天然油脂，可用于去除天然纤维素纤维中的脂蜡；还可对涤纶进行处理，以改善涤纶表面的亲水性。

3. 蛋白酶 广泛存在于动物内脏、植物茎叶、果实和微生物中。不同菌种微生物分泌的蛋白酶具有不同特性，例如枯草杆菌分泌明胶酶和酪蛋白酶，可水解明胶和酪蛋白；费氏链酶菌分泌角蛋白酶，可水解动物的毛、角、蹄的角蛋白。蛋白酶将蛋白质分解成肽，再经肽酶水解成氨基酸。蛋白酶在染整中主要用于蚕丝脱胶、羊毛防缩等处理。用于蚕丝脱胶的蛋白酶主要有中性蛋白酶、碱性蛋白酶和酸性蛋白酶。

4. 纤维素酶 纤维素酶主要由外切β–葡聚糖酶、内切β–葡聚糖酶和β–葡萄糖苷酶等组成。纤维素酶是一种多组分酶系,底物结构很复杂,故纤维素酶反应与一般酶反应不同。纤维素酶首先吸附在底物纤维素上,然后在几种组分的协同作用下将纤维素分解成葡萄糖。纤维素酶主要用于棉织物的生化抛光、柔软和石磨水洗的整理加工,可去除织物表面的绒毛、毛球,可获得较好的织物表面光洁度和柔软度。

5. 过氧化氢酶 是一种稳定的过氧化氢分解酶,能将过氧化氢分解成水和氧气。主要用于漂白工艺后去除残余的双氧水,避免纤维受到进一步氧化以及染色时对染料的氧化。过氧化氢酶对纤维和染料没有影响,可缩短加工时间,减少水洗用水量。过氧化氢酶的活力受 pH 和温度影响较大,在 pH=7 左右和 30~40℃条件下,其活性最大。提高过氧化氢浓度,可加快过氧化氢酶的催化分解反应速率,但浓度超过一定量时,酶的作用反而减弱。考虑到常用表面活性剂与过氧化氢酶稳定剂的相容性,实际应用中,工艺条件可设定为:pH 为 6~8、温度 20~55℃、时间 10~20min。

6. 淀粉酶 淀粉酶是水解淀粉和糖原的酶类统称。根据酶水解产物异构类型的不同可分为:α-淀粉酶、β-淀粉酶、葡萄糖淀粉酶、支链淀粉酶和异淀粉酶。其中 α-淀粉酶可以快速切断淀粉分子链,降低淀粉黏度,所以织物退浆加工中用到的主要是 α-淀粉酶。淀粉酶具有高效性及专一性,不仅退浆率高,而且对纤维不会造成损伤。淀粉酶可在低温条件下达到退浆效果,具有显著的节能减排特点。

7. 葡萄糖氧化酶 葡萄糖氧化酶通常与过氧化氢酶组成一个氧化还原酶系统。葡萄糖氧化酶在分子氧存在下,可使氧化葡萄糖生成 D-葡萄糖酸内酯,并且消耗氧而生成过氧化氢。过氧化氢酶能够将过氧化氢分解生成水和 1/2 氧,然后水又与葡萄糖酸内酯结合产生葡萄糖酸。在这一过程中,葡萄糖氧化酶主要是能够消耗氧气催化葡萄糖氧化。因此,利用葡萄糖氧化酶这种特性,在双氧水漂白处理中不需添加双氧水稳定剂。

8. 漆酶 漆酶是一种结合多个铜离子的蛋白质,属于铜蓝氧化酶,存在于菇、菌及植物中。漆酶可存活于空气中,发生反应后唯一的产物就是水,因而本质上是一种环保型酵素。漆酶可在斜纹牛仔布石磨水洗后用来进一步增强磨花效果。有报道称,用漆酶对活性染料染色织物进行后处理,漆酶能够对特定结构活性染料产生分解作用,可去除棉织物上未键合的染料及水解染料,并且可降低染色后废水的色度,节省废水处理费用。漆酶可降解多种芳香族染料,但不对纤维素产生作用。因而处理后织物的皂洗牢度,可达到高温皂洗牢度等级。漆酶的不足是,对不同活性染料,会发生色相、色深变化。

四、生物酶在染整加工中的作用

生物酶在染整加工中主要用于退浆、精练、整理和净洗等工艺。生物酶之所以在染整加工中得到应用推广,主要与其为纺织品生态加工以及提升附加值是分不开的。首先酶是天然产物,副反应少,对加工过程和加工后织物不残留任何危害物,有利于环保和健康;其次是酶的处理效率很高,应用工艺也在不断完善,为更多的使用者所接受;再次纺织品经酶处理后,可获得良好的外观和使用性能,具有较高的附加值。

生物酶在染整中应用可归纳为如表 8-1 所示。

表 8-1 生物酶在染整中的应用

酶的作用和作用对象			酶的种类	用于加工工艺	加工目的
对非纤维的作用	去除杂质	果胶	果胶酶	精练	去除棉、麻纤维中的果胶等杂质
		油脂	脂肪酶	精练	去除蚕丝、羊毛纤维中的油脂
		丝胶	蛋白酶	精练	去除蚕丝纤维中的丝胶
	去除残留物	淀粉	淀粉酶	退浆	去除经纱上的浆料
		过氧化氢	过氧化氢酶	去除过氧化氢	去除过氧化氢漂白后残留的过氧化氢
		多糖类	甘露聚糖酶、纤维素酶、淀粉酶	印花糊料的退浆	去除印花后的糊料
对纤维的作用	物理和化学性能变化	棉、麻纤维	纤维素酶	柔软加工	分解纤维,改善手感和风格
		羊毛	角蛋白酶、蛋白酶	防毡缩加工	分解软化羊毛上的鳞片
		天然纤维	蛋白酶、纤维素酶	酶改性	改善染色性,去除短毛绒,增加光泽
	表面变化	蚕丝、人造丝	纤维素酶	桃皮绒加工	分解纤维,产生细绒毛
		天然纤维、人造丝	纤维素酶	生化洗涤	脱色,改善风格

表 8-1 中列出的只是已经得到应用的一部分,而生物酶在染整加工中的应用远不止这些,目前还在不断开发研究之中。已有研究表明,利用酶处理改善纤维的吸水性、保温性、防皱性和白度等性能;也有用酶合成新纤维,利用遗传因子对棉和羊毛等天然纤维进行改性,以获得新的应用功能。

五、生物酶用于前处理

生物酶在纺织品前处理中最早应用的是酶退浆,后来又在棉织物煮练、麻织物的脱胶、蚕丝的精练和脱胶中得到应用。

1. 酶退浆 用生物酶对织物进行退浆在染整加工中由来已久,主要是用于棉织物的淀粉退浆。为了提高机织物经纱在织造过程中的强力,增加纱的润滑性和抗静电性,在织造之前都要对经纱进行上浆。而染色之前又必须通过退浆处理去除浆料,以提高染料对织物纤维的上染率。对于棉纤维使用的淀粉浆料,可采用淀粉酶进行去除。与传统的化学助剂(如氧化剂、酸和碱)退浆相比,酶退浆仅对淀粉进行催化水解,而不会对纤维造成损伤。

用于织物退浆的淀粉酶主要有:α-淀粉酶、β-淀粉酶等。淀粉酶将淀粉水解成一系列聚合度不同的中间产物,并形成最终产物——葡萄糖,实际上是不同作用方式的各种淀粉酶共同作用的结果。α-淀粉酶可将淀粉分子链的 α-1,4-苷键在任意位置上切断,并快速形成糊精、麦芽糖和葡萄糖,但对支链淀粉的 1,6-苷键不产生作用。在这种作用条件下,能够很快降低淀粉糊的黏度,具有极强的液化能力。β-淀粉酶是从淀粉分子链的非还原性末端对 α-1,4-苷键进行作用,逐个切断葡萄糖单位,生成葡萄糖,而对支链淀粉的 α-1,6-苷键,仍然不产生作用。β-淀粉酶的这种作用条件,与 α-淀粉酶相比,切断分子链的速度和淀粉液黏度下降速度要慢一些,但是形成葡萄糖的累积量要更多。

酶退浆的作用方式及效率取决于不同酶的种类,并且与温度、pH 和金属离子或活化剂密切相关。目前用于退浆的酶大多为液态高活力细菌酶，有高温和低温之分。高温细菌淀粉酶与低温细菌淀粉酶相比，酶的活力高，不易钝化，在较高的温度条件下可使浆料糊化充分，织物充分润湿，提高退浆效率。

(1)酶退浆工艺。主要分为三个阶段：浸渍、保温堆置和水洗。浸渍是织物吸收酶液和淀粉糊化的一个过程。织物在吸收酶液的过程中，纱线可获得充分湿润，并且酶对浆料产生作用，将淀粉进行糊化，降低浆料对纱线的黏合力。浸渍的温度为60～70℃，甚至更高一些，pH为6～7。为了加快厚重织物的润湿，可适当加入一些非离子润湿剂。还可加入适量的电解质或金属离子(如钠或钙离子)，以提高酶的活性。

设置保温堆置过程，是为了将酶的浓度控制在一定程度上，并保持一段时间，使淀粉充分分解为可溶性糊精。保温的温度取决于酶的稳定性。温度高、时间长，酶的浓度可低一些；反之，则酶的浓度应高一些。采用"浸轧—汽蒸"工艺，浸轧后的织物在100～105℃中汽蒸15～120s。

完成保温堆置过程后，须通过水洗将浆料或其水解物从织物上充分去除。可高温下用洗涤剂进行水洗，厚重织物还可用烧碱进行洗涤。

(2)工艺参数控制。由于酶具有极高的催化效率和催化的高度专一性，非常容易受到外界条件的影响，一旦酶的空间立体精细结构受到损坏或变形，就会导致酶的催化能力发生变化或丧失。所以，必须严格控制酶处理的工艺条件。通常对酶影响较大主要有温度、pH、金属离子或活化剂，必须通过工艺参数和设备功能进行控制。

①温度。提高温度可以加速酶的催化反应速率，但酶的稳定性也随之降低。退浆的酶液的保温温度，应兼顾两者的影响，选择一个合适的温度。一般酶液温度可设定在60～70℃，稳定性较差的酶，温度应低一些；耐热性较好的酶，温度可高一些。保温温度可根据处理时间和设备条件确定。

②pH。酶受pH的影响是多方面的。实验表明，在pH为6的条件下，淀粉酶的活力最高；而pH为6～9.5时，酶的稳定性最好，因此，一般将酶液的pH控制在6.0～6.5。

③金属离子或活化剂。一些金属离子和盐(如钠离子或钙离子等)，对酶能够起到活化作用，并且有一定选择性。例如食盐对胰酶具有活化作用，但对细菌酶却没有活化作用；而$CaCl_2$对胰酶和细菌酶都具有活化作用。不过，应注意$CaCl_2$可能含有微量的铜或铁盐，会抑制酶的催化反应。

2. 酶煮练 棉纤维中含有天然杂质如果胶、蜡质等，影响其染色或印花效果，必须通过煮练加以去除。传统的煮练工艺是在碱性条件下，加入一些表面活性剂进行的。强碱不仅会对纤维产生一定的损伤，而且使用后的废水COD含量高，污水处理费用高。为此，用生物酶进行煮练成为人们的研究对象。用于煮练的生物酶主要有果胶酶、脂肪酶和纤维素酶等。在温度为40℃，pH为4～5的条件下，用果胶酶处理棉织物，可去除纤维中的果胶质，提高毛细管效应，并对纤维的损伤小。如果在果胶酶煮练中加入少量非离子表面活性剂，不仅可大大提高织物的吸湿性，而且可明显减少果胶酶的用量和处理时间。

果胶酶是一个多组分酶体系的总称，主要有原果胶酶、果胶酯酶和聚半乳糖醛酸酶。原果胶酶能够将不溶性原果胶水解为水溶性果胶,使果胶呈游离状态,并且还可使织物表面其他杂质随之脱落,可获得精练效果。为了提高酶对织物的渗透性,在煮练过程中给予适当的机械搅拌,并加入适当的表面活性剂,可提高酶的活性和煮练效率。酶精练已经应用到麻纤维和蚕丝的脱胶,不仅对纤维的损伤小,而且处理效果好。

棉纤维的杂质主要存在于初生胞壁里,而初生胞壁中含有很高的纤维素(约占54%),果胶以间断式分布在纤维分子间。鉴于这种结构形式,如果单纯使用果胶酶进行煮练去杂,需要较长的处理时间,而且还不能充分去除杂质。因此,有人主张将果胶酶与纤维素酶进行拼用,发挥两者的协同效应。通过两者共同作用,同时分解果胶和初生胞壁中的纤维素,充分去除棉纤维表皮杂质。在这种作用条件下,纤维素酶不会损伤纤维内部(次生胞壁)的纤维素分子。此外,纤维素酶的作用不仅对强力没有影响,还会使织物外观光洁,手感柔软厚实,具有悬垂感。

3. 酶漂白 天然纤维中除含有果胶质外,还含有色素,而在酶煮练过程中,不仅可去除纤维中的果胶质等杂质,还可去除一部分色素。这就使人们对酶漂白的研究产生了兴趣。有研究表明,选择合适的酶,可以将羊毛纤维中色素分离出来,或者直接发生催化反应,破坏有色结构,达到消色或漂白的目的。酶在漂白中的主要作用还是去除过氧化氢。用过氧化氢酶去除过氧化氢漂白后残留在织物上的过氧化氢,可以改善染色性能,提高匀染性。过氧化氢酶每分钟可分解10^7个过氧化氢分子,且分解温度低。织物经过氧化氢漂白后,在20℃,pH为6~8条件下处理20min,然后再经过两次水洗即可。

六、织物的生物酶整理

用于生物酶整理的酶制剂为天然蛋白质,可完全生物降解,并且用量较少,因而污染小。

1. 酶对纤维素纤维织物的减量 用纤维素酶对棉织物(纤维素纤维)进行处理,会使纤维素纤维减重或失重,从而引起一些性能变化,如柔软性、悬垂性、吸湿性以及染色性等。主要是改善棉织物的柔软和悬垂性。由于这种性能是以纤维失重而获得的,所以在具体应用上应同时兼顾性能和失重率两者关系,棉织物的失重率通常都控制在3%~5%范围内。

棉织物的失重率对其纤维撕破强力有影响,纤维撕破强力随着其失重率的增加而下降。因而必须了解和掌握影响纤维素纤维失重的因素,如酶的种类、酶液浓度和pH、温度以及处理条件等。来源相同的纤维素酶,对纤维失重速率存在差异。提高酶液浓度,可加快纤维的失重速率。通常,在酶浓度较低时,纤维失重速率随浓度增加而加快;酶液浓度越高,纤维失重速率增加得越慢。由于目前使用的纤维素酶基本上都是酸性纤维素酶,故pH为4.0~4.5,温度在40~50℃。提高温度会加快酶的催化水解作用,使纤维失重率发生变化。处理条件对纤维素酶反应影响较大,尤其是对纤维强力的影响。因而控制条件包括合理选择酶制剂、酶液浓度和pH、温度及处理时间等。

2. 纤维素酶的生物抛光 纤维素酶在纤维素纤维织物中最重要,也是应用非常广泛的就是对织物进行抛光整理。织物通过抛光整理,可以减少纤维或织物表面上的绒毛、球团,提高织物表面光洁度,并改善织物的吸湿、吸水性能。此外,还可用于Lyocell(天丝)的表面原纤化处理,以获得“桃皮绒”效果。在酶生物抛光过程中,酶主要是减弱纱线表面伸出的小纤维端头,还必须依靠一定的机械作用力对削弱的小纤维端头进行作用,才能够将绒毛从纱线上去除。随着酶处理和机械力作用,将纤维绒毛、球团以及切断的碎头去除,织物会有一定失重。失重率太低,没有去净纤维端头;反之,失重率过高,就降低纤维强力。

在对织物进行酶生化整理的同时,还会在一定程度上改善织物的柔软性,并且还不会减弱织物的吸水性。与传统的柔软剂柔软整理相比,生化整理改变了纤维结构,其柔软性具有持久性,而柔软剂处理,主要是增加纱线之间的润滑性,经多次水洗之后会逐步丧失其柔软性,并且还会影响织物的手感。由于酶生物抛光需要伴随一定的机械作用力,因此,采用气流(液)染色机加工最为合适。

3. 纤维素酶的水洗和石磨处理 将染整后的织物或服装进行褪色水洗,获得一种褪色返旧外观效果,也是一种时尚。这种加工,主要用于牛仔布和其他类织物的洗涤和石磨加工。牛仔布的经纱用靛蓝染料染色,染料基本上都是吸附在纱线表面上,当织物受到摩擦之后,就容易将染料磨去,产生一种仿旧感。采用纤维素酶进行生化洗涤,可使织物获得石磨洗涤效果。不仅具有较高的工艺安全性,而且产生的污染小。纤维素酶洗涤前应先充分去除牛仔服装上的浆料,发挥纤维素酶对牛仔服装表面的剥蚀作用。纤维素酶在对牛仔服装进行部分水解的同时,也必须伴有一定的机械作用力(如转鼓洗衣机的转鼓摩擦作用),才能够加速服装表面水解纤维的脱落,并将吸附在纤维表面的染料一同去除,达到石磨水洗效果。

七、生物酶应用中亟待解决的几个关键技术

将生物工程和转基因技术应用到酶制剂中,对酶进行改性和基因重组,能够使其获得一些其他预期效果。例如,经耐温 DNA 编码的淀粉酶,可用于高温条件。酶制剂所具有的催化反应专一性,不发生副反应,催化速率非常快,分解物也比较简单,容易从织物上除去。这些优点促使了酶在染整加工中的应用发展,除了已应用于退浆、煮练、漂白、抛光、羊毛防起毛起球、羊毛脱鳞、牛仔服石磨水洗和丝脱胶等工艺之外,还将开发用于羊毛及丝绸的染色以及染前的脱脂等生态加工工艺。但是要完全实现或达到这种效果,酶制剂还需解决一些技术问题。

1. 扩展酶的使用功能 对于化纤以及 PVA 浆料等高分子聚合物,一般还不能通过生物分解和降解。为了改变这种状况,有的研究者对经筛选具有某种功能的菌种进行基因改性,使其变为一种高性能的酶;也有的通过克隆、转基因或基因工程菌,制成一种新酶种;还有根据化学生物结构和酶学原理定向合成新型酶剂。这些新型酶制剂实际上已成为一种仿酶,进一步扩大了酶的使用功能。目前研究的主要有 PVA 分解酶、涤纶分解酶、分解锦纶低聚物的基因工程菌、合成酶等。

2. 处理过程对蛋白酶的作用及影响 绵羊绒的氧化前处理方法和工艺,对蛋白酶催化水解绵羊绒角质层的作用程度会产生一定影响。利用聚氨酯和柔软剂的协同作用,用蛋白酶对绵羊绒的鳞片表面进行适当的催化水解和细化处理,绵羊绒的手感和品质可几乎达到山羊绒。这些作用条件都需要通过合理的加工方法和工艺来满足。

3. 纤维素酶对纤维素纤维结构和性能影响 为了准确控制纤维素酶对纤维素纤维的处

理效果，应对用不同活力的酶处理后的纤维结构与性能变化进行深入研究，找出酶处理的外界影响因素。此外，对实际处理后的纤维强力损伤以及重现性等有必要研究，并提供纤维素酶活力测定方法。

4. 合成纤维的酶改性 利用酶的催化作用对合成纤维进行改性加工，以改善纤维的亲水性、保湿性，并提高染色性能。例如通过腈纶水解酶、腈纶水合酶和酰胺酶的催化作用，改善腈纶的吸湿性、表面抗静电效果。采用多种脂肪酶的组合对聚酯纤维进行生物降解和表面改性，改善涤纶的亲水性和保湿性，并提高分散染料的上染率。

第三节 涂料染色技术

织物涂料染色是近几年发展起来的一种无水染色工艺，具有显著的节能减排效果。涂料早期主要用于织物印花，后来有人引入到织物染色中，但由于染色后的织物手感和色牢度不理想，一直没有得到推广应用。直到20世纪90年代，出现了新的黏合剂和助剂，才使得涂料染色技术重新得到了国内外的普遍关注。特别是近年来，涂料染色用于彩色牛仔布、针织牛仔、成衣仿旧和水洗布等，具有独特的色彩和风格，因而受到了消费市场的广泛青睐。

与一般染料染色不同，涂料没有与纤维大分子发生反应的官能团，并且不能溶解于水中。涂料染色是将织物先浸轧含有颜料、黏合剂、交联剂、防泳移剂和柔软剂等组分的涂料液，然后经过预烘和焙烘高温处理，在黏合剂的作用下形成一层透明、坚韧的树脂薄膜而固着在织物表面上。由于涂料本身对纤维没有亲和力，仅仅是一个物理附着过程，所以其色牢度相对较差。与染料染色相比，涂料染色可适于任何织物纤维品种，不仅工艺流程简单，容易控制，而且整个过程不需要水，因而具有显著节水节能效果。

但是，涂料染色也存在一些不足，如没有染料染色的织物手感好，因涂料颗粒是借助黏合剂的作用而黏合在织物表面的，耐摩擦牢度较差，目前只适合颜色不太深的品种加工。除此之外，设备更换颜色时，清洗较困难。由于在过去相当一段时间里，还没有完全解决涂料染色织物的手感以及色牢度问题，所以大多用于装饰面料上，而用于服装面料的较少。但随着印染工作者的深入研究和实验，对助剂和织物纤维的变性取得了较大进展。有些已经达到了染料染色的效果，并适用于服装面料，为印染行业的节能减排起到了重要作用。

一、涂料染色工艺

涂料染色工艺可分为涂料轧染和涂料浸染两种。

1. 涂料轧染法 涂料轧染法应用较为广泛，适合于大批量生产。具有工艺流程短、操作简单和生产效率高等优点。但是传统的单涂料染深色时，过多的涂料附着在织物表面上，容易造成织物手感发硬、耐摩擦牢度下降以及粘轧辊等问题，因而一般主要应用于中、浅色单涂料轧染。为了解决这一问题，人们经过一段时间的研究和开发，采用增深技术将织物纤维进行变性，使其带有正电荷，并且使涂料分散剂中带有一定量的阴离子助剂。从而加大了纤维对涂料的吸附能力，提高了涂料染色深度。该工艺采用湿摩擦牢度提高剂取代传统的黏合剂，不仅涂料的利用率可提高40%~50%，而且还可进行涂料固着和柔软一步法加工，染色的效果与染料染色几乎相似。

涂料轧染法工艺流程：

经前处理后的织物浸轧涂料变性剂（如增深剂）→预烘→浸轧涂料和摩擦牢度提高剂→焙烘

设备可采用连续式浸轧烘干机。

（1）轧染处方及工艺条件（表8-2）。

表8-2 涂料轧染处方及工艺条件

轧染处方及工艺条件		用量及设定参数
涂料轧染处方	涂料（g/L） 涂料变性剂（g/L）	5~100 4~8
工艺条件	浸轧涂料变性剂： 轧液率（二浸二轧）（%） 预烘温度（℃） 浸轧涂料： 轧液率（二浸二轧）（%） 焙烘温度（℃）	 70 100~115 70 100~115

（2）工艺控制。涂料轧染工艺控制主要是增深剂的选用和用量、pH控制以及耐摩擦牢度助剂的使用。织物纤维变性所带阳离子随着增深剂浓度的提高而增加，并可加大纤维对涂料的吸附能力。由于纤维中的活性基团数量是一定的，所以当达到一定的深度后，即使再改变工艺条件（如温度、时间等），或者增加增深剂用量，织物的颜色深度不会再提高了。所以增深剂的用量一般控制在4~8g/L即可。

pH对纤维的增深作用较大。通常阳离子增深剂随着pH的升高，会引入更多的阳离子基团进入增深纤维，使得纤维对涂料的结合数量增加，即增加颜色深度。但是，当pH达到9~10时，即趋于平衡。所以涂料染色的深浅与pH有关，控制不当会产生色差。

浸轧时温度以室温条件为宜，这样可避免黏合剂提前反应，造成严重的粘辊现象。预烘应采用红外线或热风烘燥进行，而不宜采用烘筒烘燥。因为浸轧后立即采用烘筒在100℃下烘干，涂料粒子会发生泳移，造成条花，并且还容易粘烘筒。焙烘温度的设定取决于黏合剂性能和织物纤维性能，成膜温度低或反应性强的黏合剂，焙烘温度可以低一些；反之，焙烘温度应高一些。对纤维素纤维织物和蛋白质纤维织物的涂料染色，焙烘温度不宜太高，以防止织物泛黄或对织物造成损伤。

2. 涂料浸染法 涂料浸染法适合小批量、多品种的生产，适应工艺品种变换快。涂料浸染的原理是：通过阳离子接枝改性助剂对织物纤维（如棉、麻、毛和丝）进行阳离子改性，并且将涂料分散体进行带强负电荷处理，使纤维与涂料之间产生一定的亲和力，通过静电引力将涂料吸附到纤维上去。该法可明显提高涂料的上染率，同时还可以克服涂料轧染存在的手感差、泳移明显和染化料浪费等缺点。涂料浸染工艺还可产生石洗、磨白和碧纹等多种效果,广泛应用于成衣染色、纱线染色以及织物染色等。

涂料浸染法工艺流程:

经前处理后的织物水洗湿润→改性处理→水洗→涂料染色→水洗(异色防沾污剂)→固色(湿摩擦牢度提高剂)→脱水→烘干

设备可采用普通溢喷染色机和专用转鼓式成衣染色机。

(1)阳离子化处理。涂料浸染首先要对织物纤维进行阳离子改性处理。它是通过对织物纤维进行阳离子接枝或改变其离子性的方法,使纤维带正电荷。用于阳离子改性处理的助剂有不同的称呼,如接枝剂、处理剂、改性剂、固色增深剂等,但最重要的是这些助剂中都含有阳离子性的氨基或季铵盐。这些助剂既能够与纤维牢固地结合,同时又可使纤维呈正电性,为纤维对涂料的结合提供了有利条件。

(2)染色处方及工艺条件(表 8-3)。

表 8-3 涂料浸染处方及工艺条件

染色处方及工艺条件		用量及设定参数			
涂料染色	涂料增深剂(%)	3~6			
	涂料(%)	x			
	湿摩擦牢度提高剂(%)	1.5~4			
	生物酶(%)	1~2			
工艺条件		增深改性	涂料染色	固色	酶洗
	温度(℃)	60	60	90	55
	时间(min)	20	20	15	15
	pH	9~10	—	—	—

(3)工艺控制。织物需经充分的前处理,毛细效应为 10cm/30min。涂料须高速搅拌化料,并可加入螯合分散剂 0.5~1g/L。染色温度在 60℃时可达到最高上染率,升温速率应控制在 2~3℃/min。染色时间一般为 20min,深色可延长至 30min。增深后的织物水洗一定要充分。

二、染色涂料及助剂

涂料染色的效果与所选用的涂料和助剂性能有密切关系。涂料染色主要用到涂料色浆、黏合剂、阳离子改性剂及其他助剂,应对其使用性能提出要求。

1. 涂料 是一种非水溶性色素,商品涂料一般呈浆料形态,由涂料、润湿剂(如甘油等)、扩散剂(如干平加 O 等)、保护胶体(如乳化剂 EL 等)及少量水组成。涂料可分为无机颜料和有机颜料,无机颜料仅为一些特殊色泽,如钛白粉、灰黑、仿金铜粉和仿银铝粉等,有机颜料具有一系列颜色。涂料与染料相比,除了具有相似的色泽、耐化学药剂稳定性、耐热和耐光等性能外,还对其颗粒细度提出较高要求,一般在 0.2~0.5μm,目的是保证涂料色浆的稳定性和织物颜色的耐摩擦牢度。

2. 黏合剂 涂料染色必须借助黏合剂的作用,将涂料牢固地附着在织物表面上,以获得一定的颜色坚牢度,而涂料染色后的织物手感和色牢度好坏就取决于黏合剂的种类和性能。因此,黏合剂的正确选用与否,对涂料染色具有至关重要的作用。由于涂料染色是在涂料印花的基础上发展起来的,所以涂料染色的黏合剂与印花所用的黏合剂具有相同的要求,如要求具有良好的成膜性和稳定性、合适的黏着力但不易粘轧辊、较高的耐化学药剂稳定性等。结合涂料印花产品质量分析(包括牢度、手感、色泽鲜艳度、稳定性等)而得知,一般选用聚丙烯酸酯类黏合剂比较适于涂料染色,并且主要采用乳液聚合的方法。常用的黏合剂品种有 LPD、BPD、GH、FWT、NF-1 等。

用于涂料轧染的黏合剂,要求具有较强的黏着力且不粘轧辊、手感柔软而不黏、高温不泛黄、配伍性好以及性能稳定等。涂料浸染过程中的涂料颗粒是依靠静电引力被吸附在纤维表面上,而没有渗入到纤维内部,结合力较弱,因而需要借助适量的低温型黏合剂进行固色来提高色牢度。与此同时,染色后织物表面仍具有一定的阳离子特性,阴离子性的黏合剂也很容易被吸附。

除此之外,核壳型黏合剂也是目前国内外的研发重点。该黏合剂是由性质不同的两种或两种以上共聚单体组分,通过多阶段共聚或连续变化聚合而成。核壳型黏合剂的核层为软单体的聚合物,其玻璃化温度较低;壳层为硬单体的聚合物,其玻璃化温度较高。这种硬包覆软的结构形式,室温下因外层玻璃化温度较高而难以结块成膜,并且具有一定的耐磨性、不沾性和耐溶剂性;而在焙烘成膜后,因其内部含有玻璃化温度较低的组分,对织物可产生较好的柔软性和黏附性。核壳型黏合剂与其同组分的乳液共聚物相比,具有产品质量稳定、不粘辊筒、布面不发黏和耐洗牢度高等优点,可用于各种纤维的涂料染色。

3. 阳离子改性剂 阳离子改性剂对涂料浸染的织物纤维改性效果具有很重要的作用,对涂料粒子在织物上的增深性、匀染性及色牢度都会产生影响。阳离子改性剂的化学结构一般由三个部分组成,即活性基团、阳离子基团(一般为季铵盐)和疏水链。活性基团有环氧基、氯三嗪基和氯乙醇基等,在一定条件下可与纤维上的—OH、—NH_2进行反应。阳离子基团可吸附带负电荷的涂料粒子。疏水链可促使改性剂与涂料粒子形成一定的相容性和结合力。改性剂在空间结构的影响下,主要是与纤维素纤维的伯羟基(—CH_2OH)发生反应,并且还伴随着水解反应。

4. 其他助剂 对一些色牢度要求较高的涂料染色,除了使用黏合剂或阳离子改性剂外,还需要加入如交联剂、摩擦牢度提高剂等助剂。甚至还要加入具有亲水性的聚醚型有机硅或氨基有机硅类柔软剂,以改善织物的手感。除此之外,在涂料轧染和湿态烘干时,涂料粒子因受热会发生泳移现象,容易造成色差或条花质量问题,所以还要加入防泳移剂。

三、涂料染色技术的应用及存在问题

与染料染色工艺相比,涂料染色工艺简单,并且能耗和排污低,符合当今印染节能减排形势的需要。因此,欧洲一些印染技术发达的企业,已将该项技术作为一个重点来发展和使用,并已达到了较高质量水平。在推出一系列涂料染色的色浆和相配套的助剂的同时,还开发出更适合涂料染色的设备,如德国门富士(Monforts)的 Thermex 连续染色机,就适用于涂料连续染色工艺,具有较高质量控制和工艺重现性的优点。

为了解决常规涂料染色的牢度和手感问题,除了对织物纤维进行阳离子改性外,还可采用阳离子性涂料色浆,使涂料粒子表面带正电荷,对纤维产生亲和力。染色时不需要再对纤维进行阳离子改性处理,简化了染色工艺。日本 Color-Tec 公司开发的涂料色浆——Emcolctcolors,可在转鼓式水洗机、桨叶式成衣染色机和溢喷染色机中,对棉、涤纶、涤棉混纺、丝绸和羊毛等织物进行涂料浸染。染色时间为 30min,温度为 50~70℃。

涂料染色具有工艺流程短、配色直观、操作简便和能耗低等优点,目前已在面料、成衣、毛巾、色织布等得到广泛应用。特别是涂料色织牛仔、涂料色织牛津纺和涂料色织青年布等,更具有其独特的风格,深受市场消费者的喜爱。当然,涂料染色目前也存在一些亟待解决的技术问题,如对涂料的超细化、超细涂料的均匀上染以及开发新型助剂改善织物手感等。

四、涂料染色工艺实例

1. 织物品种及规格 18tex 纯棉双面纬编针织物,蓝色。

2. 工艺流程

经前处理后的织物浸轧涂料变性剂→预烘→浸轧涂料和摩擦牢度提高剂→焙烘

3. 轧染处方及工艺条件(表 8-4)

表 8-4 涂料轧染处方及工艺条件

染色处方及工艺条件		用量及设定参数
涂料轧染处方	泗联涂料 D-301(g/L) 涂料变性剂 PNT(g/L) 湿摩擦牢度提高剂(g/L)	60 8 40
工艺条件	浸轧涂料变性剂: 轧液率(二浸二轧) 烘干温度(℃) 浸液涂料: 轧液率(二浸二轧) 烘干温度(℃)	 70% 100~115 70% 100~115

第四节 无水介质染色

传统的染色工艺都是以水作为染色介质,溶解染料并由其携带与织物进行交换,完成染料对织物纤维的上染过程。以水作为染色介质,不仅是因为其对染料和助剂具有良好的溶解性和分散性,而且还能够溶胀和增塑大部分纤维,因而为染料对纤维的吸附和扩散提供了有利条件。除此之外,染料在水溶液中具有较高的化学位,可获得很高的染料亲和力,对被染纤维产生良好的上染率、匀染性和色牢度。

然而,以水为介质的染色消耗大量的水资源,以及对生态环境产生的影响,已经波及人类的生存环境。因此，寻求少水或无水染色方法，已成为印染可持续发展的重要战略目标。其中无水介质染色的研究主要有超临界 CO_2流体染色、离子液体介质染色和有机溶剂反相胶束溶液介质染色等。

一、超临界 CO_2流体染色

研究发现，CO_2在温度 120℃、压力 30MPa 时，达到超临界状态。CO_2处于超临界状态时，具有气体和液体的双重特性。超临界 CO_2流体的密度与液体相同，但其黏度和扩散系数却与气体相近。超临界 CO_2流体在膨胀或冷却时，其溶解度随之迅速降低并析出所溶解的物质。利用超临界 CO_2流体这一特性，在临界状态下溶解染料并对纤维进行上染，完成染色过程之后，通过膨胀或冷却，使 CO_2流体迅速挥发，实现无水和无排放的染色过程。实验表明，超临界 CO_2流体染色用于尼龙和其他化纤织物，完全可达到有水染色的效果。值得说明的是，超临界 CO_2流体染色中所使用的 CO_2，取自于合成氨厂和天然井副产物的回收，并没有增加 CO_2的排放量。同时，超临界 CO_2作为溶剂，比较容易通过蒸发为气体加以回收，然后反复作为溶剂循环使用。蒸发回收 CO_2所需的蒸发热远小于其他溶剂，因而回收蒸发消耗的矿物燃烧所产生的 CO_2排放并不会增加，相反在一定程度上还会减少。

20 世纪 90 年代初，德国机器制造商 Josef Jasper Gmbh 公司与德国西北纺织研究中心（DTNW）合作研制了第一台半工业化的超临界 CO_2流体染色机，其染色容器的容积为 67 L，最多可染 4 只筒子（每只为 2 kg）。该设备仅有搅拌装置，没有超临界 CO_2流体的循环功能。后来又推出容积为 80 L 的超临界 CO_2流体染色机，并放在工厂进行试用。接下来，德国 Uhde 高压技术有限公司在 DTNW 的研究基础上，研制出容积为 30L 的高压容器的超临界 CO_2流体染色中样机，最多可染 2 只筒子纱或绕在经轴上的织物，且配置了超临界 CO_2流体的循环功能。目前正在和西北纺织研究中心合作，把该技术推向产业化。据报道，除德国外，美国北卡州立大学、法国里昂纺织研究中心、中国台湾新竹的工业技术研究中心均研制了各自的中试设备。由于该技术还处于研发阶段，具有较高的技术保密性，故相互信息交流很少。

20 世纪 90 年代后期，东华大学国家染整工程技术研究中心，研制出了我国第一台超临界 CO_2流体染色小样机和分散染料溶解度测定装置，其核心技术——染液循环装置，已达到了国际先进水平，为该项新技术在国内的系统研究奠定了基础。为了深入研究涤纶染色工艺参数、染色机理以及分散染料结构对上染率的影响，还专门研制了一套溶解度测定装置。随着超临界 CO_2流体染色技术深入研究，东华大学国家染整工程技术研究中心与上海纺织控股集团公司合作，正在开发研制超临界流体染色的生产型设备，加快了该技术产业化发展的步伐。

1. 超临界 CO_2流体 纯净物质在不同的温度和压力条件下，可呈现出液体、气体、固体三种相态。当物质的温度和压力达到一定值时，液态与气态就不存在界面了，该点就称之为临界点。而将温度和压强均处于临界点以上的气体，称为超临界流体（supercritical fluid，SCF）。超临界流体具有气体和液体两种特性，如黏度和扩散系数接近气体，密度和溶剂性却与液体相近。这种物理特性，使溶解或分散在超临界流体的物质，具有很强的渗透力和扩散性。

可形成超临界流体的化合物很多，但从获得超临界状态的难易程度、稳定性以及安全可靠性等方面考虑，超临界 CO_2 流体还是目前研究与应用最多的一种。选用超临界 CO_2 流体主要考虑到：一是超临界 CO_2 的临界条件容易达到（临界温度为31.1℃，临界压力为7.39MPa）；二是 CO_2 的化学性质不活泼，无色、无味、无毒、无污染；三是制取超临界 CO_2 流体的纯度高，且成本低。但是，CO_2 的非极性本质仅对非极性的分散染料具有一定溶解能力，而对极性的离子型染料几乎不溶解，所以超临界流体染色目前仅局限于涤纶等合成纤维。

超临界 CO_2 流体染色具有以下一些特点：

①超临界状态的 CO_2 具有很高的表面张力，以及低黏度和较高的扩展系数，具有对分散染料的易溶性；

②上染时间短，在130℃，24MPa的条件下，10min即可完成上染过程；

③匀染性、透染性和染色重现性好；

④染色不用水，不排放废水，既可以省去大量的工业用水，也从源头上杜绝了废水的产生；

⑤染色过程不需借助任何助剂，省去传统有水染色后的烘干，缩短工艺流程，节省能耗；

⑥可适于一些较难染的如丙纶、芳纶等合成纤维染色；

⑦染色完毕后未上染的染料可以重复使用，CO_2 本身无毒、不燃，对环境无害，可重复使用。

2. 超临界 CO_2 流体的基本特性 CO_2 是一种无色气体，比空气重1.5倍，可以像倒水一样地将它从一个容器里倾倒入另一个容器里。与 O_2 或 H_2 相比，CO_2 在临界温度（31.1℃）和临界压力（7.39MPa）下，就可以变成无色液体。CO_2 分子是非极性的，对非极性或疏水性纤维具有较强的溶胀能力。

与其他所有物质一样，CO_2 在相应的温度和压力条件下，可以呈现出固态、液态和气态。图8-1表示出 CO_2 的压力（P）—温度（T）状态。当 CO_2 在封闭体系中，超过临界温度31.1℃和临界压力7.39MPa（图中临界点CP之后）时，就会转变为超临界流体状态，表现出许多常规下所不同的特性。与气体一样，它可以均匀地充满盛装它的容器。若对压力进行控制，还可达到与液体相同的密度（0.3～1g/cm³）。因此，它对物体的渗透力和溶解能力都比较强。

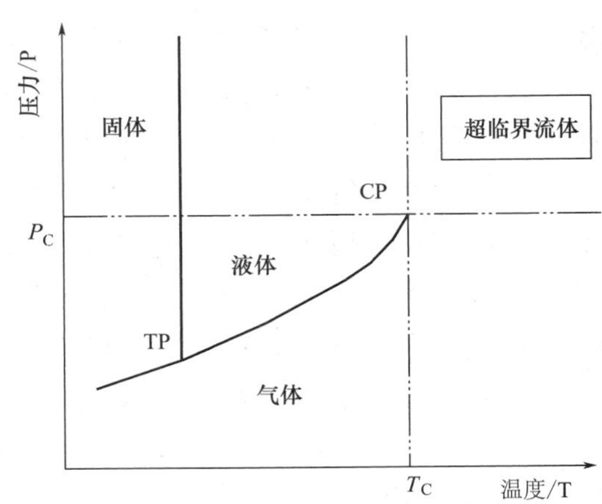

图8-1 CO_2 的压力—温度状态

TP—固、液、气三相交点 CP—临界点

P_C—临界压力 T_C—临界温度

CO_2 密度在临界点CP附近，随温度和压力（尤其是压力）变化很大。这就意味着它对物质的溶解能力，也随温度和压力变化很大。CO_2 分子的非极性，可使其超临界流体的性质表现出与非极性有机溶剂相似的溶解能力。例如，对非极性和低极性的染料（如分散染料），就有较强的溶解能力。如图8-1所示。

3. 超临界 CO_2 流体对染料和纤维的作用 超临界 CO_2 流体之所以能够溶解分散染料，与两者的特性有关。超临界 CO_2 流体属于非极性分子，分散染料分子的极性也很弱，因而染料在

超临界 CO_2 流体中的溶解能力比在水中强。此外,分散染料在超临界 CO_2 流体中一般处于单分子分散状态,不需加入大量的离子型分散剂就有较高的溶解度。较高的染料溶解度,不仅加快了染料对纤维的上染速率,同时也提高了移染性和匀染性。在超临界 CO_2 流体中,即使分散染料全部溶解,也不会像在水中那样,由于分散稳定性的降低而出现的各种问题。研究结果表明,超临界 CO_2 流体适合非离子型分散染料,可对聚酯纤维、醋酯类纤维进行染色,而羊毛和纤维素纤维的染色正在研究之中。但是,分散染料在超临界 CO_2 流体中对涤纶等合纤的染色,也存在一种分配关系。如果染料在超临界 CO_2 流体中溶解度太高,在纤维中的溶解度就相应变小。那么染色达到平衡时,染料对纤维的上染率就低。所以,在超临界流体中溶解度过高的染料不一定适用于染色。

除此之外,超临界 CO_2 流体作为染色介质,对纤维具有较强的膨化增塑作用,可以增加纤维分子链段运动和扩散自由体积。这种作用加快了染料在纤维中的扩散速度,并可提高纤维的透染和匀染程度。

4. 超临界 CO_2 流体染色原理 超临界 CO_2 流体染色是通过加压和预热系统将 CO_2 加热加压至超临界流体状态,由循环泵将溶有染料的超临界 CO_2 输送到染料容器,在染料容器和染色罐之间进行循环,并周期性地穿过被染织物,完成染料对织物的上染过程。染色完毕卸压后,未上染的染料与纤维分离形成粉状,经回收系统回收后再重复利用。染色的条件是:温度 80~160℃;压力 20~30MPa;时间 5~20min。

染色工艺流程:

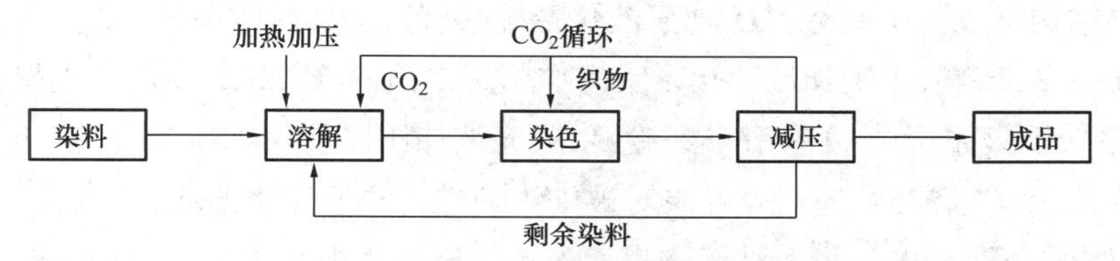

图 8-2 为实验室样机工作原理示意图。染色前将被染物(织物或纱线)卷绕在一根带孔的芯管上,然后悬挂在高压容器内。将专用粉末染料放入容器底部。在隔绝空气的条件下,加

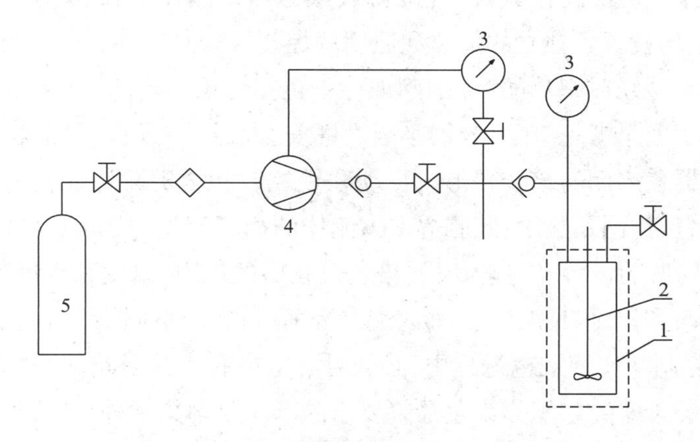

图 8-2 超临界 CO_2 流体实验室样机工作原理示意图

1—高压容器 2—搅拌器 3—压力表 4—气体压缩机 5—气体罐

入二氧化碳气体，当达到所需温度时，在2～3min内等温压缩到所需压力，并通过搅拌器进行搅拌。整个染色过程中须保持压力恒定。染色过程结束后，减压排放取出被染物。温度和压力对染色过程起着至关重要的作用。温度升高，可加速染料在超临界流体中的溶解度，同时也加快染料在纤维中扩散速率。压力可以控制超临界流体的密度，以及染料的溶解浓度。因此，在高温和低压条件下，染料以较低的浓度进行快速扩散，有利于被染物的匀染和透染。染色样机可设置温度和压力的自动控制程序，根据染料和被染纤维的特性，确定染色过程具体的温度和压力值。其他超临界CO_2流体染色装置与上面试验装置工作原理基本相同。染色过程是：装好被染物后，首先启动加压泵，将液态CO_2注入由染色釜、染料釜和循环泵等组成的染色系统；并加热提高温度和压力，使染色系统中的CO_2变为超临界流体状态。然后启动循环泵，使超临界CO_2流体在染色釜和染料釜之间不断往复循环。在这个循环过程中，超临界CO_2流体将染料釜中的固态染料不断溶解到流体中，并且带有染料的超临界CO_2流体通过染色釜时，又将染料传递给被染物，完成染料对纤维的上染。连续不断的超临界CO_2流体循环，不断向被染物提供染料，直至达到染色平衡为止。

5. 超临界CO_2流体染色装置的结构组成及控制参数 超临界CO_2流体染色由于还存在设备结构技术（如高压容器的制造要求高、循环泵及运动机构的密封性等）、染料性能以及纤维品种等问题，目前还仅仅发展到中样机。就目前的染色装置而言，主要是根据超临界CO_2流体染色原理，由CO_2加压液化、染色、加热和回收等主要部分构成，通过一定参数控制来完成染色过程。

（1）主要结构组成。主要有：CO_2加压液化系统、染色系统、回收系统、热交换系统、安全联锁装置以及控制系统等。CO_2加压液化系统的作用是，将CO_2经加压、预热变成超临界状态，并输入到染色系统。该系统由CO_2储液罐、冷凝器、充液加压以及预热器等组成。染色系统可将溶有染料的超临界CO_2流体，通过循环泵对被染织物进行往返穿透循环，完成被染物的油剂萃取以及织物上染过程，同时还可清洗织物表面浮色。该系统由染色缸、染料缸、循环泵、循环流量控制装置等组成。回收系统是将染色完毕后的未上染但已溶解的染料，进行回收再利用。并将卸压后的CO_2流体送回到储气罐，经冷凝成液态后以备用。根据染色工艺要求，对循环泵、染料罐和回收罐均设置了独立的加热和温度调控装置，染色缸则不设置独立的加热和冷却装置。这样可以满足纱线或织物的“油剂萃取—染色—匀染—清洗浮色”不同工序，以及对温度变化的要求。出于安全考虑，压力容器必须设置安全联锁装置，以保证容器盖启闭时，不伤及人员和设备。容器盖启闭与该装置形成自动联锁控制。全机配备了较高的自动化控制，包括压力和温度的设置、控制及显示；超临界CO_2流体的循环流量（质量流量）的调节和显示；超临界CO_2流体循环周期的设置和自动切换；染色过程中的压力、温度和流量等主要参数的电脑储存、调出查看、修改和记录打印；“人—机”交互界面，可实施不同染色工序的切换。

（2）主要参数控制。实现染色过程中，必须对与上染有直接影响的参数进行控制，同时也要控制相关的一些基本参数。织物染色最终要求除了满足匀染性外，还应保证染料的上染量。研究表明，在超临界CO_2流体染色中，被染织物纤维的染料上染量（染料mg/纤维g），与下列一些参数有关。

①超临界 CO_2流体的流量。当超临界状态和染色时间一定时,纤维上的染料上染量随超临界 CO_2流体的流量提高而增加。其原因是,分散染料在超临界流体中的溶解度很低(约 10^{-5} ~ 10^{-6}mmol/L),而流量较低的超临界流体,在染物上的分布不均匀,并且所溶有的染料也很少。因此,只有当超临界 CO_2流体的流量很高时,织物才可获得较高的上染率和匀染性。

②超临界 CO_2流体的压力。当染色温度和染色时间一定时,纤维上的染料上染量随超临界 CO_2流体压力的提高而增加。温度一定时,流体压力的增高可使超临界 CO_2流体的密度逐步增大,从而提高了染料在超临界 CO_2流体中的溶解度。染料浓度较高的超临界 CO_2流体,为被染织物纤维提供了较多的染料量。研究表明,在 25MPa 的流体压力下,织物可获得最大的上染率,而流体压力超过 25MPa 时,上染率就不再有太大的变化了。

③染色温度。当染色压力和时间一定时,随着染色温度的升高,纤维上染料量也增加。染料在温度 80℃以下的上染率较低,而超过 90℃以后,染料的上染率可快速增加,到 120℃时,可接近最大上染率。但继续升高温度,上染率不再明显提高了。

④染色时间。当超临界状态和流量一定时,纤维上的染料上染量,随染色时间的延长而逐步增加。当染色时间为 60min 时,纤维上染料量可达 92%,基本接近了平衡。

⑤染料浓度。当超临界状态和流量一定时,随着染料浓度的逐步增加,纤维上的染料量也几乎成正比例增加,不过上染率却逐步呈下降趋势。与染料的水溶剂一样,染料在超临界 CO_2流体中,也存在流体和纤维上的分配关系。

6. 超临界 CO_2流体染色的适用范围 目前试验研究表明,超临界 CO_2流体染色对各种合成纤维(如聚酯纤维、聚酰胺纤维、氨纶弹性纤维、聚乙烯纤维、聚丙烯纤维等)均能获得良好的效果;即使传统方法无法染色的合成纤维,用超临界 CO_2流体染色也基本上都能够实现。在合成纤维中,聚酯纤维是最早在超临界 CO_2中进行染色试验的,并已取得了很好的效果。一些无法用浸染法进行常规染色的纤维,如芳香族聚酰胺纤维和一些高性能纤维等,也可在 200℃以上的超临界 CO_2下获得良好的染色效果。

(1)分散染料超临界 CO_2流体染色。超临界 CO_2流体对分散染料具有溶解性,这与它的特性有关。染料溶解度提高后,上染速率也相应加快,有利于匀染性和移染性。染色温度的高低,对分散染料在超临界 CO_2流体中的溶解度,以及在纤维中的扩散速度都有很大影响。采用高温低压染色,染料在纤维中的扩散速度加快,而 CO_2分子与纤维分子之间较小的作用力,不容易将与纤维结合后的染料分子解吸下来。

(2)纤维素纤维的超临界 CO_2流体染色。棉、麻、羊毛等亲水性天然纤维,因常用染料均为水溶性染料,不能溶解在超临界 CO_2流体中,所以无法用超临界 CO_2流体作为染色介质。目前所有天然纤维的超临界 CO_2 流体染色试验都需要预处理,染色后还需在水中或溶剂中清洗,除去纤维表面预浸渍的物质,并且还需额外的处理耗能及纤维的干燥步骤。这些处理的能耗甚至比传统的有水染色还高,因此就失去了超临界 CO_2流体无水染色的意义。为此,要实现天然纤维的超临界 CO_2流体染色,必须从以下三个方面进行改良。

①对染料进行改性。活性分散染料分子中不含有离子基,但有一氯均三嗪活性基,与分散染料一样,在超临界 CO_2流体中具有较高的溶解性。导入疏水性基团并利用其能够与纤维反

应形成化学键，提高染料对纤维的亲和性，改善上染效果。例如对羊毛和棉纤维采用乙烯砜、丙烯酰胺改性的染料，可在100～120℃的超临界CO_2流体中获得较深的染色效果。

②对天然纤维进行改性。包括纤维素纤维的化学改性和人造纤维的共混纺丝改性。通过溶剂、交联和共混纺丝等改性，改变纤维的化学结构和超分子结构，以提高染料对纤维的上染（扩散）和固着（反应）速率。纤维改性后，在超临界CO_2流体中具有较高的溶胀性，且对染料的亲和力较高。染料上染纤维后，在碱的作用下，纤维和染料就可形成共价键结合。例如，用含烷氨基的物质对棉织物进行处理后，被改性的棉纤维可在超临界CO_2流体中用活性分散染料进行染色。

③超临界CO_2共溶剂。选用超临界CO_2的共溶剂，可以改善活性分散染料的溶解性和纤维的溶胀性，加快染料对纤维的上染速率，并且使染料与纤维形成共价键结合。极性共溶剂较为简单的有醇类，如甲醇的临界温度为240.5℃，临界压力为7.90MPa，临界密度为0.302g/cm^3。在染色过程中，与超临界CO_2不同，甲醇的临界点高于染色温度，压力又低于临界压力，仍然处于液体状态。图8-3为共溶剂对染色的作用模型。

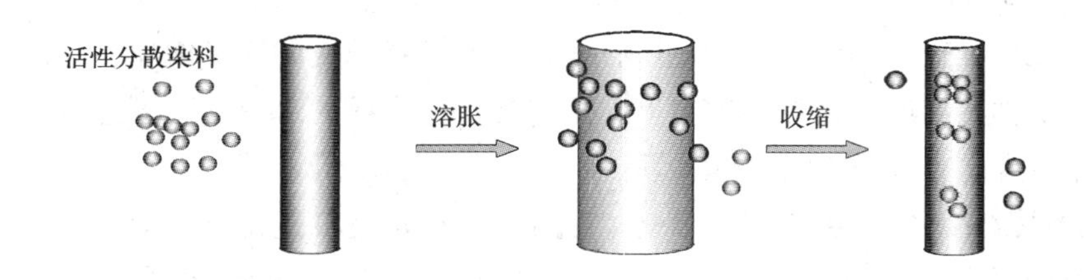

图8-3　共溶剂对染色的作用模型

7. 超临界CO_2流体染色存在的问题　超临界CO_2染色技术尽管有许多优点，但还存在一些尚未解决的问题。要实现工业化生产，还需要对染料、织物纤维材料和工艺设备进行深入研究和实验。目前主要存在以下一些问题。

（1）超临界CO_2染色设备属于高压容器，制造成本很高，对使用安全有较高的要求。为了提高匀染性，须增加高流量循环系统，对循环泵的特性和密封具有较高要求，设计和制造具有较大的难度。

（2）染色前对染色设备中残留染料的清洗困难，需要染色后的自动清洗系统。

（3）适用的染料品种较少，尤其是混拼染料，需要研究专用染料。

（4）超临界CO_2一般适用于非离子染料对疏水性纤维的染色，对未改性的棉、毛纤维等天然纤维还无法进行染色。

（5）还没有真正搞清楚染料、织物和超临界CO_2流体的分配系数，缺乏超临界CO_2中染料溶解度的实验数据，对染料溶解的动力学及热力学还不能通过实验加以证明。没有获得超临界状态下的平衡和传递数据。

二、离子液体介质染色

离子液体是指在室温环境下呈液态，完全由离子组成的液体，具有流动性、低黏度、无色和不挥发特性。离子液体的热稳定性很高，能够溶解许多有机、无机和金属络合物，甚至对一些气体也具有较好的溶解性。离子液体一般是由适当的有机阳离子和一系列阴离子所构成的盐化合物，如四烷基胺阳离子、四烷基磷阳离子、三烷基硫阳离子、吡咯啉阳离子及 *N*-烷基吡啶阳离子等，与适当的 $AlCl_4^-$、$CF_3SO_3^-$、$CH_3CO_2^-$、$PhSO_3^-$和 BF_4^-等形成的盐。完全由阴阳离子所组成的盐，也称为低温熔融盐。

1. 离子液体的多用性 由适当烷基种类（结构和链长）组成的阳离子和适当的阴离子（结构、电荷分布状态）配对形成盐，其离子液体在常温下具有很好的流动性，对目标物质有非常好的溶解或溶胀能力。对离子液体的亲水和疏水性进行修饰，还可提高其溶解能力。由于不同离子液体对不同物质的溶解或溶胀反应过程具有区域选择和立体选择性，因而组成和结构不同的离子液体，可以有不同的用途。

2. 用于染色的离子液体 从理论上讲，离子液体用于纤维素纤维染色具有许多有利条件，如对极性或非极性物质都能够溶解或溶胀，并且只要调节其阳离子和阴离子的结构和组成就能够控制。有研究者试验证明，常用活性染料放在一些离子液体中，具有很高的溶解度，并对棉类纤维素纤维也有较好的润湿性和溶胀性。这些离子液体的分子结构与表面活性剂类似，对纤维具有很好的渗透性，促使染料对纤维的匀染和透染，从而提高了固色率。与有机溶剂和超临界 CO_2流体相比，离子液体不仅更容易溶解活性染料或溶胀纤维素纤维，而且对活性染料不产生水解。离子液体性能的稳定性和无挥发性，在适当的措施下，可以进行回收循环利用。

利用离子液体作为染色介质，还处于研究试验阶段，涉及分子结构设计、染料的选用、染色工艺以及离子液体的循环利用等诸多问题。但其显著的环保性对未来节能减排的发展却有着深远的意义。

三、有机溶剂反相胶束溶液介质染色

在无水染色的研究过程中，以有机溶剂替代水进行染色，也是印染研究者一直在从事的工作。为了解决有机溶剂对离子染料的溶解和对纤维素纤维的溶胀问题，人们研究了在溶剂中的分散体系中染色，并获得了较好的效果。其中在水中反相胶束体系中染色就是一例。

1. 染色原理 如图 8-4 所示，染料在很小的胶束中心的水溶液中进行溶解，而非常少的

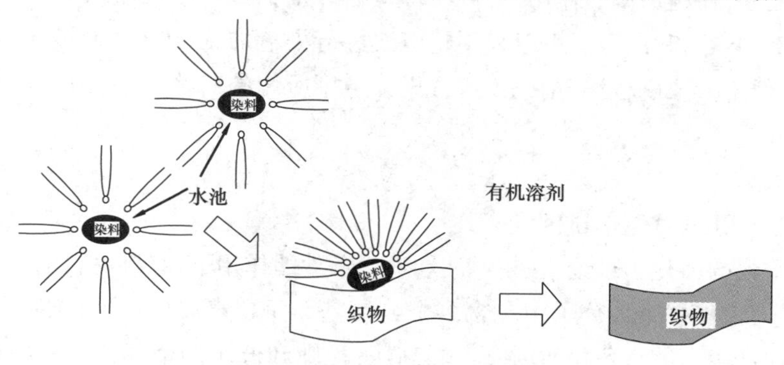

图 8-4 反相胶束染色体系上染示意图

水减少了染料的水解。胶束外层是阴离子表面活性剂，其极性离子基面向胶束中心，疏水链则面向外面。这种溶液的内相为水，外相是有机溶剂（辛烷），形成一种所谓的反相胶束分散液。用这种染色介质制成的染液对棉织物进行染色（温度 40℃，时间 20h），然后在碱剂反相胶束溶液中固色（温度 40℃，时间 2h），最后用水进行水洗和皂洗。染后织物经检测，*K/S* 值随着染料浓度的增加而不断增加，并且能够接近在水中染色的上染和固色程度。还有试验发现，织物在反相胶束溶液中染色后不加入碱剂，直接经过 120℃ 焙烘 30min，可以达到反相胶束溶液中加碱的固色水平。

2. 特点 以有机溶剂作为外相，以水为内相的反相胶束溶液进行染色，水量非常少，也可不含碱剂。在发挥水介质优点的同时，又可减少活性染料的水解和废液排放量。作为外相的有机溶剂还可进行回收循环利用，少量的用水可减少烘干的能耗。此外，染料的选择范围较广，即使稳定性较差的如二氯均三嗪类染料也可进行焙烘固色。

第五节　超声波用于染整加工

超声波是一种频率超出人类听觉范围 17kHz 以上的声波。超声波与电磁波有相似之处，如可折射、聚焦和反射；但也有不同之处，如电磁波可以在真空中自由传播，而超声波的传播却要依靠弹性介质。它在传播过程中，使弹性介质中的粒子振荡，并通过介质按超声波的传播方向传递能量。超声波可分为纵向波和横向波。在固体内，两者都可以传送；而在气体和液体内，只有纵向波可以传送。由于染整加工大多为湿加工，所以主要是研究超声波的纵向波。

超声波是在 20 世纪 40 年代初期首先应用于织物染色的，并应用于纤维素织物的还原染料染色中。超声波对液体具有剧烈的搅拌作用，不仅可以减薄纤维表面的染液动力层和扩散边界层，加快纤维表面对染料的吸附速度，而且还可提高纤维的透染和匀染效果。在超声波的作用下，一方面织物纤维表面快速吸附染料，增加了纤维内外的染料浓度；另一方面增强了纤维无定形区分子链的活动性，或者增大了纤维孔道，其结果是加快了染料在纤维内部的扩散速度。一些难溶或容易聚集的染料，通过超声波作用，可以提高染料的溶解度，满足染料对纤维的上染。除此之外，在超声波的作用下，可以将织物纤维中截留的气体或空气去除，改善染液对织物纤维内部的渗透和润湿。由于采用超声波进行染色加工，可在相同条件下显著缩短染色时间，并且降低染液浓度，可少用或不用常规染色中所用的一些助剂，因而具有显著的节能减排效果。

一、超声波作用的力化学机理

根据高分子物的力化学理论，在超声波和适当条件的作用下，纤维材料的大分子会产生初级自由基，并且有可能一个大分子中包含多个自由基。而超声波（纵向波）对液体的作用，会使其分子在纵向产生压缩和稀松，存在压缩、高压、松弛和低压四个部位。其中低压部位能形成气穴（也称空穴）或气泡，并可发生膨胀。当膨胀到一定程度，就会突然塌陷或破裂而产生激波,称为气穴作用。在这种气穴作用下,即使在液体的极微小范围内也可产生极高的压力和温度,从而引起局部极大的搅拌效果。

超声波按强度可分为低强度和高强度两类。低强度超声波对一般介质的性能不会产生明显变化,而高强度超声波(可产生气穴作用)则对介质可产生剧烈作用,因而可用于织物的湿加工。值得注意的是,超声波的强度会受到介质温度的影响,其作用随液体温度的提高而减小。因而采用超声波加工应在低温条件下,才能够发挥出它的效果。此外,超声波在多相液体介质中的作用效果,要比在均匀相液体介质中更好。这种特性显然更适于织物的湿加工。

二、超声波产生的作用

超声波的气穴作用对介质、被处理材料以及处理过程具有很大影响,利用这种作用可进行织物的各种湿加工。

1. 超声波的吸热效应 在超声波的气穴作用下,水分子反复被激化,并随着超声波振动方向作不断的改变。处于热运动的水分子之间所产生的相互作用,使被激化的水分子运动受到摩擦阻碍而发生热效应。此外,在这种作用条件下,介质中的一些束缚离子或自由离子也会形成离子导电而产生热效应。这两种热效应使水的温度升高,染色就是借助这种热效应,为染料向织物纤维扩散提供条件。

2. 超声波对纤维高分子材料的作用 任何工程材料中所存在的原有缺陷和裂缝,在一定应力作用下都有可能发生失效。对于纤维材料来说,其无定形区的空隙可视为一种原始缺陷。当受到超声波作用时,在纤维内无定形区的空隙会产生应力和应变能集中。超声波在能量传递过程中,总有一部分会转化为裂纹扩展新表面所需要的能量,从而引起裂纹扩展。一般主要是发生裂纹的亚临界扩展,即裂纹的尖端钝化。这种裂纹扩展必然增加纤维内部的比表面积,增强了染料向纤维内部扩散的能力。超声波在对纤维内无定形区空隙作用的同时,还会使纤维表面产生微观滑移,形成微小裂纹的疲劳源。它会沿着结晶面生长,相继引发疲劳裂纹的亚临界扩展,在纤维表面形成腐蚀状的形态。这种形态实际上也增加了吸附染料的纤维比表面积。

3. 超声波对染色体系的作用 在超声波的作用下,染色体系可发生一些变化,如染色活化能下降、增加纤维内无定形区链段的活性、高分子侧有序度降低以及纤维的结晶度和取向度下降等。这种作用结果有利于染料对织物纤维的上染,并提高染料的上染率。

通常认为超声波对染色体系具有以下三个方面的作用。

(1)分散作用。分散染料一般是以单分子状态对织物纤维进行上染的,在分散性染浴中以染料晶体颗粒的状态存在,并且容易形成聚集体,阻碍纤维对染料的吸收。如果在超声波的弹性振动作用下,染液中的染料聚集体会被解聚,并可将染料分散浴中的染料颗粒击碎,获得粒度为1μm以下稳定性较高的分散液。此外,超声波作用可以提高染料对纤维的亲和力,使纤维可获得较高的得色量。

(2)除气作用。染液中的染料粒子可随着超声波的弹性振动而产生纵向波振荡。分子纵向振动所产生压缩和稀疏,可形成高和低的局部压力区,产生闸阀效应。可以将织物经纬交织点处、纤维毛细管和间隙处溶解或滞留的气体分子排除，提高染液对纤维的渗透能力，有利于染料与纤维的接触和吸收。这种作用对厚密织物的染色效果尤为显著。

(3)扩散作用。对织物浸染来说，在织物面与染液之间有一动力边界层和扩散边界层，而边界层对染料向纤维表面的扩散形成一定阻力。应用表明，在超声波的作用下，染液的弹性振动可以减薄边界层厚度，加快染料向纤维内部的扩散速度。与常规染色相比较，扩散系数可提高约30%。

三、超声波在染整中的应用

利用超声波产生的气穴作用，对介质产生热效应进行加热升温，增加被染织物的比表面积以及改善染色体系等，是超声波在染整中应用的目的。超声波在水介质中最大的气穴效应在50℃左右产生，并且更适于多相液体介质，这为织物的湿加工提供了有利条件。超声波可以用于织物的前处理、染色、水洗和后整理。

1. 超声波前处理 超声波在织物的退浆、煮练和漂白前处理工艺中已得到一些应用。对于织物的退浆处理，有研究将织物的上浆和退浆两个相反过程，通过超声波进行处理，获得了较好效果。超声波可以加速织物上淀粉浆膜的膨化和脱离，并且具有显著的节能节水效果。超声波在退浆过程中，只对浆料产生作用，不会降解纤维，处理后的织物白度和湿润性与常规退浆效果相同。

超声波用于对羊毛的精练，对纤维的损伤程度要比常规处理小，主要是可以减弱碱性的影响。用20kHz频率的超声波对棉纤维进行双氧水漂白，可加快漂白速度，缩短漂白时间，并且获得的织物白度比常规方法更高。对亚麻纤维也是如此。

2. 超声波染色 在研究超声波用于织物染整中，更多的是集中在染色方面。染料的溶解和分散、染料对纤维的上染以及透染程度，都可通过低频超声波或高频超声波的作用来改善染色体系，获得均匀染色效果。

气穴、声压和温度是超声波产生作用的主要因素，其中气穴对染色过程起着重要作用。染液受到气穴破裂所产生的巨大压力，能够促使温度骤然升高；染液吸收声波后也会将其能量转变为热能，使染液温度升高。两者的温度效应，为染料对纤维的上染提供了有利条件。特别是像活性染料类的反应性染料，可加速染料与纤维的反应过程。研究表明，在超声波的作用下，可提高被染纤维的染色亲和力，促使染料由染液向纤维的转移。与此同时，还可加快染料的解吸速度，使染色尽快达到上染平衡。

聚酯纤维中的PET(普通涤纶，聚对苯二甲酸乙二酯)和PBT(改性涤纶，聚对苯二甲酸丁二酯)纤维，在50℃条件下，施加超声波和载体(Dilatin TCI)后，可显著提高染料对纤维的上染率。这表明，这两种纤维在超声波和载体的共同作用下，有可能实现常压沸点以下染色。

3. 超声波洗涤及后整理 对于纺织品染整后的洗涤，人们通过各种途径设法提高洗涤效率，节能降耗，超声波也成为研究的方法之一。将超声波用于羊毛洗涤，可显著提高水洗效率，洗涤时间由传统的3h可缩短到15min。织物染色和印花后的水洗，通过超声波的作用，也可显著提高效率。实验发现，超声波强度为129W/cm^{2}时的效率最高。

织物后整理后经超声波作用,可以获得一些更好的性能。例如,在棉织物的脲醛树脂整理中,分别通过8kHz和18kHz超声波作用,织物的折皱回复性有了明显提高,并可获得较好的耐水洗性。此外,还有将超声波用到织物拒水整理中,并获得了常规整理所没有的整理效果。

超声波用于染整虽有许多优点,但在工业化生产中还存在一些需要解决的问题,如加工成本、噪声和超声波方向性等问题。然而,超声波在退、煮、漂及染色等工艺的应用上还是取得了一些实质性的进步,尤其是它不仅可以缩短染色加工时间,而且还可改善织物染整性能和节能降耗。因此,进一步研究和开发该项技术,对当前染整节能减排还是具有十分重要的意义。

第六节　微波用于染整加工

微波是一种波长极短的电磁波,微波频率范围为:300~300000 MHz。我国目前用于工业加热的微波频率为915MHz和2450MHz。可根据加热材料的形状、大小、含水量来选择使用。微波染色实际上就是利用微波进行加热,完成染料对纤维的上染过程。当微波与物质分子相互作用时,就出现分子极化、取向、摩擦、吸收微波能而产生加热效应。微波加热是物体吸收微波后的自身发热,加热是从物体内部开始的,能做到从里到外同时加热。微波加热是体加热,具有较好的穿透性,不需要传热过程,染色时间可大大缩短。微波可实现快速匀染,降低能耗。微波染色可适用于涤纶、涤/棉、涤/腈等织物。微波的作用可加快染液运动,促进溶于水的染料分子向织物纤维中扩散和上染。染色时间短,一般为1~10 min。染后的织物色牢度、色泽等各项指标均比传统工艺有所提高。微波在织物前处理、染色、印花和后整理工艺中,具有显著的节能减排效果,已得到了人们的广泛关注。

一、微波作用机理

水分子是极性分子,在微波电磁场作用下,极性分子从原来的热运动状态转向依照电磁场的方向交变而排列取向,产生类似摩擦热。在这一微观过程中交变电磁场的能量转化为介质内的热能,使介质温度出现宏观上的升高。与外部加热所不同的是,微波加热是介质材料自身损耗电磁场能量而发热。水是吸收微波最好的介质,有一部分介质虽然是非极性分子组成,但也能在不同程度上吸收微波。金属材料因电磁场不能透入内部而被反射出来,所以金属材料不能吸收微波。微波染色就是利用水的极性分子特性,将被浸轧染液后的织物放在微波中,纤维中水极性分子的偶极子受到微波高频电场的作用,发生周而复始的极化和排列方向的改变(如在2450MHz时1s内有24.5亿次的偶极子旋转运动),使分子之间的摩擦剧烈而发热,迅速将所吸收的电磁波能量转变为热能,以达到染料对纤维上染的温度。一些染料分子在微波的作用下,也可发生诱导而升温,以达到快速上染和固色的目的。由于微波加热是利用织物上的水在感应作用下发热来升高织物的温度,所以织物应保持一定的水分,染色织物是在未干时进行固色的。

二、微波加热特点

传统加热的染整方法时间较长，并且热能损失大。染色采用微波加热，水分子运动剧烈，可加快溶于水中的染料分子向织物纤维中扩散。染色工艺时间短（1~10min），并且染色后的织物色牢度、色泽等比传统工艺有所提高。与传统的外部加热方式相比，微波加热具有以下一些特点。

1. 升温快 传统染整中加热的热源大多采用蒸汽，利用热传导原理将热量从被加热物外部传入内部，逐步使物体内部温度升高。这是一种外部加热形式，需要一定的时间，才能够使被加热物内、外部达到所需温度。如果是导热性较差的物体，则所需的时间就更长。微波加热是以被加热物本身作为发热体，不需要热传导的过程，就能使被加热物内、外同时加热，所以也称之为内部加热形式。微波能够瞬间穿透被加热物，且加热的时间仅需数秒至数分钟，无须预热。此外，停止加热也是瞬时的，无余热。微波除了有快速升温的效果外，还能使水分子、染料分子产生振动，促进染料的溶解和扩散。

2. 温度均匀性 传统的外部加热，为了缩短加热时间，往往需要升高加热温度来提高升温速度，但时常会带来外部可能过烘而内部还没有烘透的后果。采用微波加热时，物体各部位通常都能得到均匀渗透的电磁波，所产生热量均匀性较好。所以不会像一般传导加热产生物体表面和内部较大的温差。

3. 高效节能 微波的作用是介电损耗发热，介电损耗系数大的物体有选择性地吸收微波。因而微波只能被加热物体吸收并发热，而加热室内的空气以及相应的容器不需要加热的部分不吸收微波，不会造成热损失。

4. 控制简便 微波加热的热惯性极小，容易用功率的大小来调整加热状态。微波室中装有远红外定向强辐射板，织物的染整加工温度可在100~230℃范围内进行调整。

5. 加热的选择性 不同性质的物体对微波的吸收程度也不同，具有加热的选择性。如水分子对微波的吸收最好，含水量高的部位吸收微波功率要比含水量较低的部位高。

6. 安全环保 采用微波加热的工艺，没有废水、废气和废物产生，也无辐射遗留物存在。微波发生装置具有可靠的控制和屏蔽，微波泄漏量完全低于国家规定的安全标准。

三、微波染整加工

微波在纺织品染整加工中，主要应用于前处理、染色、印花和后整理。前处理适于麻纤维的脱胶、蚕丝精练以及漂白工艺。染色不仅可以用于亲水性纤维染色，而且在加入适当助剂后，还可用于疏水性纤维的染色。用于印花是对已印在织物上染料，进行微波辐射，以防止印花浆所含水分外逸，保证浆料中染料对织物进行固色和发色。微波用于后整理主要有环氧树脂整理、无甲醛耐久压烫整理以及拒油和拒水整理等。棉织物染色中的固色，在微波加热作用下，能够使某些染料快速在棉织物上固着。涤纶织物印花加工时，可用微波代替印制后的烘干和汽蒸来进行固色。应用结果表明，采用微波与高温汽蒸并用，不仅织物的固色均匀性好，而且颜色比单独高温汽蒸更深。活性染料染色过程中,微波可促进活性染料与纤维的反应。

1. 微波用于前处理 使用微波可以对麻纤维脱胶和蚕丝精练。在微波作用下,麻纤维内部发热加快溶解其中的胶质。实验表明,未经沤处理的韧皮纤维(如大麻)在碱性条件下,经微波处理后,可显著提高纤维的细度和亮度。对于强捻丝织物,传统工艺为提高强捻纬丝的精练效果,一般需要增加精练剂用量,并要求在高温下进行长时间精练。这种工艺条件,容易使无捻经向丝线发生过练,形成精练疵点。如果采用微波进行处理,就可在很短的时间内使丝纤维内部发热,加快丝织物的脱胶速度。

2. 微波用于染色 微波染色可采用常规轧染法进行,即织物经过浸轧染液后,以平幅、松式和低张力形式进入密闭的微波加热室中,织物在微波的作用下迅速升温,加快染料向纤维中扩散并固色。染色完毕后按常规方法进行后处理(如水洗、皂煮等)。可用于微波染色的染料有活性染料、直接染料和阳离子染料等。

与传统染色方式相比,微波染色的热量在纤维内部扩展,无泳移、渗化和白花现象。高能量水平的微波能使染料迅速均匀分布,缩短固色时间。采用微波加热进行染色试样,染料能较深入地渗透到纤维内部,可获得较高的染色牢度。由于用微波加热比传统外加热方式均匀,并且加热过程中几乎没有发生染料泳移现象,所以在纤维上能够获得较高的染料固色率,摩擦牢度要高于传统染色。此外,微波染色没有被染物之外的热量损耗,可节省30%~50%的能源。

微波染色虽然具有许多优点,但也存在一些问题,例如:必须选择特殊的染料和助剂;固色过程中,须防止纤维中水分过分蒸发导致干燥,影响固色速率甚至损伤纤维;为了防止微波泄漏对人体产生影响,微波发生器须采取特殊的保护措施,因而设备造价较高。这些问题正在不断改进和解决之中。

3. 微波用于印花 20世纪60年代中期,汽巴嘉基(Ciba-Geigy)公司首先将微波技术应用在织物印花蒸化法中,并获得了专利。微波用于印花是对已印花的织物进行微波照射,阻止印花浆本身所含的水分外逸,使这部分水分满足印花浆中的染料在织物上固着和发色要求。与传统印花工艺相比,省去织物印上色浆后干燥、汽蒸固着和发色过程,缩短工艺流程和时间。除此之外,微波印花的色浆不需经过干燥,染料固着及发色后,色浆仍处于良好的膨润状态。因而简化了皂洗和清洗流程,大大节省了水和蒸汽用量。

4. 微波用于织物后整理 微波在染整加工中最重要的一个用途,就是对某些整理剂化学反应起促进作用。通过微波作用可激发整理剂的分子转动,促使化学键断裂,使分子获得能量而跃迁,达到亚稳定状态。处于亚稳定状态的分子极为活跃,可增加分子间的碰撞频率和有效碰撞频率,进而加快化学反应速率。所以,微波对分子的作用,实际上就是增加了分子的活化能。

在织物的防皱整理过程中,通过微波辐射作用后,可改善织物的折皱回复性、耐酸碱性及耐光性。在织物的抗皱性以及抑制泛黄固着丝胶的整理过程中,利用微波辐射作用可激发丙三醇缩水甘油醚在丝绸上的接枝共聚反应,接枝率比同样温度下常规激发高。微波激发接枝时,丙三醇缩水甘油醚与丝纤维的反应位点与常规接枝相似。微波激发接枝对二硫键不产生破坏,可有效保护蛋白质纤维的弹性,丝绸折皱回复角显著高于常规接枝。

第七节 微胶囊用于染整加工

微胶囊化是一项发展较快的新技术，已在食品、医药等领域获得了广泛应用；同时也拓展到印染行业，如微胶囊染料和涂料的染色、印花，微胶囊功能整理剂对纺织品整理等等。尤其是微胶囊染料染色，对减少水资源消耗，以及中水回用起到了非常重要的作用。它是将染料包覆在微胶囊中，利用其缓释性能和隔离性能，在常规染色条件下，水进入微胶囊中溶解染料，使染料向外扩散进入染浴。呈单分子的染料对疏水性纤维表面具有亲和力，吸附在纤维上并向其内部扩散、固着。染色过程中不需要添加助剂，染色和水洗后的废水，只要经过简单处理后就可以循环使用。大大减少废水的排放量，节约用水，节能效果明显。该技术可节约用水50%以上，节能430kg标准煤/t织物。

一、微胶囊的特点及制备

微胶囊就是用某些高分子化合物或无机化合物，利用机械或化学方式将某种物质包覆起来，制成在常态下稳定且微粒直径为1~500μm的固体微颗粒。这种固体微颗粒所包覆的物质，保持原有的性能，只有在一定的条件下才能够释放出来。微胶囊实际上就是某种物质的封闭体，而真正用到的是被封闭的物质，如微胶囊染料中的染料。

1. 微胶囊的基本特点 微胶囊之所以得到应用，主要得益于它的一些基本特点。其一，可降低被封闭物质的反应性、挥发性、可燃性、可溶性和吸附性等；其二，可提高或增加被封闭物质的缓释性、长效性、储存的稳定性、流动性和分散性等；其三，可改变物体的相对密度，能够使液态物质转变为固态物质；其四，可隔离反应性物质，提高相容性，并赋予其特殊的功能和应用效果。

微胶囊用于染整的优点主要表现在：匀染性和色牢度好，废水可回用。微胶囊染色由于不需要使用助剂，纤维表面只有不超过单分子吸附层的染料，所以染色后的织物纤维表面浮色很少。不论是深色还是浅色，只需稍加水洗，色牢度就可达到4~5级。它改变了传统染色工艺用水洗去除浮色，以提高色牢度的做法，从根本上减少了浮色的产生。

微胶囊染色之后的剩余微胶囊染料，可以非常容易地从染浴中分离出来。排放的废液温度下降后，已溶解的染料会呈微粒析出，只需经过简单地过滤就几乎呈无色。COD含量小于100mg/L，可直接用于前处理，对织物品质没有影响。

2. 微胶囊的制备 微胶囊主要材料是由芯材（也称核材）和壁材（也称囊材）构成。芯材主要有水溶性或非水溶性的固体物质、非水溶性的液体或气体、溶液以及固体的分散液或分散的胶体物质，如医药、染料、涂料、香料、催化剂和交联剂等。壁材主要是一些具有成膜性能的天然或合成高分子物，如明胶、甲壳质、海藻酸盐、羧甲基纤维素、甲基纤维素、聚乙烯醇、聚酰胺、聚氨酯等。微胶囊的形状与芯材的类型有关，一般常见的有无规则型、简单型、多芯型、多壁型和填质颗粒等。微胶囊通常可制成自由流动粉末，或者悬浮体，甚至也有制成较大的硬块状。

微胶囊制造过程大致可分为三个阶段,即形成三相体系、壁材集结和壁材固化。三相体系的形成是以水或溶剂作为介质,加入芯材和壁材,然后通过剧烈的机械搅拌,使得芯材和壁材各自形成分散的微细颗粒。三相体系中的物质相互既不发生化学反应,也互不相溶。壁材集结是在芯材微粒周围集合沉积壁材树脂,形成胶囊化的一个过程。大部分高分子物沉积在芯材外层,还有少部分残留在体系中。最后是沉积在芯材外层的高分子物固化过程。

微胶囊的常用制作方法有:喷涂法、凝聚法、界面反应法、物理方法、填质固化法以及微生物法等。微胶囊染料制造主要是采用凝聚法和界面反应法,也有采用其他方法的。用于染整中的微胶囊染料是由分散染料颗粒作芯材,高分子材料作壁材而制成的,颗粒大小为直径1~500μm球状或不规则的微胶囊形状。在常态下呈稳定的固体微粒,染料的性质不受影响。在适当的条件下,它可以释放出来。

制备流程:

分散染料滤饼+分散乳化剂+水 → 乳化 → 胶囊化 → 过滤、洗涤 → 干燥 → 分散染料微胶囊

二、微胶囊染料和涂料的染色和印花

传统的有水染色工艺,染料需要借助一些助剂,如分散剂、匀染剂、促染剂等作用,完成对织物纤维的上染过程。除了要消耗大量的助剂外,更多的是助剂残留在废液中,增加了COD、BOD的含量,严重污染水体。污水经过深化处理,要花费大量的处理费用。此外,织物染色后其表面存在大量的未上染的染料(浮色),必须经过充分的水洗,才能达到织物的色牢度要求。而水洗过程中,又要使用大量的净洗剂和水,加剧了水的污染和消耗。

为了减少染色用水量,以及对水体的污染,科研人员进行了多种尝试。除了小浴比染色、非水溶剂染色、超临界CO_2染色等技术在不断深入研究外,目前比较热门的就是微胶囊染色技术。东华大学对该项技术的研究已取得了阶段性成果,据了解,已完成了中样试验,现正处于生产大样的研究试验阶段。从目前的研究情况来看,这项技术是最有希望很快进入产业化应用的。因为它可以在现有的高温高压溢喷染色机基础上,增加一些辅助装置即可实现染色工艺,对使用者来说不需要更大的设备资金投入,就可以产生显著的经济效益。

1. 高介电常数染液微胶囊静电染色 根据纸张静电复印的原理,在静电场的作用下,可将染料转移到织物上获得染色或印花效果。染色后不需经过水洗,即可达到所需的染色牢度。染色方法是:首先将染料分散在一种具有高介电常数的溶液中,然后将这种溶有染料的高介电常数的液体,封入到具有介电性能的壁材中形成微胶囊。这种染料微胶囊颗粒直径一般不超过50μm,在电场(或局部电场)和光敏半导体的静电作用下,可进行织物染色和印花。这种染料微胶囊的种类较多,根据染料和纤维的性能不同,需选用具有不同高介电性的液体。

2. 染料微胶囊无水染色 顾名思义,不需用水作为染色介质。染料微胶囊无水染色主要通过两种方式,一种是用有机溶剂替代水制成微胶囊,在一定的染色条件下,微胶囊中的染料向纤维或织物中转移,并完成固色过程,例如转移印花。另一种是在一定条件下,微胶囊中的染料发生升华,以气相转移到织物纤维上并固着。这种方法是通过磁力场作用,将已制成的具

有磁性的染料微胶囊吸附在织物纤维表面上，再经加热使染料升华，气相染料向纤维内部扩散并固着，而残留的微胶囊通过机械方法，从织物表面分离出来。具有磁性的染料微胶囊，是以丙烯酸类树脂作为壁材，具有热升华性的染料（如高纯度、易升华的分散染料）和强磁性粉末作为芯材，采用适当方法分散和聚合而制成的。

3. 变色染料微胶囊染色与印花 变色染料对光、热、湿和压力等具有敏感性，在这些影响因素作用下，颜色会发生可逆或不可逆变化。变色染料制成微胶囊用于染色和印花，主要出于一些使用目的。例如，某些变色染料对纤维没有亲和力，必须制成微胶囊后依靠黏合剂在纤维上固着；一些变色染料必须封闭在微胶囊中，才能够维持其变色条件下所具有的变色效应；还有一些变色染料，为了避免外界因素的影响，也需制成微胶囊。根据纺织品染整的使用情况，一般是使用对热敏感的变色染料，也称为热敏变色染料或热变色染料。

用于染色和印花的热变色染料微胶囊，要求是可逆的，即达到一定温度后，染料发生消色或者改变原有颜色；而低于该温度后，就会重新显示出原有的颜色。因此，热变色染料微胶囊中，至少应包括染料、显色剂和溶剂。可逆变色的热变色染料应具有较高的热灵敏性，要求染料内酯的开环和闭环保持平衡状态，具有很低的分子重排活化能。

4. 颜料微胶囊着色剂染色与印花 该着色剂的芯材包括颜料、有机溶剂和黏合剂，而以热塑性或热固性高分子物作为壁材。用于纺织品染色和印花的主要有热塑性微胶囊颜料着色剂和热固性微胶囊颜料着色剂。热塑性微胶囊颜料着色剂进行染色或印花时，是先将配制好的染液或印花色浆施加在织物上，然后在一定温度（树脂玻璃化温度以上）条件下，使树脂形成膜，并将颜料黏附在织物纤维表面。热固性微胶囊颜料着色剂所选用的树脂能够与固化剂反应并形成网状结构，染色或印花时加入多胺化合物与其反应，成膜后变成热固性树脂，使颜料固着在织物表面上。

5. 分散染料微胶囊染色 众所周知，在传统的分散染料染色中，染料是通过分散剂而分散在染浴中，整个染浴形成一个稳定的分散体系。在染浴中大部分染料都聚集在胶束内，只有极少量的溶解染料以单分子状态存在于水中，并与胶束内的染料处于平衡状态。进入染色过程中，表面活性剂（如分散剂）首先被织物纤维表面所吸附，形成一个吸附层。由于表面活性剂具有增溶作用，所以能够将染浴中的单分子染料聚集在纤维表面上，并形成一个很厚的堆积层。在接下来的时间内，通过一定的温度作用，吸附在纤维表面的染料逐步向纤维内部进行扩散、固着，而水相溶解的染料不断向减少的纤维表面堆积层补充。当染色完毕时，染浴中胶束内及纤维表面总会残留一部分未上染的染料和助剂，必须通过还原清洗和皂洗加以去除。完成这一过程所需耗费的水和热能远远大于染色本身，并造成更大的废水污染。

微胶囊染色技术基于上述染色过程的分析和研究，将形态稳定并具有缓释和隔离性能的微胶囊，取代传统染浴中的胶束。利用染料的低溶性和微胶囊的控释作用，控制染料的均匀上染。染浴微胶囊内溶解出来的单分子染料，对疏水性纤维表面的亲和力大于水，使得单分子染料更容易吸附到纤维表面（实际上是水与纤维的界面），并形成一个浓度相对较高的单分子吸附层。在一定的染色温度条件下，吸附层的染料向纤维内部扩散，而染浴中的染料分子，则不断地吸附到纤维上。染色完成后，染浴和纤维表面仅残留极少量的单分子染料，剩余的染料都保留在微胶囊内。这样就大大减少了染色后的水洗工作量。

微胶囊染色技术主要包括三部分:染料微胶囊的制备,染色工艺和染色设备。其中染色设备可以在普通高温高压溢喷染色机的基础上,增加一个微胶囊萃取装置和必要的管路(见图8-5)即可。微胶囊壁可形成一个半透膜,水分子和染料单分子可以通过,染色前先将微胶囊染料放入萃取装置中。当水温达到100~130℃时,让一部分循环染液通过该装置,与微胶囊颗粒充分混合、接触。水比较容易地进入微胶囊内,溶解其中少部分染料,并逐步形成饱和染液。微胶囊内染液中的染料分子,在较高的化学位作用下向外扩散,并带入主循环染液中进行混合。当遇到纤维时,染料分子能被疏水性纤维表面吸附,并向纤维内部扩散,随着吸附的进行,水中染料的溶解平衡被打破,使胶囊内的染料不断向外扩散,去填补胶囊外水中的染料分子。这个过程需要重复进行30~60min。随着纤维上染料的不断增加,纤维的颜色也在加深,直到微胶囊内染料耗尽,或者纤维上染达到所要求的染色深度。整个染色过程始终处于一个动态平衡,纤维表面吸附的染料始终保持单分子层的微小吸附量,所以染色的均匀性好,而且纤维上的浮色也很少。

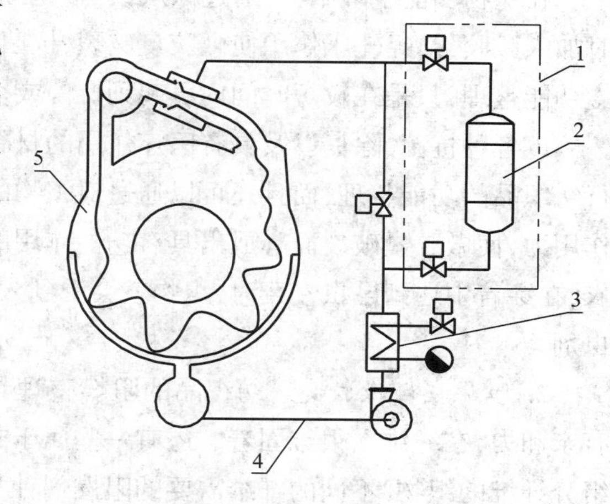

图8-5　分散染料微胶囊染色原理示意图

1—微胶囊供料系统　2—萃取装置

3—热交换器　4—染液主循环系统　5—主缸

当完成上述过程后,切断微胶囊萃取装置与主循环的连接。这时染液主循环系统,在没有染料补充的情况下再运行10~20min,染浴和纤维表面残留的染料还会向纤维内扩散。其原因是,染料的亲纤维性比亲水性大得多,使得纤维表面吸附的染料,甚至水中溶解的染料,均会向纤维内部扩散。

对于拼色,可将各组分微胶囊染料按比例放入混合器中,各组分微胶囊染料可借助于水流作用进行充分混合,并使各组分微胶囊染料获得均等的萃取机会。

三、功能整理微胶囊及应用

将具有整理功能的物质与其他各种物质,通过凝聚方法制成微胶囊施加在织物上,织物可获得所需的各种功能性效果,如阻燃、抗菌、杀虫、防皱、拒水和拒油等。应用表明,采用功能整理微胶囊对织物进行功能整理的效果,要比传统的功能整理更好,甚至有些效果是传统的功能整理无法达到的。这里介绍几种功能整理微胶囊及应用。

1. 抗菌、杀虫整理微胶囊　利用微胶囊技术将抗菌剂或杀虫剂制成微胶囊,可用于纺织品的抗菌、杀虫整理。该种微胶囊的制作过程是:先将抗菌剂或杀虫剂与癸二酰氯混溶后,通过高速搅拌并同时缓慢滴入含有适量乳化剂的水溶液中。待形成乳化分散状时,仍然保持连续搅拌,并缓慢滴入含有乙二胺、二氨基苯和碳酸钠的水溶液,使抗菌剂分散颗粒界面发生缩聚反应，形成以聚酰胺为壁材、抗菌剂或杀虫剂为芯材的微胶囊。

在织物功能整理中，可通过涂层或与黏合剂同时将微胶囊固着在织物上；也可在浸轧织物时加入微胶囊，经轧压作用使微胶囊破裂，抗菌剂或杀虫剂渗入织物中。采用浸轧法进行微胶囊功能整理，只是在较短时间内可起到抗菌或杀虫作用。

以各种抗菌、除臭以及具有医疗作用的材料制成的微胶囊，不仅可以通过染整加工方式进行纺织品的功能整理，而且还可以通过对织物的特殊处理，人们在运动的过程中所产生的局部作用力，使微胶囊破裂而释放出具有功能作用的物质。例如，一件含有驱蚊剂微胶囊的妇女内衣，在穿着中遇到昆虫侵袭时，织物就会受到人体压迫并产生摩擦，造成微胶囊破裂，释放出杀虫剂。

2. 阻燃整理微胶囊 纺织品的阻燃整理具有很重要的作用。由于阻燃剂对织物纤维没有亲和力，在纤维上很难固着。还有一些属于非水溶性，只能在有机溶剂中溶解。对于一些多组分纤维的织物，不同的纤维需要的阻燃剂种类也不一样。在同一加工过程中，不同种类的阻燃剂互不相容。显然，这些问题对常规整理方法是比较困难的，而采用微胶囊技术却可以获得较好的效果。

这里以涤/黏织物阻燃整理为例，介绍一下微胶囊阻燃整理过程。

涤/黏织物是由涤纶和粘胶两种纤维组成，对其进行阻燃整理，必须使两种纤维同时获得阻燃效果，为此，必须分别采用不同的阻燃剂。涤纶可采用非水溶性的有机磷卤化物作为阻燃剂，粘胶可采用水溶性的聚磷酸铵作为阻燃剂。对于这两种互不相容的阻燃剂，应分别制成不同的微胶囊，使用时再混合在一起。

（1）阻燃整理微胶囊的制备。用于涤纶阻燃剂的制备过程是：将溶有有机磷卤化物阻燃剂与尿烷预聚物的甲苯，在连续搅拌下缓慢滴入含有分散剂的水溶液中，并在连续高速搅拌下使其呈均匀分散状态，然后加入适量的乙二胺水溶液，形成以聚氨酯为壁材、有机磷卤化物甲苯溶液为芯材的微胶囊。用于粘胶纤维阻燃剂的制备过程是：将溶有聚磷酸铵阻燃剂和乙二胺的水溶液，在连续高速搅拌下缓慢滴入含有尿烷预聚物的三氯乙烯溶液中，形成以聚氨酯为壁材、聚磷酸铵水溶液为芯材的微胶囊。

（2）整理工艺过程。对织物均匀施加两种阻燃整理微胶囊的水悬浮体，经 50℃ 烘干后进入轧车，织物上的微胶囊经轧压后破裂，其中的阻燃剂均匀渗透到织物内部。再经过 150℃ 焙烘 3min，阻燃剂扩散进入纤维内部或发生固着反应。该工艺为一浴一步法，可缩短工艺流程，具有生产效率高和节能优点。

3. 防皱、拒水和拒油整理微胶囊 将防皱剂、拒水剂和拒油剂制成微胶囊，用于纺织品的防皱、拒水和拒油整理，可以提高分散稳定性和各组分的相容性。防皱、拒水整理微胶囊的制作过程是，将氢甲基硅氧烷预聚体、二甲基硅氧烷二醇预聚体、辛酸亚锡和环氧树脂溶于三氯乙烷中，然后在连续高速搅拌下，将该溶液缓慢滴入含有分散剂的水溶液中。经过均匀分散后，再滴入少量硬化剂（环氧树脂的硬化剂），并升温至 40℃，使微胶囊壁材硬化。最后即可制成以环氧树脂为壁材，含氢甲基硅氧烷和二甲基硅氧烷二醇预聚体和辛酸亚锡的三氯乙烷为芯材的微胶囊。

织物防皱和拒水整理时，先在织物上施加微胶囊悬浮体，进行100℃烘干。再经轧辊将微胶囊进行破裂，使微胶囊芯材中的溶液渗入到织物中，之后再经过60℃烘干和130℃焙烘3min，即可完成织物的防皱和拒水整理。

拒油整理微胶囊的制作过程是，分别将双酚A溶于稀氢氧化钠水溶液中，已二异氰酸酯和拒油剂溶于三氯乙烷中。然后进行连续高速搅拌，并将三氯乙烷溶液缓慢滴入稀氢氧化钠水溶液中，经过搅拌分散成微小颗粒状后，再升温到50℃。在这种条件下，已二异氰酸酯与双酚A在颗粒界面发生缩聚反应，形成以聚氨酯为壁材、三氯乙烷溶液为芯材的微胶囊。使用时，织物经过浸轧使微胶囊破裂，芯材中含有拒油剂的溶液渗入到织物中，经过40℃烘干和140℃焙烘3min，即可完成织物的拒油整理过程。

4. 其他整理微胶囊 微胶囊除了用于染料和整理剂之外，还可广泛用于纺织品的其他加工。例如，纺织品的紫外线吸收、化学消毒、漂白以及黏合等。这里不逐一介绍了。

第八节 低温等离子体处理

在染整加工中，低温等离子体技术的应用研究已有十多年了。低温等离子体加工不需要水，属于一种干加工方式。与目前染整湿加工相比，低温等离子体加工节水、无污水排放。利用低温等离子体中的高活性粒子对纤维表面作用，发生表面改性、接枝聚合等反应，改变纤维表面的物理形态和化学组成，可达到改善纤维染色性能的目的。低温等离子体所具有的一些特性，对织物可进行其他方法无法做到的处理效果，更重要的是对织物纤维的表面改性，可获得一些独特效果。

低温等离子体处理是一种清洁生产工艺，无废液排出。在20世纪80年代，国外已应用于纺织印染行业，国内在近十年也开展了等离子体在纺织印染中应用的研发工作。尽管低温等离子体处理技术目前在染整加工中还没有得到广泛应用，但是对印染节能减排还是具有十分重要的意义。

一、等离子体及特性

自然界中任何物质均可根据不同温度呈现固态、液态和气态。研究发现，气体物质处于连续升温过程中，气体分子的热运动也会随之加剧。当温度达到足够高时，分子中的原子所获得的动能，足以使它们彼此之间发生分离，即分子可分裂成原子。假如温度再升高，那么就会出现，原子的外层电子摆脱原子核的束缚而成为自由电子的现象，这种变化过程的最终结果是，气体的分子，甚至是原子变为带正电荷的离子。由于在这种聚集态中电子的负电荷与离子的正电荷，在总数上是相等的，在宏观上只显电中性，所以将这种等量正电荷和负电荷载体的聚合体称之为等离子体。

等离子体按温度可分为高温等离子体和低温等离子体。高温等离子体，也称为平衡等离子体，其电子、分子或原子均具有很高的温度。当电子温度（Te）很高（104～105K），分子或原子类颗粒的温度(Tg)近于常温,Te 远大于 Tg,等离子体处于热的不平衡状态时,就称之为低温等离子体。染整加工主要应用的是低温等离子体。

由此可见,等离子体是部分离子化的气体,有可能是由电子、任一极性的离子、基态或任何激发形式的气态原子和分子所组成的气态复合体。它既有一般气体的一些性质,也同时具有自身的一些特性,如电中性、粒子间的相互作用、辐射以及具有两种温度等。了解和掌握等离子体这些特性,可为纺织品染整加工应用提供很大帮助。

1. 电中性 等离子体中的电子和离子的电荷总数是相等的,在整体上是处于电中性。等离子体内部即使因外界影响偶尔发生电荷分离,也会因瞬间产生的巨大电场的作用,迅速恢复总体电中性状态。因此,等离子体总是保持电中性。

2. 粒子间的相互作用 等离子体中各粒子(如电子、离子和中性粒子)之间存在各种相互作用,比理想气体中粒子间的相互作用要更复杂。总体可分为弹性碰撞和非弹性碰撞。粒子在碰撞过程中保持总动能不变,碰撞粒子的内能也没有变,只是发生粒子速度的变化,并且没有产生新的粒子和光子,那么就认为是弹性碰撞。反之,就是非弹性碰撞。非弹性碰撞的内能变化将引起粒子状态的变化,会产生一些过程变化,如激发、电离、复合、电荷交换、电子附着以及核反应等。

3. 等离子体辐射 等离子体中的各种粒子可引起不同的辐射过程,使等离子体能够发出可见光、紫外线以及 X 射线。这种电磁波的发出过程称为等离子体辐射。就辐射过程的微观特性而言,等离子体辐射可分为轫致辐射、复合辐射、回旋辐射和激发辐射等类型。等离子体的不同类型辐射,可对被处理物产生不同的效果。

4. 等离子体中的两种温度 由低温等离子体产生的过程得知,等离子体气压很低时,电子的温度却很高,气体中的离子、中性原子等粒子的温度也有可能很低。这说明,低温等离子体实际上具有两种不同温度,即电子温度和粒子温度。两种温度反映出各自相互之间碰撞交换能量,达到热平衡时的剧烈程度。尽管电子与气体粒子之间也会发生碰撞,但两者质量相差悬殊,并不一定能够达到平衡。

由上述得知,低温等离子体的性质与普通气体具有很大差异,其活性粒子的能量要比有机化合物的化学键高一些,在化学上处于非常活泼状态,对有机化合物会产生分子离解和结合。在织物染整加工中利用低温等离子体这种特性,可以对纤维进行改性,或者引发化学助剂、染料等与纤维之间发生反应,以获得所需的加工要求。

二、低温等离子体的产生及作用

染整加工中使用的主要是低温等离子体,可通过电晕放电和辉光放电而产生。一些低温等离子体的活性粒子如电子、离子、自由基、准稳态体等,所具有的能量要比有机化合物的化学键高。利用其高能量对纤维表面作用,可引发纤维表面分子发生一些化学反应,如分解、化学聚合、接枝、交联和减量等。也可改变纤维表面的物理形态和化学组成,改善纤维的染整性能及服用性。

1. 电晕放电 也称低频放电。它是在大气压条件下产生的弱电流放电,形成一种高电场强度、高气压(一个大气压)和低离子密度的低温等离子体。电晕放电是对两个电极施加高电压,在两极间产生的电火花被绝缘体阻断,电子在高电压下沿着绝缘板方向加速而产生的。对纺织品进行等离子体处理时,是将绝缘板直接放置在织物下面,电子在织物方向加速的途中,与空气分子剧烈相撞,气体(如氧气或氮气)分子受到这种电子冲击,即可发生解离,生成含有多种活性粒子或因子的等离子体。

由此可见,电晕放电产生的等离子体中含有电子、粒子、自由基、激发分子和未反应的分子,并且以空气为介质所产生的等离子体中,还会生成臭氧和三氧化氮分子。纺织品纤维表面在这种条件作用下会发生一些改性变化,如产生相关的自由基,对纤维氧化,以及增加极性基团等。

2. 辉光放电 也称高频放电。对两个电极间施加一个高电压时,即可产生辉光放电。这种等离子产生的条件,是介于电晕放电和微波放电的中间范围,其电场强度比电晕放电高,且气体压力也大。辉光放电所产生的也是低温等离子体。辉光放电的介质选择性要大一些(电晕放电是以空气为介质),一般可根据反应而定。辉光放电产生的活性因子(如电子、离子、自由基等)渗透性要比电晕放电强,对被处理物的表面改性具有更强的作用效果。

3. 表面改性 通过等离子体的作用,可对高分子材料(如天然或合成纤维等)表面产生作用,如表面刻蚀、交联和化学改性。表面刻蚀是在氧等离子体的作用下,高分子材料表面发生氧化分解反应的一种变化。这种变化结果可以改善材料的黏合、吸湿、染色、反射光线、摩擦、抗静电等性能。当有机化合物的氢原子等,受到低温等离子体中活性离子的冲击时,就会被释放出来,切断分子链,形成自由基。而自由基又重新发生相互结合,使得分子链间有可能形成交联,从而改变材料的性能。等离子体对高分子材料的化学改性,是在其作用下高分子材料表面分子中的基团发生化学反应,并且同时引起一些物理性质变化的过程。这种改性增加了材料表面极性、亲水性、黏合性和染色性等性能。

4. 等离子体聚合及接枝聚合 当有机化合物的气体形成等离子体状态时,在一定的反应条件下,该状态下的有机化合物的气体即可发生聚合。如果用于某种物体处理中,就可在该物体表面上形成沉淀的聚合物薄膜,即等离子体涂层。不过处理还存在成膜速度慢以及成本高的问题,除非一些特殊场合(如医学上,在人造器官上形成抗血凝的薄膜)才用到,一般应用较少。

等离子体接枝聚合是高分子材料在氩等离子体作用下形成的自由基间所引发的某些单体接触而发生的化学反应,同样也会对高分子材料表面改性。用丙烯酰胺进行辉光放电等离子体接枝聚合对涤纶织物改性,可明显改善染色性能。并且分散染料在常压沸染时,上染率随丙烯酰胺浓度、预处理温度和时间以及等离子体条件而变化。天然棉纤维进行二氟或四氟乙烯单体接枝,可获得很好的拒水性。

三、低温等离子体对织物纤维的改性

低温等离子体在染整加工中用于织物改性主要用途有三个方面:一是利用低温等离子体的高反应性,在纤维表面引入亲水基团(如—OH、—SO_3H、—COOH)以及对染料具有亲和性的基团（如—NH_2），以此改善织物的染色和整理加工性能；二是利用低温等离子体的高活性在纤维表面生成自由基，引发单体在纤维表面接枝聚合，使纤维表面接枝上与染料具有亲和性的基团（如丙烯酸类单体）；三是利用低温等离子体表面处理的刻蚀作用，使纺织品表面粗糙化，减少对光的表面反射，增加对染料的吸收，以提高染色织物的表观深度和染色浓度。

利用低温等离子体对纺织品纤维进行改性，可以改善一些织物的染整性能，减少能耗和排污。对印染节能减排具有一定的实际意义。这里介绍几种纤维的等离子体改性。

1. 蛋白质纤维等离子体改性 可以改善羊毛的防毡缩性和染色性能，也可改善兔毛的染色性能。羊毛纤维表面呈鳞片结构，具有较好的弹性，在湿加工或洗涤中会产生定向摩擦效应，从而使得织物容易发生毡缩。如果经氧等离子体处理后，羊毛的鳞片层受到刻蚀作用而被破坏，并且在其大分子上引入了—NH_2、—COOH、—OH 等水溶性基团，增加了羊毛的亲水性，进而改变羊毛纤维的表面性能。实验发现，羊毛针织物采用常规工艺处理后的收缩率约为30%，而采用低温等离子体处理后，其收缩率仅为6%~7%。

羊毛表面为鳞片结构，其最外层还含有一层很薄的疏水层，因而阻止染料对纤维的吸附上染。如果将羊毛用低温等离子体处理后，可破坏羊毛鳞片层中的胱氨酸二硫键，改善羊毛纤维的润湿性，使染料容易向纤维内部扩散，提高上染速率。有研究发现，经等离子体处理后的纤维，采用不同的染料染色所获得的效果也不同，如活性染料的染色效果，经等离子体处理后和未经处理的纤维，染色深度有很大差异。羊毛经等离子体改性后染色，不仅可以增加染色深度，还可以降低染色温度，并缩短染色时间，有利于节能减排。

2. 纤维素纤维等离子体改性 等离子体对纤维素纤维改性，在染整中主要是改善纤维素纤维的染色性能和功能整理。对棉纤维进行氨、氮或空气等离子体处理后，在棉纤维表面形成羰基、羟基过氧基团及自由基，可提高棉纤维的吸水性和润湿性。等离子体还可用于织物的阻燃、防皱和卫生等功能性整理，其方法是先将纤维通过等离子体作用产生活化，然后进行相应整理。目前还有研究者，对棉织物进行低温等离子体精练，以去除油脂和某些浆料，可获得常规的精练效果。

采用低温等离子体对苎麻纤维进行处理，可明显提高纤维的毛细效应，改善纤维表面的润湿性。这种作用效果主要是在纤维表面形成了较多的亲水基团，并且纤维失重后在其表面形成微凹坑和裂纹，增加了纤维的表面积。

3. 合成纤维等离子体改性 当等离子体处理涤纶时，在各种高能粒子作用下，纤维会发生分裂、刻蚀和严重失重。纤维表面的裂解、氧化和交联，会导致纤维许多性能发生变化。如经等离子体处理后的涤纶，可获得持久的亲水性、抗静电性，并且还能改善纤维的染色性能和黏着性。发生这种变化的原因，是涤纶经等离子体的作用之后，在纤维表面形成了极性基团。例如，在氧气和空气等离子体中，涤纶表面可形成含氧的极性基（即纤维表面被氧化）；在氮气等离子体中，涤纶表面可形成含氮的极性基。所形成的这些基团，能够改善涤纶的表面张力，提高润湿和吸水性。

通过等离子体的作用，等离子体活性离子轰击涤纶表面分子链，使其产生氧化和裂解，形成一定数量的极性基团（包括羧基离子基团），即可改善涤纶的润湿性能。在这些极性基团中,有些还可以增强对染料极性基团的结合,提高染料的上染率。对于超细纤维,为了改变其比表面大、具有较强反射、不易染深的特性,可通过等离子体刻蚀处理后,使纤维表面粗糙化,降低对光的反射,达到颜色增深的目的。

第九节 其他染色技术

除了前面介绍的一些新型染整技术外,还有像气相或升华染色及微悬浮体染色等,也具有显著的节能减排效果。由于这些技术涉及染化料特性的改变,如分散染料在高温下的升华,所以目前还处于研究和开发应用之中。

一、气相或升华染色

气相或升华染色是染料在较高温度或真空条件下发生升华成气相,被纤维吸附并向纤维内扩散的上染过程。气相或升华染色不需用水,染色过程类似于热转移印花,染色后不必进行水洗。用于气相或升华染色的染料要求具有较高的升华牢度,因而目前主要是一些非离子型的分散染料和易升华的颜料。

二、微悬浮体染色

微悬浮体染色最先由国内用于蛋白质纤维(如蚕丝、羊毛和山羊绒等)染色加工,其染色过程与常规浸染有着本质上的差异。它首先是借助高分子助剂在染浴中自行形成染料微悬浮体细小颗粒,在低温(30~50℃)条件下完成对纤维表面的均匀吸附过程,然后将染浴迅速升温(高于30℃),使附在纤维表面的染料颗粒在一定的温度下发生解体,释放出染料分子并向纤维内部扩散和固着。极为细小的染料微悬浮体颗粒具有自调均匀的吸附特性,使得纤维表面不同部位可获得均匀的染料颗粒吸附,并且对纤维和织物组织结构的穿透能力很强。

微悬浮体化的染料在蚕丝织物表面具有很高的吸附率,即使不使用无机盐,也可获得很高的染料上染率和固色率。整个染色工艺流程短,不仅可缩短染色时间,减少能耗,而且还可减少对织物的损伤。该染色方法具有显著的节能减排效果,已经成功地运用于羊毛、羊绒、蚕丝、大豆蛋白和牦牛绒等纤维的染色。目前正在研究对纤维素纤维(棉、麻等)、再生纤维(粘胶纤维等)织物的开发应用,进一步扩大应用范围。

三、仿生染色

所谓仿生染色是根据天然色素的构成,通过人工合成具有生物色素功能的染料用于纺织品染色的一种技术。天然色素中的生物色素是地球上生物长期进化而来的,始终保持着生态平衡,对生物危害很小或没有危害。然而,天然色素直接应用还存在一些问题,更有效的方法是人工合成具有生物色素功能的染料。这种染料是基于天然色素,借助一些增溶染色助剂的作用,改善染料在溶液中的溶解和分解性能,以及染料在纤维上的吸附和分布状态,从而达到提高染料对纤维上染速率、上染率和固色率的目的。通过助剂的增溶作用还可改善分散染料对氨纶、锦纶及蚕丝的染色性能，甚至可用于其他更难上染的纤维。由于这些助剂本身具有环保性，并且其作用原理与生物色素的分布比较相似，因而仿生染色加工具有较好的生态环保性。

在实际应用中，有许多合成染料具有与天然色素相似的结构。例如，酞菁颜料或染料的基本发色体系与叶绿素很相似，与血红素也比较相近，所不同的是中心金属原子和芳环结构；又如，动物黑色素的基本结构与某些靛类染料及其中间体的基本结构很接近。尽管天然色素中有些染色性能（亲和力、耐光、耐洗牢度）较差，但也有不少生物色素的牢度比合成染料高，例如动物的黑色素就比人工合成的各类染发色素牢度要好。

在仿生染色的研究过程中，天然色素在生物体中的功能，对开发仿生染色具有很重要的启发。因为生物中的色素都有其自身的特殊作用，不仅仅是表现在颜色上，而且具有它的一些特殊功能。色素在生物中具有良好的相容性，除了发色体系外，还与周边能够充分结合的结构有关。色素不是简单地分散在生物体中，而是以各种不同结构通过不同形式与生物体中的不同组成相结合。利用生物色素能够稳定地分布在生物体的组织中，并与相邻的组分保持较好的相容性或相关性等特点，可以指导染料的生产和染色工艺过程的设计。显然，模仿生物中色素的结构、分布和功能进行仿生染色，是一种新的生态染色方法。

参考文献

[1]《针织工程手册 染整分册》（第2版）编委会．针织工程手册：染整分册[M]．2版．北京：中国纺织出版社，2010.
[2]宋心远，沈煜如．新型染整技术[M]．北京：中国纺织出版社，1999.
[3]宋心远，沈煜如．活性染料染色[M]．北京：中国纺织出版社，2009.

第九章　印花技术

印花是印染加工中的一道重要工序,近年来也有较大的发展。特别是数码喷墨印花及冷转移印花,以其显著的节水节能特点得到了快速发展。与传统的印花相比,数码喷墨印花过程简单,不需要制网,没有图案中颜色套数限制,可以达到高品质的色调效果。转移印花中的冷转移印花,可节约能耗60%以上。天然纤维织物转移印花的耗水量仅为传统印花的10%,而且印花后不需要再进行蒸化或焙烘处理。以金属箔替代热转移印花纸,并可重复使用,解决了因消耗印花纸张所带来的污染,并且还可降低印花加工成本。将分散染料微胶囊技术用于转移印花,可以达到多次转印的目的。

本章重点介绍印花技术中的数码喷墨印花和冷转移印花的节能功效,以及与印花节能相关的一些技术。

第一节　数码喷墨印花

喷墨印刷(或打印)自20世纪50年代后期出现以来,在印刷业得到了迅速发展,随后二十年被引用到纺织品印花中。数码喷墨印花采用计算机辅助设计(CAD)进行分色图案设计,不需要制作网版,可在几小时内向客户提供所需的印花产品,因而大大缩短了从产品设计到实际投产的整个印花周期。在传统印花工艺中,约有30%的染料与纤维没有形成结合,经水洗后被残留在废水中,造成很大的污染;而数码印花工艺采用墨水直接喷射织物,染料用量仅为传统印花的40%,并且只有5%的墨水在后处理时被洗去,大大减少了废水中污染物。因而数码喷墨印花工艺具有显著的节能减排特性。

目前数码喷墨印花技术处于国际领先地位的主要有荷兰Stork、意大利Reggian、美国DuPont、日本Mimaki等公司。主要采用四基色和七基色,分辨率一般为180~720dpi,解析度为360dpi,速度一般为4~8m^2/h。杭州宏华数码作为国内较早研发数码喷墨印花机的国内企业,近年来发展很快。该公司的数码喷墨印花机比国外同类产品具有更高的性价比。数码喷墨印花经过近几年的快速发展,对改变传统印花的复杂工艺过程,以及简化图案设计、雕刻制网、调浆、印制和印后处理流程起到了重要作用。

一、数码喷墨印花原理

依照喷墨印刷原理,通常分为选择性偏移带电液滴(即连续产生液滴)和按需液滴两种类型,其中按需液滴又可根据喷射油墨微滴的脉冲方式分为多种类型。在数码喷墨印花过程中,首先是将设计图稿进行扫描输入，图案经过应用图形或印花分色和设计软件处理后，再通过喷印控制软件将数字化信息传输到数码喷印机喷射出图案。为了保证织物喷印后图案的鲜艳度，织物需经过前处理。

1. 连续喷墨 在电压转换器中的高频作用下，将含有色素的墨水强制通过喷嘴，形成均匀连续的微液滴。液滴在带电的电极作用下，进行有选择性的带电。其中带电液滴通过一对施加有高电压的电极板（即偏移板）时，电场的作用将使带电液滴以预定的方式偏移到被印物（基质物）上，形成所需的图案；而不带电的液滴则被收集到捕集器中进行重复循环使用。因而这种方式称为屏面扫描或多位偏移法。其每个喷嘴可控制30多个不同的点纹位置喷射。

连续喷墨另一种方式称为双位或二位喷射法，每个喷嘴只能控制一个点纹位置喷射。其喷墨液滴不带电荷，利用多液滴调节两种电荷。带电液滴偏移到捕集器中，也可作重复循环使用。

2. 按需喷墨 只有在需要时，系统才对喷嘴内的墨水施加机械、静电或热振动等作用，使其形成微小的液滴并控制喷射到基质物上。与连续喷墨所不同的是，按需喷墨是一个像素只能由一滴微液形成，即每个像素中只能有一滴墨滴，或者没有墨。按需喷墨的控制系统采用的主要方式有：热振动、静电、压电和电磁阀等，其中应用较广是热振动。热振动按需喷墨系统也称为热激励按需喷墨系统，其中比较典型是气泡喷射按需喷墨。它是通过设置在喷射出口处的微型加热装置，对墨滴施加电脉冲，使其瞬时（约5μs）升温至400℃并发生部分蒸发，然后以10～15m/min的速度从喷嘴喷射一滴墨。压电按需喷墨系统是通过压电变换器，将机械脉冲直接加在靠近喷嘴的墨水，使其不断地喷射出墨滴。

连续喷墨的频率可超过100mHz，速度比按需喷墨快，并且墨水适应性较广。连续喷墨是连续喷射，可减少因蒸发而造成的喷嘴阻塞问题。相比之下，按需喷墨中的热振动的加热，对靠近电阻丝的墨水可能会破坏其性能；同时在电阻丝表面会形成一层沉淀而影响热传导，从而减少墨滴的量和生成速率。

二、数码喷墨印花技术的主要特点

1. 灵活、方便的图案设计 数码喷墨印花的图案设计不受颜色数目或网版配套误差限制，可表现出1600万种颜色，特别是在对颜色渐变、云纹等高精度图案的印制上更是具有无可比拟的优势，为设计者提供广泛的设计空间和想象力。在屏幕上可直接进行设计和修改，并可以进行多色配色。用户可从计算机上通过网络及时看到最终面料的图案效果，并可加以修改。设计方案得到用户认可后即可进行批量加工。相比之下，传统印花的设计图案、花型或颜色搭配等需要改变时，就需要较长的修改过程，并且市场变化的应对能力也较差。此外，传统印花工艺中，花型图案要根据印花设备的特点来设计“花回”，在一定程度上限制了设计师的发挥。而数码喷墨印花工艺中不需考虑“花回”的问题，完全可以根据实际需要进行图案设计。

2. 工艺的重现性 数码喷墨印花过程中所需要的数据资料以及工艺方案，全部储存在计算机之中，可以保证印花工艺的重现性。而在传统的圆网或平网印花生产中，大量的花稿、圆网或平网需要腾出位置进行储存,既保存不好也造成人力和物力浪费。数码喷墨印花可通过互联网接单,全过程由计算机控制,图案以数字形式存储在计算机中,可确保印花色彩的一致性。数码喷墨印花生产过程中,小样颜色由计算机自动记录颜色数据,批量生产时颜色数据按打样数据配置,颜色数据不变,可以保证小样与大样的一致性。传统印花的小样和大样很难保证一致性,其原因是调浆的批次不同,导致同一个颜色发生细微的变化。

3. 加工成本低 直接在织物上进行有效混合即可得到颜色,而不需另外进行配色。换批时只需将新图案或色位的数字信息送到喷墨印花机即可实现,仅使用恒定的基本色墨水(即黄、品红、青和黑色)就可获得所需的不同颜色。数码喷墨印花几乎不存在对花及套色准确性问题,无论何种花型、多少种套色,可全部以直接印花方法完成,缩短了工艺流程。喷墨印花机的印花头不直接接触织物,对织物类别没有限制,甚至能在凹凸不平或蓬松的织物表面印花,省去了复杂的筛网制版和色浆调制工序。小批量试样灵活,可节省筛网制作的成本。小批量(1000m 以内)的数码喷墨印花成本要比传统印花成本低。

4. 工艺流程短 与传统印花相比,可免去刻网和印制模块的大量耗时的工序,大大缩短制样时间。既可实现单件制作,也可进行大批量生产。数码喷墨印花产品的设计、生产可实现出样和一定数量订单的快速交货。从设计到生产仅需一天时间,适应小批量、多品种订单。

5. 节能降耗 数码喷墨印花不需要制网,换批时没有色浆和织物浪费。喷印过程中不用水,不用调制色浆,按需使用染料,无废染液色浆排放,污染很少。

三、数码喷墨印花的墨水

数码喷墨印花使用的墨水一般由色素、水、有机溶剂和添加剂(如防菌剂、分散剂、pH 调节剂、保湿剂)等组成,对其理化性能和应用性能要求比较高。理化性能主要包括黏度、pH、表面张力、电导率、热稳定性、染料的溶解性和相容性等;应用性能主要有设备的适应性、形成液滴的稳定性、沾染性、积垢性以及储存的稳定性等。要求其既能满足印花质量,又要符合喷墨设备和烘干时间的要求。但是,在数码喷墨印花所用墨水诸多的性能中,墨水的表面张力和黏度尤为重要。墨水的表面张力在连续喷墨中,不仅决定了液滴形成液面的弯曲度,而且还影响液滴对织物的润湿和渗透。墨水的黏度应非常低,在连续喷墨印花中一般为 2~10mPa·s,按需喷墨中一般为 10~30mPa·s。

喷墨印花墨水按使用的色素可分为染料墨水和颜料墨水,染料墨水中染料可溶于或分散在水中,并且对纤维具有一定的亲和力,颜料墨水则不然。目前主要以使用水溶性染料墨水为主。

1. 染料墨水 是将纯化后的染料溶解或分散在水中,再添加相应的溶剂、防腐剂等助剂配制而成。经染料墨水印花后得到的图案非常细腻、逼真,色彩表现力非常强。数码喷墨印花目前使用的染料墨水主要有活性染料、酸性染料和分散染料等类型,前两者可用于纤维素纤维、后者用于聚酯纤维织物的印花。其中活性染料和酸性染料墨水进行喷墨印花前,需对织物进行前处理,以避免喷墨印花时产生染料渗化现象,保证图案的精确度。分散染料墨水通过热转移纸对涤纶织物进行印花,也可对前处理后的织物进行直接喷墨印花,然后再进行蒸化处理。

染料墨水的色谱较齐全，喷染后的色彩鲜艳且牢度也比较好。有不少染料公司都推出了适于喷墨印花的染料墨水，例如 Dystar（德司达）公司的 Jettex R 型活性染料有 13 个品种，Jettex Rink 有 9 个品种；日本住友公司也有专门用于棉纤维纺织品喷墨印花用的活性染料；中国台湾永光公司生产的 Everjet RT 全色域系列高纯液体活性染料墨水组合等。在染料墨水中，由青、品红、黄、黑、浅青、浅红、浅黄、浅黑 8 色组成的色墨，可根据需要喷印出色域广、表现丰富、层次细腻的图案。组合使用产生的颜色准确，能够达到原件的色彩。不同的墨水组合可适于不同的面料和花型。

2. 颜料墨水 颜料不溶于水和大多数有机溶剂，用于染色或印花前必须先与分散剂和其他添加剂一起粉碎制成细小颗粒，并形成具有足够分散稳定性的水性分散体系。颜料对所有纺织品纤维均没有亲和力，需通过黏合剂将其固着在纤维上。颜料墨水在棉质织物上进行喷墨印花，颜色深度可达到中深色要求，其印制效果要比涤纶织物好。颜料墨水具有色谱齐全，色光鲜艳、日晒牢度优良、耐酸碱稳定性好、纤维适应面广、节能环保等特点。

颜料墨水的生产商主要有亨斯迈（Huntsman）、巴斯夫（BASF）及杜邦（DuPont）等公司。其中亨斯迈的 Lyosperse TBl-HC2 系列墨水，具有色彩鲜艳，耐光牢度、耐气候牢度和摩擦牢度好等特点。可用于压电式喷墨印花机的各种纤维喷墨印花，并且不需前处理和水洗。喷墨印花之后进行焙烘或热压处理即可达到固色要求，缩短了工艺流程。巴斯夫（BASF）公司开发的两种不含黏合剂的颜料墨水，适用于压电式喷墨印花和热气泡喷射按需滴液喷墨印花。杜邦（DuPont）公司的 Antistri 颜料墨水由 8 个颜色组成，专用于棉及涤棉混纺织物的喷墨印花。织物不经处理就可直接喷墨印花，印制后根据织物的规格进行不同的固色处理。

四、数码喷墨印花机

随着市场纺织品花型变化周期的缩短以及生产成本的不断攀升，印花技术正向高效、节能和数码技术方面发展。数码喷墨印花机就是近年来发展较快的一种新型印花技术。从近年的纺机展览会来看，数码喷墨印花技术大有向传统印花挑战之势。

为了使印染企业更多地了解数码喷墨印花机，先简单介绍一下其主要结构功能，然后列举几种比较典型的数码喷墨印花机。

1. 数码喷墨印花机的主要结构功能 数码喷墨印花是一项集机械、墨水和控制软件为一体的综合性技术。目前主要以采用压电式喷墨头为主，喷头中的压电晶体根据输入的电信号膨胀而挤压墨水，使墨水液滴从喷嘴中喷出，在织物上形成图案。数码喷墨印花机的机械部分主要包括织物放、收卷装置、织物输送机构、喷印机、干燥焙烘、汽蒸和水洗以及导带清洗等组件。软件系统（RIP）中的光栅图像处理器，是一种解释器，可用来将页面描述语言所描述的版面信息进行解释，并转换为可供输出的数据信息，输送到指定的地方。RIP 软件是控制喷墨质量的关键，主要用以控制印花机的分辨率、色彩、速度和印花幅面。它具有分色、花回的重复、图案收缩以及墨水上染量控制等功能。

数码喷墨印花机各组成部分的具体功能如下。

(1)织物放、收卷装置。织物放卷装置用于放置或卷绕在机台工作期间的待印花织物。可使织物在印制过程中保持一定的张力,防止进布过程中织物产生纬斜和起皱。织物收卷装置用于成品的打卷。

(2)织物输送机构。采用导带输送织物,既可保持不同织物印制过程中所需的张力,同时还可保证织物喷后的图案不变形。

(3)喷印机。包括喷头和字车,字车带动喷头沿着支撑导轨做往复运动。在运动过程中,字车具有自动检测待打印织物的有无和宽度等功能。同时为了适应不同厚度的织物,喷嘴距离织物的高度根据不同机型控制在0~5mm之间。

(4)汽蒸和水洗。通过汽蒸形成一定湿度条件,完成染料与织物纤维固着的化学反应。印花后的织物经过水洗,去除未与纤维结合的染料。

(5)导带清洗装置。可不间断地清洗导带上的杂物,使织物不受到污染。

2. 荷兰斯脱克(Stork)公司Sphene数码喷墨印花机 荷兰Stork公司是世界上最早从事用于纺织品印花的数码喷墨印花机的商家之一,并致力于各类喷墨印花墨水的研制和相关软件的开发,也是当今在数码喷墨印花系统研发中最完善、技术最前沿的商家。该公司最新研发的Sphene数码喷墨印花机采用了适用于水基墨水的kyocera KJ4B型喷头,每个喷头配有2656个喷嘴。喷头有三种排列方式,每一排的喷头数量为6个(6色)或8个(8色)。印花分辨率为600dpi×600dpi,印花宽度为1800mm。当采用3排喷头和6色打印模式时,最高印花速度为555m^2/h。该机采用Printer Server7 RIP软件,并配置了Stork Prints Best Image软件包。可用于设计、创造、纹理映射、配色及全面管理。该软件还可与圆网印花图案设计配合使用,使圆网印花与数码印花在图案和色彩上能够达到相同的效果。采用液滴可变的按需喷墨方式,液滴大小为5~72pL可调。其开放式供墨系统,每种颜色容量为10L,可随时补充和在线脱气,能保证印花连续进行。

3. 奥地利齐玛(Zimmer)公司Colaris数码喷墨印花机 该机配置了64个日本精工制造的AQ-508-GS型喷头,喷印头有CMYK单组4色和双组4色两种配置。印花宽度为1.8m、分辨率为720dpi×360dpi时,喷印速度可达366m^2/h;在相同分辨率下的CMYK双组4色印花时,喷印速度高达732m^2/h。为了解决目前数码喷墨印花在克重较大织物的印花质量问题,该机可与本公司的磁辊涂层装置连为一体,提高了厚重织物的染料渗透率,并且可节省用墨50%。此外,配置的大容量墨瓶,每种颜色容量达12L,可在不停机的情况下随时补充墨水。该机可按照用户产品的不同需求选择两种工艺流程。

工艺流程一:

进布→喷墨印花→烘干→落布

工艺流程二:

退卷→磁辊涂层在线预处理→贴布印花→蒸化→喷淋、真空抽吸、水洗→3层走布烘房→出布成卷

4. 意大利美加尼(Riggianii)公司Renoir数码印花机 该公司是传统平网和圆网印花机

著名制造商,近年来在数码印花技术方面也有很大发展。2008 年该公司在国际纺机展览会上展出的数码印花机,生产速度已高达 $240m^2/h$,是当时数码印花机速度最快的。两年后,该公司新推出的 Renoir 数码印花机又有较大发展,色位由 6 色增加到 8 色,最高打印速度可达 $550m^2/h$,打印精度可达 2400dpi。采用开放式供墨系统,不再指定专用墨水。可使用活性、酸性、分散和涂料类型等墨水,并配有墨水回收系统。烘干部分采用了均匀和高效率的热焙烘交联装置,加热热源可选用燃气、导热油、蒸汽或电。

5. 日本御牧(Mimaki)公司 TX、TS 系列数码喷墨印花机 该公司是从事广告数码喷绘设备制造的知名企业,其产品在广告喷绘行业占有很大市场,近年来已将其业务向纺织品印花领域拓展。该公司最新推出的 TX、TS 系列数码喷墨印花机具有许多值得关注点。

(1)TX400-1800 系列数码喷墨印花机既可用于纺织品印花,也可用于转印纸的印花。配有两种面料输送方式,即压印辊式和导带输送式。压电式喷头呈 3 排错位排列,在标准模式下最高打印速度可达 $40m^2/h$。可适用的墨水品种有:升华染料墨水(Sb201)、活性染料墨水(Rc201)、酸性染料墨水(Ac201)。大生产专用供墨系统可提供容量为 2L 的墨水,搭配 16 盒墨水,平均 1 色最多可存储 8L 墨水(4 色模式)。

(2)TX500-1800 系列直喷升华喷墨印花机的喷头采用交错排列方式,最高喷印速度可达 $150m^2/h$。烘干部分采用内、外加热烘干方式,高速打印结束后不需要等到墨水渗透到介质背面,即可进行卷绕。

(3)TS500-1800 升华转印喷墨印花机也采用高效 6 喷头 3 列交错排列,最高喷印速度达 $150m^2/h$。主机内配置了墨水脱气模块,可减少因气泡而造成喷嘴堵塞的次数。此外,可使用未脱气的墨瓶进行供墨,因而可采用价格低廉的墨水。配有雾气回收过滤器,可吸收并排出易于在打印机主机内产生的墨雾,保证设备运行的稳定性。

6. 日本东伸工业株式会社(Toshin)Ichinose 2030、2040 喷墨印花机 该公司是传统的圆网印花和平网印花机制造商,近几年在数码喷墨印花机方面有很大发展。其中的 Ichinose 2030 喷墨印花机配置了 16 个高性能喷头,在 360dpi×600dpi 精度下,喷印速度可达 $160m^2/h$。机器采用传统印花机的导带输送织物方式,织物平整无张力地贴附在导带上,导带由伺服电机驱动运行,并配有自动清洗和校偏装置。该机具有多种印花模式,墨水容量可达 5L,墨水种类有活性染料、分散染料、酸性染料和颜料四种。

该公司另一种 Ichinose 2040 喷墨印花机采用压电式喷头,每个喷头有 1280 个喷嘴。按照喷头数量不同有 5 种配置,即 8H、16H、24H、Pro-12H、Pro-24H,可满足不同印花速度和颜色效果。分辨率为 360dpi×600dpi,最快打印速度达 $360m^2/h$。其使用的墨水目前只有活性染料、酸性染料和分散染料。单个墨盒容量为 10L,可进行长期连续运行。

7. 杭州宏华数码 Vega 6000 高速数码印花机 该公司是国内最早从事数码喷墨印花技术研发的企业,其 Vega 6000 高速数码印花机采用压电式喷头,每个喷头有 2558 个喷嘴。最高印花速度可达 $400m^2/h$,最高喷印精度 1080dpi。该机可支持多种专业墨水和面料,通过软件和硬件控制技术来控制墨滴的大小和速度。能够自由调整喷嘴高度,以适应不同厚度的面料。可以实现 4 色、6 色、8 色墨水组合,适用于纤维素纤维、蛋白质纤维及化纤等面料。其供墨系统及喷头温控保湿系统，可保证喷头喷墨畅通。

五、数码喷墨印花工艺

数码喷墨印花工艺的选择主要取决于墨水和被印花织物的纤维，即不同的墨水只能适于相应织物纤维。例如酸性染料主要用于地毯印花，而分散染料主要用于涤纶织物，活性染料则主要用于纤维素纤维织物。此外，数码喷墨印花只是织物印花中的一个印制部分，为了获得所需的图案效果和牢度，还必须配以相应的前处理和后处理。其原因是喷墨印花使用的是低黏度水性墨水，在没有经过前处理的织物上进行喷印，染液就会在织物上向四周渗化。织物必须经过前处理，以获得一定的润湿性和毛细效应。后处理主要对喷印后的织物进行水洗，去除未上染的染料，提高色牢度。因此，数码喷墨印花工艺除了本身的喷印过程之外，还需经过相应织物前处理和后处理过程。

1. 对织物印花前的要求 为了保证织物印花能够得到鲜艳和清晰的图案，必须对织物的品质及印花前的处理提出一定要求。首先是能够快速吸收墨水或色浆，并可抑制染液的渗化；其次是允许墨水液滴重叠，黏着的液滴不会流动和渗化；再次墨水液滴能在织物上保持细小、均匀一致的状态，墨水液滴形状应呈光滑的球形。

织物喷印之前的处理是为了保证染料的上染和固着，同时避免印花时染液渗化而设计的一道预处理工序。前处理所使用的助剂与染料性能有关，例如采用活性染料印花时，前处理加入一种所谓的增强剂，就可起到对染料的上染和固着作用，并且可减少染液渗化。活性染料与纤维素纤维的固色反应越快，染液越不容易渗化，而在染液中加入碱则可加快这一反应速率。在染液中加入海藻酸钠既可防止染液渗化，又可避免烘干时发生染料泳移现象。

2. 数码喷墨印花的数字图像处理 喷墨印花的图案需要先进行原图稿扫描输入、花型修正、分色和配色交换等数字图像处理。原图稿从扫描仪中输入，也可从数码相机或 CD-ROM 输入。然后通过专用的图像处理软件，对图形进行放大或缩小、切断或拼接等多种修整编辑。专业分色软件可对图案花型的不同颜色进行分色，以求得数码喷墨印花的效果与筛网印花成品的一致性。最后按照数码喷墨印花机的工作原理进行四色(青、品红、黄、黑)或八色(黑、青、品红、黄、橙、绿、亮青和亮品红)配色。

3. 数码喷墨印花工艺 喷墨印花操作过程是先调整进布装置，保证被印织物平贴在输送导带上。按照喷墨印花机的打印模式设置菜单，选用正确的 RIP 颜色处理器。喷墨时依靠 RIP 系统将需要的喷印数据转换为光栅化图像或网点，逐步在织物上显现出所需的图形。除了颜料数码喷墨印花外，对使用染料墨水的喷墨印花织物，还要进行汽蒸发色固色、水洗、皂洗等后处理。

由于不同织物纤维都有其相对应的染料墨水，并且具体工艺流程还与所使用的设备功能有关，所以这里仅介绍一般的数码喷墨印花工艺。

(1)活性染料数码喷墨印花工艺。采用导带式数码喷墨印花机，织物仍然是以平移导带进行输送，并满足整卷、定位等织物印花的一般要求。喷印后的织物应尽快烘干，以防染料墨水搭色;同时为了防止因放置时间过长,引发染料被还原或氧化而影响发色,还应及时进行汽蒸和水洗。为了使喷墨印花能够获得良好的印制效果,织物除了经过常规的退浆、漂白和丝光以外,还应进行印前处理。

纤维素纤维织物数码喷墨印花工艺流程:

织物前处理→烘干(70~80℃)→喷印活性染料墨水→烘干→汽蒸(102℃,10~15min)→水洗→烘干

荷兰 Stork Trucolor 数码喷墨印花机的活性染料喷墨印花工艺流程:

织物前处理(浸渍液中含有 Matexil Enhancer SJP、碳酸氢钠、海藻酸钠)→烘干(印前)→喷墨印花(Procionp 染料色浆)→ 烘干(印后)→ 120℃常压汽蒸 8min → 水洗 → 烘干

(2)分散染料数码喷墨印花工艺。分散染料墨水的喷墨印花有以下两种工艺。

工艺一:

织物前处理→烘干(70~80℃)→ 喷印分散染料墨水→ 烘干→ 汽蒸(180℃,8min)或热熔(195~200℃,15~20s)→ 水洗→ 烘干定形

工艺二:先将分散染料墨水打印在转移纸上,然后再将转移纸上的图案通过热转移到涤纶织物上。该工艺可省去织物的预处理及后道加工。

(3)酸性染料数码喷墨印花工艺。适用于毛、丝及锦纶等织物。工艺流程:

织物前处理→烘干(70~80℃)→ 喷印酸性染料墨水→ 烘干→ 汽蒸(102℃,30min)→ 水洗→ 烘干

(4)颜料数码喷墨印花工艺。颜料墨水的喷墨印花也有两种工艺。可根据使用的墨水特性和织物性能,选用其中一种工艺。

工艺一:

织物前处理 → 喷墨印花→ 烘干→ 焙烘或热压固色

工艺二:

颜料墨水直接打印在织物上 → 烘干 → 焙烘或热压固色

工艺二可省去织物的预处理。

六、数码喷墨印花存在的问题及前景

1. 存在的问题 尽管数码喷墨印花与传统印花相比具有诸多的优势,设备也已经发展到第四代,但是还没有得到大规模应用。其主要原因是一些技术和配套工艺问题,就目前应用中存在的问题而言,主要是印花速度、适于不同织物的墨水、喷嘴的使用寿命及阻塞、印制的精细度以及设备价格等。除此之外,墨水与现有数码喷墨印花机的匹配性,以及数码喷墨印花的前处理工艺,也是目前阻碍数码喷墨印花应用推广的主要因素。

2. 数码喷墨印花的应用前景 在纺织品日趋个性化、时尚化的市场条件下,传统印花在许多方面已很难满足这种需求。而数码喷墨印花可尽快适应这种市场变化,能够最大限度地满足客户需求。传统印花由于受到套色的限制和工艺条件的影响,无法实现一些颜色丰富、效果特殊的图案;数码喷墨印花则不受到套色的限制,可以在同一图案上生成不同的颜色,并可

实现网上设计和服务。一般情况下,数码喷墨印花可以实现大自然中存在的任何颜色。定位花型的喷印可以在服装裁片或者成品服装上打印出定位花,能够满足服装设计和一些高档服装的需求。

正因为数码喷墨印花具有许多传统印花所不具备的优势,所以国家经贸委已将数码印花技术列入《国家重点行业清洁生产技术导向目录》,并且是国家环保总局、经贸委下发的《印染行业废水污染防治技术政策》文件中鼓励采用的主要技术之一。在印染行业"十二五"规划纲要中,也明确提出要大力推广应用数码喷墨印花技术。随着科技的发展和国产化配套能力的大幅提高,数码喷墨印花的速度、墨水以及设备价格等问题都会得到逐步解决,在染整加工中一定会得到广泛的应用。

第二节　转移印花

转移印花技术是20世纪60年代发展起来的印花新工艺,是继圆网印花技术之后又一次较大的印花工艺技术发展。它可将客户所要求的各种风格、色彩和图案花式,应用电脑进行设计和分色、电雕制版、轮式凹版印刷出热转移纸,其与织物在一定的温度和压力条件下进行轧制,纸上图案中的染料升华转移到织物表面并瞬时扩散进入纤维内部,以物理化学作用固着于织物上,形成所需的印花图案。该工艺与传统的丝印和染印相比,具有丰富的图案花式、清晰的层次感和鲜艳的色彩,其各项牢度优良,特别适宜小批量多品种的生产。转移印花可避免传统印花工艺中液相反应的不完全性,减少了废水排放中的未反应的染料、助剂和必须脱去的浆料等污染物。因此,转移印花可减少印花废水的排放和处理费用达到80%以上,节省能源50%左右。具有显著的节能减排特性。

转移印花工艺分为热转印和冷转印两种,热转印主要用于分散染料印染涤纶织物,冷转印主要用于活性染料对棉织物的印花。传统的转移印花方法只能适于玻璃化温度比较明显的合成纤维,而天然纤维(如棉、麻等)和蛋白质纤维(如毛、丝)等没有明显的玻璃化温度,在高温下不存在晶区运动剧烈软化成半熔融状态,也没有液层形成,因而分散染料不能对其进行转移着色。为此,研究扩大转移印花适用范围,开发天然纤维织物转移印花的技术成为印花中的研究热点。

一、转移印花的特点和方法

1. 转移印花的特点

(1)转移印花图案的花型逼真、花纹精细、层次清晰及立体感强,可印制出自然风景及艺术性强的图案。热升华转印的染料可扩散到聚酯纤维中,获得的织物手感十分柔软舒适,基本感觉不到墨层的存在。

(2)转移印花采用干法加工,热升华转移印花无须蒸化、水洗等后处理过程,因而不产生废水和废气,具有显著的节能减排效果。

(3)转移印花设备的结构简单、占地小、投资少、经济效率高。设备对织物是无张力加工，适合于各种厚薄织物的印花。热升华转印时可以一次印制多套色花纹而无须对花，并可根据客户的个性化需求在较短的时间内印制产品。

(4)转移印花的生产效率高，而且操作简便。转移印花后不需后处理即可包装出厂。

2. 转移印花方法 转移印花的主要方法有升华法、泳移法、熔融法及油墨层剥离法，其中升华法在涤纶上转移印花已得到广泛应用。在一定的温度和蒸汽压力条件下，分散染料在纤维中应具有良好的扩散性，对转印纸的亲和力要低。转移温度一般为200～300℃，时间10～30s。

(1)升华法。升华法是利用分散染料的升华特性，使用相对分子质量在250～400、颗粒直径为0.2～2μm的分散染料，与水溶性载体(如海藻酸钠)或醇溶性载体(如乙基纤维素)、油溶性树脂制成油墨。在热转移印花之前，根据设计图案要求，先将色墨印刷到转移纸上。然后将印有花纹图案的转移纸与织物密切接触，在一定的温度、压力和时间条件下，使染料从印花纸上转移到织物上，并扩散进入织物纤维内部固着在纤维上。因而这种工艺的应用仅局限于化纤织物。升华法一般不需要经过湿处理，可节约能源，减少污水。

(2)泳移法。织物先经含有固色助剂和糊料等的混合液浸轧处理，然后在湿态下通过热压泳移，使染料从转印纸转移到纤维上并固着，最后经汽蒸、洗涤等湿处理过程。染料转移时，在织物和转印纸间需施加较大的压力。转印纸油墨层中的染料按纤维性质选择。

(3)熔融法。转印纸的油墨层由染料和蜡作为基本成分，经熔融加压使油墨层嵌入织物，并将一部分油墨转移到纤维上，以获得所需的图案，最后根据染料性质进行相应的后处理。熔融法需要较大压力，压力越大转移率越高。

(4)油墨层剥离法。转印纸油墨层遇热后对纤维产生较强的黏着力，在较小的转移压力下就能使整个油墨层从转印纸转移到织物上，再根据染料性质进行相应的固色处理。

二、转移印花工艺的基本要求

相对于传统的网印工艺，转移印花工艺过程比较简单。但对染料、转印纸以及一些控制条件有一定要求。

1. 转移印花的染料 转移印花所使用的分散染料，其升华温度应低于纤维大分子的熔点，并且对织物的强度不产生损伤。一般对涤纶较为合适的加工温度为180～210℃，并且在该温度范围内，发生升华的染料分子量在230～270之间。分子量在此范围的分散染料一般有以下三类：

(1)快染性分散染料。温度在180℃左右此类染料就能升华发色。温度再提高时，就会发生色泽变化，并引发边缘渗化。

(2)适宜性分散染料。温度在180～210℃范围内此类染料就能升华发色，且发色曲线平坦，上染时温度的影响不大。

(3)迟染性分散染料。温度在180～210℃范围内，染料不能很好地升华和发色。只有提高温度才可获得良好的发色。

为此，适用于转移印花的染料必须具备一定条件。即在210℃以下染料受热后能充分升华转变为气相染料大分子，凝聚在织物表面，并能向纤维内部扩散固着，并能获得良好的水洗牢度和熨烫牢度。染料对转移纸的亲和力要小，而对织物的亲和力要大。转移印花的染料应具有鲜艳、明亮的色泽。

2. 转移印花纸 转移印花纸表面高分子物质的转移性能，对印花图案的再现性起着关键作用。转移印花过程中，首先将图案或花纹印制在转移印花纸上，形成一层相应色彩、花纹的薄膜，然后再由转印纸转印到织物表面上。尤其是在后面的转移过程中，为了保证图案的花形逼真、花纹细致、层次清晰及立体感强等特性，对转移印花纸性能提出了较高要求。

(1)纸张必须具有足够的强度，其表面不掉毛、不掉粉。由于印刷油墨是由炭黑或其他颜料粒子均匀分散在干性油、动物胶或树脂中而组成的。在印刷和剥离过程中，油墨与纸张表面会存在一定的张力，并随着速度的加快而增大。所以要求纸张表面要具有足够的强度。转印纸的材质最好选用针叶木浆，其中化学浆和机械浆各占一半为宜。这样既可保证纸张的强度，又可避免其在高温处理时出现发脆或变黄现象。

(2)转移印花纸应有一定的平滑度和拉伸强度。转印纸平滑度差，表面凹凸不平，在转移印花时受力不匀，就会造成纸上的染料升华率不一致。即使纸上的花形很清晰，转移到织物上也会变得模糊不清。转移印花纸若拉伸强度差，在制造印花纸和转移印花过程中会因受潮、受力而明显变形，使得印出的花形清晰度变差。

(3)转移印花纸对墨水的亲和力要小。转移印花纸只是图案转移的一个中间体，最终目的是要求图案能够清晰地转移到被印织物上。因此对墨水亲和力较小的转移印花纸，能够减少因纸上残留过多的墨水而影响图案的转移质量的问题。

(4)转移印花纸应有适当的吸湿性。吸湿性太差容易造成色墨搭色；吸湿性过大，又会造成转印纸的变形。因而转移印花纸应严格控制填料用量。

满足上述要求的转移印花纸，其技术性能指标是：吸湿性40~100g/m^2；透气性500~2000L/min；克重60~70g/m^2；pH为4.5~5.5。

喷墨打印技术的发展为转移印花纸的市场带来了效益，但转移印花的纸材消耗也是很大的，并且废弃后又会造成新的污染。为此，近年来，人们对转移印花纸的重复利用或替代物进行研究。北京服装学院科研人员经过数年努力，发明了国际首创的无纸热转移印花机，以金属箔作为热转移印花基材，可以达到重复使用的目的。在一种像纸一样的特制金属箔上先印制图案或花纹，然后再将图案转移到织物上，在热转印后可重复使用，基本上无损耗。以金属箔代替纸，可避免纸张消耗以及使用后废弃所造成的污染，同时生产成本还可降低15%以上。

3. 工艺条件 对转移印花过程产生作用的工艺条件主要有温度、压力和时间。对于热升华转移印花过程来说，分散染料的热升华温度、被印织物纤维的耐热性以及转印时间，是确定最佳温度的主要依据。一般情况下，转移印花温度的控制范围在185~230℃。转移印花的压力与具体使用的工艺设备有关，适当的压力可使纱线成为扁平，织物与印花纸之间空隙小而转印着色效果好，且花纹清晰、线条流畅精细。采用平板压烫机，压力最佳值为10kPa。压力过大会使织物产生变形、起毛以及厚重织物的形态发生变化，并有可能在织物表面上产生“极光”印，使织物手感粗硬、着色表面化。压力过小，织物与转移纸之间空隙大，纱线呈圆形，使得染料气体分子与空气大量碰撞而逸散，染料也易渗开，容易造成线条粗和花纹模糊，影响图案色彩效果。采用连续辊筒式转移印花机，工作压力可设定在12kPa。对于连续式真空转印机，通常设定在负压3.3kPa条件下，可以获得较好的转印效果。至于转移印花的时间设定，主要是根据设定的温度、压力，以及纤维的种类和克重来确定。

转移印花有间歇式和连续式之分，而每种又有加压和减压两种形式。减压式是通过抽气产生真空来实现转移印花，主要适用于一些易变形、起毛以及不耐高温等织物，如腈纶膨体织物、人造皮毛等。减压转移印花也可选用一些不耐升华的分散染料，并且可增加得色量和转印速度。加压式转移印花工艺用于涤纶，工艺条件为205℃，时间20~30s。应根据织物纤维种类不同，确定相应的工艺条件。

三、热升华转移印花

热升华转移印花是一种利用印刷的方式先在转印纸上印出所需图案，再与被印织物放在一定的温度和压力条件下，使转移纸的染料转印到织物上的工艺。

1. 转印过程 在热升华法的转移印花过程之前，染料是在纸上的印膜中，被印花织物纤维内空气隙（其大小取决于织物的结构、线密度和转移压力）中的染料浓度为零。当转印纸升温至转移温度时，染料就发生挥发或升华，并在转印纸与纤维间形成浓度挥发。当被转印的织物达到转移温度时，纤维表面开始吸附染料，直至达到一定的饱和值。考虑到染料从纸到纤维的转移是一个持续过程，而染料向纤维内部扩散速率决定了吸附速率，因此为了保证染料能够定向扩散，需要在被印物的底基下一侧进行抽真空。转印纸上的染料含量随着被印织物着色后而逐步减少，部分剩余的染料迁移到转印纸的内部。残留的染料量取决于染料的蒸汽压，以及染料对转移纸的亲和力和印花膜的厚度。

2. 转印条件 热升华转移是根据分散染料的升华特性，选择升华温度范围为180~240℃的分散染料，将其与浆料混合制成色墨。根据不同的花纹图案要求，用印刷的方式将色墨印刷到转印纸上。然后将印有花纹图案的转印纸与织物紧密接触，在200~230℃的温度中处理10~30s，转印纸上的染料升华转移到织物上并固着。在加热升华过程中，为了使染料能够定向扩散，往往将被印物的底板下一侧进行热升华转印。分散染料是唯一能够升华的染料，也是热转移印花所选的染料。因而热升华转移印花只能用于对这类染料有亲和力的纤维织物上，例如醋酯纤维、丙烯腈纤维、聚酰胺纤维（耐纶）和聚酯纤维等。与其他印花工艺相比，热升华转移印花省去了烘干、蒸化、水洗和拉幅等工序，印花前可以对印花纸进行检验。因此，该工艺不仅产品质量容易保证，而且具有显著的节能减排效果。

四、冷转移印花

冷转移印花也称为湿法转移印花。它是先用印刷方法将合适的染料油墨，在转印纸上印刷所需的花纹图案，然后经轧碱后的织物与转移纸一起同时进入转印辊筒。在这个过程中，转移印花纸上有染料油墨的一面与被印织物密合，在压力作用下使转移印花纸上的图案或文字转印到织物上。

冷转移印花是采用活性染料，可适于所有纤维素纤维的印花，如棉、麻和粘胶纤维等。冷转移印花可使染料的转移率达到95%，转移到织物上的染料固着率接近90%。冷转移印花织物固色后还需经过水洗处理，但比传统直接印花的耗水和排污少很多。冷转移印花既可适于机织物也可适于针织物，对织物的厚薄也没有限制。对一些较厚且紧密度较高的织物，还可以采用双面两层印花纸进行同时转印，达到双面印花效果。冷转移印花可采用四分色原理，能在织物上体现层次丰富、颜色无限的照片效果，因而其印制可达到与电脑喷印相同的效果。

1. 冷转移印花特点 冷转移印花工艺在室温下即可完成印染过程，不需要消耗热能；同时对活性染料来说，在低温下上染可以提高其直接性，即染料对织物的上染率和固色率。所以冷转移印花在节能减排和织物印花品质方面具有显著的优势。其特点主要表现在以下几方面。

（1）高效节能。与传统印花相比，冷转移印花可节省能源65%，节省染料40%，节约用水量60%。染料转移率可达95%，提高了活性染料的利用率。冷转移印花整个工艺流程简单，产品质量易于控制，生产效率高，且加工成本低。

（2）清洁环保。冷转移印花从单一隔离涂层到复合型涂层，发展到导带或暂载体的无纸化转移印花。印花暂载体对染料墨水的阻隔性好，转移率可达到95%以上。冷转移印花的色浆中不含尿素，可减少对环境的污染。良好的色浆渗透性和染料的传递性，使织物可获得较高的固色率和产品合格率，并减少废料的产生。

（3）市场反应速度快。传统印花工艺需经过花样设计、制版和雕刻等工序，并且小样必须经客户确认后才能进行生产。而冷转移印花的工序简单，从设计、确认样品、下订单、大生产和市场销售可实现快速反应。

（4）产品质量高。纯棉的活性染料冷转移印花，色牢度达到4级以上，且颜色鲜艳。工艺过程不破坏棉织物的特有本质，完美保留了原天然纤维的良好手感。采用凹版印制的转印纸，能转印出非常逼真清晰的照片级效果的图案。

2. 全棉冷转移印花工艺 冷转移印花适用范围广，可适于棉、麻、丝、粘胶纤维等机织物或针织物。

冷转移印花工艺流程：

织物 ↘

转移印花载体 ⟶ 印花纸印刷图案花型 ⟶ 冷转移印花 ⟶ 冷堆固色 ⟶ 水洗 ⟶ 定形

五、转移印花设备

转移印花设备的主要部件是主滚筒，其内部设有内循环系统。可采用电加热或油导热，滚筒表面温度偏差一般控制在±2℃以内。温度采用PID自动温控仪，自动调节保温。

印花机设有布边纸及垫纸装置，避免织物受到污染，并减少清洗次数。印花速度控制采用无级调速。温度范围：常温~300℃。为了便于了解和使用，这里对两款转移印花机作一简介。

1. 意大利 Monti Antonio 公司热转移印花机 该机能够以多种方式进行转移印花，如整卷转印纸和整卷织物、整卷转印纸和织物裁片、片状转移印纸和整卷织物、片状转移印纸和织物裁片等。机器加热辊采用真空密封的油浴加热系统，可确保辊面温度的均匀性。该机的操作仅需要 1~2 人，可在同一侧进行取样和送样，可在机器的前端或后端输送织物。

主要技术参数：

加热辊宽度	1800mm
加热辊直径	ϕ350mm
工作台宽度	1600mm
功　　率	22kW
平均耗电量	14.5kW/h

2. 上海长胜纺织品制品公司冷转移印花机 该机是由上海长胜纺织品制品公司与浙江格罗斯精密机械有限公司联合开发的。设备主要由进布、浸轧、针铗扩幅、纸张收幅和收卷装置，转移轧车以及落布装置等组成。主要适用于棉、麻和粘胶纤维的针织物或机织物。

工艺流程：

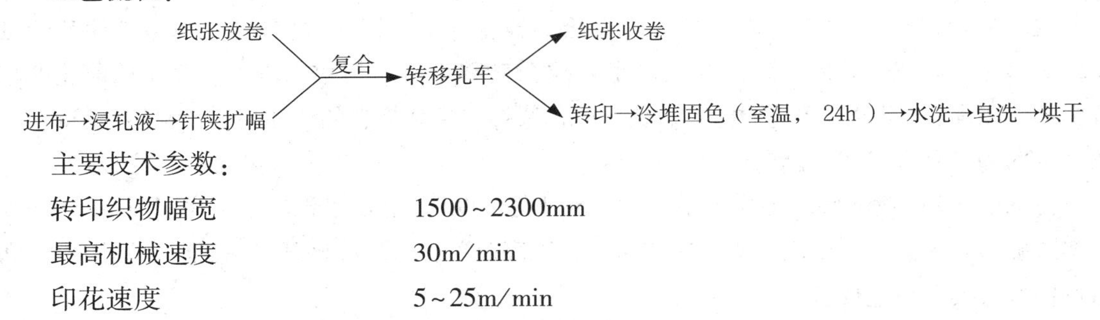

主要技术参数：

转印织物幅宽	1500~2300mm
最高机械速度	30m/min
印花速度	5~25m/min

第三节　制网和调浆

高质量的网版、精确的配色和调浆，对保证网印的质量起着至关重要的作用。传统的感光制网法，从分色描稿、黑白胶片制作、上胶、曝光、显影到成品花网要经过 30 多道工序。不仅工序多、流程长，而且图案的精细度、重现性存在较多问题。因而影响了产品质量和应对市场的能力。随着科学技术的不断发展，印花的制网和调浆也发生很大变化，现已基本实现了数码喷蜡制网、数码喷墨制网、激光制网、自动调浆以及电脑配色等先进技术。

采用数码技术制版，设计原稿经电子分色后，可在圆网或平网上直接制版，大大减少了制作时间。数码制网主要有喷蜡制网、喷墨制网和激光制网三种，其中喷墨与喷蜡制网工作原理相似。都是将分色后单色图案或照片通过扫描仪或数码相机数字化，输入到计算机进行处理。

计算机辅助系统(CAD)将其生成图像文件,再由喷墨或喷蜡制网机直接打印在具有感光胶的圆网或平网上。最后通过曝光和冲洗制成网版。激光制网是集计算机、激光、自动控制和机电为一体的技术,具有效率高、工艺流程短以及雕刻内容丰富等特点。

一、喷墨制网

喷墨制网是通过计算机控制喷墨头,将图像直接打印在涂有感光胶的圆网上,使喷墨图案形成遮光层,然后经过曝光、显影和固化而制成花网。与传统网版制作工艺相比,喷墨制网不需要胶片,可实现无接缝制网,喷墨成本比喷蜡低许多。喷墨机和喷蜡机的喷头,因堵塞可能会影响到打印质量,在制版上产生露光和拖尾现象。所以不仅要及时对喷头进行清洗和校正,而且对环境也有一定要求。要求温度保持在 18~25℃,最佳温度为 21℃;湿度要求保持在 60%~85%之间,最佳湿度为 75%。

二、激光制网

激光制网是利用激光束在计算机控制下,根据分色处理软件的花型信息数据,由 RIP 软件控制激光束在待曝光面进行高速打点,直接曝光的一种新型制网技术。

1. 激光制网原理 是将乳胶涂覆在圆网上,通过计算机将数字化的图案直接控制激光点,对圆网上的乳胶进行雕刻(气化或蒸化乳胶),完成图案的转移过程。具体过程是,将待制网的花样图案先进行分色处理成正片,然后对正片上每个循环进行扫描。扫描器读取的图像由计算机存储,并可在彩色显示屏上放映、核查和修改。已核查的分色数据记录在纸带上,并对激光束进行高精度的控制。通过花样的分色数据来直接控制激光束的开和关,激光束按分色的信息瞬时气化圆网上的胶质,雕刻出分色图案花纹。激光制网特别适用于精细直线条、云纹及水花类花型,精度可达 0.2mm,并可用于 125~215 目的高目数圆网制作。其速度比传统的制网快很多,在很短的时间内即可制备出新的圆网。不仅可进行传统雕刻、制网加工的各类花样,还可以将滚筒印花辊上的图案转移到圆网上。

激光制网工艺流程:

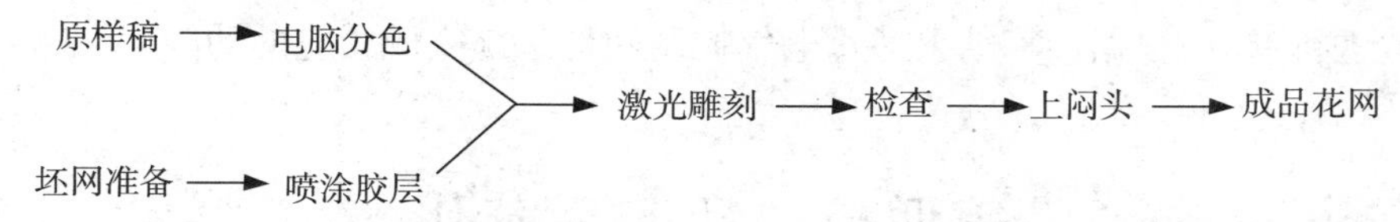

2. 激光制网设备 近年来激光制网技术的发展很快,著名的印花机制造商荷兰斯脱克(Stork)公司,在激光制网机技术上处于国际领先地位。该公司的 Smart LEX696X 圆网 UV 激光制网机,采用了精确聚焦和稳定的 UV 激光系统。在圆网高速旋转时,受控的激光束将涂在非图案表面的感光乳胶感光硬化即可完成制网。相对该公司原来的激光"雕"网系统,这种新系统的功率更低,工作时不需冷却,具有更高的制网精度。

杭州开源电脑技术有限公司研发的蓝光(UV)制网机,充分利用了 UV 激光系统多路光并行作业速度快、光斑直径小的优势,实现了高速、高精度和低成本直接制网工艺。该机的制网精度最高可达 1016dpi,可完美再现高精度的云纹、细线条等图案。

三、自动调浆

印花工艺中调浆是一道重要工序，不仅关系到印花产品的质量，而且对减少污染和浪费也是非常重要的。为此，随着产品质量要求的不断提高和节能环保要求的需要，自动调浆必将成为印花工艺不可缺少的组成部分。采用印花自动调浆控制系统，可根据工艺需要调制适量的色浆，减少浪费，降低生产成本。

自动调浆系统是将色彩空间理论运用于印花调浆的颜色分析，利用测色仪将样品颜色转化为 LAB 颜色数据，通过 LAB 颜色数据与 CMYK 颜色空间进行相互转换，并利用范例推理、比较等算法，对每种颜色的历史配方进行智能化筛选，快速制订工艺和浆料配方方案。利用数据库(SQL)技术，在线记录每次实发配方，并保存到历史数据库中，用于实时改色、重复补浆、辅助新配方的调制。系统具有残浆回用功能，对多余的浆料或者对印网等残浆实行管理，在下一次调制时对残浆进行查找并优先选用。

自动调浆系统主要由糊料准备、称粉化料、自动调浆和数据库管理软件等组成。

1. 糊料准备系统 可根据印花糊料的工艺要求，通过工控机和 PLC 控制，完成自动加水、搅拌、管路过滤和输送、配料自动称量以及黏度控制等过程。

2. 称粉化料系统 用于粉状染化料的称量、溶解和稀释，并通过上浆装置输送至自动调浆系统中的母液储存器中。称料配方可通过称粉开料软件直接录入，电子秤控制称量，自动记录并统计称料结果。该系统主要由称粉计量、供水计量、染料溶解、母液输送以及控制软件等组成。

3. 自动调浆系统 可根据生产部门下达的订单、工艺配方、配浆量等指令，完成过滤、称量和搅拌等过程。中试样和生产样取自同一容器储存的染化料，可保证每桶浆料配方的准确性和色光的重现性。当出现实际产品与样品色差时，可对工艺配方内参数进行自动计算，避免人工计算错误。系统具有残浆合并和回用功能，可有效提高残浆的利用率。根据印花工艺的色浆黏度要求，系统可自动计算出所需色浆的母液、糊料、助剂和水配比。

4. 数据库管理软件 可对生产过程中的订单、工艺配方以及配浆量的系统信息进行集中管理。对上连接数据库服务器，对下连接电器控制部件。从数据库读取订单、配方数据、工艺和环境参数进行计算，根据计算结果通过电气控制硬件系统完成相应的功能。

第四节　印花后蒸化

除不溶性偶氮染料和可溶性还原染料之外，一般染料的织物印花后都要经过蒸化处理。织物在蒸化过程中，蒸汽与冷态织物接触后释放潜热而冷凝，而织物纤维吸湿膨化，色浆吸水后加速染料和助剂的溶解，向纤维内部扩散并固着在纤维上。蒸化工艺中的温度和湿度，是控制色浆吸湿量的主要参数。相对传统一相法印花后蒸化工艺，两相法印花后蒸化可以节省蒸汽和尿素，具有显著的节能减排效果。

经蒸化后织物上的色浆、糊料以及残留的染料和助剂必须进行洗涤加以去除，偶氮染料和还原染料还必须经过皂蒸,以获得所需色泽和色牢度。提高洗涤效率是节能减排的关键,主要是通过洗涤设备的一些功能来实现。其中振荡作用、强力喷淋以及逐格逆流等形式,都是提高洗涤效率的具体措施。

这里仅对两相法印花作一简单介绍。

一、两相法印花的高效蒸化特点

两相法印花后的蒸化是在完成印花和烘干之后,将织物再次经浸轧固色化学液后进行高效短蒸的一个固色过程。在蒸化过程中,常压饱和蒸汽与织物接触后放出潜热,使织物升温至100℃。在这种湿度和温度条件下,纤维发生膨润,色浆溶解并向纤维内部扩散。织物的均匀温度分布,可避免因毛细效应所引发的染料泳移,从而保证了花型图案轮廓的清晰度。两相法印花工艺不使用尿素,浆料中只含有糊料和染料,碱剂仅在快速蒸化之前才进行施加,因而提高了印花浆料的稳定性。由于两相法印花的浆料中不含有碱剂,而是在印花烘干后再轧第二相的固色液,然后汽蒸皂洗烘干完成。所以,在完成轧固色化学液并皂洗后,工艺上必须保证印花织物的花型轮廓的清晰度和白地不被沾污。

两相法工艺的蒸化设备简单,蒸化时间短,生产效率高。归纳起来有以下一些特点。

(1)节能环保。两相法印花与一相法印花相比,可节省染料10%~20%,并且不使用尿素,可减少污染物的排放。快速汽蒸箱容积小,车速快,蒸汽浪费少,比长环蒸化机节能50%~70%。

(2)生产效率高。常规印花固色汽蒸需7~8min,而两相法印花高效汽蒸只需10~30s。

(3)加工成本低。两相快蒸工艺的印浆原糊的要求比较高,并且需要增加一道轧碱液。但两相法快蒸工艺的得色率高,要比常规法深20%~30%,节约了染料成本。故其综合成本较低。

(4)质量优良。两相快蒸工艺减少了织物在蒸箱内的滞留时间,可避免出现滴水、沾污和起皱等问题。因而印花质量好,发色鲜艳,花纹轮廓清晰。活性、还原染料染色采用高效快蒸两相法,对死棉与棉结具有一定的遮盖效果,可获得较好色泽。

二、两相法印花工艺

根据活性染料是否与碱剂同浆一步印花,还是染料单浆与碱剂分开印花,可分为一相法和两相法,但色浆印花后都需要经过烘干处理。传统活性染料一相法印花工艺是先将前处理后的织物进行活性染料(含碱、尿素等化学品)同浆印花并烘干,然后蒸化固色(102℃,7~8min),最后经过水洗、皂洗和烘干。活性染料高效快蒸两相法印花工艺是先将前处理的织物进行活性染料(不含碱、尿素等化学品)单浆印花(即所谓第一相)并烘干,然后轧碱固色液(即所谓第二相)和高效短蒸(110~140℃,10~30s),最后进行水洗、皂洗和烘干。由于两相法中染料和固色碱是分别浸轧和烘干,相互产生的影响小,特别是两相法印花工艺中的高效蒸化加快了染料对纤维的反应速率,因而具有生产效率高、蒸化时间短、得色率和色牢度高以及节能环保等优点。

1. 两相法印花蒸化的低给液 两相轧液的方式取决于所使用的染料、纤维特性和织物组织，以及不同面积花型的染料量与固色液烧碱、保险粉浓度和带液量的关系。对于还原染料两相法印花的轧液，应将轧液率控制在一个较低的合理范围内；活性染料两相法轧液中的轧碱可采用面轧低给液，面轧轧液率控制在60%~80%，甚至控制在35%~50%。整个印花工艺中，应对原糊和印浆的制作、染料的溶解以及蒸化固色温度和时间工艺参数进行有效控制。

2. 还原染料高温短蒸两相法印花 该工艺过程与悬浮体轧染相似，先将分散在印花浆中的不溶性还原染料颗粒(第一相)印制在棉织物表面上后进行烘干，再浸轧还原固色液(第二相)后进行高温短蒸。在这个过程中，通过碱性还原剂将不溶性还原染料还原成可溶性隐色体，然后被棉纤维迅速吸收。最后经过水洗、氧化、皂洗、清洗和烘干等工序，将可溶性隐色体氧化成不溶性还原染料，并固着在纤维上。

3. 活性染料高效快蒸两相法印花 活性染料与纤维素纤维的键合反应速率受到 pH 的影响。在常规一相法印花工艺中，采用碱和染料同浆印花，为了保证烘干中染料处于稳定状态，一般要选用较温和的弱碱(如碳酸氢钠)。而弱碱在汽蒸中遇热后会分解为碳酸钠(pH11)，需要蒸化 7~8 min 才能够完成印花的固色。相比之下，采用两相法印花工艺，活性染料是单浆先对纤维进行上染，而在浸轧碱剂时就不会受到限制。可使用强碱(如烧碱或混合碱)，使 pH 达 13 以上。这样就可通过高效汽蒸来促进纤维的离子化和染料的反应速率，加快染料与纤维共价键结合反应速率。由于染料对纤维的反应速率与染料在纤维上的浓度和纤维离子浓度成正比，其中纤维离子浓度又随着 pH 的增大而提高，所以活性染料两相法印花工艺中使用强碱，可以在非常短的时间内完成染料的固色反应。

4. 粘胶纤维及其混纺织物活性染料两相法印花 由于粘胶纤维具有皮层结构，会对染料在纤维中的扩散产生阻力，所以常规的活性印花之前，必须经过预处理苛化或预轧尿素等处理，以便获得所需的色泽浓艳度。在粘胶纤维/亚麻织物的两相法印花中，浆料中不含有碱和尿素等，即使不经过预处理，也可获得较高的得色率和花型效果。当进行浸轧强碱时，粘胶纤维可获得充分的溶胀，减少了染料从纤维外皮层向内扩散的阻力，增加了纤维对染料吸附和扩散量。这一过程实际上相当于一个纤维吸碱苛化的过程。

三、两相法印花蒸化控制

虽然两相法印花比一相法容易控制印花质量，但工艺条件也有一定的要求。其控制要求主要有以下几方面。

1. 染料的还原电位 染料的还原电位表示染料转化成隐色体时的电位，其高低决定了染料还原的快慢。通常还原染料的还原电位在-640~-927 mV，只有当还原剂还原电位超过染料还原电位时，才能够有效促使染料还原。但还原电位过高，也会造成过度还原。选用烧碱或保险粉作还原剂可达到较好效果。此外，不同还原电位的还原剂，具有不同的还原速率和汽蒸时间。选择保险粉作为还原剂(还原电位为-1040mV)，染料在有烧碱条件下形成可溶性钠盐，具有较好的还原效果，但稳定性较差，容易分解。因而要尽可能缩短织物浸轧到汽蒸的时间，降低工作液温度，并严格制订工艺处方和控制烧碱和保险粉用量。

2. 印花糊料的选择 两相法印花中所选择的印花糊料，在有强碱或其他化学品浸轧的条件下，应具有一定的凝聚效果。选用纯海藻酸钠浆制原糊，虽然花型清晰度较好，但得色量要比混合浆差。不同糊料对碱浓度有相应的要求，利用纯海藻酸钠浆时，碱浓度可适当低一些。活性染料两相法印花浆内不加碱和尿素等化学助剂，扩大了糊料的适应性，因而即使选用成本较低的糊料和印浆配方，也可获得较好效果。

3. 轧液率和蒸化固色条件 在还原染料两相法印花的轧液工艺中，采用低轧液率对保证花型效果具有关键作用。过高的浸轧液量，加速了染料的水解，容易产生渗化和白地沾污等问题。蒸化固色过程中，可通过不同的穿布方式实现浸轧和面轧。根据纤维性能、织物组织结构，不同面积花型的染料量与固色液烧碱、保险粉浓度和带液量的配备比例关系，以及原糊和印浆的制作、染料的溶解等情况，对固色时的轧液率、温度、时间、车速以及保险粉浓度等工艺参数进行有效控制。

4. 快蒸工艺条件 一般情况下，不同花型面积的快蒸温度可设定在 110～140℃，时间 10～30s。碱浓度和汽蒸时间取决于染料的用量、织物纤维性能和织物组织以及对染料和碱的吸液量，应根据具体情况进行相应调整。对某些细线条花型面积极小的印花织物，可采用特殊处理方式。

四、蒸化设备

蒸化是织物印花后的一道固色工序，对完成染料与织物纤维的结合，提高发色率及色彩的鲜艳度具有非常重要的作用。除了传统的印花后固色需要蒸化处理外，数码印花的固色也同样需要进行蒸化处理，因而蒸化机也是印花中的一个重要单元。

蒸化机的蒸箱是一个关键组件，直接影响到蒸汽和尿素消耗以及蒸化时间。对于织物印花后的蒸化处理，有三个控制要点：一是如何获得最佳的蒸化处理效果；二是如何达到理想的湿度和饱和蒸汽；三是如何保证蒸箱内蒸汽的有效分布。为此，意大利阿里奥利（Arioli）公司独创的“蒸汽差别化分配”原理，对降低能耗和缩短蒸化时间起到了很大作用。实际应用表明，蒸箱内各部位的蒸汽分配并不需要完全均匀一致，只要将蒸汽量集中在蒸箱的前段即可满足工艺要求。事实上，蒸汽对织物的作用主要是发生在开始的 5～6 个布环中，该区域内的蒸汽与织物接触后随即产生冷凝。这种放热反应在几秒钟内发生，完成固色并分离尿素。这种控制是通过一个特殊的喷射系统，可将 70%的蒸汽集中到蒸箱的前段区域。

参考文献

[1]宋心远，沈煜如．新型染整技术[M]．北京：中国纺织出版社，1999.
[2]中国纺织机械器材工业协会．中国国际纺织机械展览会暨 ITMA 亚洲展览会 2008～2012 展品评估报告[R].
[3]俞思琴．两相法印花的高效蒸化技术[J]．印染，2005(5)：24-27.

第十章　染整洗涤

织物经前处理之后，从织物纤维脱离下来的杂质及化学助剂还附在纱线表面上；染色后残留的未固着染料（包括未反应的染料和水解染料）会产生掉色；纤维上残留的碱剂、助剂会造成已固色的染料断键，降低色牢度；印花后织物表面也残留着未固着的染料和色浆，影响色牢度。这些污物必须通过充分水洗加以去除，以保证织物的匀染性、色牢度、鲜艳度和服用安全性。此外，织物染深色对摩擦牢度，特别是对湿摩擦牢度的要求也越来越高。因此，前处理、染色和印花后的水洗是一道重要的染整加工工序，同时也是耗水、耗能及排污最大的工序。从节能减排角度来讲，提高染整洗涤效率，降低能耗和水耗，具有更现实的意义。

本章对染整后的洗涤过程及控制方式进行分析，从工艺和设备方面给出提高水洗效率和降低水耗的设计思路。

第一节　洗涤过程及要求

从广义上讲，前处理、染色和印花后都需经过洗涤处理，以去除从织物上脱离的杂质和影响色牢度的浮色。前处理后的洗涤相对简单，主要是去除经化学处理后已从织物纤维上脱离的杂质；而染色和印花后的洗涤影响因素较多，洗涤过程也比较复杂。所以，这里主要分析染色和印花后的洗涤过程及要求。

一、洗涤过程

染色后的洗涤主要是去除未固着的染料、水解染料和电解质等。其中未固着的染料和水解染料，对织物纤维还有一定的直接性，并且分布在纤维表面、纤维毛细网络孔道的溶液中，甚至还有相当一部分处在纤维孔道中。电解质包括中性盐和碱剂等，中性盐对纤维基本上没有直接性，因而主要是通过水洗液与其进行稀释交换来去除。纤维孔道内溶液中的电解质，首先从孔道中扩散到纤维表面，然后经过稀释交换去除。碱剂具有氢氧离子，对纤维有一定直接性，从纤维中扩散出来的速率相对慢一些，并随着水溶液 pH 的降低而去除。

理论上洗去的染料量应该等于最后上染量与固色量之差，如图 10-1 所示的 E-F 部分。纤维上虽然吸附了这部分染料，但没有固着于纤维上。在随后的储存或使用中，一旦遇到水就会解吸（掉色），造成织物的色牢度下降。因此，洗涤实际上是经历了三个过程，即未固着染料从纤维内部孔道中扩散至纤维表面，再从纤维表面解吸下来，最后在纤维外洗液中扩散和稀释而被去除。

1. 稀释交换　织物纤维表面或纤维之间的毛细网络孔道溶液中，总会存在未固着染料、水解染料、电解质及碱剂等，需通过洗液进行不断地稀释交换才能够去除。这一过程必须借助洗液强烈对流循环作用，不断有新的洗液进行稀释交换。因此，新鲜洗液的交换是稀释交换过程的主要作用。

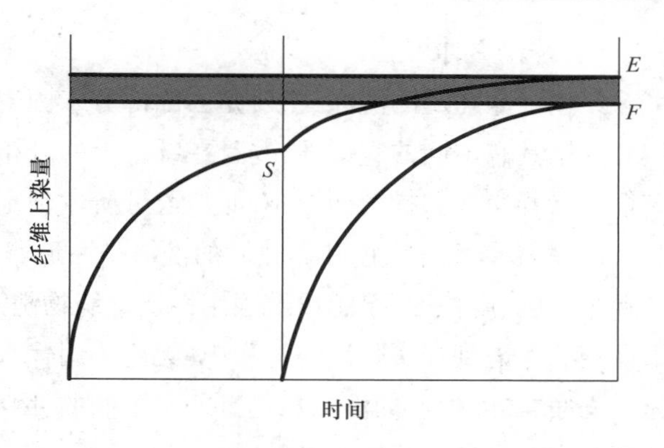

图 10-1　活性染料染色后水洗去除与 E、F 的关系

2. 扩散解吸　一些具有一定直接性的水解染料和碱剂，除了在纤维表面外，更多的是在纤维内部孔道溶液中。在水洗过程中，不仅在纤维表面通过稀释交换，还要通过解吸、扩散从纤维内部扩散到纤维表面上，然后再经过解吸和在外相溶液中扩散，并与外部溶液经过稀释交换而被去除。去除物从纤维中扩散出来的速度快慢取决于纤维溶胀程度、温度的高低以及机械作用。因此，扩散解吸是织物纤维内部孔道中的未固着染料、水解染料、电解质及碱剂等，由纤维孔道溶液中向纤维表面扩散出来，并从纤维表面解吸下来的一个过程。由于这个扩散解吸过程与染料上染时向纤维内部扩散刚好相反，受到的阻力较大，所以必须通过一定的温度扩张纤维孔道，并加大染料分子的动能，才能够加快这一过程的进程。

3. 脱离纤维　这个过程主要是将已脱离纤维的未固着染料、水解染料、电解质及碱剂等，特别是纤维表面一些难溶解的染料聚集体，甚至与金属离子或阳离子固色剂形成的色淀，通过水流的作用与织物纤维脱离并分散到洗液中去。显然，需要强烈的水流作用，一般主要是通过喷嘴的强烈交换作用达到此目的。

由上述水洗过程分析得知，水洗的作用主要是发生在织物纤维与洗液界面区，所以织物与洗液交换状态具有重要的作用。对溢流、溢喷及气流染色机来说，加快织物与洗液的交换频率及加强相互作用，可减薄纤维表面附近的动力和扩散边界层的厚度，加快水解染料和盐类物质的稀释交换速度，缩短这三个过程的时间，提高洗涤效果。表 10-1 为影响洗涤过程稀释交换和扩散的因素。

表 10-1　影响洗涤过程稀释交换和扩散的因素

影响因素	稀释交换过程	扩散过程（扩散时间）
最高洗液量	可减少浴数	需增加热耗
低带液率	有利	有利（液量小，浓度高，加快扩散）
洗浴温度	升温时，若没有增加成本，则可用换热器升温	根据条件来确定，但不得低于 80℃
时间	可缩短混合和交换时间	混合和交换时间取决于颜色深度和染料性质
染料类别	影响小	受直接性、扩散性及固色率的影响较大
助剂	没有影响或影响很小	有利于去除水解染料、纤维上浮色及难溶性杂质
水洗设备及水流	影响较小，但可缩短交换时间	影响较大，需加快洗液运动
洗浴顺序	开始时冷浴或热浴，污染物与新鲜洗液不得混合	扩散时间充裕，热浴可加快扩散，冷浴排在最后

二、洗涤要求

染色和印花后的洗涤，主要是去除部分未固着的水解染料以及电解质和助剂等。这些物质对纤维具有不同的直接性，并且在纤维上的分布状态也存在差异。在确定水洗工艺条件时，应根据稀释交换和扩散两个不同过程，分阶段确定工艺条件。

1. 洗涤标准 染色和印花后的洗涤是一道非常重要的工艺，它能够提高染色或印花织物的颜色牢度、鲜艳度、手感以及服用性能。织物洗涤的质量一般是以被染物的颜色湿处理牢度来评定。考虑到在实际洗涤过程中，无论采用什么方法，都不可能将所有未固着或水解的染料完全洗净，实际生产的洗涤总是有一定限制的，因而生产洗涤中是根据各种印染产品的相应牢度标准来制订洗涤标准的。

在实际生产中评定洗涤效果和制订洗涤工艺，一般不采用正常的湿处理牢度测试，而是采用快速试验方法。例如采用简单的湿熨烫试验方法，可以获得与湿处理牢度试验基本一致的结果。此外，萃取法确定水解染料浓度也比较精确。通过洗涤或冲洗水的颜色来判断洗涤效果也不准确。因为纤维上的水解染料量或湿处理牢度即使相同，也会随着浴比、洗涤时间和水流量的不同，而呈现出不同的洗涤液颜色。

2. 洗液的 pH 碱剂中的氢氧阴离子对纤维具有一定的直接性，水洗中较难去除，并且碱剂的存在会加速一些活性染料与纤维已键合的共价键的水解，发生水解断键反应，因此，必须通过不断稀释和降低 pH 将其去除。在高温条件下，像乙烯砜类活性染料，碱剂对纤维产生的水解断键反应更容易发生。因此，这类染料必须在高温洗涤之前，充分去除碱剂，使洗液呈中性，并且高温洗涤之前一定要经过冷水浴。

3. 助剂的作用 在洗涤过程中适当地加入一些助剂，可以防止水解染料再次吸附到纤维上，有利于水解染料向洗液中分散，有些还可起到促进对织物的渗透和加快稀释交换的作用。所用的助剂主要有表面活性剂和螯合分散剂等。这些助剂不仅可以软化水，防止水中的金属离子与水解染料反应生成难溶解的色淀，而且还可对染料和一些不溶性物质起到分散作用。但是对于染料浓度较高的织物，水解染料对纤维的直接性较高，可以采用一些效能较好的助剂。如巴斯夫(BASF)公司的 Cyclanon XC-W 助剂，可以与水解染料发生相互作用，形成络合物，使水解染料不再吸附或沉积在纤维上。

第二节 洗涤效率

提高洗涤效率主要是依靠工艺和设备，对于间歇式小浴比溢喷染色机来说，节水的真正含义应该是包括前处理、染色和后处理的全过程。目前一般的间歇式溢喷染色机可兼作前、后处理工艺，其中洗涤过程的耗水所占比例最大。这主要由于是传统大浴比洗涤工艺都是采用分缸或溢流式洗涤，以耗费大量水来不断稀释残留在织物中的废液而造成的。小浴比溢喷染色机如果采用稀释洗涤，由于织物残留的废液浓度相对较高，需要消耗很长时间才能达到洗涤的要求，那么就失去了小浴比节水的意义。因此，根据净洗基本原理，增大扩散系数和浓度梯度，缩短扩散路程能够加快净洗速度，也就是提高净洗效率。控制这三个参数的主要方式是：扩散系数通过提高洗液温度来增大，扩散路程通过洗液水流速度的激烈程度来缩短，浓度梯度是通过新鲜洗液与污浊液的快速分离来提高。

织物染整加工的耗水有70%~80%是用在前处理和染色后的洗涤过程中。在染色工艺中，为了提高染料的上染率和固色率，需要使用一些促染剂和固色剂。这些助剂有其积极的一面，但也有不利的一面，如易造成染料的水解和部分助剂的残留，影响到织物的色牢度。传统的洗涤工艺是一种稀释过程，通过大量的新鲜水去稀释织物上的污物（包括未固着染料和水解染料），既耗水又费时。随着节能减排要求的不断提高，一方面是染化料特性在改进，尽量减少对助剂的依赖性；另一方面就是对洗涤方法的改进，如何达到高效水洗效果。对气流染色机来说，小浴比工艺条件，不仅要满足染色过程的节水，更重要的是还要满足洗涤过程的高效节水要求。然而，传统洗涤的稀释方法，在小浴比条件下是无法实现高效洗涤过程的，必须改变洗涤方式。

一、影响洗涤效果的因素

为了对洗涤有一个全面的认识，先对影响洗涤的因素进行分析。在实际的洗涤过程中，影响洗涤的因素很多，但总体归纳起来，主要来自于工艺和机械两方面。

1. 工艺因素 首先是织物的品种，它包括克重、组织与密度、纤维材料等。这些织物特性的不同，会表现在对水的浸润性、洗液向纤维内部的渗透力、污物对纤维的附着力等差异，使得同等条件下并不能够获得同样的洗涤效果。其次是洗液性能的影响，如洗液中的助剂是离子型还是非离子型，采用的是化学剂还是生物剂。再次就是污物类型，包括未上染染料、水解染料、浆料和电解质等。一般在小浴比条件下，这些污物的浓度相对较高，如果是以稀释的方式水洗，显然要消耗更多的时间，而且不易洗净。此外，织物与洗液的交换速度、作用时间和洗液的温度等，也对洗涤效果产生影响。所有这些工艺因素，只有在满足各自特定的条件下，才能够达到充分洗涤的效果。

2. 机械因素 机械的影响主要是一些物理作用条件，例如轧压可以加大洗液对织物组织的渗透力，减少扩散路程和阻力；揉搓、强力喷淋可以打破织物扩散边界层的动平衡；织物与洗液的相对运动，可以提高交换速度，减薄扩散边界层厚度，增大污物的扩散速度。机械作用主要来源于水流的速度和流量，与设备的结构和性能有关。小浴比条件下的水洗，更强调洗液与织物的相互作用，因为它可以加速织物上污物的分离。而分离后的污物并不需要太高的水流温度，只要控制织物上污物分离前后的水流量，即可达到高效、节水和节能的目的。

二、提高洗涤效果的要素

洗涤实质上就是一个污物转移过程，而扩散是促成这一过程发生的主要因素。洗涤开始时，织物所带液中的污物浓度大于洗液中污物浓度，在这种浓度差的作用下，高浓度污物就会向低浓度污物的洗液中扩散，并逐渐在织物与洗液交界处的边界层趋于平衡。这种平衡状态会阻碍污物的继续扩散，因此，必须通过机械的作用及时打破这种平衡，保持污物的交换过程不间断地进行。提高水洗效果就是提供持续不断的污物交换条件,产生较高交换速度。

提高洗涤效果可以用洗涤速度(也称为洗涤效率)来表示。由净洗原理得知洗涤速度为:

$$G=k(C-C_p) \tag{10-1}$$
$$=D/h(C-C_p)(kg/m^2 \cdot h)$$

式中:G——洗涤速度,kg/(m^2 · h);

k——交换系数,m/h,$k = D/h$,D——扩散系数,h——扩散路程;

$C-C_p$——污物浓度梯度;

C——织物上污物浓度,kg/m^3;

C_p——洗液中污物浓度,kg/m^3。

式(10-1)表明,洗涤速度取决于扩散系数、扩散路程和浓度梯度三项,而改变其中任意一项,都会改变洗涤速度。研究表明,扩散系数与洗液的温度和运动的剧烈程度有关,扩散路程与织物的组织和扩散边界层厚度有关,浓度梯度与洗液的喷射力和清浊状态有关。下面对这三项要素的影响及控制进行分析讨论。

1. 扩散系数(D) 对扩散系数影响较大的首先是温度。提高洗液温度,可以增大污物的分子动能,降低纤维表面边界层中的污物浓度,并可加速织物上污物向洗液中移动速度,使纤维上更多的污物进入洗液中去。由于这部分污物主要是在织物组织纤维之间,吸附力较强,所以只有依靠分子动能才能脱离纤维。洗液温度的提高,还可以降低水表面张力和黏度,有利于织物上污物的膨化分离。此外,在高温条件下,可以降低未上染的染料对纤维的亲和力,从而加大去除浮色的能力,提高织物的耐摩擦牢度。

对扩散系数影响较大的另一个因素是织物与洗液的相对运动。具备洗液与织物交换的条件,如织物与洗液在喷嘴中交换,即使在非常短的时间内也可获得较强的作用效果。当织物上污物扩散到一定程度,往往会因为纤维表面边界层污物达到饱和状态而停止扩散;而要继续保持污物扩散的进行,就必须不断地打破这种饱和状态。织物与洗液的相对运动越激烈,就越有利于改变饱和状态,提高扩散系数。在织物与洗液的相对运动过程中,还可以加快边界层洗液与织物上污物的交换速度,脱离织物后的污物可迅速转移到洗液中,并由流动洗液带走。

2. 扩散路程(h) 洗涤过程中,洗液必须通过具有一定厚度的边界层与织物上的污物进行交换,完成污物的转移。因此扩散路程就决定于边界层厚度和织物结构内的路程。其中边界层厚度与洗液的流动状态密切相关,并且也是影响扩散路程的主要因素。通过喷嘴的强烈喷射作用,加大洗液对织物的渗透力,实际上就是加剧洗液的流动状态,减少织物边界层的厚度,缩短扩散路程,提高污物的扩散能力。

3. 污物浓度梯度($C-C_p$) 洗液与织物作用后必须进行清浊分流,使脱离织物后的污物迅速分离,不参与洗液的再循环。这样可以避免对织物造成二次污染。若织物每次接触的都是新鲜洗液,就可始终保持较高的污物浓度梯度,有利于加速织物上污物的扩散。

由此可见,水洗过程中织物的污物去除速度,与污物的浓度梯度(织物上的污物浓度与洗液污物浓度之差)和交换系数成正比。交换系数又涉及两个参数,即扩散系数和扩散路程。

也就是说，要提高水洗效率（水洗速度），必须提高扩散系数，减少扩散路程，增大织物与洗液的污物浓度梯度。温度是提高扩散系数的主要方法，浓度梯度的提高和扩散路程的减少可通过织物与洗液的强烈交换和作用来实现。

第三节　水洗形式与过程分析

织物以松式绳状水洗可使织物呈松弛和低张力状态，有利于织物的膨润和污物向洗液的扩散，并且仍然保留经松式绳状染色后织物的丰满手感效果。但是，如何提高水洗效果，解决耗水和耗时的问题，又是松式绳状水洗设备和工艺多年来所研究的课题。因此，分析松式绳状水洗几种具体形式和过程，从中可以找出规律，采取相应的控制方式，可为小浴比条件下如何达到充分水洗效果的研究提供依据。

一、间歇式排、进液水洗

这种水洗方式实际上就是在间歇式染色机中分缸（或分浴）水洗。主缸进入新鲜水后，织物与洗液相对循环水洗，在水洗过程中既不进水也不排液，直至织物上污物在洗液中稀释平衡后，再换下一缸。经若干缸水洗后，达到所要求的织物污物残留浓度（如电解质含量在1~2g/L以下），即完成水洗工艺。

1. 水洗过程分析　间歇式水洗过程如图10-2所示。为了简化分析过程，假设织物对洗液不发生选择吸收现象，并且每一缸均可达到织物上的污物浓度与洗液浓度的平衡。那么，第 m 缸时，缸内存在以下物料的平衡关系式：

$$W \cdot C_{m-1} = W \cdot C_m + W' \cdot C_m' \qquad (10-2)$$

式中：W——织物所带洗液量；

W'——主缸内（包括循环管路）洗液量；

C_m, C_{m-1}——分别为第 m 缸和第 $m-1$ 缸时织物上的污物浓度；

C'_m——为第 m 缸洗液的污物浓度。

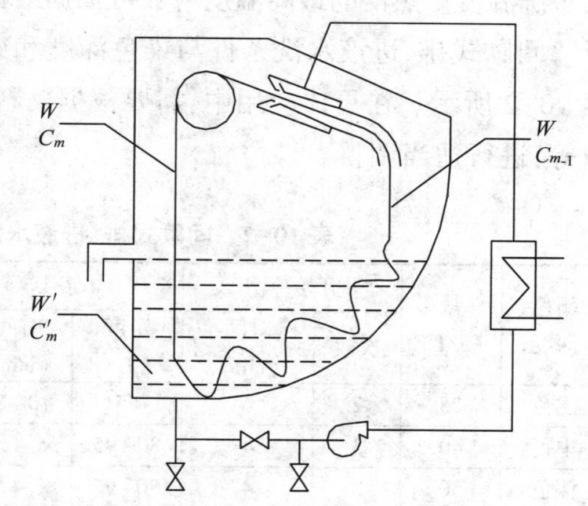

图 10-2　间歇式水洗示意图

根据前面假设，织物上的污物浓度与洗液的污物浓度达到平衡时，有 $C_m = C'_m$。设主缸内洗液量与织物所带洗液量之比为 $F = W'/W$，可将式（10-2）改写为：

$$(1+F)C_m = C_{m-1} \qquad (10-3)$$

水洗任意一缸时织物上污物的最终残余率，具体计算如下：

（1）第一缸水洗：

$C_m=C_1,C_{m-1}=C_0$,则:

$$\frac{C_1}{C_0}=\frac{1}{1+F}$$

(2)第二缸水洗:

$C_m=C_2,C_{m-1}=C_1=\frac{C_0}{1+F}$,则:

$$\frac{C_2}{C_0}=\frac{1}{(1+F)^2}$$

(3)第 n 缸水洗:

$$\frac{C_n}{C_0}=\frac{1}{(1+F)^n} \tag{10-4}$$

式(10-4)表示间歇式水洗 n 缸后织物上污物的最终残余率,F 值越大或水洗次数越多,则水洗效果越好。显然以这种形式水洗,大浴比的水洗次数要比小浴比少。

2. 水洗浴数及条件 由上述分析得知,间歇式排、进液水洗所需浴数与浴比、带液量和染液中的电解质浓度有关。一般可根据稀释原则估算浴数,每缸洗浴至少要循环2~4 次,而水洗温度和停留时间可由具体条件而定。采用高温水洗时,时间由洗液流速或循环周期确定。一些扩散性较差的染料如酞菁结构的染料或直接性较高的染料,应适当延长水洗时间,并且尽可能提高初始水洗温度。热浴的最高温度一般可根据染料的扩散性质而确定,并采用逐步升温方法。

间歇式排、进液水洗条件与染色深度和染料性质有关,采用先冷浴水洗的一般工艺条件如表 10-2 所示。在具体应用中,需要根据染料、盐用量、浴比、带液量以及织物与洗液的交换次数等,进行适当调整。

表 10-2 间歇式排、进液水洗条件(浴比 1:10,带液率 300%)

颜色深度	盐(g/L)	开始冷浴		热浴 1		热浴 2		热浴 3		中间及最后冷浴	
		次数	时间(min)	温度(℃)	时间(min)	温度(℃)	时间(min)	温度(℃)	时间(min)	次数	时间(min)
浅色	25	2	4	65	10~20	—	—	—	—	1	4
中色	40	3	4	80~95	4	95	10~20	—	—	2	4
深色	50	3	4	80~95	4	80~95	6	95	10~30	3	4
特深色	80	4	4	80~95	4	80~95	6	95	10~30	3	4

二、溢流式水洗

该种方式是主缸内始终储存一部分洗液,在织物的水洗过程中,进水的同时在一定高度的溢流口排放废液。它与分缸水洗有一个明显不同点,就是在水洗过程中,部分洗液也在不断更新,具有一定的浓度梯度,显然有利于织物的水洗速度。

溢流式水洗过程如图 10-3 所示。同样假设织物对洗液不发生选择吸收现象,织物循环 m

次后,织物上污物浓度与洗液中污物浓度达到平衡。那么,缸内存在以下物料的平衡关系式:

$$W \cdot C_{m-1}=W \cdot C_m+W' \cdot C'_m+W'' \cdot C'_m \tag{10-5}$$

式中: W——一定时间内,织物所带洗液量;

W'——进水、排水量;

W''——主缸内储存的部分洗液;

C_m, C_{m-1}——分别为循环 m 圈和 $m-1$ 圈时织物上的污物浓度;

C'_m——循环 m 圈后,排放的洗液和主缸内存液中的污物浓度。

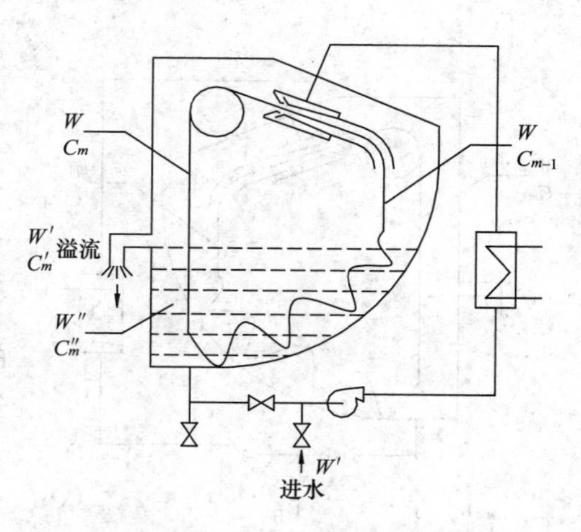

图 10-3 溢流式水洗示意图

织物循环若干圈后,其上的污物浓度与洗液的污物浓度达到平衡,即有 $C_m=C'_m$。设进水量和主缸内存液与织物所带洗液量之比为 $F=(W'+W'')/W$,则可将式(10-5)改写为:

$$(1+F)C_m=C_{m-1} \tag{10-6}$$

水洗循环 m 圈时织物上污物的最终残余率,具体计算如下:

(1)循环一圈水洗:

$C_m=C_1, C_{m-1}=C_0$,则:

$$\frac{C_1}{C_0}=\frac{1}{1+F}$$

(2)循环 n 圈水洗:

$$\frac{C_n}{C_0}=\frac{1}{(1+F)^n} \tag{10-7}$$

式(10-7)表示溢流式水洗 n 圈后,织物上污物的最终残余率。比较式(10-7)和式(10-4),当织物循环圈数与水洗缸数相等时,因溢流式水洗的 F 值较大,故水洗效果要更好一些。

三、连续式排、进液水洗

与前两种水洗方式截然不同的是,连续式水洗过程中织物仅与新鲜水进行交换,而交换后的洗液离开喷嘴后就与织物分离,与织物分离后的污物不会再次沾污织物。由于织物在喷嘴中每次都是接触新鲜水,所以可以形成很大的浓度梯度,具有显著的水洗效果。

连续式水洗过程如图 10-4 所示。同样假设织物对洗液不发生选择吸收现象,织物循环 m 次后,织物上污物浓度与洗液中污物浓度达到平衡。那么,主缸内存在以下物料的平衡关系式:

$$W \cdot C_{m-1} = W \cdot C_m + W' \cdot C'_m \tag{10-8}$$

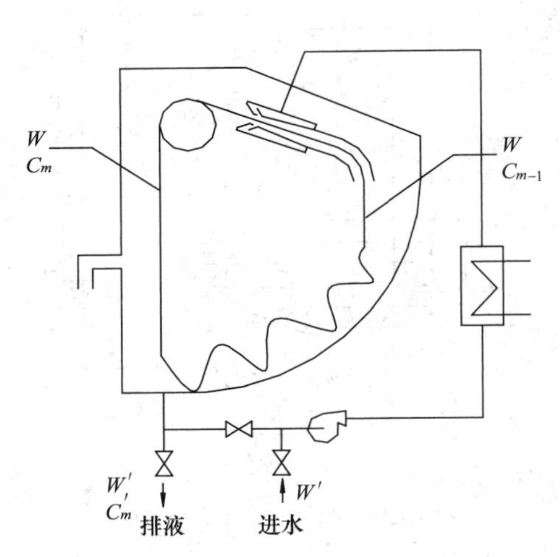

图 10-4　连续式水洗示意图

式中：W——一定时间内，织物所带洗液量；

W'——进水、排液量；

C_m，C_{m-1}——分别为循环 m 圈和 $m-1$ 圈时织物上的污物浓度；

C'_m——排放液中污物浓度。

在连续循环水洗中，织物上的污物浓度与洗液的污物浓度达到平衡，即有 $C_m = C'_m$。设进水量与织物所带洗液量之比为 $F = W'/W$，可将式(10-8)改写为：

$$(1+F)C_m = C_{m-1} \tag{10-9}$$

水洗循环 m 圈时织物上污物的最终残余率，具体计算如下：

(1)循环一圈水洗：

$C_m = C_1$，$C_{m-1} = C_0$，则：

$$\frac{C_1}{C_0} = \frac{1}{1+F}$$

(2)循环 n 圈水洗：

$$\frac{C_n}{C_0} = \frac{1}{(1+F)^n} \tag{10-10}$$

式(10-10)表示连续式水洗 n 圈后，织物上污物的最终残余率。比较式(10-10)和式(10-7)，当织物循环圈数相等时，因溢流式水洗的 F 值较大，故水洗效果要更好一些。但是，如果将两者的入水量设置成一样，只是一个在缸内始终存一部分水，另一个不存水，那么两者就会消耗等量的水。若从另一个方面来考虑，溢流式水洗与连续式水洗两者洗液的浓度梯度相差较大，而这恰恰就体现出了连续式水洗的效率。也就是说，采用连续式水洗是通过加大洗液的浓度梯度来达到省水、省时以及良好水洗效果的目的。

除此之外，在实际水洗过程中，织物可能会对洗液有选择性的吸收，或处于不完全水洗体系(即扩散没有达到平衡状态)；即使在某一段时间内达到平衡，织物上污物浓度也大于洗液污物浓度。这就要求对上述织物上污物的最终残余率增加修正系数，但不妨碍对水洗的定性分析。

四、对比分析

间歇式水洗完全是一个残留染液的稀释过程，最后稀释到清水为止。溢流式水洗主要是保留一部分水位，进水与排水同时处于开启状态，特别是对浮在液位表面的污物，可以通过有一定高度的溢流排除。所以传统的水洗工艺中,有许多是分缸水洗后再采用溢流式水洗。相比之下,连续式水洗的污水与新鲜水是分开的,从织物上洗下的污物不随织物进行循环,而是直接排放。三种水洗方式的效率,可以从水洗浓度梯度、时间和耗水方面进行对比分析。

1. 水洗浓度梯度 以上三种水洗方式,在满足相同的水洗效果时,不仅耗水和时间上有区别,而且更重要的是洗涤浓度梯度的差异。以下对三种洗涤方式的浓度梯度进行分析和比较。

(1)间歇式水洗。第一缸进水后,开始织物上污物的浓度与洗液的污物浓度差为最大,随着循环后的不断稀释,最后两者达到一个新的浓度平衡值,即浓度差为零,水洗速度也随之减少,直至为零。要保证水洗的进行,就必须排放废液,重新进水以增大水洗浓度梯度。后续的每一缸都是按照这个过程进行,只是随着水洗缸数的增加,新的浓度平衡值在不断降低,直至达到织物上污物的最低残余率满足要求为止。

(2)溢流式水洗。与间歇式水洗相比,总有一部分新鲜水在不断稀释洗液,并同时在排放与进水等量的废液。所以在水洗过程中,总是在维持一个较大的相对浓度梯度,水洗速度较快。即使织物经过若干次水洗循环达到了最低残余率时,织物与洗液仍然存在一定的浓度梯度,只是非常小而已。

(3)连续式水洗。由于所进的新鲜水与织物仅进行一次交换,并且分离后排放,所以织物上污物与新鲜水总是存在最大浓度差。尽管织物上污物的残余率在不断降低,但水洗的浓度梯度始终是最大的。这种条件下的水洗速度,显然高于其他两种水洗速度。

2. 时间和耗水的比较 比较上述三种水洗方式,不难发现连续式水洗,不仅水洗效率高,而且节水省时间,是适合于小浴比水洗的最佳方法。相比之下,间歇式水洗对小浴比来说,水洗效率低,耗水费时间。而溢流式水洗介于两者之间,但对小浴比仅仅是一种权宜之计,并非是一种理想效果。现在一些中浴比[1∶(8~12)]染色机,由于结构性能的限制,多半是以溢流式水洗为主,也有加一些简单的程序控制,但总体来说不是一种高效节能的水洗方法。为了说明问题,现举一例子。

已知两种溢喷染色机,浴比分别为1∶10和1∶4。假设纯棉织物的含水率为300%,织物所带污物浓度为60g/L,要求水洗后织物残留污物浓度为2g/L。分别求两种浴比条件下的水洗效果。

(1)间歇式水洗:

a. 浴比为1∶10时,分别将$F=\frac{7}{3}$,$\frac{C_n}{C_0}=\frac{2}{60}=\frac{1}{30}$代入式(10-4)得:

$$\frac{1}{30}=\frac{1}{\left(1+\frac{7}{3}\right)^n}$$

两边取对数并移项:$n=\frac{\ln 30}{\ln\frac{10}{3}}=2.8$

所以要水洗 3 缸才能达到要求。

b. 浴比为 1∶4 时,分别将 $F=\frac{1}{3}$,$\frac{C_n}{C_0}=\frac{2}{60}=\frac{1}{30}$代入式(10-4)得:

$$\frac{1}{30}=\frac{1}{\left(1+\frac{1}{3}\right)^n}$$

两边取对数并移项:$n=\frac{\ln 30}{\ln \frac{4}{3}}=11.8$

所以要水洗 12 缸才能达到要求。

(2)连续式水洗:

式(10-7)和式(10-10)虽然形式相同,但含义不同。计算的结果一个表示水洗的缸数,一个表示水洗的循环次数。所以小浴比采用连续式水洗时,达到最终水洗要求的循环次数也是 12。如果织物按 2.5min 循环一圈,则完成水洗的总时间为:2.5×12=30min。显然这里没有考虑水洗浓度梯度的作用,实际中并不需要这么长时间。

(3)耗水耗时比较:

浴比 1∶10 水洗需要 3 缸,若织物的含水率为 300%,则每缸入水为 1∶7,而 3 缸的总耗水为 7×3=21 倍的织物含水量。浴比 1∶4 水洗需要 12 缸,若织物的含水率为 300%,则每缸入水为 1∶1,而 12 缸的总耗水为 12×1=12 倍的织物含水量。比较两种浴比条件下间歇式洗涤,小浴比的总耗水量要小于大浴比,但小浴比要消耗更多的时间,所以必须改变小浴比的洗涤方式。

以上分析对比表明,间歇式水洗,即进水/排放分缸水洗,对织物上污物的稀释程度要差许多,需消耗大量的水才能够达到要求。溢流式洗涤实际上是将排液口设置在一定高度位置,边进水边排液。主缸内总是储存一部分水,对织物上的污物进行稀释。实际上是一种动态水流的稀释交换过程,比间歇式水洗的效果要好一些,但仍然要消耗大量的水。连续式水洗方式具有较高的水洗效率,尤其是采用小浴比连续式洗涤,具有显著的高效节能效果。因此,气流染色机采用的是连续式水洗,能够充分发挥出小浴比水洗的高效节能优势。

五、织物连续式水洗

在织物的连续式水洗工艺中,按织物的状态可分为绳状和平幅两种形式,并且都是在专用的水洗联合机中进行。

1. 连续式绳状水洗 采用该水洗方式,织物与洗液形成逆流交换,可提高水和热的利用率。织物经过多浸多轧(各水洗格槽之间经过一道轧水),增强了织物的搓洗效果。提高连续式绳状水洗效率的工艺条件主要包括织物运行速度、水流速度和流量、温度、洗液喷射方向以及穿布的道数。图 10-5 为连续式绳状水洗工艺流程,织物染色后先在染色机中冷水洗涤 2 次,从第 3 格槽开始进行热浴水洗。除了末尾 2 道槽外,其余洗格槽的洗液与织物呈逆流交

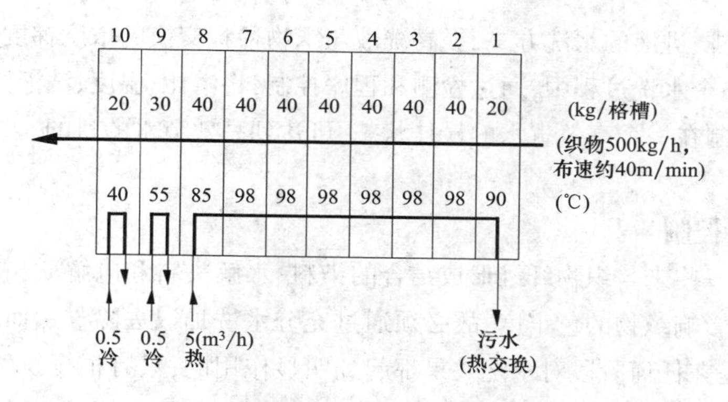

图 10-5 连续式绳状水洗工艺流程

换,最后一道洗格槽进新鲜冷水。由于绳状水洗对织物产生的张力较大,容易造成织物变形和表面粗糙,所以该方式主要适于对张力要求不高的织物。

2. 连续式平幅水洗 织物连续式平幅水洗的生产效率高,织物表面平整且尺寸稳定,但水洗效果比绳状水洗差。织物连续式平幅水洗宜在高温热浴中进行,并且采用逆流方式。一般可根据染料性质和浓度进行水量控制,并视牢度情况选择一次或二次水洗。对于中色和深色织物品种,应采用二次水洗,其中第一次水洗最后一道可省去冷水洗。如果不进行二次水洗,就应该降低车速,加大用水量,并且最后一道必须经过冷水洗涤。

一次水洗工艺流程:

冷浴水洗(1 格)→热浴水洗(1 格,有条件可采用溢流)→接近沸水洗涤(1~2 格)→接近沸水皂洗(2~4 格)→热浴水洗(1 格)→冷浴水洗(1 格)

3. 洗液的温度和浓度影响 在其他工艺条件一定的情况下,洗液温度从 10℃ 升至 40℃ 时,织物中的含碱量可相差 8 倍。温度高于 80℃ 时,水洗效果非常显著。而温度升至 95℃ 时,比 80℃ 的水洗效果提高 15%。原因是污物分子动能随着温度的升高而增加,提高了扩散系数。此外,织物连续式水洗中,轧车喷淋水的温度不能低于 80℃,特别是退浆和煮练之后的轧洗,否则,PVA 浆料遇冷后会凝聚,重新附着在织物上。对于高密织物来说,突然遇冷也会使织物急剧收缩,产生细密皱纹。

加大水洗的洗液浓度梯度对提高水洗效果具有很重要的作用。采用横直导辊穿布、轧压点、水洗槽逐格逆流以及蛇形逆流的水洗形式,都可加大洗液浓度梯度。横直导辊穿布主要适于中厚以上织物,对高密薄型织物水洗较困难。原因是会形成水袋,易造成织物折痕。

第四节 受控水洗

受控水洗是根据净洗原理,对印染后织物采取不同水洗阶段控制,用较少的清水对污水进行稀释交换,以此达到较高稀释效果的一种新型高效节水技术。小浴比溢喷染色机或气流染色机,采用连续式排、进液的水洗方式,提高洗液与织物稀释交换的浓度梯度,为受控水洗提供了有利条件。在整个水洗过程中,通过检测和程序控制,将浴比、温度、洗液流速以及织物与洗液的交换程度,控制在一个高效省水的最佳状态,可达到高效节水的目的。

一、水洗阶段控制

染色结束后,一些未与织物纤维形成结合的染料、水解染料和电解质,总会存在纤维孔道中或纤维表面上,影响织物的色牢度,故必须通过充分水洗加以去除。然而,在水洗过程中的水流和温度并不是在任何阶段对水洗效果都起到明显作用的,只有根据织物中污物在不同阶段的分布规律,采用对应的水流和温度进行控制,才能够达到高效、节水的净洗效果。

如何以最少的耗水量和最短的时间达到最佳的水洗效果,是小浴比溢喷染色机的一项关键技术。目前一些技术先进的小浴比溢喷染色机,采用了连续式水洗方式,将水洗过程分阶段,分别以水流、温度的不同组合进行控制,可达到较高的水洗效率,并且省时省水。水洗阶段控制主要包括以下部分。

1. 水流控制 水流对提高水洗效果的作用主要表现在,增大扩散系数、减小扩散路程以及提高浓度梯度。但是,水流并非在整个水洗过程中都会起到不可替代的作用,相反一些织物总是在强烈的水流作用下,可能会造成织物纤维损伤,况且还要消耗更多的能耗(如电和水)。因此,根据织物上污物在同一水洗过程中的不同时段,在织物中分布状态不同,可以进行水流的分别控制。活性染料染色后,织物纤维表面上主要是分布着未上染的染料、水解染料和电解质。只有采用强烈的水流冲刷,才能够加快它们与织物纤维的剥离速度。通常提高染液主循环泵的流量(主泵电机采用变频时可提高转速),关闭染液旁通,以足够大的水流量在喷嘴中对织物进行冲洗,织物连续循环2~3圈即可将织物纤维表面上的浮色去除。由于这一过程与染料上染纤维时恰恰相反,是一个解吸过程,所以加大水流可减薄纤维表面的动力和扩散边界层,加快污物的解吸速度。此外,较大的水流也可加大水洗时洗液的浓度梯度,提高水洗效率。

2. 温度控制 染色过程中未上染的染料、水解染料和电解质,除了被吸附在织物纤维之间外,还会进入纤维孔道之中。虽然没有与纤维形成结合键,但从纤维内部向纤维表面扩散却有较大的阻力。仅仅通过水流不足以完全去除,必须通过提高水洗温度,扩大纤维内部孔隙,加快水分子动能,才能够将它们从纤维孔道中转移出来。所以,水洗的第二个阶段应该提高水洗温度,加大杂物分子向纤维外迁移的动能,并从纤维表面解吸下来。这种温度作用效应,也是提高水洗效率不可缺少的控制部分。

由于水解染料和碱剂对纤维具有一定的直接性,尤其是水解染料可分布在纤维表面、纤维内部孔道溶液中,必须经过类似于染料上染时的相反过程才能够被去除。在这个扩散和稀释交换过程中,主要是污物从纤维内部向外扩散的速度决定整个去除的时间。因此,必须通过升高温度,扩大纤维孔道,提高水解染料和碱剂的扩散动能,并伴随一定的水流作用,才能够加快去除速度。

当完成前面两个控制阶段后,织物纤维内外的大部分污物已脱离,但还有一部分附在织物表面上,这时只要控制在一个较低的水流和温度条件下即可去除。这一过程控制实际上是一种节能方法，在传统的水洗过程中往往会忽略这一点。

3. 各阶段的时间分配 三个阶段的时间分配应根据各自作用条件和效果来确定。时间长了，既浪费水和时间，同时对织物的损伤也大；时间短了，达不到预期的水洗效果。水洗时间的长短除了与设备的结构性能和控制方式有关外，还与染色中染料的固色率有很大关系。从理论上讲，对同一类活性染料来说，气流染色的固色率要比普通溢流或喷射染色机高。如果采用合理的染色工艺，气流染色后所残留的未上染染料、水解染料以及电解质相对要少很多，也就是说水洗所花费的时间要缩短。至于水洗的时间，与水洗的三个阶段分配有关。水流的作用主要是针对织物纤维表面的污物，相对容易去除，只要有足够的水量和一定的织物循环次数即可，并且需要的时间较短。织物纤维孔道中的污物，必须借助其加热后的动能向外扩散，这一过程相对较慢。最后一个阶段是扩散到织物纤维表面的污物，因量相对较少，故很快就容易去除。

染色后的水解染料具有一定的直接性，与织物纤维的脱离有一个解吸过程。与染料的上染过程类似，受到诸多因素的影响，因而从纤维内部向外扩散的速率很慢，并且也是经历先快后慢的过程。由于不同的染料或染料浓度的扩散存在差异，所以在确定具体水洗工艺条件时，应进行适当修正，以便获得最佳的水洗工艺时间。此外，对活性染料染色后的水洗，在一定程度上会出现与纤维已键合的染料水解断键，无法确定水洗的总时间或水洗浴数。这时只有通过不断检测织物的湿处理牢度来确定，并加以修正。

4. 温度与水流的关系 对于活性染料染色的水洗，开始主要是通过稀释交换去除没有直接性的盐类物质，一般是水流量和机械作用的影响较大，而水洗温度和洗涤剂的作用不是很明显。由织物净洗原理得知，具有振荡作用的水洗过程，能够提高织物的水洗效果。而水流的强力作用，就相当于水流振荡。有测试表明：在60℃水温时，增加振荡后可提高水洗效率7.5倍；在80℃水温时，可提高4.5倍；而在96℃水温时，即使再加振荡也只提高0.65倍。其原因是，高温条件下的水温效应已远远大于振荡作用。所以，从节能的角度考虑，高温条件下应降低水流量，而让温度发挥其主要作用。

二、冷、热水洗顺序

水洗浴从温度上可分为冷浴水洗和热浴水洗两种形式，其排列的先后顺序对洗涤效率和加工成本有很大影响。传统的水洗排列方式是织物染色后排液，先进行大量冷水洗涤，然后升温水洗。直到织物上电解质浓度低于1~2g/L后再进行升温皂洗，之后逐渐降温洗涤，最后采用冷水洗涤。

1. 冷浴水洗 这是一种传统方法。活性染料染色完毕，织物上还残留着大量含碱和电解质的染液，一般是通过稀释交换进行去除。此时，温度不但没有太大作用，反而还会使已与纤维键合的染料产生水解断键反应，增加了水解染料量。因此，只有在织物上电解质浓度低于1~2g/L时，再进行升温皂洗。通常，对活性染料染色后所含碱剂较高的织物，在高温皂洗之前，必须通过冷浴水洗充分去除织物上的碱剂，使其pH呈现近似中性。

2. 热浴水洗 对于一氯均三嗪类活性染料，因耐碱性较好，在染液pH较低情况下，热浴水洗不会产生多少水解染料。此时,采用热浴水洗可以快速去除电解质和水解染料,并且还可避免织物突然遇冷所产生的收缩,使纤维内的水解染料、电解质和碱剂向纤维外扩散受到阻力。热浴水洗之前,必须将洗液的 pH 控制接近在中性,温度一般在 60~70℃。热浴水洗避免了冷浴水洗时洗液中附着或沉淀在织物表面上的大量泡沫污物。从高效节能的角度来考虑,热浴水洗具有效率高、流程短、耗水量低和排放小等特点。EXCEL CR 水洗是热浴水洗的典型工艺。其工艺流程是:染色后排液→60~70℃热浴水洗(洗液的 pH 维持在中性)。

3. 冷、热浴水洗的选择 为了达到高效节能的水洗效果,应根据水洗时影响稀释交换和扩散的影响因素,再结合织物中被洗除物的特性,采用分阶段的水洗方式。水洗的前阶段主要是去除中性盐和碱剂等电解质,是通过稀释交换来完成。对于染浴 pH 较低、染料易水解断键或直接性低、扩散性和易洗涤性较好的情况,可采用冷浴进行水洗;反之,就采用热浴水洗。尤其是当电解质浓度低于 1~2g/L 时,采用热浴水洗,可加快染料从纤维内扩散出来的速度。冷浴与热浴相比,浴数多、效率低、耗水量大。热浴水洗可利用换热器将排放废液热量用于清水加热。

三、受控水洗与常规水洗的比较

受控水洗技术目前在国外一些先进的间歇式溢喷染色机中已经得到了应用,尽管具体工艺条件和参数以及称呼有一定差异,但基本原理是一样的。这里对受控水洗工艺和常规水洗工艺中染料浓度、盐浓度以及 pH 的变化情况做一对比分析。图 10-6 为受控水洗工艺各种介质的变化,图 10-7 为常规水洗工艺各种介质的变化。

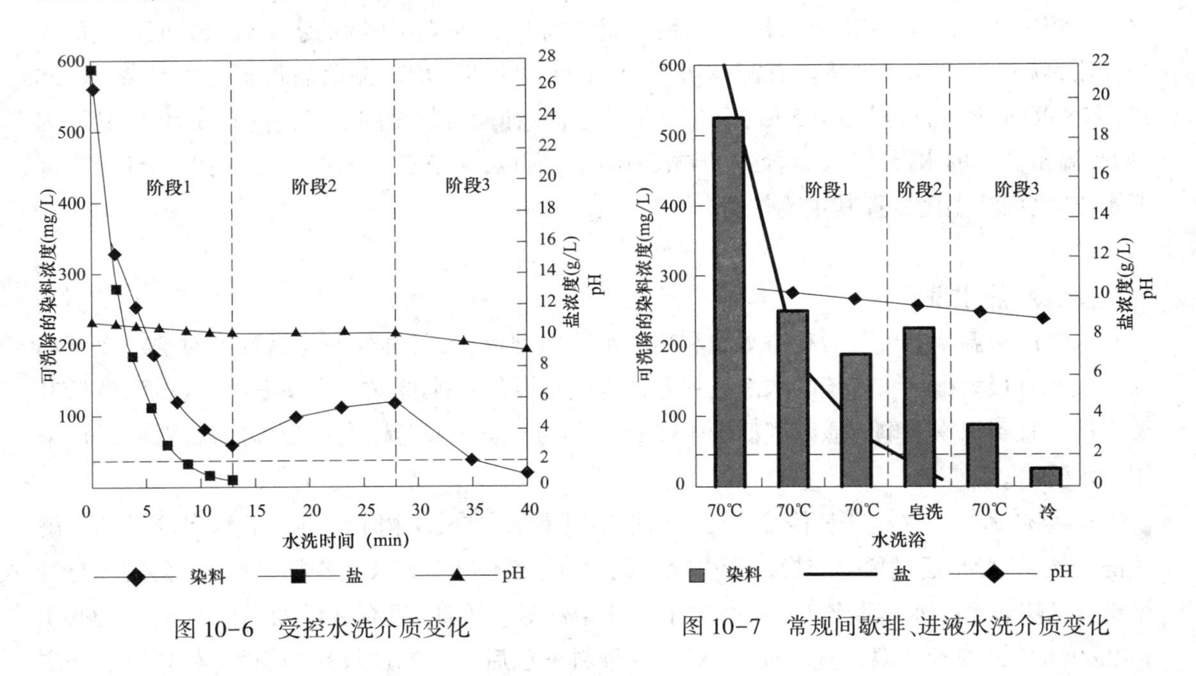

图 10-6 受控水洗介质变化

图 10-7 常规间歇排、进液水洗介质变化

对于相同染色深度,并在同一台水洗设备(或染色机)分别进行受控水洗和常规水洗,可以发现染料浓度、盐浓度和 pH 变化是不同的。

1. 染料浓度 比较可发现,在常规水洗的第1次排、进液时,去除的未固着染料很少,只有在第2次水洗中去除才比较明显,并且需要经过5次排、进液水洗才能够将未固着染料降低到一个较低值。相比之下,受控水洗采用连续式排、进液,在10min左右就可将未固着染料浓度降至100mg/L。在两种水洗过程中,纤维内未固着染料不断向纤维外扩散,洗液的染料浓度随着时间的延长而逐步降低,但受控水洗的染料浓度始终要低一些。当受控水洗40min后浓度已经降至很低,而常规水洗却要经过6次排、进液过程才能够降到相同值。

2. 盐浓度 受控水洗在阶段1中,主要是通过稀释交换去除盐,盐浓度降到2g/L以下仅需要10min。相比之下,常规间歇排、进液水洗达到相同盐浓度时,需要经过3次排、进液水洗过程,所花费的时间约60min。

3. pH 两种水洗方式的pH相差较小,但受控水洗液的pH相对较低一些,并且洗液pH达到8所需的时间也短。这对耐碱性较差的染料如乙烯砜类染料,以及一些直接性较高的双活性基染料来说,即使在较高温度下水洗,也可防止已固着在纤维上的染料产生水解断键。采用适当高温水洗,可提高水解染料的扩散速度,降低其直接性,提高湿处理牢度和缩短水洗时间。

第五节 高效水洗

染整工艺中的前处理(退、煮、漂)后、染色后及印花后,都需要进行洗涤处理,以去除织物上残留的污物、杂质、助剂和未上染的染料,提高印染加工后产品的各项牢度。织物的洗涤处理主要是通过浸轧(洗涤剂、膨润剂等)、堆置汽蒸和各种高效冲洗等过程,并且由相应的单元机完成。尽管前面的印染加工形式不同,但洗涤的目的是相同的,要求均匀、洁净和透彻,即"匀、净、透"。而染整装备中的洗涤设备,基本上都由通用单元机所组成。因此,织物的前处理、染色及印花后的洗涤设备,都是根据各自的洗涤要求,由一些基本通用单元机所组合成的联合机。高效水洗也主要体现在各功能单元的结构性能方面。

一、高效水洗单元的结构特征

高效水洗设备的特性主要表现在高水洗效率和低能耗两方面,目前主要形式有高效水洗机和强力水洗机。根据净洗原理,水洗效率与洗液的浓度梯度、污物在织物纤维中的扩散距离等因素有关。采用洗液逐格逆流,与织物运行方向相反,可提高洗液的浓度梯度;加大水流对织物的冲刷,可缩短污物从织物纤维表面向洗液中扩散的距离;提高水洗温度,可加快织物纤维内部污物向纤维表面扩散的速度。高效水洗设备降低水洗能耗是以降低温度和耗水量为设计原则的,采用分格低水位逐格逆流、织物曲形穿布路线形式。

1. 下浸上冲式水洗槽 采用一个大网辊,网辊下半部浸在洗液中,露在气相中的网辊部分,被洗液喷射水刀包围。织物包覆在网辊面上,循环洗液穿过织物并强力冲洗。该水洗槽可适于各类织物。

2. 布液分离式水洗槽 采用一个大网辊，织物与洗液分离，可防止污物再次沾污织物。网辊外围部分仍然配有水刀冲洗。洗液通过网辊内外穿透织物，产生强力冲洗。该水洗槽主要适于轻薄织物。

3. 振荡式水洗槽 配有一个大网辊和两个液下高速旋转梅花辊，呈“品”字形排列。这种结构可对织物进行正面水刀冲洗，反面振荡水洗，因而水洗效率高。网辊外围部分配有水刀，循环洗液通过网辊内外穿透织物。由于织物在两个高速旋转梅花辊上形成包角，织物运行中的相对张力较大，所以仅适于无张力要求或对张力不敏感的紧密织物。

4. 双转鼓水洗槽 采用两个大网辊，可对织物双面进行水刀冲洗。该形式可产生强力而充分的喷淋洗液，增加了织物渗透和清洗效果。同样是运行中产生的张力较大，适于无张力要求或对张力不敏感的紧密织物。

5. 高效轧水装置 在织物连续式水洗设备中，轧车是用于轧水不可缺少的通用装置。特别是轧液率对提高洗液浓度梯度，以及节能降耗具有很重要的作用。为此，从节能减排的角度来考虑，高效轧水装置开发和应用也引起了印染设备研发者的高度重视。

轧车用于轧水时，一般采用中固式。轧辊的刚性决定了轧液的均匀性，线压力是提高洗涤效果的关键。线压力 53N/mm 比线压力 18N/mm 的轧液率下降 7%。瑞士贝宁格（Benninget）公司采用“S-Roll”均匀轧辊配支撑辊，可保持辊面幅宽的线压力均匀一致，最大线压力为 50N/mm。最大限度地降低了织物的轧液率。

二、水洗单元模块化设计

在印染加工中，连续式水洗工艺总是采用多组水洗单元，以提高水洗效率。而对高效水洗单元采用模块化设计，可以达到更显著的节能效果。瑞士贝宁格（Benninget）公司提供的多种高效水洗单元模块化配置，优化了水洗工艺，具有较好的节能效果。这里对其中的几种典型结构进行分析。

1. 回形单、双穿布高效水洗单元 配有橡胶压水辊，采用回形双穿布形式，可获得最大的水洗效率，尤其适于中厚织物。该水洗单元中每个水洗分格槽里，织物在水洗液中浸渍二次，然后由压水辊挤压。分格槽内的洗液呈横向交叉流动，可提高织物内洗液的交换效率。织物进出口采用汽封形式，可保证高温下蒸汽不泄漏。水洗单元有 3、5、7 个分格形式，上导布辊采用独立驱动，并配有压水辊，可起到较好的洗液分离作用。回形双穿布水洗单元几种形式如图10-8所示。

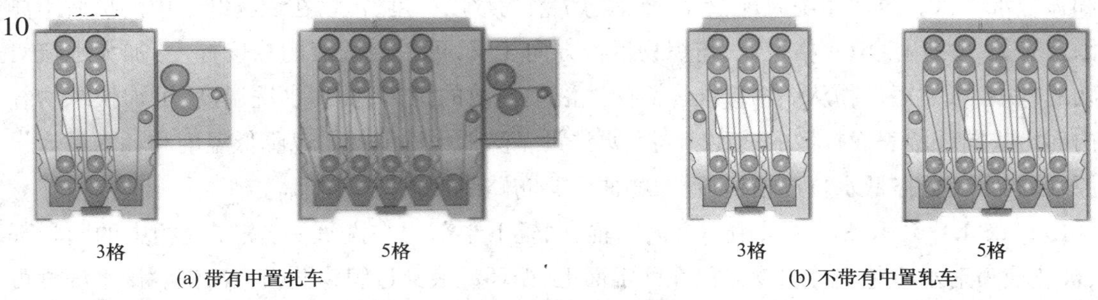

(a) 带有中置轧车　　(b) 不带有中置轧车

图 10-8　回形双穿布高效水洗单元

单穿布水洗单元能够更好地接近织物,且操作简便。单穿布的织物在每格只浸渍一次,故单位重量织物的含水量相同时,水洗效果要比双穿布差一些。但可通过采用多分格的水洗单元进行补偿。单穿布水洗单元几种形式如图 10-9 所示。

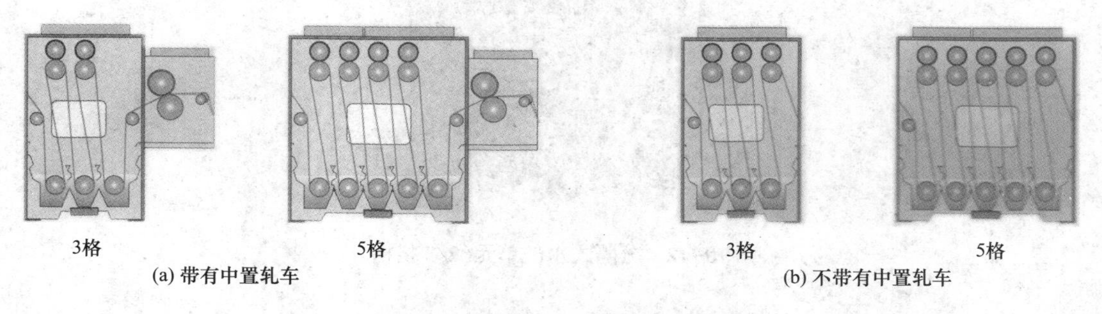

图 10-9　回形单穿布高效水洗单元

2. 带挤水辊的水洗单元　该水洗单元取消橡胶压水辊,采用挤水辊。结构简单,便于维修。对于张力敏感的织物,上导布辊采用独立传动。带挤水辊的水洗单元的几种形式如图 10-10 所示。用于染色后的水洗,考虑到要给予一定的扩散和反应时间,可采用如图 10-11 所示的带有反应的几种水洗形式。尤其是一些水洗过程还需要完成反应或膨化的工序,还可采用分隔式水洗单元(图 10-12),即一个水洗单元可分为两种工艺,减少了水洗单元数量。

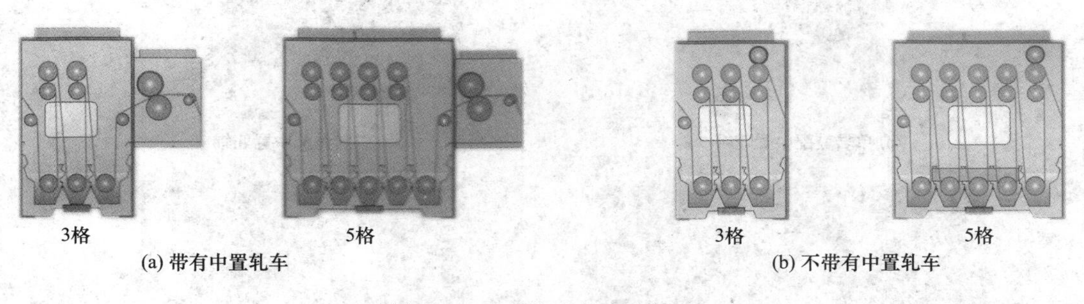

图 10-10　带挤水辊水洗单元

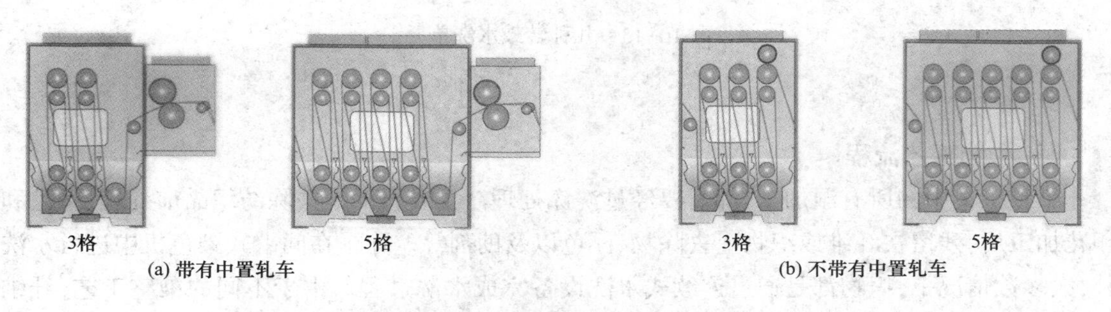

图 10-11　带挤水辊反应水洗单元

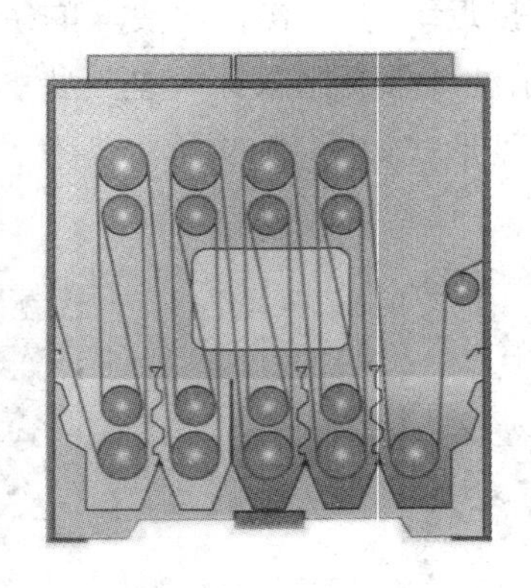

图 10-12　分隔式水洗单元(2/3 格槽)

3. 转鼓水洗单元　转鼓采用沟槽形,可组合成单转鼓配中置轧辊、双转鼓配中置轧辊、单转鼓配松弛储布水洗和中置轧辊、前浸浴加单转鼓配松弛储布水洗和中置轧辊四种形式。如图 10-13 所示。由于多水洗单元系统有两个水洗循环和三级逆流,形成较大浓度梯度,所以提高了水洗效率。大转鼓与织物的接触面积大,减少了对针织物和毛圈织物的张力。织物在导布运行过程中受到的张力小,自由布段范围小,可获得更好的织物收缩率。

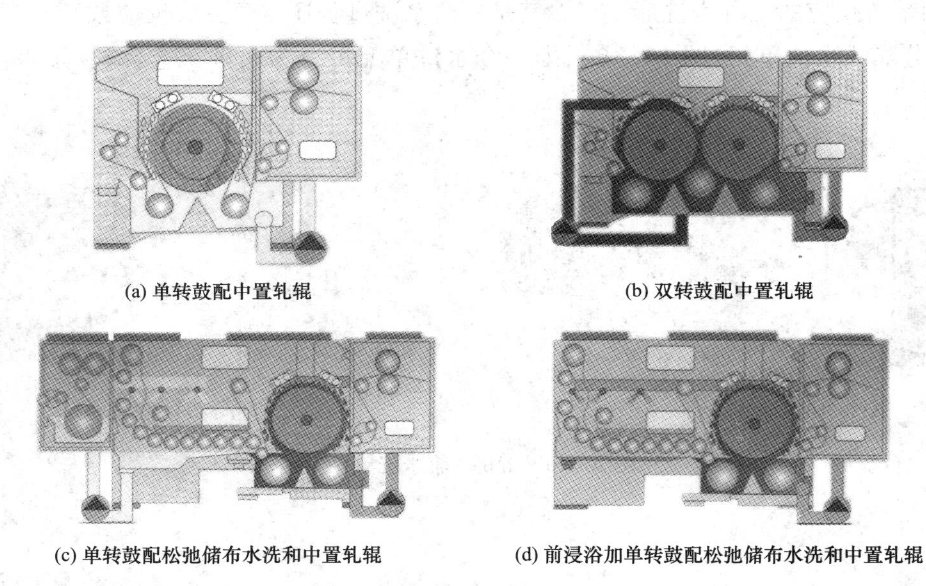

(a) 单转鼓配中置轧辊　(b) 双转鼓配中置轧辊

(c) 单转鼓配松弛储布水洗和中置轧辊　(d) 前浸浴加单转鼓配松弛储布水洗和中置轧辊

图 10-13　几种转鼓水洗单元

三、水洗工艺流程

染整工艺中的所有湿加工,都需要经过洗涤处理。主要目的是去除纺织品前处理、染色和印花加工后,残留在纤维或织物上去除物、浮色以及助剂等。除了在间歇式染色机中进行水洗外,大多数情况下,织物都是通过连续式水洗设备完成水洗过程。由于不同的染整工艺、纤维性能和织物组织、染料及其特性,对水洗工艺有不同的要求。因此,连续式水洗工艺流程有很大不同,但都是由基本水洗单元组合而成。根据染整工艺的划分,可分为前处理、染色和印花后三个阶段的水洗。

1. 前处理水洗 退浆、煮练和漂白前处理后的水洗,主要是以去除纤维纱线剥离下来的杂物和各种处理助剂为目的,为后续的染色或印花提供染料的上染条件。就水洗单元的组成而言,主要有水洗槽、轧车以及烘干等。可根据处理工艺要求进行不同数量的组合,与前处理的主要单元(如蒸箱)组成联合机。

针织物漂白的一般工艺流程:

去除矿物盐→轧——蒸漂白(双氧水)→多单元水洗和皂洗

直接进行去油水洗的工艺流程:

浸渍→堆置→乳化→多单元水洗

2. 染色后水洗 纺织品染色后的水洗,是为了去除未上染染料、水解染料以及各种残留的化学助剂,以提高色牢度。其中织物表面清洗采用双转鼓水洗单元,可增大洗液对织物强力喷淋作用,提高织物的渗透和净洗效果。热水洗涤是通过蒸箱的汽蒸的作用,提高织物与洗液的交换程度和作用时间,以获得所需的色牢度。

染色后的平幅连续式水洗的一般工艺流程:

织物表面清洗→预洗(主要是冷洗)→热水洗涤(提高色牢度)→中和

3. 印花后水洗 织物经印花蒸化固色后,还需要经过充分水洗,以去除印花原糊和未固着的染料。水洗过程为:织物经过浸渍使浆料得到充分的溶液渗透,再经堆置使浆料膨化。然后进行强力喷淋水洗和震荡水洗,充分除去未上染的染料和浆料。由于水洗过程是一个织物与污物的交换过程,增大水洗液的浓度梯度可以提高水洗效率,而采用强力喷淋的洗液是清水或过滤后的水,所以其浓度梯度可始终维持较高的水平,并以较大的水量冲洗织物表面,可使吸附在织物表面上的残留物得到充分去除。

织物印花后水洗一般工艺流程:

浸渍→堆置→表面水洗→固色水洗→中和

四、高效水洗设备

目前先进的高效水洗设备,基本上都采用直导辊的曲形穿布路线。上导辊采用主驱动,并有一个轧辊加压,织物离开洗液后有一个挤压过程,将织物上的污物分离。织物处于低张力和无折皱运行状态,各水洗单元的洗液分格低水位逐格逆流。瑞士贝宁格(Benninget)公司研制的 Ben-Extrac 高效水洗机,上、下导辊间距少于 1000mm,并采用 Tax、Tractor 低湿辊。其槽体采用了密封式的过滤装置,织物经上导辊加橡胶轧辊后,污液不会从液槽前格带到后格,增大了分格中洗液的浓度梯度,提高了洗涤效果。

瑞士贝宁格(Benninget)公司的 Ben-Injecta 冲洗机,采用二组狭缝串联形成"门"字形结构,并在狭缝行程上设置了若干组水刀式的喷射口,蒸汽和循环热水在狭缝中喷射撞击后可形成强烈的紊流。在温度 100℃和狭缝喷射的条件下,织物经历多次穿透洗涤,可在短时间内获得充分的洗涤效果。

根据目前市场使用情况，这里介绍几家具有代表性的高效水洗设备。

1. 瑞士贝宁格(Benninget)公司洗涤设备 高效洗涤和低能耗主要体现在水洗单元的结构设计方面。为此，瑞士贝宁格(Benninget)提供了多种水洗单元形式，在具体使用过程中，可根据工艺要求进行组合选配。

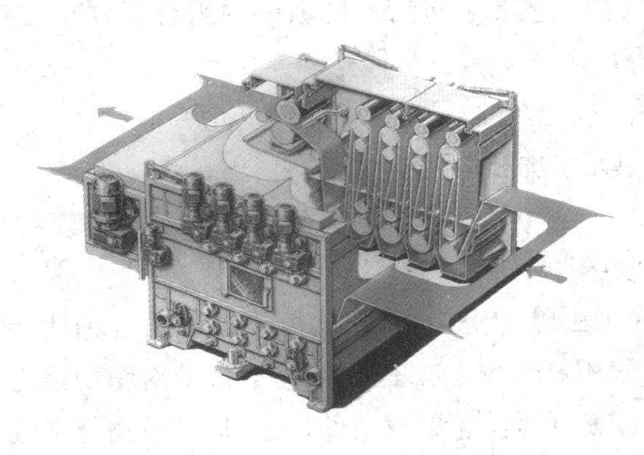

图 10-14 Extrcta 型导辊式水洗机

(1)Extracta 型导辊式水洗机(图 10-14)。为了保证织物在整个处理过程中不产生褶皱或纬斜，该机采用大直径导布辊，并设有合适的辊间中心距。在有压水辊作用下，织物张力控制范围为 100~500N；没有压水辊作用下，织物张力控制范围为 200~600N。可根据织物品种的张力要求进行选择。螺旋扩幅辊采用独立电机传动，该机配有旋转式张力补偿辊和负荷感应器控制系统，中间轧车(牵引/挤压装置)由旋转式张力补偿辊及后面水洗单元中的导辊传动变频控制。上导辊由独立的变频电机控制，在有中置轧车的水洗单元中，通过带有负荷传感器的测量辊控制；而无中置轧车的水洗单元中，则通过随后水洗单元中的张力补偿辊来控制。

(2)Fortracta 型预洗机(图 10-15)。针对传统导辊式水洗工艺中，织物通过停滞洗液的反应时间短，高分子完全膨化后洗液黏度增加，耗水量增大等问题，该公司开发了一种狭缝水洗技术(图 10-16)。织物自下而上地引入两个狭缝内，洗液在重力作用下如瀑布般流下。狭缝中的逆流可产生强烈水洗作用，然后借助压水辊和出口处的平板喷嘴作用进行液体分离。其原理是，织物穿过一个分成两个垂直通道的狭缝，蒸汽和水或分别、或按需要的比率混合直接喷射到织物的两面。狭缝的几何结构及高速湍流的洗液可产生较大的动能。

图 10-15 Fortracta 型预洗机

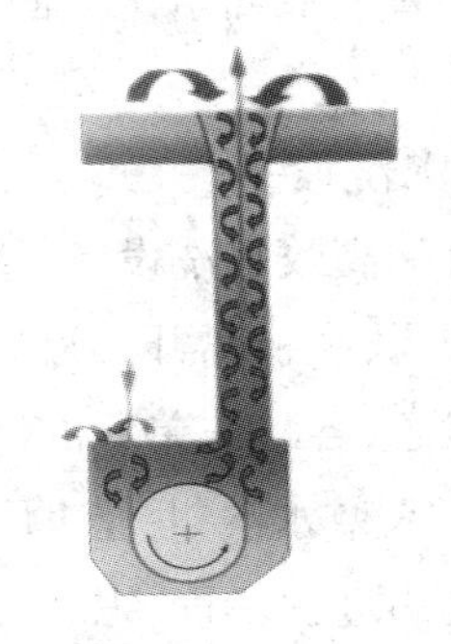

图 10-16 狭缝式通道

(3)Injecta 型预洗机(图 10-17)。织物在狭缝板之间穿过，水流对织物可产生强烈的喷射作用，消耗的水和蒸汽非常少。特别适于去除织物中的各种浆料、纺丝油剂等，可将织物中的浆料残留量控制在 0.5%以下。可分流高浓度污液，并且可回收浆料。单台的水洗效率比多格水洗机高。

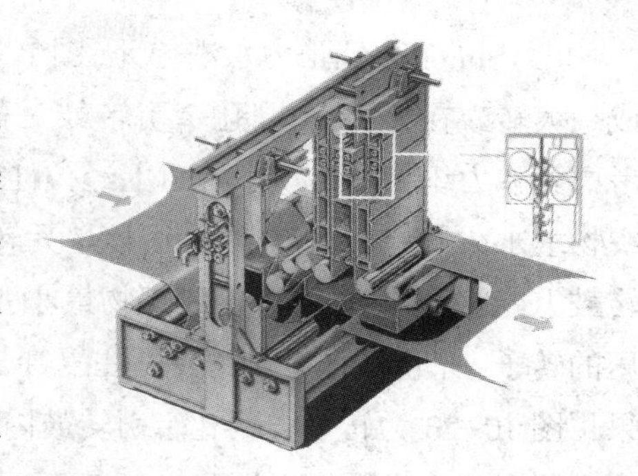

图 10-17 Iinjecta 型预洗机

2. 德国高乐(Goller)公司经/纬编除油水洗连续机 该机可用于针织物松弛和预洗、前处理后水洗、染色和印花后水洗。主要由 Unirelaxa 松弛堆置单元、Oxidator 低张力水洗单元、Sinensa 低张力水洗单元及 Vacuset 抽吸装置组成。各主要单元结构性能如下。

(1)Unirelaxa 松弛堆置单元(图 10-18)。该单元由一个直径为 1200mm 的筛孔扩散鼓和 3 个筛孔冲洗辊(图 10-19)所组成。箱体内有三组喷淋装置,洗液通过帘状溢流或热流穿透织物进入筛网鼓内,对织物可产生强烈的水洗或皂洗效果。箱体内所有的筛孔辊筒均为主动辊,可保证织物在运行过程中处于松弛状态。织物有两种穿布形式,根据不同工艺要求,可选择紧张状态下运行,也可选择输送带折叠运行,并且两者可自由转换。

图 10-18 Unirelaxa 松弛堆置单元

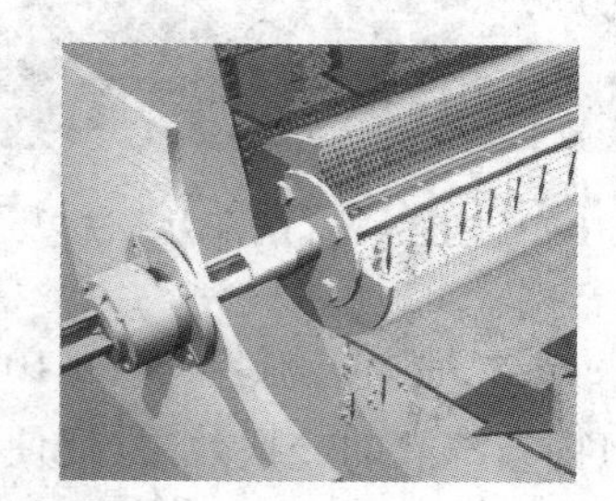

图 10-19 冲洗辊结构

(2)Oxidator 低张力水洗单元(图 10-20)。该单元采用三个直径为 1200mm 的筛孔扩散鼓,位置呈“品”字形。上面的转鼓上端设置了三组帘状溢流喷淋或热流强力冲洗装置,织物通过扩散转鼓后可落在输送带上形成一段折叠,可作一个暂短的时间停留,并借助强力喷淋,去除大量的杂质,获得良好的水洗效果。还可通过设定超喂量,对织物进行缩水和湿润。其热流冲洗可提高水洗效果,快速进行能源转换,溶解织物表面杂质,并对织物纱线进行深层渗透。图 10-21 为该装置示意图。

图 10-20 Oxidator 低张力水洗单元

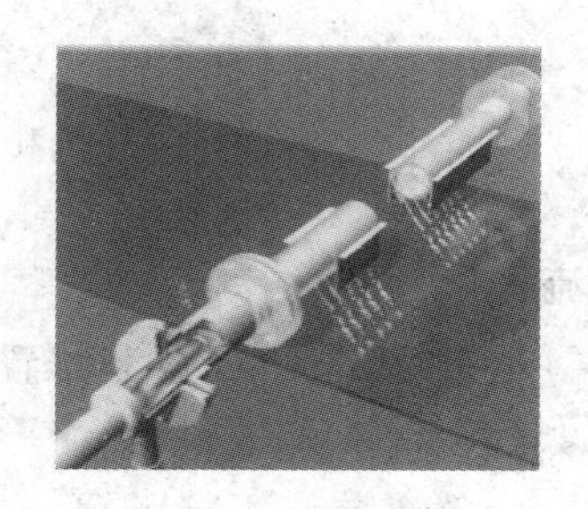

图 10-21 热流冲洗装置

(3)Sintensa 低张力水洗单元(图 10-22)。该单元由一个多孔大转鼓和两个网孔牵引转鼓组成。大转鼓在上,两个网孔牵引转鼓对称在下,三个转鼓位置呈“品”字形,均由独立电机驱动。考虑到弹力织物在常规水洗机上经拉伸和热水洗后会发生收缩、失弹或产生折皱,并在水洗后的织物上永久性保留下来。为此,该单元转鼓之间可进行速度微调,织物经过水洗转鼓包覆到传送转鼓上能够获得补偿,以控制织物最小张力。该单元网孔牵引转鼓内设有一个可产生正压和负压的转子,所形成的交叉洗液可往复穿透织物,并通过转子与转鼓的相互作用产生振荡水洗效果。图 10-23 为转子在网孔牵引转鼓内运行状态示意图。织物的水洗效果不受织物结构和运行速度的影响。大转鼓上端配有喷淋管,可进一步强化水洗效果。液槽采用加热板形式,蒸汽通过加热板直接对槽内洗液进行加热。既可快速加热洗液,还可减少耗水量。

图 10-22 Sintensa 低张力水洗单元

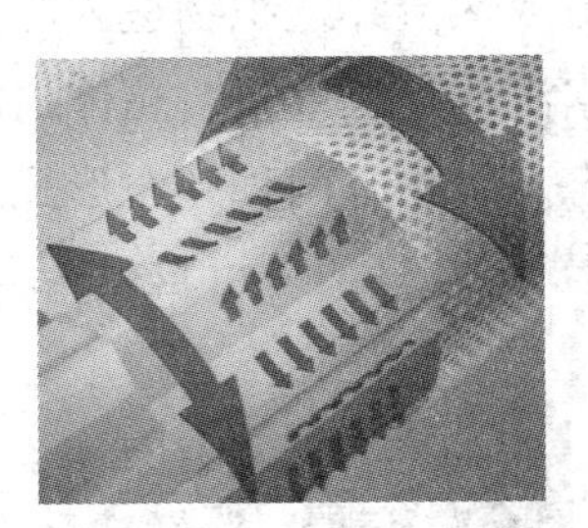

图 10-23 网孔牵引转鼓

(4)Vacuset 抽吸扩幅装置(图 10-24)。在联合机中的水洗单元之间配置了真空抽吸装置,增加织物与洗液的交换效果,促使洗液分离,并吸附织物表面上残留化学物,进一步提高了水洗效果。对于吸水性较强的棉或粘胶类纤维素纤维,经轧车后的轧液率降至 55%;对于化纤类织物的轧液率可降至 20%。轧车前后可设置组合螺纹扩幅器和弯辊,织物可充分展幅、无折痕地运行。

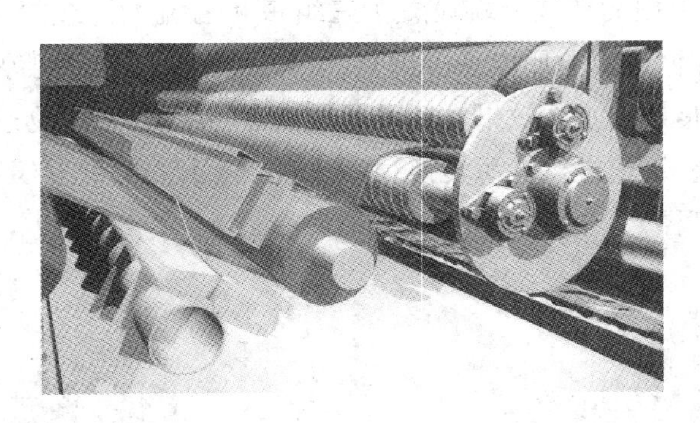

图 10-24 Vacuset 抽吸扩幅装置

设备流程:

进布→对中→Unirelaxa 加料堆置→Vacuset 真空抽吸→Sintensa 水洗(按不同织物设置数个单元)→湿落布

图 10-25 为经/纬编针织物除油水洗设备流程示意图。

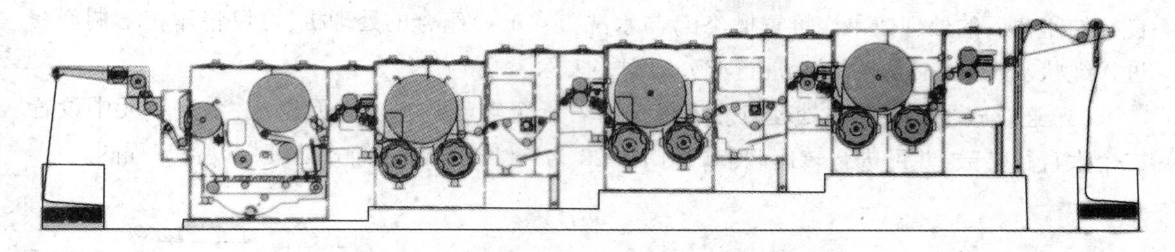

图 10-25　经/纬编针织物除油水洗设备流程示意图

3. 德国欧宝泰克(Erbatech)斯考特(Scout)水洗设备　可根据客户生产工艺要求进行不同组合,以满足染色或印花后水洗工艺。

(1)染色后的水洗设备结构特征及工艺流程。设备主要单元有织物储存箱(J形箱)、双转鼓水洗箱、渗透式水洗单元和中置挤压装置等。其中渗透式水洗单元可提供高效率的织物与洗液交换和充分的作用时间,充分保证水洗牢度要求。该机在中和单元前、后各配置了一个轧车,可有效隔离单元之间的洗液,并可去除织物中多余洗液。设备流程如图 10-26 所示。

设备流程:

织物储存箱(J形箱)→双转鼓水洗箱→渗透式水洗单元→中置挤压装置

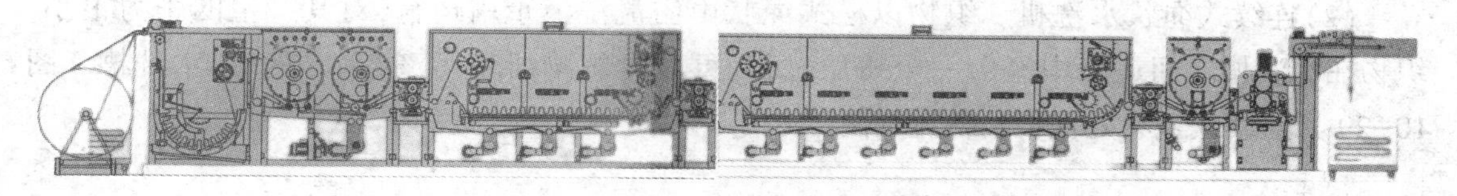

图 10-26　染色后的水洗设备流程示意图

(2)印花后的水洗设备结构特征及工艺流程。设备主要单元包括浸渍槽、堆置蒸箱、转鼓水洗单元、固色水洗单元等。设备流程如图 10-27 所示。

设备流程:

浸渍槽→堆置蒸箱→转鼓水洗单元(表面水洗)→轧车→固色水洗单元→轧车→转鼓水洗单元(中和)→轧车→出布

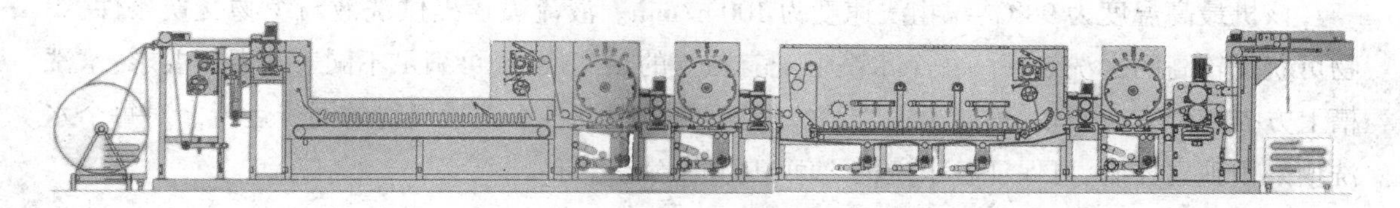

图 10-27　印花后的水洗设备流程示意图

4. 意大利美加尼—美赛拉针织物连续式处理机　意大利美加尼旗下的美赛拉具有多年针织物水洗机械设计和制造经验,由平幅织物滚筒式连续处理机(Essetex)与连续式绳状水洗机(Concord)组合而成的水洗联合机,织物先通过平幅处理,然后再经过绳状水洗处理,可获得良好的印花后的处理效果。堆置槽(Stt)与水洗(Essetex)组合的处理机,可以将印花增稠剂在进入绳状水洗(Concord)之前,进行充分膨润并去除。

(1)连续式平幅滚筒式处理机。该机是由若干个转鼓式水洗单元组成,水洗单元中设置二个大直径转鼓,并可进行转速调节。图10-28为连续式平幅滚筒式处理机设备流程图。

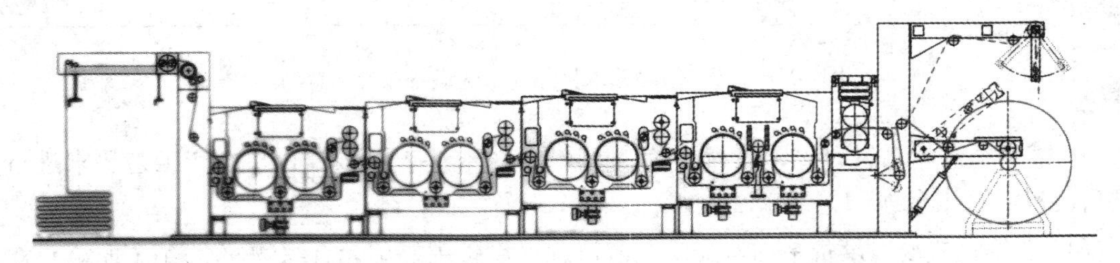

图10-28 连续式平幅滚筒式处理机设备流程图

该机配有张力检测装置,可实时测定织物运行中所受的张力,对检测值与设定值进行对比,并进行归正。水洗单元采用带有沟槽的转鼓,并配有6套可调式喷嘴,洗液对织物具有强烈的穿透能力,织物内外污物更易去除。设备配有热交换装置,水温可达105℃。织物处于蒸汽和水的交替作用下,可更有效去除污物。

(2)连续式绳状水洗机。织物以松式绳状由溢流洗液牵引运行,对其产生的张力很小。织物在水洗槽之间运行中经历一个挤压过程,可减少织物所带污液带入下一个水洗槽。图10-29为连续式绳状处理机设备流程图。

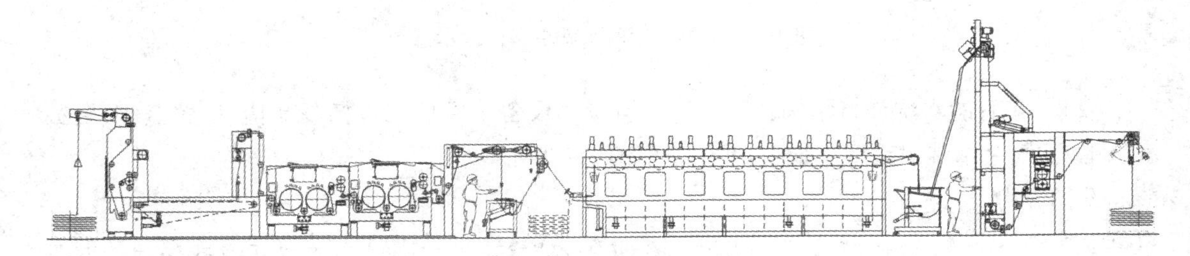

图10-29 连续式绳状处理机设备流程图

该机最高温度为98℃,织物线速度为100m/min。液流喷嘴提供洗液与织物交换条件,织物可获得较高的水洗效率。每个水洗槽配有独立的热交换器,可满足不同工艺温度要求;水洗槽上方提布辊有一压辊,可减少织物纱线滑移,并可保证各水洗槽织物的同步运行。对每个水洗槽采用独立控制,可保证各水洗槽之间织物的稳定运行。

5. 荷兰布鲁格曼(Brugman)公司高效水洗机 该机由高效水洗单元、高效轧车和双层松弛水洗单元组成。可根据织物种类确定水洗工艺条件,如温度、织物与洗液的交换率、洗液流速、水质以及工艺速度等,达到一个最佳的水洗效果。其主要单元结构性能如下。

(1)Brubo—Matic高效水洗单元。该单元采用积木化设计,容布量有15m和25m两种。导布辊直径为200mm,采用泡沫填充形式,具有刚性好、重量轻的特点。扩幅辊直径为

112mm,上、下导辊中心距为1000mm。每个下导辊均被合理地隔开,洗液可形成蛇形逆流。对水流进行监测,并采用比例阀控制,可根据工艺要求进行有效控制。在保证高效水洗的同时,减少耗水量。采用"水—水"高效板式换热器,可节省能耗50%,并可使水洗温度达到40℃。

(2)Unipad高效轧车。其结构为两辊立式。上轧辊直径为265mm、下轧辊直径为250mm的轧车总压力可达40kN;上轧辊直径为300mm、下轧辊直径为300mm的轧车总压力可达50kN。轧辊为中支辊结构,上辊采用橡胶包覆层,下辊为不锈钢包覆辊。轧车与水洗单元之间采取全封闭式结构,可减少织物运行过程中的热量损失。

(3)Brubo—Dwell双层松弛水洗单元。织物在水洗过程中,经过两道喷淋,然后铺设在第一层履带上再进行喷淋,使洗液充分穿透织物。之后,将织物送到第二层履带上,在液下进行充分浸泡和松弛膨化。加热方式有直接加热和间接加热两种,直接加热可使蒸箱快速升温,间接加热的温度可达95℃。

6. 意大利阿里奥利(Arioli)高效无张力水洗机 该机采用了具有专利的Acquajet喷射水刀系统,在每个水洗槽中设计有4个具有特殊形状的槽,每个槽上有一个喷水刮刀,可以在整个织物幅宽内垂直喷射织物。高循环水流在最大限度地减少对织物张力的同时,可达到轻柔的高效水洗,并能够平稳地输送织物。该机主要单元有Acquajet喷射水刀系统和无张力水洗单元,其结构特性如下。

(1)Acquajet喷射水刀系统。洗液采用低压高循环形式,单把喷射水刀的水循环量为50000L/h,即每个水洗单元(4把喷射水刀)的水循环量高达200000L/h。织物的正、反面各配置两把喷射水刀,可覆盖织物整个幅宽,去除浮色和杂质效率高。喷射水刀的结构可避免喷嘴堵塞,容易清洗,便于保养。

(2)无张力水洗单元。该机由独立无张力的水洗单元组成,可根据工艺要求增减单元数量。水洗单元可实现自动控制水流、进水、出水、温度、换水和循环等功能。变频控制大直径孔眼转鼓,可无张力地输送织物;并配有反应灵敏的补偿系统,进行同步调节。织物张力自动控制系统,既可控制整个联合机的织物张力,又可单独控制每个水洗单元内的织物张力。除此之外,该机还配置了自动加料、自动过滤清洗、独立挤压辊的压力控制以及酸碱度显示等。

设备流程:

进布装置(中央开幅)→预洗单元→皂洗单元→松弛浸没单元→水洗单元→冷水喷淋水洗单元→轧水出布装置(卷状或折叠)→配置与烘房同步的补偿辊

参考文献

[1]宋心远,沈煜如. 活性染料染色[M]. 北京:中国纺织出版社,2009.

[2]刘江坚. 小浴比溢喷染色机的受控水洗[J]. 染整技术,2010(6):39-43.

[3]中国纺织机械器材工业协会.《中国国际纺织机械展览会暨ITMA亚洲展览会 ITMA ASIA+CITME 2008》展品评估报告[R]. 北京.

第十一章　染整控制技术

随着电子科学技术的不断发展,染整控制技术也得到了广泛应用。计算机测色配色替代了人工操作,既准确、效率高,又可减少人为的影响因素,为从实验室顺利过渡到大生产提供了有利条件。受控染色对染色过程的影响因素进行全过程控制,根据染料的上染规律进行计量加料控制,不仅提高了染色的“一次成功率”,而且减少了能耗。染整过程的工艺参数采用在线检测技术,进行实时控制,可有效保证染整过程的在线质量,同时能够以最小的能耗达到最高的生产效率。采用染化料自动配送系统可以减少染化料的浪费和对环境的污染,保障劳动者健康,有效控制配料和加料精度,保证染整质量。现场总线技术及远程故障诊断,可对生产现场设备及其控制实现数值化通信,设备制造商可远程及时准确地处理现场设备故障。建立染整中央监控管理系统,将设备、工艺、管理、销售、物质管理及相关的部门整合成一个完整的网络,可有效监控工厂整个生产和经营过程。总之,染整控制技术已成为保证产品质量、能耗监控和提高生产效率必不可缺少的手段,也是现代染整加工技术的重要标志。

本章主要介绍在染整加工中已经得到应用的一些控制技术。

第一节　计算机测色配色

在染色和印花的大生产前,一般都需要经历客户来样的测色和配色确认、化验室配方确定、化验室配液、化验室打样、车间放样等工作流程。在传统的印染加工生产中,这部分工作主要依靠人的经验和人工去完成。由于受到人的经验、方法、责任及环境等诸多因素的影响,常常因对色不准而造成大生产的返工。因此,采用全自动测色配色已成为现代染整加工中提高产品质量和生产效率,以及节能环保的重要组成部分。

一、测色

物体的颜色取决于对光的选择吸收。光照射于物体,物体选择吸收某种波长范围的光,反射回其余波长的光,反映到人脑就是物体的颜色印象。根据被测对象的性质不同,可将颜色测量分为自发光体颜色的测量和物体色的测量两大类。例如,光源、显示器等所表现的颜色是由其自身辐射而成的,故这类颜色的测量主要是确定其光谱功率分布;而纺织品的颜色则是物体受到光源照明后,经过自身的反射而形成人眼的色觉。后者实际上是物体表面的反射光度特性对照明光源的光谱功率分布进行调制而产生的,因此物体表面色的测量主要是测定物体色的光谱反射比。CIE(国际照明委员会)将颜色的测量描述为对颜色刺激的测量,并推荐了三刺激值的计算公式,CIE 标准色度系统是客观测量物体色的基础。

分光光度法是按照 CIE 推荐的标准照明和观察条件,通过测量被测物体的反射光谱功率分布,计算出被测颜色三刺激值,从而得出各种颜色参数。由于该法具有较高的测量精度,所以在印染的自动测色配色中,要获得颜色样品的光谱分布或其本身的光度特性,必须采用分光光度法进行颜色测量。

根据光谱信号采集方式的不同,分光光度法可分为光谱扫描法和光电摄谱法。光谱扫描法是单通道测色方法,按一定波长间隔,采用机械扫描方式,对逐个波长采集光谱信号。其特点是精度较高、测量速度慢、波长重复性差、对光源的稳定性要求高,并容易受光源的不稳定性等因素的影响。光电摄谱法是通过多通道光电探测器获取整个空间光谱能量的分布信息,并得出全波段光谱数据。它可不通过机械扫描就能获取全谱数据,适用于瞬态测量。具有测量速度快、信噪比高、对光源稳定性要求低等特点。为满足不同使用对象的要求,光谱光度计分别向高精度高档型和轻巧便携型两个方向发展。从仪器内部结构、测量精度、重复性、可靠性以及成本价格等方面来考虑,光谱光度计可分为:高精度型、标准精度型,普通精度型和便携型。

二、配色

印染计算机配色系统实现两种特殊功能的光学模型,是先将单个染料的浓度与染料在使用中的一些可测特性联系起来,然后描述染料在混合物中的表现规律。以 Kubelka-Munk 理论作为光学模型,将色样的 *K*—吸收系数、*S*—散射系数两个参数的比值与染料浓度相联系,并假设在染料混合物中,以 *K* 和 *S* 的加和性来表征各染料在混合时的光学特性。

自动配色首先是输入标准色样和建立定标着色基础数据库,然后由计算机 CAD 软件计算或预测染料配方。配方计算的过程是:先由选定的染料组合和配色技术条件预测初始配方,根据配方与标准色样的色差 *DE* 确定是否需要修正配方。假如色差 *DE* 大于阈值,则须进行迭代改善,计算修正的配方;当色差 *DE* 小于阈值时,计算配方的同色异谱指数——M,以此评价其光谱异构程度,同时输出配方;当符合设定条件的配方数超过预设值时,应用某种算法进行最优配方选择,并按成本或可得性对配方进行排序以供选用。

建立定标着色基础数据库可为自动配色计算配方提供所需的染料数据,而选择定标着色染料必须综合考虑其价格、力份、色牢度、相容性以及色域范围等因素。基础色样的制作是根据染料的实际情况来确定其浓度梯级,通常采用 6~16 个浓度梯级。基础色样还包括白坯织物的染色,以及在同样染色条件下不加染料而只用助剂所制成的织物。整个配色过程包括:标准色样的测量、初始配方的计算、初始配方的小样试染、配方修正以及修正配方的染色等。配色 CAD 系统具有基础数据库的建立与管理、自动配方预测和排序、预报其色差和同色异谱指数、理论配方校正、配方修正或修色、混纺织物或混料配色以及价格等基本功能。实际应用中,自动配色可能还存在许多影响配色精度的因素,如基础色样和标准色样光谱测试时的仪器量化误差,织物的纱支数、密度及纤维构造,染色工艺和设备,染料的差异及拼色的相互作用等。

三、计算机测色配色系统

1. 工作原理 计算机测色配色系统就是通过分光光度仪，将纺织品上的颜色转变成反射率曲线，并自动输入计算机储存，换算成染料的 K/S 值，建立一个配色专用的染料基础数据库。该数据库可以用来自动配色、成组配色、智能配色和手调配色，以完成对标样的配色计算，并且由该配方试染出来的色样还可以对其进行配方修正。在计算机测色配色系统中，分光光度仪起着非常重要的作用，它类似于人的眼睛，所需辨别的颜色必须通过它测量后再转变为数据传输给软件进行处理。因此，分光光度仪的精度及可靠性，对颜色的最终结果评价具有很大的影响，是正确评定色差或进行配色的关键所在。

2. 计算机测色配色系统组成 主要由分光光度仪、计算机、打印机等主要硬件和测色配色系统软件（简称为系统软件）所组成。计算机测色配色系统采用菜单式或菜单加图标式的交互模式操作，各公司的操作系统或界面可能存在差异，但输出的结果是基本相同的。具体操作步骤是：接通电源→开启系统（也有直接进入系统界面的软件）→连接分光光度仪→选择功能模块（按照操作指令，在不同功能模块下选择相应的子菜单）→打开子菜单，按提示完成每项指令的操作。

各功能模块的子菜单有：仪器模块——可进行仪器校正、创建标准或标准测量（测量标准样）、测量实验（测量实验样即按预测配方染色的样品）、色差分析等；数据库模块——可创建数据库、编辑数据库、编辑标准、编辑底材、编辑容差、编辑颜色等；配方模块——可进行预测配方、修正配方等；管理数据模块——文件管理；打印报告模块——打印项目等。

3. 计算机配色的工作流程 其工作流程是：建立预测配方依据（测量来样或标样与所要染色底材的光谱反射比）→预测配方（根据选定的染料组合和配色技术条件确定初始配方）→色差分析和配方修正（由配方与标准色样的色差 ΔE 决定是否进一步修正配方，如果 ΔE 没有达到色差阈值，则需进一步计算修正的配方）。

配方与标准色样的色度参数或色差 ΔE 小于色差阈值时的相关计算有：计算配方（C）的同色异谱指数 M，以评价该配方的光谱异构程度；给出配方（C）。如果为手工选择染料组合模式，则存储配方并返回上一层模块，否则（即为自动组合染料模式）进行下一个染料组合的配方计算。当符合配色技术条件，且色差 ΔE 满足预定阈值时，提供配方给用户选用。图 11-1 为计算机配色流程图。

四、分光测色仪

分光测色仪是根据影响物体颜色变化的三个因素，即光源、物体和观察者，对其进行结构上的设计和控制。分光测色仪从结构上可分为两种：积分球和 45°/0°或 0°/45°。积分球结构一般也称为 d/8°结构，d 是 diffuse 的缩写，由一束光照在积分球内壁上，在积分球里混合后形成入射光。为了保证光源的稳定性，积分球涂层是白色的高反射物质，这些物质具有长年不变化，保持高反射和稳定性的特点。对于积分球的尺寸，ASTM 也有规定：积分球直径为 165mm（6.5 英寸）。现在许多手提式或便携式分光测色仪为了方便起见，大多不是标准的。45°/0 结构仪器是 45°入射到样品，0°角接收，照明方式和人眼看的方式接近。由于不考虑镜面反射

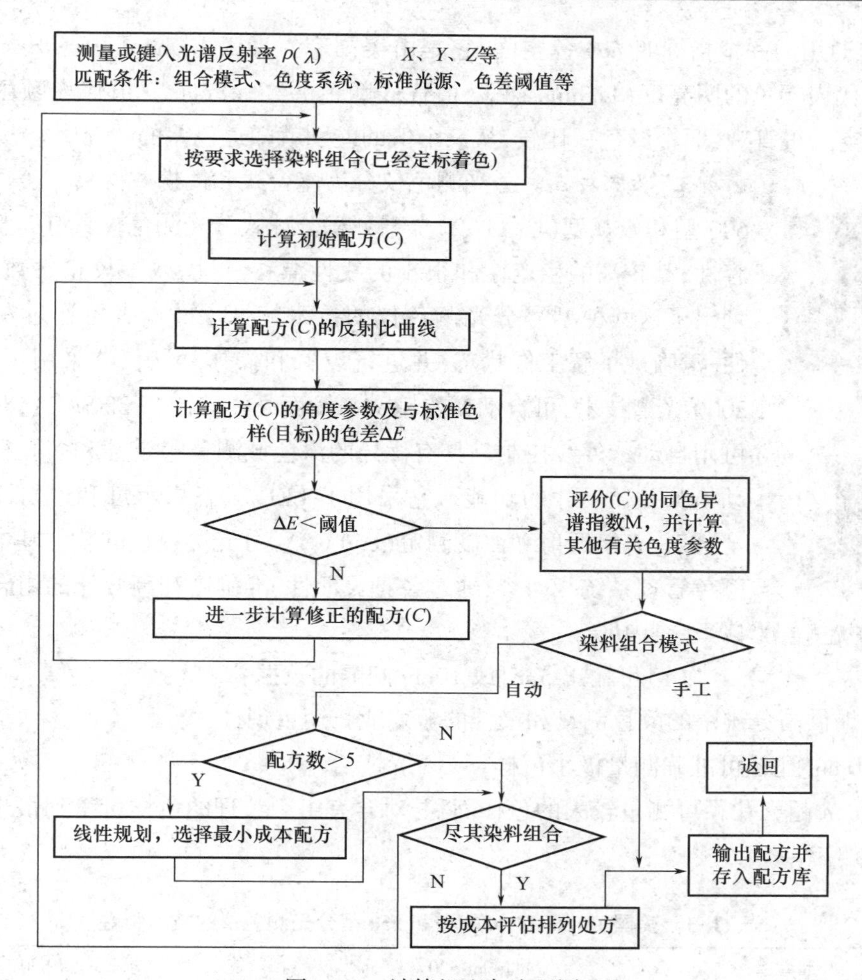

图 11-1 计算机配色流程图

光的影响,故所测量的结果也与人眼看的比较接近。

1. 分光测色仪工作原理 分光测色仪是模拟人眼观察颜色,并能给出结果的检测仪器。其光源一般是模拟 D65 光源,多为闪光氙灯;较好的仪器 D65 光源模拟日光的时候,其中 UV(紫外)部分也模拟得非常像,对于标准的分光测色仪,都会给客户配紫外和可见光比例校正板。

分光测色仪是通过光照射到样品上,经过反射再到光栅分光,然后光信号转换成电信号,最终转换成数字信号。其中光源、光栅、光信号放大装置和光电转换器等的精度要求都是非常高的。计算过程是从光源光谱能量×反射率(透射率)×观察者(2°/10°视角-xyz 值)×系数的积分值得到相应的 X、Y、Z 三刺激值,然后通过转换得到相应的指数或色度标尺。

2. 分光测色仪校准和颜色空间 可采用标准板来校准分光测色仪。许多仪器都自带了标准白板、黑光镜或黑板、绿板等,甚至还有配备 12 块标准色块板的。测色仪的标准板相当于普通钟表与标准时间对时一样,行业内的标准白板和绿板一般都是溯源到 NPL 或者 NIST 的。据了解,市场上除了美国 HunterLab 公司的测色仪以外,几乎没有厂家将溯源数据提供给客户,似乎没有一个准确的仪器校准过程。

行业内通用的一个指标叫 *Lab* 色空间，它是由美国麻省理工 Richard · S · Hunter 博士创立的。*L* 值代表颜色的明亮度（Lightness），*a* 值代表颜色的红绿方向，*b* 值代表颜色的黄蓝方向。*Lab* 色空间很直观，两个颜色一比较，从三个值的差别就知道色差的状况。

3. 仪器特点 分光测色仪分为座台式和便携式两种。美国 Datacolor 600 型和 650 型（图 11-2）全系列积分球式分光测色仪具有完整的信息兼容性，其较高的稳定性和很小的线性漂移，可以减少校正次数。表 11-1 列出了这两种型号分光测色仪的技术特性。操作者可通过友好界面方便、清晰地了解工作状态，并进行设置和操作。该仪器采用了先进的 SP 2000 光谱技术，可自动变焦镜头与镜面光泽控制（SCI/SCE），对荧光材料可用自动紫外线控制。具有优异的深色域测量稳定性和多孔径测色与自动检测孔径尺寸的功能。它采用了 LED 状态指示灯和透射测定法——全透射、直接透射和浊度测定（650℃）。分光测色仪的软件基本上与所有颜色管理系统相兼容，通过各种灵活性、准确度和高效能的组合可以获得以下一些功能：

图 11-2 分光测色仪

（1）可输出 5nm 或 10nm 间隔的数据；

（2）可提供高分辨率的颜色测量和最佳的短期或长期重现性；

（3）3. 0mm 孔径可准确测量极小色样；

（4）30mm 超大孔径可测量较大的色样面积，对含有组织纹理的色样可得到最理想的测量反射率和透射率。

表 11-1 美国 Datacolor 600 型和 650 型分光测色仪的技术特性

型号 / 功能	Datacolor 600	Datacolor 650
	双光束分光测色仪	
光源	脉动氙灯，滤光模拟 D65 光源	
积分球直径	152mm（6 英寸）	
光谱分析器	独有的 SP 2000 分析器，配备 265 个光电二极管陈列和高分辨全息光栅	
透射测量	无	有
波长范围	360nm～700nm，间隔 10nm	
光度范围	0～200%	
双闪光 20 次重复测量白板色差	0. 01（最大 *DE* CIELAB）	
反射率测定的仪器间的一致性	0. 15（最大 DE CIELAB），0. 08（平均 DE CIELAB）	
550nm 处正规透射率测定的仪器的一致性	无	85%T 时±0. 20% 32%T 时±0. 10%
透射浊度测定的仪器的一致性	无	10%T 时±0. 15%
反射率测量的孔径隔板	4 个标准配备［LAV，SAV，USAV，$BaSO_4$（硫酸钡）涂层 MAV］，2 个可选（MAV，XUSAV）	
透射样品孔径	22mm	
垂直支架	可选	无

五、测色配色软件

计算机测色配色系统的软件与实际生产现状所需要的经验有一定的联系。例如在给定配方时,除了要能较准确地满足理论上染曲线外,还需要能够参考以往成功染色的“正确配方”来调整给定配方的染料用量。希望能够同时计算出不同光源下的颜色配方,并能给出同色异谱最小的配方。这就要求软件在计算主光源下最小色差配方的同时,还能够显示出该配方在其他光源下的色差,即可以同时计算多光源下同色异谱最小的配方。这不仅能够表明该配方同色异谱有多大,而且还能找出多光源下同色异谱最小的配方。这样可以避免在实际生产中,由于客户不是在与你相同的光源下对色,可能会引起不同光源下的色变,因误判而产生的颜色纠纷。计算机具有自动修色功能的同时还应具备人工修色功能,对改色、回修等能够给出配方,并可对染料的上染效应值调整、多种织物的输入及效应转换。

将强大的智能软件与使用便捷的界面结合起来,可满足纺织品供应链快速达到新配方的要求。具有独特的配方档案、自动选择染料和准确的实验室配方功能,可在保证打样质量的前提下,提高计算配方的准确性,加快配方速度,可及时、准确地向客户提供打样结果。以智能型配方替代传统的经验配方,不仅准确、可靠,而且还可获得最优化的配方。测色配色软件可以按照实验室的工作模式定制,为每种染料自动建立用户自定义的技术资料库,确保最佳的配方属性取回和管理。它具有多重颜色配色功能,可满足多重颜色的基材特殊要求。根据需要可配置多重光源配色功能,能够同时降低在四种光源下的跳灯现象。采用先进的 Snart Match 技术,可形成系统所谓的“自学习”染料组合行为特性。测色配色软件可将实验室配色配方直接转化为生产配方,既提高了生产效率,又减少了传统人工换算的误差。

第二节 受控染色

受控染色实际上是根据染色工艺的要求和内容,对染色过程进行控制的一种手段。它的基本涵义是:对染色过程采用严格精确的控制,使其达到高生产效率、高正品率、低生产周期、低能耗和产生最少废水污染的生产目的。它涉及生产组织、染整工艺、设备以及管理技术等许多方面,其中染色设备和工艺影响最大。受控染色的目的在于,提高了生产效率,保证产品质量和重现性,降低了加工能耗成本,在加工过程中对环境起到一定保护作用;同时,为生产经营者也带来了良好经济效益。

实施染色工艺实际上是对染色过程的控制。所以,受控染色的基本要求是,根据染料的上染和固色的规律,对染液的温度、流量、浴比、时间和助剂添加等参数进行在线检测并控制。例如,活性染料在小浴比条件下可表现出较高的直接性,如果浴比控制不准确就有可能产生缸差。又如,含有湿蒸汽的循环气流在常温和高温下的密度和黏滞性发生了变化,对织物的牵引力产生影响;热塑性纤维在高温条件下收缩,也会影响到织物最初设定的循环频率。由于这些状况的变化都有可能影响到织物的匀染性,所以,就染色工艺和染色设备而言,必须具备相应的控制功能,使染色工艺参数处于受控状态。

众所周知，间歇式染色是被染织物与染液作相对循环运动，并通过一定的交换次数，完成染料对被染织物的上染和固色过程。在染色的过程中，染液与被染织物的交换状态、温度变化、染液循环状态和加料方式等，是直接影响染色质量的主要因素。要控制好这些影响因素，顺利实现染色工艺，就要根据织物与染液的交换条件，对染液循环在染色过程所产生的作用进行有效控制。

一、受控参数

染色工艺是通过一些参数（如染液温度、流量、时间和助剂等）来控制染色过程。实践经验表明，这些参数对染色质量起到了至关重要的作用，除了染色机应具有相应的控制功能外，染色工艺参数还必须处于受控状态。受控染色主要表现在对以下一些关键参数的控制。

1. 温度　温度是染色加工过程中一个非常重要的参数，在特定的温度区域内它能够控制染料上染率和上染速度。通常，随着升温速度的提高，染料的上染速度会提高，对匀染可能产生不利影响。例如，超细纤维因其比表面积较大而具有很快的上染速度，所以必须将升温速度控制在较小的范围内，以防织物的染色不均匀。在一定的条件下，提高染色温度，可以提高染料的上染率和固色率。但不同的纤维有不同的要求，有时过高的温度，反而会降低染料的上染率。主要原因是，染料分子动能增加后又会从纤维上解吸下来，并产生大量水解。因此，温度和温度变化率必须根据染料特性、织物纤维品种的不同，设置在一个有效的范围内。在临界染色温度范围内，为了达到匀染效果，除调整织物运行速度外，更重要的是控制升温速度，保证染料对织物纤维的均匀上染和最高的上染率。

此外，在溢喷染色的升温过程中，被染织物纤维吸附的染液与主循环染液总会存在一定的温度差（温度滞后），实际升温曲线并不是完全与设置的工艺升温曲线重合。如果这种温度差不尽快缩小，肯定对整体织物的匀染性产生影响。对此，应采取的措施是：提高织物与染液交换频率，控制低升温速度来减小温度差。同时，还可利用染料的移染性，采用分步温度控制，在上染率较高的温度区域，适当增加一定的保温时间，为染料提供一个移染的过程。目前采用比例温度控制系统的染色机能够较好地达到这一要求。

2. 时间　在间歇式染色加工中，染料吸附并固着在被染织物纤维上，需要染液与被染织物在一定的时间内经过反复交换才能够完成。然而，在一定的条件下缩短染色加工时间，不仅可以提高生产效率，而且还可以避免时间过长对染色带来的不利影响。例如，弹力针织物加工过程时间过长，因张力的持续作用会导致弹力纤维（如氨纶）的疲劳损伤。又如，加工时间过长会造成某些染料（如活性染料）的水解，降低了染料的上染率。除此之外，一些娇嫩织物表面也会因长时间的加工而出现起毛现象。这些问题的存在都需要染色工艺给出一个合理的加工过程时间控制。气流染色的小浴比，具有强烈的染液与织物交换程度，即使减少一定的交换次数，也能够完成整个上染和固色过程。同时，在染料上染率较低的温度区域内快速升温，可缩短升温时间。此外，对于有些能够承受较大张力的机织物，可适当提高织物的运行速度，这样不仅可以增强每次交换的作用程度，而且还增加与染液的交换频率，染色的总体时间可进一步缩短。

由此可见,缩短染色过程时间,必须是以技术上成熟、各项功能健全、自动化程度高为基础,再加上严格的染色工艺程序才能够实现。否则,可能又出现新的染色质量问题。正确制订染色工艺的方法是:既要考虑到小浴比为织物与染液提供了较高的交换频率,在完成整个染色过程所需的总循环次数一定时,所使用的时间要短;同时,又要注意到织物与染液在每次交换时的作用效果显著,可适当减少总交换次数。只有在兼顾两者的作用条件下,以完成染料上染织物所需总交换次数来确定时间,才是真正的染色时间,并且染色工艺总时间是缩短的。

3. 浴比 小浴比是溢喷染色机的一个主要特征,它不仅直接影响能耗和排污,而且在染色工艺中也起了非常重要的作用。活性染料在小浴比条件下进行染色,可以提高直接性,减少作为促染剂的盐用量,同时也可降低染料的水解程度。在达到相同平衡上染率的条件下,相同的染液浓度,高浴比的染料和助剂消耗远大于小浴比,并且利用率小于小浴比。所以小浴比对染化料的影响和作用是比较大的。

此外,小浴比对染液的浓度和温度变化、循环运动的激烈程度都有很大影响,必须精确控制浴比,同时要注意染液的升温速度、循环流量和布速的控制条件。入水量的计量精度、溶解染化料的回液占总染液的比例、织物含带染液与主体循环染液的比例分配等方面,在整个染色过程中必须进行精确控制。相同工艺的续缸,如果没有精确的浴比控制,就容易出现缸差。小浴比采用压差式模拟量控制可获得较好的控制精度,但要考虑到温飘的影响,即设定的浴比可能因压差计受温度影响产生变动,改变了原来的设定值。

4. 张力 许多弹力织物或者编织比较松弛的针织物,要求在染整的整个加工过程中处于最小张力状态。含有氨纶的针织物在加工中受到的张力过大,不仅会产生变形,而且还会对氨纶弹力织物造成疲劳损伤,甚至在高温条件下还有可能出现断裂。因此,对于弹力织物(尤其氨纶含量较高的织物),一定要保证在低张力条件下进行染色加工,并且张力的作用时间应尽可能短。目前一些小浴比溢喷染色机,织物在储布槽内通常与主循环染液处于分离状态(结构特点),其运行中所含带的染液量较少,故对织物产生的张力影响也小。此外,溢喷染色机的喷嘴采用双喷射口,可以分散喷射染液对织物的局部作用力,减少对织物的张力。值得注意的是,提布辊与喷嘴之间对织物产生张力,特别是气流染色机的气流牵引织物的线速度与提布辊的线速度差过大,就容易对织物产生较大张力,并且比普通溢喷染色机可能更严重。

对于高支高密织物或者比表面积较大的超细纤维织物,由于可以承受较大的经向张力,只要在一定的保护措施下(如设备内表面的加工精度、使用中加润滑剂)不产生擦伤,应尽量提高布速,以利于匀染。通常机织物比针织物能够承受更大经向张力,并且在气流染色过程中的带液量较少,所以,也可适当提高布速。

二、加料方式

加料包括染料和助剂的添加。实验和应用表明,除温度外,加料方式已成为控制染料上染率和上染速度的另一个重要参数,是提高织物匀染性的主要控制手段。目前先进的染色机都采用全自动加料控制,并且可以实现比例加料控制,可有效控制染料对织物纤维呈线性上染和固色。

活性染料的上染和固色过程，可根据其不同特性通过温度、电解质和碱进行控制。活性染料染浅色时，第一次上染的上染量大于60%，应计量控制电解质（如元明粉或盐）的添加；染中深色时，第一次上染的上染量在40%~60%，电解质和碱的添加都应进行计量控制；染深色时，第一次上染的上染量小于40%，须计量控制碱的添加，保证固色阶段的第二次上染的均匀性。对电解质和碱添加方式的控制，目的是为了使染料能够呈线性上染和固色，保证织物的匀染性。这种根据活性染料上染和固色规律，对中性电解质和碱注入进行过程控制的方式已成为受控染色的重要组成部分。

第三节　染整在线检测

在线检测指的是直接安装在生产线上，通过测量技术进行实时检测并反馈，保证工艺过程的正常进行，减少能耗和排放的一种控制手段。对染整加工过程来说，总是伴随着物理化学反应、相变过程以及物质和能量的转移和传递，存在大量的不确定性和非线性因素，对工艺过程的温度、湿度、压力、流量机速度等都会产生影响，使得工艺不稳定，最终导致产品质量受到影响。虽然科学技术的发展，使一些先进或优化控制被应用到染整设备中，但是还是难以对产品的质量变量进行在线实时测量。有时，由于受到工艺、技术或者经济的限制，一些重要的过程参数和质量指标还很难甚至无法通过硬件传感器在线检测，导致结果出来后再检查其是否符合质量要求。这种控制方式不仅无法及时控制产品质量，而且还容易造成能源和时间的浪费。

在线检测技术的出现，为解决这些工艺变量的实时测量和控制提供了帮助。在线检测可通过采集某些容易测量的变量（称为二次变量或辅助变量），并以该变量输入数学模型构造一个难测的主要变量（或称为主导变量），为过程控制、质量控制、过程管理及决策等提供支持。在线检测在染整中已成功地应用于溶液浓度、温度、湿度、液位、pH以及张力等控制，对在线质量控制的实施起到了重要作用。

在线检测在染整前处理工艺中，主要用于浓度在线检测与控制，如丝光工艺中的浓碱液浓度、退浆和煮练工艺中的淡碱液浓度、漂白工艺中的双氧水浓度等控制。采用在线检测可保持溶液浓度的稳定性，节约碱液，并减少含碱废液的排放量。在连续染色工艺中，通过染色织物色差光学和微波轧液率在线检测系统，控制连续染色过程中织物的头尾或左右色差。在定形机中通过在线检测与控制，对布面及烘房温度、烘房排气湿度、出布回潮率进行实时检测与控制，既保证了产品质量和稳定性，又减少了热能损失和废气的排放量。印花机采用在线检测，可保证对花精度，减少甚至杜绝次品，节约资源和能源。由此可见，在线检测对染整加工的节能减排具有重要的作用，也是印染行业实现“十二五”规划目标的主要推荐技术。

一、丝光碱浓度的在线检测

染整前处理的工艺重现性及质量的稳定性，不仅直接影响到后续加工的质量，而且对能耗和排放也会产生很大影响。因此，在线检测用于前处理中具有十分重要的意义。

1. 碱浓度在线检测装置 该装置一般由电磁浓度传感器、控制器、通信接口、电源模块、电动调节阀、开关电磁阀及流体管路等组成。碱液浓度的检测传感器采用非接触式电磁传感器，通过测量碱溶液的电导率值间接测得离子浓度。测量探头的感应部分与碱溶液不直接接触，可避免因传感器的电极被碱溶液腐蚀而引起的干扰，保证测量精度，并延长使用寿命。

丝光碱浓度在线检测采用差压法对碱液密度进行检测，集成温度传感器对温度进行自动精确补偿，使碱浓度稳定在工艺要求的范围内，可实现丝光的淡碱循环利用和浓、淡碱双变量自动调配检测控制。

2. 碱浓度在线检测的组成及功能 碱浓度在线检测装置的硬件部分主要有：微处理器、A/D 转换单元、D/A 转换单元、存储器单元、时钟接口单元、人机通信界面（触摸屏）以及 I/O 控制单元等。其中微处理器具有较强的数据处理功能，A/D 转换单元用于采样传感器的电导率和温度信号，D/A 转换单元输出 4~20mA 的信号对电动比例调节阀进行控制操作。

碱浓度在线检测装置的软件包括：主程序、串行中断程序、定时中断程序、数据采集子程序、浓度校正子程序、输出控制子程序、数据记录子程序和通信处理子程序等。主程序在初始化过程中，主要完成对微处理器、时钟单元、A/D 单元和 D/A 单元的初始化。主程序中控制器主要是对碱液的电导率和温度进行采样、数据整理，获得碱液的浓度数值。根据设定浓度值和测量浓度值的误差，依据 PID 算法和 D/A 转换单元，输出 4~20mA 的电流控制电动比例阀的开度，将碱液的浓度稳定在设定值上。数据采集子程序主要用于完成碱液电导率和温度的采集，并对 A/D 转换的数据进行滤波处理以增加数据的稳定性。在数据处理子程序中，首先根据采集到的温度和电导率数值，对浓度进行非线性校准，然后进行温度补偿，最后进行现场多点校准。经过处理后可得到精确的碱液浓度值。在比例阀的输出控制子程序中，采用闭环增量式 PID 算法，只需保持当前时刻之前三个时刻的误差即可。数据记录子程序可根据设定的时间间隔，记录浓度、温度、日期时间等数据。通信处理子程序具有控制器与触摸屏通信数据交换的功能。

二、定形机的在线检测

通过对定形机各项工艺参数的检测，采取相应的变量（如车速、超喂量、排风机转速等）控制，使设备达到最佳的工作状态，可以在保证织物加工品质的同时，将能耗和材料消耗降低到最低程度。目前，定形机中比较成熟并已得到应用的在线检测技术包括：织物纬密或线圈的检测和控制、织物纬斜的检测与矫正、织物升温和车速的检测与控制、废气含湿率控制、织物剩余含水率的检测与控制等。这些系统采用了智能型模块化设计，由中央处理单元及相应的模块组成。模块的种类及数量可按用户的具体情况来设置，并可逐步添加。使用时只需在屏幕界面上设定相关参数的状态，其系统就可自行根据设定值对相关参数进行调整，从而达到可靠、高效和节能的加工过程。

有研究表明，定形机在没有废气湿度排放控制的情况下，热能的分配比例关系是：65%用于烘干织物的水分，26%被排风机抽出排放，9%被织物带走和烘房散发。也就是说，定形机的有效热能只用到总热量的 65%，其余大多被废气带走。此外，废气中夹带了大量的有害化学物(如染整加工过程中加注的化学助剂在高温下挥发)、针织物原坯所带的油剂等,对大气都会造成严重污染。因此,提高热能利用率,减少危害物排放,对定形机来说已成为必不可缺少的装置。当定形机对废气湿度排放进行控制时,其热能的分配比例关系是:81%用于烘干织物的水分,11%被排风机抽出排放,8%被织物带走与烘房散发。由此可见,对废气湿度排放进行控制的节能效果是非常显著的。

1. 定形时间和温度控制 织物的纤维材料、组织结构以及克重的不同,要选用不同的升温曲线。采用定形时间控制系统对织物本身温度变化的检测(不是烘房温度),以调节车速来控制定形时间,可在确保定形效果的同时达到最高生产效率。在化纤织物热定形的四个阶段(即预热、热渗透、纤维分子调整和冷却)中,关键是织物达到均匀定形(热渗透和纤维分子调整)的温度和在该温度下的保持时间。

热定形机加热和温控的对象是循环风,而导热油加热炉的导热油温度和流量是恒定的。从加热炉来的导热油从进油管经三通分流调节阀进入热交换器,通过热交换器与循环风进行热交换,将热传递给循环空气。当循环风温度过高时,铂热电阻传感器将温度信号输送至温度控制仪表,通过测定值与设定值PID自整定演算,一方面通过显示器显示出测定值,另一方面控制三通分流调节阀的电动机运转。通过调节三通分流调节阀的开启度,使进入热交换器的一路关小,而直接回油的一路开大,从而使循环热风温度下降。当循环热风温度下降到某一范围时,温控仪表PID自整定演算使三通分流调节阀做出相反动作。在温度控制系统中,三通分流调节阀通过对热交换器的热油流量及阀的直接回油量的控制,实现烘房温度的自控。具体控制主要依据过程温度变化的规律,采用相应的温度控制模块机界面控制来实现。

(1)定形温度变化规律。根据不同工艺要求,定形需要测控的参数有温度、纬斜(纬弧)、色差、起皱及缩水等,其中以温度的控制最为重要。温度控制不仅能够提高产品质量,还有利于能源的节约。定形过程中的温度在线测控有烘房内气氛温度的测控、织物温度的测控、烘筒热辊的温度测控、红外辐射测量布面温度及预缩承压辊表面温度、导热油加热系统的温控等几种形式。红外辐射测量布面温度也是一种先进的方法。不论烘房的热源是热风还是辐射能源,它所采集的温度都是织物温度。在测量的路径上,由于气氛的吸收,烟雾、灰尘散射等原因所引起的衰减,以及环境温度的影响等,测量将会出现一定的误差。为了消除此误差,常采用比色法,也就是采用具有双通道的测量装置,每条光路都带有适当的滤尘片,分别测量目标辐射和标准黑体辐射的单色辐射功率,用两者之比值代替上述方法中的辐射功率,进行温度定标,并进而确定温度。根据烘房节数,在其顶部至少要设置四个非接触式的红外线温度传感器。不同织物的定形温度曲线,在烘房长度方向的定形温度的位置也不同,即从该点到织物出口处的距离不同,因而需要调整车速来保证定形时间。图11-3为八节烘房时的定形时间控制曲线,图中例举了三种不同织物的定形温度曲线。

(2)定形温度控制模块。该模块可检测布面温度,以控制织物定形后的剩余湿度。通常在机器末端的适当位置安装一个红外线温度传感器来检测织物表面温度,根据设定值控制车速,确保织物出定形机后达到所需的剩余湿度。为了获得高效节能的织物烘燥和定形效果,织物的温度控制比烘房内气氛温度控制更重要。传统的铂热电阻或热电偶在烘房内采集到的是

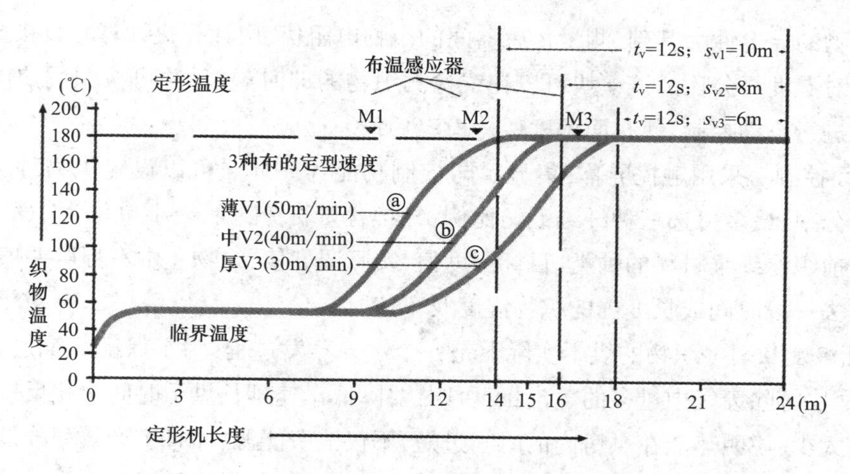

图 11-3　定形温度曲线

烘房内的气氛温度，其数值有别于织物温度。通过对一台热定形机进行布面温度与烘房指示温度的同时监测，测试结果显示，布面最高温度与烘房指示温度相差 23~26℃，且烘房内温度升温速度相对较快，而出烘房时气氛温度则较低。

(3)界面控制。开机后触控屏上可显示用户操作界面，可直接点触控制。系统可储存 100 组工艺条件(温度与时间曲线)，更换织物品种时，只要将织物品种的工艺条件调出，即可按照新的工艺条件自动控制机器运行。彩色屏幕上可显示温度趋势图和温度目标值、定形时间设定值与实际值。对各个升温阶段，以不同颜色将温度值分为几个区，操作者可随时了解和掌握运行情况。此外，还可以显示过去一段时间内的定形时间和车速的记录。

2. 织物含湿率检测　织物的含湿率是烘干过程需要控制的一项指标，过度干燥会浪费能源和时间，而没有充分干燥又会对织物品质造成影响。因此，精确检测和控制织物的含湿率，是保证产品质量和产能最大化的有效方法。此外，对于潮交联等特殊工艺，保证织物出布时湿度的准确控制也是非常重要的。

(1)检测原理。一般通过测量织物的导电性来测定其含水率是最有效的方法，并可即时和连续进行测量。导电性与织物的剩余含水率关系非常密切，即使是百分之几的含水率的差异，也可以反映出十倍数量级的导电性能的变化。图 11-4 表示纤维素纤维的含水率和导电性能之间存在的指数函数关系。由于织物的克重和厚度、水的性质以及整理液的成分等因素不会影响其导电性和测得的含水率，所以可以将测得的织物导电率转化为衡量其含水率的指标。对于各种导电性相同的不同织物，因实际含水率不尽相同，故该检测系统储存了大部分织物的修正曲线。

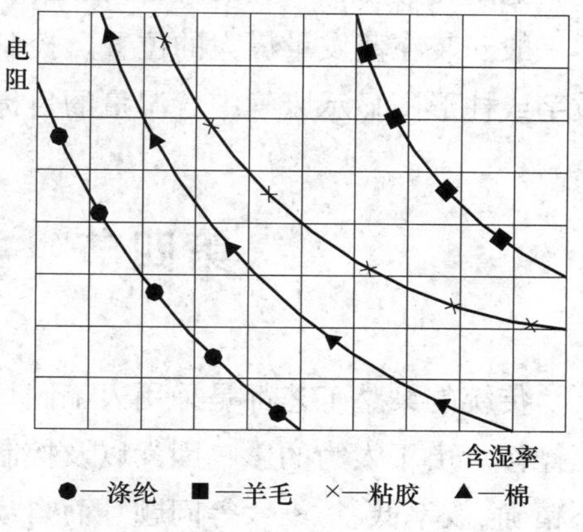

图 11-4　含水率与导电性关系

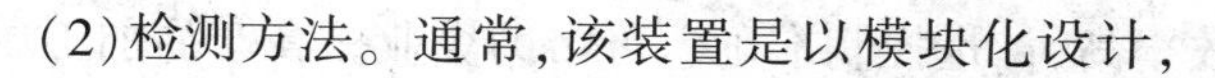

(2)检测方法。通常，该装置是以模块化设计，

以被测量织物的导电性为基础，测量传感器间的织物电阻值，由计算机计算并直接显示出该织物的即时相对湿度百分比。该模块可以在线检测织物的即时湿度，并可按照用户的设定而对生产线车速进行自动控制，使布面湿度保持稳定一致。

(3)界面控制。采用触控屏幕，集显示与控制功能为一体。可以设定织物种类及各种纤维含量的百分率，最多可选三种纤维混纺比例，纤维含量百分比的最小单位为1%。彩色屏幕可以显示当前织物纤维材料的种类、目标湿度值、实际湿度值、织物左中右湿度差值，并能够显示和记录过去一段时间或长度内的织物湿度及车速。

3. 废气湿度控制 织物的烘干实际上是一个水分蒸发过程，为了保证这个过程能够持续进行，必须尽快排除废气中过多的蒸汽量，否则，要降低车速延长烘干时间。相反，如果排出废气中蒸汽量太少，说明热能在烘房内的时间过短，不仅浪费能源，而且生产效率降低。因此，对废气的含湿率进行在线实时检测，利用变频电机自动控制排气风机的风量大小，可以使烘干过程达到一个合适的废气含湿率，至少能够节省20%的能耗。

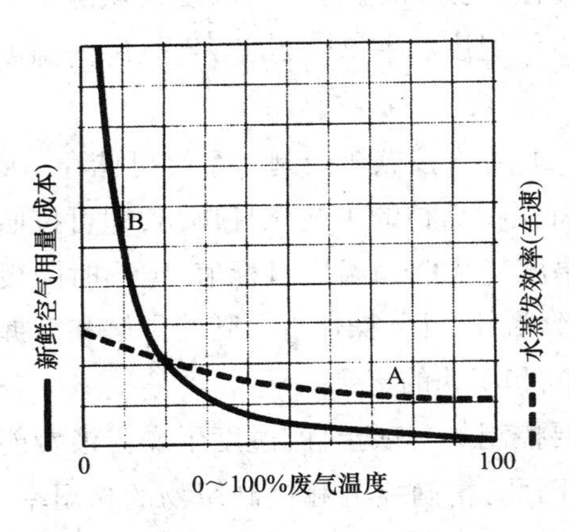

图 11-5 蒸发能量曲线

在设定的烘干时间内，烘房内水分蒸发量与织物的纤维材料、克重、幅宽、烘干能力以及烘干前与烘干后的织物含水率有关。图 11-5 给出了新鲜空气用量、水分蒸发效率与加工成本的关系。蒸发能量曲线 A 较为平缓，而新鲜空气消耗量(与成本有关)曲线 B 则较为陡峭。当废气排放阀门始终是全开时，所排出废气中的水蒸气含量非常少，这意味着烘干的效率很低。因此，为了提高烘干效率，减少能耗，必须在保证生产效率的同时，尽可能提高排放废气中水蒸气含量。

该控制也采用模块化设计，可以在线实时检测排放废气中的含湿率，测量的结果以体积百分比 0～100%表示，也可以用其他单位表示。检测传感器采用两个氧化锆电偶，其中的一个检测水蒸气的含量，另一个检测纯氧的含量。它是利用电压使氧原子电离化并与水蒸气混合，再通过检测电流值即可得到氧离子与水蒸气的含量。检测传感器一般安装在蒸发量最大的位置。控制界面可以显示不同烘房单元中的废气中含湿量，并以数字或柱形图显示废气中含湿量的目标值和实际值，同时反映出排风机的工况。

第四节 染化料自动配送系统

传统的染整工艺都是采用人工制订工艺参数和染化料配方，染化料的配制和输送也是人工操作。由于人为的影响因素以及控制精度的限制，容易造成称量和输送浪费、计量控制精度不精确、效率低、污染大等问题。而自动配送系统可以有效地控制染化料的实时消耗情况，减少生产过程成本，相同的工艺处方操作效率高，计量控制准确。可帮助企业提高产品加工质量和生产效率,实现清洁生产及创造显著的经济效益。

随着现代印染技术的发展,对纺织品的加工质量要求越来越高,全自动配料系统也将会发挥更大作用。全自动配料系统除了需要自动化技术支撑外,还与印染工艺有着密切关系。据了解,染化料自动配送系统制造商意大利卡罗(Color)公司原来就是从事染色加工的,为了推广自己的自动化生产过程,创立了染整系统工程研发公司。荷兰万维(Vanwyk)公司同样是在染化料自动配送系统方面处于国际领先地位。

染料和助剂配送系统从功能上来讲,通常由四个子系统组成,即液态化学品输送系统、固态染料溶解输送系统、固态盐和固态碱溶解系统、中央计算机管理系统。配送系统具有染料和助剂的化料、上料、称量、自动输送以及浓度和 pH 在线检测等功能。系统配有染化料自动或半自动称粉装置,可与企业的 ERP 管理系统无缝对接。该系统采用了集散控制、计算机网络、数据处理、在线采集控制、可编程控制器多层网络架构等技术。可实现染整前处理、染色和后整理工艺中染化料的自动称量、配送、实时检测和控制,生产数据实时记录和在线管理等多项功能。

本节对染整加工中实验室和生产的染化料自动配送系统作一介绍。

一、配送系统的组成及操作流程

1. 配送系统的组成 染化料配送系统主要由配料站、在线合成分配计量称量、储料、pH 和碱浓度在线检测、总线式管路以及终端监控系统等组成。

(1)配料站。该部分包括化料搅拌器、助剂上料装置及液位指示报警系统等。化料搅拌用于调制粉料或高浓度助剂溶液,调制成的助剂溶液通过隔膜泵输送到高位储罐。储罐的液位通过液位指示报警监视。

(2)在线合成分配计量称量。该系统采用流量计及合成分配器,可对染料或助剂进行精确计量,并可根据不同工艺所需的溶液输送流量。

(3)储料。在每个储罐上装有液位检测及反馈装置,可实时通过指示灯和屏幕界面显示,以提示操作人员及时加料。储罐为耐酸碱材质,并可加装搅拌装置。

(4)pH 和碱浓度在线检测。该系统可实现 pH 的在线闭环控制,也可通过在线滴定进行检测。对于浓度较高的碱溶液,采用比重法进行间接测量,在线闭环控制浓度。低浓度碱溶液采用自动滴定方式测量,闭环控制。间接测量碱浓度的方法,具有性能可靠、维护简便、检测元件耐用等特点,是目前浓度检测的一种有效方法。

(5)总线式管路。采用一条管路配送各种染化料溶液。管路采用不锈钢材质,管道内部抛光。对于机台数量较多或染化料用量较大的配送,可采用多条管路。管路的清洗是通过程序先进行定量水冲洗,然后再用压缩空气进行吹吸。

(6)终端监控系统。通过数据管理及实时统计软件,可进行实时记录实际生产数据,实现监控、统计和报警的功能。服务器通过软件的实时监控功能与所有操作终端运行的触摸屏软件进行数据的在线交互,进而实现数据的实时采集和统计。软件从功能上可分为染料或助剂管理、设备管理、配方管理、数据管理、报表、辅助操作及用户管理等。

2. 操作流程 该系统主要操作部分有搅拌、上料、储存和发料。操作流程:搅拌→上料→储存→发料→检测→反馈控制→加料。化料搅拌过程是将高浓度或粉状的染料、助剂,按一定比例用水进行溶解,通过一定的搅拌时间,以满足工艺所需的溶液。上料是将搅拌好的染料或助剂溶液,通过上料输送泵送至储存容器。上料的过程控制采用一套指示报警装置反馈,可控制上料的量。上料量的过高或过低,是由高位或低位报警装置来报警。储存容器是用来储存已溶解配制好的染料或助剂溶液,在其上装有液位检测装置,以确定和控制储存液位的高低。

染化料配制成规定浓度溶液后储存起来以备调用。根据各工艺机台的请求,由中央控制中心按照先后顺序依次进行自动称量和配送。对于急需发料的工艺机台,可通过优先请求方式进行发料。中央控制中心可按照机台处方进行自动称量和远程输送,完成具体的发料过程。

当高位槽液位低于最低液位时,可发出报警提示增补染料或助剂。系统中配置了助剂浓度反馈控制,可对前处理中各种助剂的浓度及 pH 的平衡值进行控制。当反馈控制检测到浸渍槽溶液浓度偏离设定值时,会自动调整加料流量,使溶液浓度保持设定浓度值。

二、实验室自动配液系统

在实施染整订单之前首先是进行配方的制作,而一个订单往往需要进行十几次甚至几十次的实验制作分析才能够达到要求。这种传统染整工艺配方制作方法不仅效率低,而且受到人为的影响因素大,质量很难控制。显然,只有采用自动配液系统,才能够使人们从繁杂的实验分析中解脱出来,提高配方效率和质量。

实验室自动配液系统主要是用于实验室小样机或中样机的溶液配制,在目前的实验室打样中起到了非常重要的作用,主要表现在打样质量的可靠性和重现性上。该系统一般由染料瓶(1000mL)、搅拌装置、滴料管、电子秤、控制电器和数据库计算机等组成。每只染料瓶分别装有不同的染料,通过搅拌器对其搅拌,防止沉淀。每只染料瓶上接有独立的管道,管道上装有一只微型电磁阀。当选中某个染料配料时,打开对应电磁阀,染料利用虹吸原理送到电子秤的量杯上。整个系统通过数据库管理系统,完成数据库的优化和配料控制。自动配液系统分为有管路计量和无管路计量两种,现在以无管路计量居多。

通常,实验室配液系统中有三个重要部分,即配料溶解、配送装置、计量和母液配制。

1. 配料溶解系统[图 11-6(a)] 该系统是将所配溶液的浓度值建立在一个比较准确的基础上,染料和溶解水分别置于天平上的烧杯中,可通过即时稀释系统将重量控制在 0.001g。对于粉状染料是通过将料斗定位在给料位置上,然后在调好的染料中注水,由计算机控制达到所需的浓度以备使用。该系统配备了若干只溶液杯,可为小样机预先准备染浴以及相关助剂。

2. 重量法配送装置[图 11-6(b)] 该系统可严格控制配料的量,避免溶液浓度变化,特别是对浓度进行高度稀释时所产生的影响。溶液杯的容积为 600ml,放置在两个旋转架上。配料过程采用 Mettler 天平,精度为 0.01g。系统设置了自动排液和溶液瓶的冲洗过程。溶液通过一个直接搅拌器连续搅拌,并可调节输送量。在溶液杯中的主轴上有一些可调的叶轮,经过适当高度的调节,可对溶液进行均匀混合。

3. 体积法配送装置[图 11—6(c)]　该系统是为滴定自动化而设计的。配有两套管路系统,配料时可同时使用。一个在滴定时,另一个可进行清洗。该系统可自动准备冷、热水,还可自动配置 4 种不同的溶液,所有的瓶子中都有磁性搅拌器。配好的溶液可直接送到小样机中。

(a) 配料溶解系统

(b) 重量法配送装置

(c) 体积法配送装置

图 11-6　实验室自动配液系统

4. 直通式无管路计量系统　美国 Datacolor AUTOLAB TF 系统[图 11-7(a)]是采用无管路设计,不产生沉淀,也无须清洗。所有染液在滴液过程中均采用计量控制,可追溯完整的滴液记录并进行管理。该系统采用了独立的注射器,直接将染料从母液瓶输送到染杯,从而消除了任何交叉污染的出现,并且设计结构简单,便于维护。与其他无管路重量法滴液系统相比,它还具备进一步流程自动化和节省时间的优势。系统的 6 个位置染杯托盘采用优化设计,在计量的过程中可同时向染杯里滴定助剂和水,加快滴液速度。由于采用了连续输送带,所以系统可自动进行多达 60 种配方的滴液,提高了多配方的计量效率。

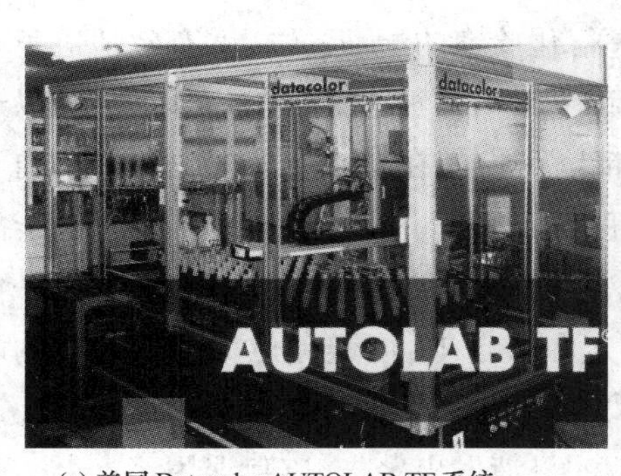

(a) 美国 Datacolor AUTOLAB TF 系统

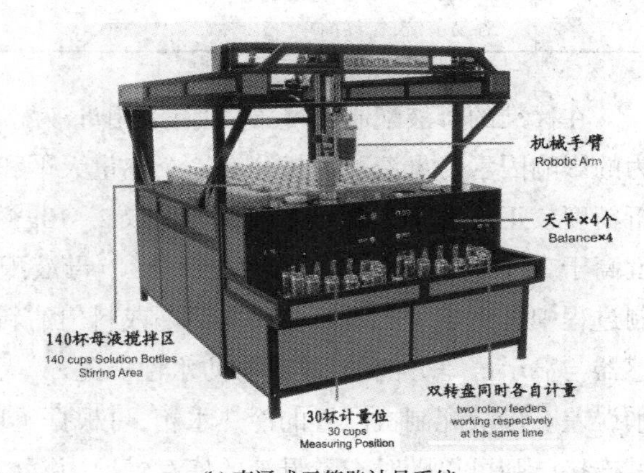

(b) 直通式无管路计量系统

图 11-7　直通式无管路计量系统

上海正裕色彩软件有限公司生产的直通式无管路计量系统[见图 11-7(b)]可与计算机配色系统连线使用,极大地提高了配色效率。它具有天平自动校正功能,可利用机械手臂与特制重量杯做天平全自动校正。它可进行 140 杯以上的配方计量,超过时,可由软件程序提醒人工放入“140+杯号”的方式来完成计量。自动精确记录染液剩余量,能够预先知道优先配料顺序,并有染液过期提醒功能。该系统的机械手、转盘、天平敲击盒均为可关闭的独立模块组,可在关闭模块组的情况下继续完成计量作业。机械手臂采用软链条驱动,放下时不会损伤天平。为了保证滴定位置的准确性和稳定性,机械动作均采用步进电机,遇障碍即停,并且不易撞伤人或造成机器损坏。滴液头的通道是保证滴液畅通的关键,为此,经特殊设计的滴液头(主要是满足印花需要),可调整口径的大小来完成高黏度的液体计量。

无管路计量系统的工艺流程:

计量开始→机械手抓取母液瓶放置天平→电磁阀敲打瓶底,天平称取重量→检查是否有需要相同母液的配方→放回母液瓶并记录母液残量→下一个配方→计量完毕

5. 母液配制 计量系统中的母液杯(也称染杯)是存放配色计量染液的。为了配色液的均匀性,通常都是在杯中放入磁铁,通过磁场感应使磁铁运动来搅拌配色液。不过,这种方式也往往带来一些问题,如搅拌磁场失去作用、多放或漏放磁铁但又未发觉等。与传统母液杯相比,上海正裕色彩软件有限公司直通式无管路计量系统的母液杯采用直通式,没有残留染液的死角,克服了传统母液杯存在的一些问题。各种母液杯形式比较见表 11-2。

表 11-2 不同母液杯形式的比较

形式	直通式母液瓶	注射筒式母液瓶	非直通式母液瓶
特点	采用内压式设计,以自然水压止漏 可防止色料的沉淀堆积 母液瓶无须配置电磁阀和磁铁搅拌,而是由母液瓶直接正反旋转,防止沉淀产生 母液瓶转动时间和速度均可调整 手工拆卸,无须专用工具 容易清洗,保养简单	玻璃母液瓶和针筒容易损耗 止漏材质遇染料和助剂容易膨胀,若及时更换会影响精度 针筒使用后需要清洗,时间长	底部突出部位容易产生堆积物,造成配色不稳定,而且需要专用工具来清洗 电磁阀及母液瓶未分离,维护保养不方便

在标准的母液配制环境中,只有采用母液配制机进行化验室的配液,才能够有效地避免人为的影响因素。母液配制机分有一个称量天平和两个称量天平两种,采用双天平设计,可以进行精度校正。通常配制母液时仅需称取 2~10g 染料,精度可控制在 0.01~0.001g。当室内温度高于 26℃时,可能因水分蒸发快而影响母液配制精度,双天平可以避免这种影响。对于配制过程中可能出现的不慎将染料洒漏或料勺沾料情况,仍然不影响配制的进行。由于天平传感器与显示屏是分离的,故具有防水性。此外,天平固定在机台上,可避免位移后所产生的水平误差。母液配制机配置的冷热水箱,可根据不同的染料特性设定不同水温和调液步骤。通过连接电脑可以随时查看母液的库存情况,并可对过期的母液发出警告,避免误用。

三、生产用染化料的配制

传统的供料和加料方式常常是导致生产效率不高和染色质量不稳定的主要因素之一。建立染料和助剂自动配送系统,可以非常精确、准时地将染料和助剂送到指定机台旁的加料桶中。这不仅可以减少人为的影响因素,提高染色的重现性和生产效率,而且还可以减少染化料的浪费以及对环境和人体健康的危害。因此,染料和助剂的自动配送系统,已成为染整企业实现清洁化生产的重要手段之一。

自动配送系统通常采用模块化设计，分为染料和助剂分配单元，是一个紧凑的自动化测量及分配系统。液体染料和助剂以体积计量经管道系统输送到各机单元。系统中的监测控制可以保证准确计量加料，密封的输送管路可减少对环境的污染，同时可避免操作人员接触化学品。对于粉状染料及助剂，通过条形码扫描仪透过配方控制称量，在自动溶解站中溶解后，再供应到平行分配管路系统中。生产中的染料和助剂配送主要由全自动染料溶解系统、全自动粉体配料系统、半自动粉体配料系统及液态化学品配料系统组成。每个系统具有自身的一些功能，可以整合到染化料（粉体、颗粒和液体）的调配、溶解、定量配送等全自动控制系统中。

1. 全自动染料溶解系统 粉状染料的溶解装置与自动或手动称量系统相连接，由计算机进行控制。在称量过程中，染料由自动接收含有称量配方的小容器引入到溶解器中，并且会随其进行旋转，以避免染料的分散。根据溶解染料所需的温度、溶解时间和相关条件，通过计算机控制溶解染料的循环次数。溶解后的染料按照配方的要求由输送泵传送到所需机台的加料桶中。用完后的小容器可自动清洗，然后放入到一个独立的容器中进行烘干，最后被自动送回原位置，以作为下一轮称量使用。在小容器的清洗过程中，系统会自动处理下一个配方。实际上，该系统是在同时进行四个过程：配方称量→溶解染料→自动清洗小容器→烘干小容器以备下一个周期使用。染料溶解器的容积有不同规格，可满足不同染料溶解量的需要。当溶解染料的量较大时，程序会将配方自动分为两部分或者进行多次溶解循环。为了满足染色车间对不同染料溶解量的需要，商家还提供了以下两种选择。

（1）少量染料溶解。浴比非常低或少量的中样染色机所需要的染料较少，可采用该溶解系统。它可将容量降为0.001~0.75kg，由自动称量系统控制直接将染料溶解到称量桶中。

（2）大量染料称量。对于用量频繁并且所需量大的染料，可采用该系统。它可将染料直接加入到溶解器中，最大添加速度可达25kg/min，可在几分钟内供应大量染液。溶解器装有称量传感器，称量和溶解同时进行，可减少称量和溶解单独进行的时间。

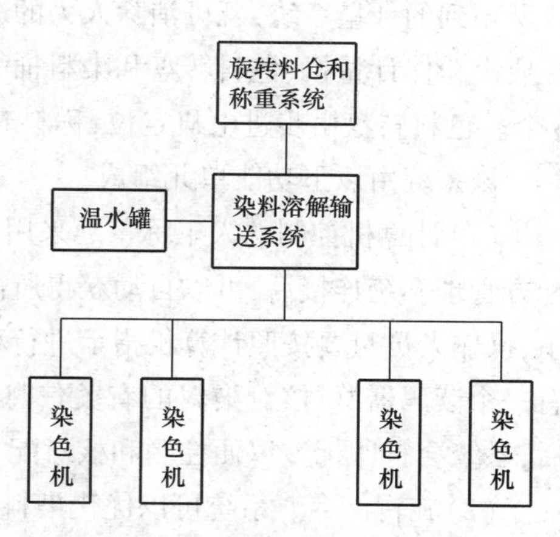

图11-8 染料溶解输送系统示意图

图11-8是染料溶解输送系统示意图，该系统可自动溶解和分送粉状染料。先手动称重每个批次的染料，然后放入一个柜子里，机械手从中自动选择正确已称重盘，送到溶解输送系统。倒入称重盘的染料通过编程控制被自动溶解后，输送到单台机。整个过程是在一个密闭系统中进行的，无粉尘在空气中。系统可根据染料的类型和数量确定溶解温度、时间和耗水量。该系统还可配置一个温水预备缸，使得处理过程和加热时间大为缩短。此外，自配的压力泵可以形成较高的压力用于清洗。

2. 全自动粉体配料系统 对于粉状或颗粒状的染料，在称量过程中必须考虑环境条件对配料剂量的影响和它本身对环境保护的影响，采用自动称量系统可以达到此目的。通常该系统是采用模块化设计，并可进行扩展。染料通过负压吸管输送至系统，速度快，并且可减少空气与染料接触面，保证染料原有湿度不变。当所需配送的染料量很大时，为了提高效率，可以配置一个与称量系统相连接的称量配方停放装置，预先称量含有大量染料（如 40～50kg）的配方，然后将其存放在停放装置上。需要立即溶解时，溶解器自动移到停放装置完成配方所需的溶解。

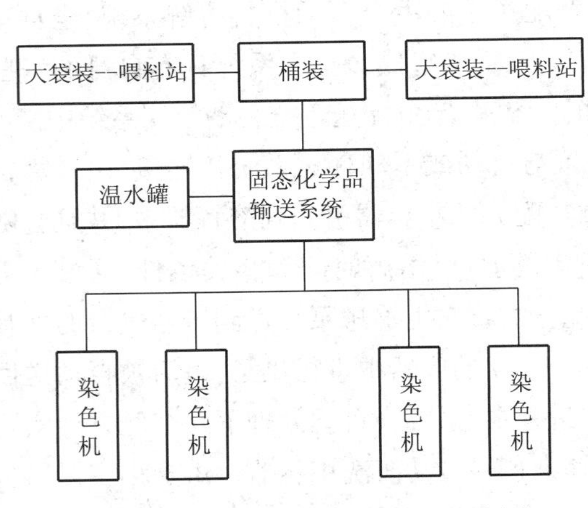

图 11-9　固态染化料输送系统示意图

粉状或颗粒状的染料在称量过程中，活动秤处于完全封闭状态，甚至会处于很小的真空状态。这样不仅可以避免受到空气质量（如污浊度、湿度等）影响，而且还可以防止秤受到气流影响，从而确保称量精度的准确性和可靠性。为了避免染料装载时出现差错，可以将染料盒放置在秤上，触摸屏通过条形码自动识别染料类型，以及染料的正确停放位置。

图 11-9 为该系统用于将食盐或元明粉、碱等粉状颗粒状助剂输送至各机台的示意图。通常由储备罐、卸放器、称重、搅拌桶及压力泵等组成，可根据染化料的消耗量，产品的包装尺寸（大袋、超大袋或卡车筒装）进行设计。可记录称重和搅拌桶内的数量，能够以最少的用水量进行溶解。

3. 半自动粉体配料系统　该系统是在完成化验室打样后进入染液或助剂称量和输送阶段所用到的计量系统，既可消除人为的影响因素，又可以保证染色工艺配方的精确度。该系统主要由粉体计量机、色料转盘和染料桶等组成。色料转盘可根据需求增加数量，最多可加装到 6 个。色料转盘由步进电机定位，称料时色料会自动转到称料员旁边。取料时间短，效率高。

该系统由以下功能单元组成。

（1）计算机控制的人工称量。采用初级自动化粉料称量系统，计算机中装有称重软件，与配方管理系统连接后，可以自动获得所需称量的配方信息。电子秤与计算机连接，在使用过程中，操作人员只要按照计算机指示进行称重，就可有效地控制称重过程的精度。有的系统还装有一个读码器，可核对染料的有关信息，这对系统的安全性有了进一步的保障。当称重结束后，系统会打印标签以便控制和核对配方信息。

（2）旋转储存。系统可以优化染料盒的存储空间，并配有合适的真空抽吸装置，以确保称重过程的环境清洁。存储架所占用空间的具体尺寸，可以根据所需空间或客户的实际场地进行设计。

（3）自动存储。该存储装置采用了机械手，并且是自动化控制。它可根据配方信息自动提取染料盒，并自动放到称重位置，在程序的控制下，操作人员可方便地进行称重。对于每一次的称重精度都有程序上的控制，只有当所称配方的误差在允许的范围内时，系统才能够继续进行下一个配方称重。为了提高称重效率，系统在称一种染料的同时，机械手已经去提取下一种染料。当与自动化料系统配合使用时，机械手可以完成已称重染料小容器的提取和指定位置的放置，并且计算机可记录相应的信息。当机台需要染化料时，机械手会自动将正确的染化料小容器传送到化料系统。

（4）半自动化料。人工称重的配方由半自动化料单元进行化料，并输送到目标容器。当在计算机上设定了化料程序和目标容器时，可通过读取配方条形码来核对配方信息，并可根据染化料的种类设定不同的化料温度和时间。为了获得均匀的化料效果和保持化料洁净，系统还配置了均匀化料的水流循环系统和防污染的清洁系统。

4. 液态化学品配料 该系统考虑到液态化学品的挥发性和放置的安全性，提供了一套储存系统。将该套储存系统放置在上层，配料系统放置在下层，有利于配料系统的流程和减少占地面积。液态配料系统的称量有体积法和重量—体积法两种配料装置。体积法配料装置采用了流量计，可检测管道内是否存在空气。每个配料阀上均装有位置感应器，以检测阀门是否有泄漏。重量—体积法配料装置兼顾了体积法的速度快和重量法的精度高两重性。系统在工作之前，会自动通过体积法系统来优化速度，使两者达到最佳的组合控制。系统与相关单元的组成如图 11-10 所示。

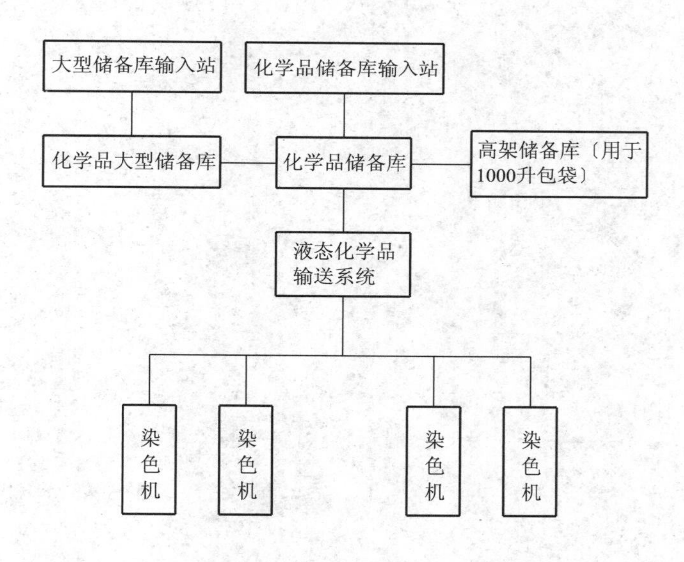

图 11-10 液态化学品配送系统

四、染化料输送系统

输送系统有多管道和单管道两种形式。多管道是每根管道对应一台目标机，并且所有的管道集中连接在一个分配器上，通过对应的输出泵和活动臂将液体送到机台。由于多管道输送可以避免交叉污染和染料的凝结，所以比较适于染料的输送。相比之下，单管道输送成本低，比较适于助剂的输送。分配系统可将液态的染化料和助剂通过管路系统输送到各单机，其用量则透过流量计测量。利用压缩空气作为输送动力，可减少耗水量。通过精确、稳定的加料控制，可以减少染化料和助剂的浪费，而且可以避免因加料不足而要补充的工作。

参考文献

[1]宋心远,沈煜如. 活性染料染色[M]. 北京:中国纺织出版社,2009.
[2]武卫强,武桐. 用于印染前处理的淡碱浓度测量控制系统[J]. 微型机与应用,2010,29(16):93-95.
[3]刘江坚. 拉幅定形机在线检测系统[J]. 印染,2011,37(1):33-36.
[4]刘江坚. 织物间歇式染色技术[M]. 北京:中国纺织出版社,2011.

第十二章　染整企业的节能减排

染整企业节能减排涉及产品结构、工艺路线、技术装备以及生产管理等诸多环节，而实施清洁生产是达到节能减排的有效途径。企业除了不断改进生产工艺和采用先进技术装备外，还应对生产过程的用能设施采取有效措施和技术管理，减少能耗和水耗，降低污染物浓度和排放。这其中包括供热和用热设施的节能、污水处理、余热和水的循环利用、技术改造中设备选型和配置、设备能源管理等。只有对这些涉及整个生产的全过程进行有效控制，才能够使染整企业达到真正节能减排的目的。

第一节　供热和用热

大多数染整工艺需要加热或保温过程，而供热就成为染整工艺的主要能耗。印染企业传统热源的燃料主要是煤炭和油，而煤炭和油不仅是不可再生能源，而且用于燃烧既降低了使用价值，又产生二氧化碳污染大气。因此，在实现节能减排的今天，人们更多的关注一些新能源以及相对煤炭更经济的燃料，并且也意识到供热设备的产热效率及输送热失散，用热设备的效率以及保温，对节能减排也产生了很大影响。

本节简单介绍一下染整加工中供热和用热方面的节能减排情况。

一、热源

拉幅定形机的热源主要有导热油、天然气、水煤气、高压水蒸气以及电加热等，其中电加热成本较高，目前使用的较少，导热油加热是目前应用较多的一种方式。一些天然气比较充裕的地区，选择天然气加热，不仅价格便宜，而且还环保。在有热电厂的地方，选用高压蒸汽加热的也很多。从环保的角度来考虑，目前越来越多的选用生物质燃料加热。

1. 生物质燃料　指的是植物材料和动物废料等有机物质的燃料。主要来源于农业生产和加工中废弃的各类能源植物、农业生产过程后残留不能食用的秸秆（小麦、玉米和稻谷等）、家禽粪便、生活污水和工业有机废水。工业有机废水中含有丰富的有机物，可以通过厌氧发酵制取沼气，同时处理污水。此外，还有城市有机固体废弃物如生活垃圾、商业服务业垃圾等。将这些废弃物经过处理加工，既可以获得再生能源，同时又可维持和保护生态环境。

生物质燃料发热量大，可达16300~20000kJ/kg，经炭化后的生物质燃料发热量高达29000~33000kJ/kg。生物质燃料不含其他不产生热量的杂物，其含炭量可达75%~85%。生物质燃料不含硫、磷，对锅炉不产生腐蚀，燃烧时不产生 SO_2 和 P_2O_5，因而不会产生酸雨，不污染大气环境。生物质燃料燃烧后灰碴极少，减少堆放煤碴的场地。除此之外，生物质燃料燃烧后的灰烬是一种优质有机钾肥，可回收获利。

2. 天然气 天然气是一种清洁能源，燃烧后产生的二氧化碳排放仅为燃煤的1/2，氮氧化物排放仅为燃煤的1/5左右，二氧化硫的排放几乎为零。以天然气作燃料替代部分煤和石油，可减少酸雨的形成，有利于改善环境污染状态。天然气中不含有一氧化碳，且比空气轻。即使出现泄漏，也会迅速向上扩散，不易积聚形成爆炸性气体，因而是一种较为安全的燃气。与煤炭和石油一样，天然气燃烧后仍然会产生二氧化碳，对温室效应有一定影响，所以天然气不属于新能源。

天然气作为定形机的高温热源，可通过两种方式对定形供热：一是天然气作为导热油加热燃料，二是在定形机中进行直接燃烧。导热油炉以天然气作燃料，加热后的导热油作为热载体，可以用于定形机和其他一些高温用热设备。这种加热方式对用热设备来说，是一种间接加热，热效率可达80%以上。天然气直燃式加热在定形机中应用，被视为一种热效率高、燃烧后污染小的高温加热方式。在我国四川、重庆、山东等地区，选用天然气作为热源，具有显著优势。

3. 太阳热能 简称太阳能，是一种新型能源，资源十分丰富。据有关资料显示，我国太阳能的理论储量达1.7万亿吨标煤/年，为目前国内全年煤炭总量的8500倍。我国有2/3的国土面积上，受到年日照时数超过2200h，太阳能年辐照总量超过5000MJ/m^2。显然这是一个非常丰富的资源，即使将全国太阳能年辐照总量的1%转化为可利用能源，也可满足国内所有的能源需求。染整加工以太阳能替代部分热能，不仅可以节省蒸汽，而且还可减少烟尘中CO_2、SO_2及其他有害物的污染。

染整加工中前处理和染色的用热温度范围主要在60～135℃之间，并且一些工艺完成后产生的废液温度也有50～90℃。在传统的染整工艺过程中，都是通过蒸汽将常温水加热到所需的工艺温度，需要消耗大量的蒸汽。而排放的废液主要是考虑净化处理，废液的余热没有得到利用。针对这种加工方式，利用太阳能将常温水预热到55℃后再用蒸汽加热到工艺所需的温度，可以节省一段加热过程所消耗的蒸汽。还可通过废液余热回收系统，将常温水与废液余热交换后升至一定温度，然后再进入太阳能加热系统，进一步加热后用于生产工艺中。此外，可将无法处理的低品位热能进一步提高温度后，送入生物质能导热油炉或蒸汽锅炉产生蒸汽用于生产。

染整企业可以利用厂房顶安装太阳能装置。太阳能装置主要由平板型太阳能集热器、计算机程序控制系统和余热利用系统等组成。平板型太阳能集热器采用金属板管结构，是由集热板芯、透明玻璃盖板、保温层和边框组成。集热板芯为板管式结构，由铜铝复合金属材料制成；吸热翅片是由铝合金制成，其表面是经阳极氧化工艺处理后的选择型吸热层，吸收率达95%，且不剥落。微电脑程序控制系统主要是用于控制温度、温差、水位、时间以及辅助加热等，可根据需要任意编写和改变CPU控制程序。余热利用系统可辅助加热。

太阳能光热利用转化率可达60%，每平方米太阳能热水器一年可吸收转化的有效热量达3×10^3kJ，相当于1.2t蒸汽的热量。利用太阳能加热水是一种光热转化，其技术已经非常成熟。因而将太阳能用于染整工艺中,可省去相当一部分用于加热常温水的蒸汽消耗,降低燃煤的使用量,减少烟尘中 CO_2、SO_2及其他有害物的排放量,从而达到保护环境的目的。

4. 水煤浆 水煤浆是20世纪70年代因国际石油危机而产生的一种煤基液态燃料,可作为工业锅炉或炉窑燃料。水煤浆是由约65%的煤、34%的水和1%的添加剂通过物理方法而制成的混合物,其制备工艺流程如图12-1所示。由于水煤浆的主要成分是原料煤,仍然保留着原料煤的原有特性,并且具有较好的流动性和稳定性;因而不仅具有较高的燃烧效率,而且便于装卸、运输和储存。水煤浆主要取自于低硫分、低灰分的精选煤,其烟尘和二氧化碳等污染物的排放量均低于燃煤和燃油,具有显著的节能环保优势。

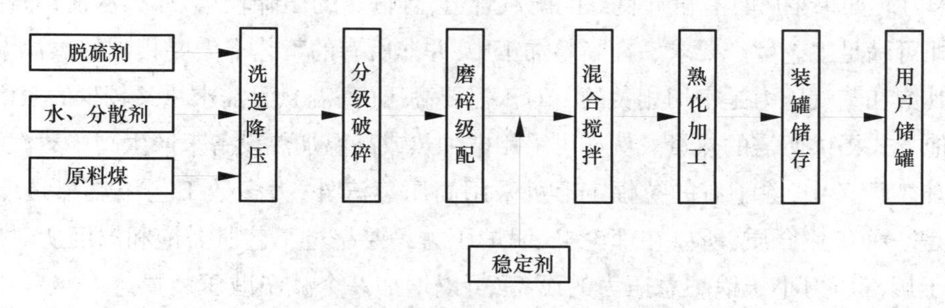

图12-1 水煤浆制备工艺流程示意图

近年来,国家相继出台了一系列有关节能环保的文件和规定,其中将水煤浆作为替代燃料的主要技术途径,并将水煤浆燃料定性为介于高污染燃料与清洁能源之间的一种准清洁能源。为了发展和推广这项技术,国家还制定了一些技术条件和标准,如《水煤浆技术条件》《水煤浆质量等级标准》《水煤浆质量试验方法》等。与此同时,国家相关部门正在考虑如何建立一个"制浆—运输—燃烧—环保"一体化可持续发展的水煤浆市场,以此推动节能减排的发展。

水煤浆技术在染整行业中,也有一些厂家作为洁净燃烧技术示范项目,将燃煤和燃油锅炉进行技术改造。应用中也暴露出了一些问题,如雾化燃烧要求采用精煤浆,对原料煤选择范围小;浆料颗粒大小要求高,成本较高;对雾化喷嘴的要求高,容易造成喷嘴堵塞等。但不管怎样,与其他新技术一样,总有一个适应阶段。随着科学技术的发展,最终这些问题一定会逐一解决。

5. 高压水蒸气 对于有热电厂供热的印染企业,可利用热电厂的副产品作为热源。定形机使用后的蒸汽压力降低进行闪蒸所获得的低压蒸汽,可用于前处理、染色和印花等工艺供热。

二、蒸汽锅炉

锅炉作为染整企业的主要供热装备,实现节能降耗对降低加工产品成本,减少废气排放具有十分重要的意义。锅炉通过节能可提高其热效率70%~80%,节约用煤10%~15%。就锅炉节能本身而言,采用程序控制,通过引风、鼓风、炉排和水泵电机的同步调节,始终维持恒定的输出蒸汽压力值,即可达到节能的目的。

从某种程度上来讲,锅炉的节能也是一种技术,并涉及一些其他方面。因此,锅炉节能作为技术含义应该是一种全新的燃烧方式,是高新材料、燃烧和锅炉三者的有机结合。燃烧煤经过一系列物理和化学变化，达到强化燃烧、充分燃烧和完全燃烧的过程。

1. 锅炉的几个技术参数 在新建工厂或扩建技术改造中，有时需要增加蒸汽用量，确定增大锅炉容量。如果已确定增添锅炉，就应慎重考虑不同生产特点的用汽工艺要求。一般有三种情况：一是全年连续生产（常日班或三班制）；二是每年有一个旺季是连续生产，而其余是淡季间断生产；三是生产过程基本连续，但有数天是闲工期。锅炉的容量与蒸汽参数是相关联的，锅炉容量的大小决定了其产出的蒸汽压力高低。锅炉的蒸汽参数主要有压力、温度和容量，应根据发展的需要进行仔细确定。但对扩建的工厂来说，也可参照原有的参数，并对未来的情况加以考虑而确定下来。

（1）压力。如果工厂具有设计良好的配汽管道，且输送的压降较小，那么从锅炉直接过来的蒸汽压力即可满足工艺生产要求。在染整加工中，并非所有的工艺都需要相同的蒸汽温度，而蒸汽温度与其饱和蒸汽压力是密切相关的。对于需要高压（高温）、且需求量又较少的蒸汽设备，建议采用其他方式提供所需的热量。例如可采用电加热或高温加热设备来产生高压蒸汽。

染整加工设备中，除了有的拉幅定形机采用高压蒸汽外，大多数工艺用热都是低压蒸汽。由于蒸汽是一种传热介质，所以在理论上，锅炉压力只要超过工艺所需饱和温度所对应的压力即可。对于用汽压力小于锅炉总压力的设备，可以增加一个减温减压装置。

（2）温度。一定的蒸汽压力与蒸汽温度是对应的。如果锅炉仅输出饱和蒸汽，则一般不需要过热器。如果蒸汽输送开始就是饱和蒸汽，那么蒸汽失去热量后就会变成湿蒸汽，不利于配汽管路的工作条件和用汽工艺。为此，在新蒸汽输送之前应该有一个过度热，以保证距离最远的设备在最差的条件下也能够用到饱和蒸汽。一般情况下，配汽管路长度超过500m时，离开锅炉的蒸汽需要过热50~80℃。但应考虑到大气温度和风速等自然条件，对蒸汽管道造成的热损失。

（3）容量。在实际应用中，锅炉所提供的新蒸汽压力和温度与锅炉的容量是密切相关的。锅炉的容量应在满足生产过程要求的同时，还要考虑到设备的维修备用。对于季节性连续生产的情况，要求设备在给定的周期内具有较高的可靠性，在随后的一段停用阶段，可进行清扫、检查和维修等工作。这种情况可配置几台中型锅炉，不需要备用锅炉。对于连续操作的昼夜生产情况，一般每周需要供汽168h，并且全年需要大量蒸汽。对此，可选择少数几台大型锅炉或多台小型锅炉。小型锅炉具有一定的灵活性，大型锅炉折算到每吨蒸汽上的投资比较小，并且具有较高的热效率。

一般情况下，锅炉的负荷处于额定容量的50%以上，其工作效率不会随其蒸发量的变动而发生很大变化；反之，其操作效率将大大降低。对于实际用汽量，应以每周供汽量为计算依据，求得工厂用汽联合的曲线。在夏季数个月中，因管道热量失散少，所以比冬季供汽量要低。除此之外，大型锅炉的突然停炉所产生的影响要远大于小型锅炉。

2. 蒸汽的有效利用 蒸汽产自于锅炉，合理有效地使用蒸汽，可以减少蒸汽的浪费；同时合理的配置和使用锅炉，也是节能的一项重要措施。对于在用的多台锅炉，单台锅炉负荷（即供汽量）应该按照机组总效率最高的原则进行分配。负荷不满时，优先启用效率高的锅炉；直到满负荷时，再启用效率低的锅炉。在任何情况下，不应因某一低压用汽设备，而将高压蒸汽进行减压使用。应减少锅炉启动时的空排放,可将这部分蒸汽加以利用。锅炉的排污量应控制在2%~5%,尤其是排污中所含带热量,可通过排污扩容器或换热器对所需加热的介质进行热交换,以获取其中的余热。经疏水器排出蒸汽凝结水,其良好的水质完全可以回收作为锅炉给水。蒸汽输送管路中,除了管道包覆保温层外,还应对阀门进行包覆保温。总泄量不应超过3%。

3. 区域锅炉房集中供热 国内大部分印染企业基本上是采用小锅炉分散供热的方式,不能充分发挥锅炉的效率,能源利用率低,对环境也产生严重污染。随着印染向节能环保方向的发展,一些印染企业开始选用区域锅炉房集中供热,以高效率大容量锅炉代替分散小锅炉。既节省了燃料,又提高了能源的利用率。

集中供热是由热源、热网和热用户组成的一个供热系统,由一个大型的热源通过热力管网,向若干个较大区域中企业进行供热。集中供热的热效率是锅炉、管道和热网三部分效率的总和。以区域高效率的锅炉代替分散低效率的小锅炉,所获得的效益能够补偿热网系统输送中的热量损失,因而可节省燃料。区域锅炉的容量不能太小,至少应配置两台以上容量为10t/h的锅炉。

4. 热电联产 凝汽式发电厂中汽轮机排汽,通过凝汽器中冷却水交换,会损失40%~60%的热量。若通过热电联产,用高效率大容量锅炉将这部分热能加以利用,可获得很大的经济效益。大型热电厂、凝汽式电厂改造供热以及企业自备中小型热电厂等,都是热电联产的应用形式。在染整企业比较集中(如工业园或产业群)的地区,可建立大型热电厂;在采暖热负荷大的北方地区可建立供暖热电厂,供暖季节时按热电联产运行,非供暖季节时按凝汽方式运行。对有凝汽式机组的电厂,可采用冷凝器低真空运行,或者在汽轮机高、低压缸连通管上开孔抽汽进行供热。

一些连续稳定用汽量在20t/h以上的染整企业,在没有中心热电厂供热的情况下,可建立以供热为主、发电为辅的自备热电厂。可以选择20t/h次中压锅炉,或35t/h中压和次高压锅炉,以及1.5MW或3MW背压式汽轮发电机组。以汽定电,以热负荷决定发电量。若生产工艺需要两种压力供汽,可采用抽汽背压机组。考虑到背压机组在低负荷时的效率很低,本着以热定电的目的,选择机组时必须确定热负荷。自备热电厂的供汽量相对较小,为了减少管路压降和热损失,供汽范围的半径不宜超过3km。

由此可见,与分散的小型工业锅炉相比,热电联产的锅炉热效率提高了,其燃料消耗与小型锅炉相当。在同样的供热条件下,利用热电联产可获得额外的电能。

5. 热管换热器回收锅炉烟道余热 热管作为一种高效传热元件,具有传热功率大、流动阻力小等优点,在工业上已经得到广泛应用。热管制成的换热器用于锅炉进行排烟余热回用,可提高锅炉效率和能源的利用率。热管式空气预热器可对燃烧用的空气进行预热,能有效地降低灰渣含炭量和化学不完全燃烧损失,提高燃烧效率。热管省煤器可用来加热锅炉给水,热管热水器用来加热生产和生活用的热水。

6. 蒸汽蓄热器 利用水的比热大的性能,将多余的部分热能储存起来以备用,可由一种蒸汽蓄热装置(即蒸汽蓄热器)来完成。生产中蒸汽用量较小时,可将多余的蒸汽通过喷嘴送入蒸汽蓄热器,用于加热其内的水。当水温升至饱和温度时,即可完成热能储存。当生产中的蒸汽需求量增大时，蓄热器即可进行供汽。蓄热器的工作压力取决于锅炉压力。锅炉额定压力与实际蒸汽压力相差越大，蓄热器单位容积所产生的蒸汽量就越大，其经济效益也就越高。因此，采用蒸汽蓄热器应选用工作压力较高的锅炉，对用汽部门进行不同压力分类，分别配置蒸汽管路，以提高蓄热器使用的经济性。

染整企业的锅炉节能涉及锅炉本身、输送管道以及用汽设备，主要是如何有效的利用蒸汽、回收和利用蒸汽余热以及排放烟气中的余热。通过区域锅炉房集中供热和热电联产方式，并采用热管换热器、蒸汽蓄热器等装置，可以有效地提高能源利用率，减少废气污染物排放。有关这方面的技术发展也是印染行业可持续发展重点研究对象。

三、循环流化床锅炉

循环流化床锅炉是近十几年发展起来的一项具有高效、低污染特点的清洁燃烧技术，在电站锅炉、工业锅炉和废弃物处理利用等领域已经得到逐步应用，染整行业也有一些厂家正在准备选用这种高效节能型锅炉。与染整行业现有运行的链条锅炉相比，循环流化床锅炉的热效率可达91%，比链条锅炉要高20%。其低温燃烧（燃烧温度在950℃以下）条件，可大大减少氮氧化物（NO_x）产生。对含硫高的燃煤，可利用白云石废料，通过流化床特有的燃烧方式进行脱硫，脱硫率可达80%以上。此外，循环流化床锅炉可用低价的劣质煤作为燃料，燃料的选用范围大，且成本低。

1. 循环流化床的基本概念 循环流化床锅炉基本沿用了鼓泡床锅炉（沸腾炉）的一些理论和概念，但又具有其自身的一些特点，如炉内流化风速比较高，在炉膛出口处设有气固物料分离器，被烟气携带排出炉膛的细小固体颗粒，可经分离器分离后再送回炉内循环燃烧。循环流化床锅炉最初的流化速度比较高，因而也被称作快速床锅炉。

讲到循环流化床，涉及一个概念，即流态化。当固体颗粒中有流体通过时，随着流体速度的逐渐增大，固体颗粒开始运动，且固体颗粒之间的摩擦力也越来越大。当流速达到一定值时，固体颗粒之间的摩擦力与它们所受的重力相等，每个颗粒可以自由运动，所有固体颗粒就表现出类似于流体状态的现象。这种现象就称之为流态化。

液固流态化的固体颗粒均匀地分布于床层中，可形成一种“散式”流态化。对于气固流态化的固体颗粒，气体并不均匀地流过床层，固体颗粒分成群体作紊流运动，床层中的空隙率随位置和时间的不同而变化，主要形成一种“聚式”流态化（循环流化床锅炉属于这类）。流化床就是能够将固体颗粒（床料）和流体（流化风）进行流态化过程的装置，而可进行流化燃烧的锅炉就称为流化床锅炉。

2. 循环流化床锅炉的组成及作用 循环流化床锅炉采用单锅筒、自然循环方式，主要由两部分组成。一部分包括燃烧室（快速流化床）、气固物料分离器、固体物料再循环装置以及外置热交换器（选用件）等，由此组成一个固体物料循环回路。另一部分包括对流烟道、过热器、再热器、省煤器和空气预热器等，与一般锅炉基本相同，采用支撑结构。两部分之间由立式旋风分离器相连接，分离器下部联接回送装置及灰冷却器。燃料在锅炉燃烧室中燃烧，分别从炉膛底部和侧墙送入一次风和二次风。炉膛四周设有膜式水冷壁，用于吸收燃烧所产生的烟气热量,并完成由水转变为饱和蒸汽,再转变为过热蒸汽的过程。气流带出炉膛的固体物料在气固分离装置中,被收集后通过返料装置送回炉膛。

3. 循环流化床锅炉的主要特点 循环流化床锅炉是一种集高效、节能和环保为一体的新型燃烧装置,与目前一般锅炉相比,具有以下一些特点。

(1)燃料适应范围广。循环流化床锅炉中的燃料按重量计仅占到床料的1%~3%,其余是脱硫剂、灰渣等不可燃的固体颗粒。在具有良好流体动力特性的条件下,燃料进入炉膛后很快与大量床料混合,流化床中的煤粒被灼热灰渣颗粒所包围,将燃料迅速加热到着火温度并开始燃烧。在这个加热燃烧过程中,所吸收的热量对床层总热容量来说非常小,对床层的温度影响很小。所有煤种均可在其中获得稳定高效燃烧,即使运行中改变煤种,也可取得较高的燃烧效率。所以循环流化床锅炉适用的燃料范围较广。

(2)燃烧效率和强度高。与鼓泡流化床锅炉相比,循环流化床锅炉的燃烧效率高达95%~99%,与煤粉锅炉相当。这主要得益于循环流化床锅炉的燃烧系统,其中的燃烧室、物料收集器和返料器,构成了一个良好气固混合、燃烧速度高以及飞灰再循环的燃烧过程。高温料在气流的夹带下进入物料收集器,被收集下来的物料送入返料器,再经返料器送回燃烧室,可进行多次循环燃烧。除此之外,炉膛单位截面积的热负荷高达3.5~4.5MW/m^2,接近或高于煤粉炉。在同样热负荷下,循环流化床锅炉的炉膛截面积比鼓泡流化床锅炉小1/3~1/2。

(3)负荷调节范围大且快。锅炉运行中一般都会发生负荷的变化,当负荷低于70%以下时,其他类型的锅炉燃烧效率和热效率都会明显降低,并且燃烧不稳定,甚至会影响到正常燃烧。循环流化床锅炉则不然,既不采用鼓泡流化床锅炉那样的分床压火方式,也不像煤粉锅炉那样,低负荷时使用油助燃来维持稳定燃烧。负荷在30%~110%之间,可通过调节给煤量、空气量和返料循环量,维持原有的燃烧效率和热效率。一般情况下,循环流化床锅炉的负荷调节范围为30%~110%,负荷调节速率可达到每分钟4%。

(4)燃烧洁净。循环流化床锅炉燃烧高硫煤时,可将白云石、石灰石等碳酸盐矿物废料破碎成颗粒,与煤一起加入到炉内进行脱硫。经流化床特殊燃烧后,在Ca与S的摩尔比为2∶1时,脱硫效率可达80%以上。在飞灰的循环燃烧过程中,床料中未发生脱硫反应并被吹出燃烧室的碳酸盐矿物,可被送回至床内再利用;而已发生脱硫反应部分,生成硫酸钙的大粒子,在循环燃烧过程中发生碰撞破裂,使新的氧化钙粒子表面又暴露于硫化反应的气氛中。这种循环燃烧过程,大大提高了脱硫效率。与煤粉燃烧锅炉相比,不需在尾部增设脱硫脱硝装置,降低了成本和运行费用。此外,循环流化床锅炉是采用低温燃烧,空气中的氮一般不会生成NO_x;而采用的分段燃烧不仅能够抑制燃料中的氮转化为NO_x,而且还可还原部分已生成的NO_x。因此,循环流化床锅炉使用中产生的氮氧化物(NO_x)排放很低,仅为40~120mg/MJ。

(5)灰渣可综合利用。循环流化床锅炉的低温燃烧和燃尽条件,使得锅炉的灰渣能够低温烧透。这样既可提取灰渣中稀有金属,也可将含炭量低的灰渣作为水泥掺和料或建筑材料。

(6)床内无埋管受热面。与鼓泡流化床锅炉不同,循环流化床锅炉的床内不设置埋管受热面,不存在埋管受热面易磨损的问题。这种形式便于启动和停炉,结焦处理时间短,并且在长时间压火之后可直接启动。

（7）给煤及预处理简单。循环流化床锅炉的炉膛截面积小，且具有良好的混合和燃烧区域扩展，可大大减少所需的给煤点数。在保证充分燃烧的同时，简化了给煤系统。此外，循环流化床锅炉的给煤粒度一般小于13mm，与煤粉锅炉相比，简化了燃料的制备破碎系统。

4. 使用的安全性 锅炉属于特种设备，其安全性涉及人身和财产，设计、制造、安装和使用都必须遵循国家有关特种设备的安全技术法规和规程。染整企业的锅炉在使用过程中，由于违规操作而引发的事故，也是屡见不鲜的。锅炉爆燃是由于炉膛内可燃物质的浓度在爆燃极限范围内，遇到明火或温度达到了燃点而产生的一种剧烈爆燃，燃烧产物瞬时可波及周围空间，并产生破坏力。循环流化床锅炉若使用不当，也有可能引发安全事故。为了避免这种情况发生，这里介绍一下循环流化床锅炉可能引发爆燃的几种情况及防范措施。

（1）扬火爆燃。压火时，若加入过量的燃料，容易在缺氧状态下，因燃烧不充分而产生大量的CO，同时炉内的高温干馏还使其中的燃料释放出甲烷、氢等可燃性气体。此时，压火后床料的表面温度降低，这些可燃性气体遇不到明火，只在炉膛内积聚。当扬火时，风机产生风对床料进行流化过程，高温床料从下面翻出，可燃性气体与明火接触，即瞬间发生燃烧。一旦可燃物的浓度在爆燃极限范围内，就会发生爆燃。有个别情况，为了避免床温降得过快而造成灭火，在开启风机前先加入少量的燃料。新进入炉膛的燃料在挥发出可燃性气体同时，还会有大量的煤粉参与燃烧。这样反而增加了产生爆燃的概率，加剧了爆燃的强度。

因此，扬火时必须首先启动引风机，延迟5min后再启动送风机，以便迅速排出炉内积聚的可燃性气体，避免遇到明火。而压火时，一定要先停止给煤。当床温趋向稳定或稍有下降趋势时再停送风机。压火后床料内煤量不能过多，以避免产生大量的可燃性气体和干燥的煤粉。压火后和扬火前尽量避免燃料进入炉内，切不可在扬火时，先给燃料后再启动风机。

（2）大量返料突入爆燃。循环流化床锅炉中的燃烧室、分离器和返料装置等组成一个物料循环系统，在锅炉运行中，有大量固体颗粒在其中进行循环。一般有5～20倍给煤量的返料灰，需要经过返料装置返回燃烧室进行再次燃烧。呈细灰状的循环物料具有较好的流动性，经返料风的吹送可连续不断地进入炉膛。当运行中的返料风过小时，物料在返料器中就有可能停止流化或流动而堵塞返料器，造成细灰堆积在返料器内。当细灰积累到一定程度时，细灰在自身重量的作用下产生流动，或者因人为调整增大风量使物料再次流化，此时就会有大量的细灰迅速进入炉膛。细灰的表面积大，且含有20%左右的碳，当返料风与空气快速混合充满炉膛时，在炉内高温环境下极易发生爆燃。所以，运行中发生返料堵塞存灰较多时，应通过放灰系统将灰放掉。

（3）油气爆燃。流化床锅炉一般使用柴油点火，有时因油中有杂质、点火风的调配或者油压太低，都有可能发生油枪灭火现象。如果灭火后没有及时关闭油阀，雾化的燃油就会继续喷进炉膛内，使得炉膛、尾部烟道，甚至烟囱出口都充满油雾。在这种状态下，一旦再次点火或遇到其他明火，就会使整个系统产生爆燃。

为了避免这一情况发生，点火过程中若遇到油枪灭火，首先应及时关闭油阀，并维持通风5min后再进行点火。对于油枪喷嘴堵塞或油枪雾化不良而造成床温无法达到加煤温度的情况，应停止点火，将油枪喷嘴进行清洗或更换后再使用。此外，点火过程中应控制好加煤量，一般总加煤量不得超过床料量的20%。

(4)烟道内可燃物再燃。循环流化床锅炉运行中有可能在烟道内出现可燃物再燃现象。此时,排烟温度会急剧增加,一、二次风的出口温度也会随之升高,烟道和燃烧室内的负压急剧变化甚至变为正压,并有黑烟从烟囱中冒出。其原因有三种可能:一是燃烧和配风没有调整到一个合适的状态,导致可燃物进入烟道;二是炉膛负压过大,将未燃尽的可燃物抽入烟道;三是返料装置堵灰,使分离器效率下降,致使未燃尽颗粒进入烟道。

对此,如发现烟温升高不正常时,应对燃烧进行调整,使风与煤的比例调整到合适的范围内。如果是返料装置堵灰,应及时排净返料装置内的堵灰。当烟道内可燃物再燃烧使排烟温度超过300℃以上时,应立即压火。关闭各人行孔门和挡板,禁止通风,然后对烟道进行灭火。当排烟温度恢复正常时,应再稳定一段时间,然后再打开人行孔进行检查,确认烟道内无火源。最后经引风机通风约15min后,才可启动锅炉。

四、水煤浆锅炉

水煤浆锅炉是指以水煤浆为燃料的锅炉,分为悬浮雾化水煤浆锅炉和流化床水煤浆锅炉。其中悬浮雾化水煤浆锅炉,又可分为导热油炉、蒸汽锅炉和热水锅炉。流化床水煤浆锅炉则属于大型锅炉,一般印染企业不采用。悬浮雾化水煤浆锅炉主要是采用雾化燃烧方式,产生的蒸发量较少(通常小于10t/h),较适合于印染企业。悬浮雾化水煤浆锅炉集中了燃油和燃煤两者的优势,以液态输送,雾化燃烧。燃烧效率可达98%~99%,热效率高达82%以上。具有运行成本低和节能环保的显著特点。

1. 燃烧方式 水煤浆锅炉是以水煤浆作为燃料。供浆泵将水煤浆送入燃烧器,经压缩空气或蒸汽雾化后,在炉膛内进行稳定燃烧。燃烧后产生的高温烟气经锅炉管束、省煤器等,对被加热介质进行热交换,然后经锅炉尾部除尘器净化达到环保标准后,再经引风机送入烟囱排入大气。其燃烧方式有以下两种。

(1)雾化悬浮燃烧。燃烧器将水煤浆与空气以射流方式喷入炉膛,与炽热烟气产生强烈混合,并使水分迅速蒸发。在这种条件下,水煤浆气流受到炉膛四壁及高温火焰的辐射,迅速加热悬浮在气流中的煤颗粒,直到获得足够的热量并达到了一定的温度即开始着火燃烧。锅炉的运行负荷取决于燃料的性质和运行工况,即锅炉负荷低时,炉膛的平均烟温降低,燃烧器区域的烟温也随之而降低。雾化燃烧式水煤浆锅炉的最低运行负荷在50%左右。

(2)流化悬浮燃烧。该燃烧方式是将滴状水煤浆送入燃烧室下部的炽热流化床(由石英砂和石灰石构成床料,温度为850~950℃)中对其加热,水煤浆受热后迅速完成水分析出,并着火燃烧进行焦炭燃烧过程。处于流化状态下的颗粒状水煤浆团,可进一步解体为细颗粒,然后被热烟气带出密相区进入悬浮室继续燃烧。为了减少水煤浆损失,提高燃烧效率,在燃烧室出口设有分离回输装置,被热烟气带出的较大水煤浆颗粒团被分离器分离、捕捉,通过分离器下部设置的回输通道返回燃烧室下部密相区,使水煤浆颗粒团得到循环燃烧。由石英砂和石灰石构成的媒体物料中,石灰石在高温下煅烧可生成CaO,而此时的燃烧温度正好是CaO与SO_2反应生成$CaSO_4$的最佳温度,因而减少了SO_2的排放。

水煤浆油炉和水煤浆蒸汽锅炉的工作流程示意图分别如图12-2和图12-3所示。

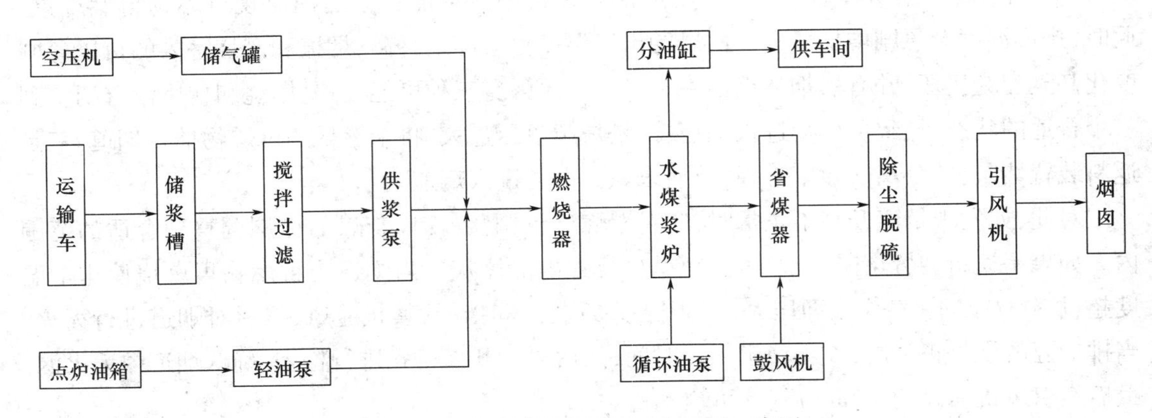

图12-2 水煤浆导热油炉工作流程示意图

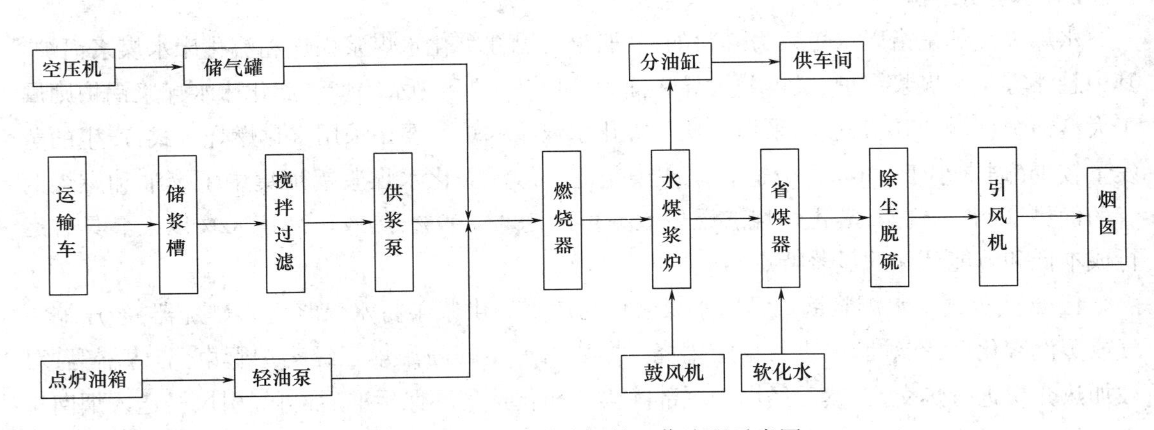

图12-3 水煤浆蒸汽锅炉工作流程示意图

2. 水煤浆锅炉的组成及作用 水煤浆锅炉除了具有一般燃油、燃气锅炉的结构组成外，另外还有水煤浆储存、供浆、高压雾化、消烟除尘系统、油点火及电气控制等组成部分。现分别介绍如下。

(1)锅炉本体。包括炉体和燃烧器等。水煤浆含有30%左右的水分，从加热蒸发到着火燃烧需要一定的时间，而水煤浆的燃烧属于“动力—扩散”燃烧的范畴。提供高温热源加热，通过雾化、气流混合并保持一个高温燃烧区，是满足水煤浆着火和稳定燃烧的基本条件。水煤浆经过燃烧器的充分雾化，与周围空气进行均匀混合，可促进燃烧。采用多级压力空气雾化、撞击式水煤浆喷枪，可使压缩空气与水煤浆得到充分混合和细化。调风器的“一次风”为固定切向叶片弱旋流型，阻力较小，能够及时提供适量的火焰根部风，并使燃烧器出口处形成大小和位置适当的高效烟气回流，实现稳定着火。“二次风”是通过可调节旋流强度的叶片进入炉膛，保证空气和煤粉在燃烧的中期(焦碳燃烧)和后期(燃烬)都能得到较强烈的混合，以提高燃烧效率。

（2）水煤浆的储存与输送。由储浆罐、搅拌桶，螺杆泵和过滤器等组成。储浆罐和搅拌桶主要用于水煤浆的储存、缓冲和搅拌水，储浆罐容积的大小一般取决于使用场地、日消耗量、供浆保障、方便使用及经济性等方面。整个罐体密闭，配有供空气流动的呼吸罐，使罐体内水煤浆与大气绝隔。搅拌罐按一天左右的使用浆量设计，每天工作时定期搅拌煤浆以防软沉淀。螺杆泵用于向锅炉输送水煤浆，并可根据需要调节输送量大小。过滤器可清除水煤浆中的杂物，保证浆体的输送和充分燃烧。

（3）高压雾化系统。该部分是保证水煤浆雾化燃烧的关键。压缩空气与水煤浆在浆枪头中混合后，并产生多次撞击和剪切，克服水煤浆颗粒的表面张力，在压力作用下进行充分雾化燃烧。压缩空气除了用于增加浆枪雾化需要压力外，还用来对储浆罐内煤浆进行风力搅拌（防止软沉淀），以及对煤浆管道进行吹扫。

（4）烟、风、除尘装置。由鼓风机、引风机、除尘器、排污水池和烟囱等组成。其作用是在保证水煤浆充分燃烧的同时，控制排出烟尘，达到环保要求。鼓风机提供水煤浆燃烧所需的氧气，同时根据一、二次风的不同风量比例来调整火焰形状和火焰直径，使火焰处于最佳的燃烧状态，减少污染。引风机主要功能是控制火焰形状并保证在炉膛内的负压燃烧。要求在任一负荷下，将炉膛负压稳定在10~30Pa。能够克服锅炉、烟道和除尘器的阻力，保持与鼓风机平衡通风，使燃烧所产生的高温烟气经过热交换后排出锅炉。除尘器的排污通向室外沉淀池，在池的净水段，用水泵吸取净水喷入除尘器，对污物进行去除。

（5）油点火系统。主要包括油箱、油泵及管路，用于水煤浆燃烧前的点火。水煤浆锅炉在投浆前，先用柴油点火，当炉温上升至450℃以上才开始投浆，随即使油与浆煤混烧，迅速提高炉膛温度。当炉温升至1000℃以上时停止燃油，仅有水煤浆独立燃烧。

（6）电气控制系统。水煤浆锅炉的电气控制可自动实现点火程序控制、熄火保护、燃烧过程控制、水位自动控制机断电保护等功能。

五、锅炉节能技术改造

在印染行业中，供热系统的节能减排包括两个部分，一是采用具有显著能效的燃烧新技术，如前面介绍的循环流化床锅炉、水煤浆锅炉等；二是对现有的普通锅炉进行部分技术改造，也可提高节能效果。这两部分对目前印染行业的现状来说，都有其各自优点，应该齐头并进。尤其是锅炉的节能技术改造，可以起到事半功倍的效果。

对于使用燃料的锅炉来说，节能环保无非体现在两个方面。首先是采用的燃烧方式，燃料可获得充分燃烧的条件，具有较高的燃烧效率和热效率，并且适应燃料的范围要广；其次是烟气中所含带的热能及污染物要小，既提高热利用率，又可环保。因此，锅炉的节能改造也是基于这方面，对现有锅炉进行局部的改造，以达到节能降耗的目的。目前锅炉节能改造比较成熟的技术主要有以下几项。

1. 加装燃油节能器 碳氢化合物经燃油节能器处理后，其分子结构发生了变化，如细小分子增多、分子间距离增大以及燃料的黏度下降。这种改变提高了燃料油在燃烧前的雾化或细化程度，在燃烧室内的低氧条件下可获得充分燃烧。同时燃烧过程所需的风量可减少

15%~20%，避免烟道中带走热量。燃油节能器提高了燃料的燃烧效率，可以有效减少废气中一氧化碳（CO）、氮氧化物（NO_x）和碳氢化合物等排放量。此外，还可节油4.90%~6.20%，可避免燃烧油嘴的结焦。燃油节能器应装在油泵和燃烧室或喷嘴之间，环境温度不应超过360℃。

2. 冷凝式燃气锅炉节能器 燃气锅炉的排烟温度在160~250℃，且烟气中含有18%处于过热状态的水蒸气。所排放的烟气中不仅含有大量的显热和潜热，而且还含有氮氧化物（NO_x）、少量的二氧化硫（SO_2）等有害物。如果将冷凝式燃气锅炉节能器直接安装在现有锅炉烟道中，可以回收烟气中的显热和水蒸气的凝结潜热，提高热效率；同时还可利用水蒸气的凝结来吸收烟气中的氮氧化物（NO_x），二氧化硫（SO_2）等有害物，降低污染物的排放量。可谓一举两得。

3. 风机变频调速 锅炉运行过程中，各燃烧部位燃烧所需的空气量是有一定变化的，而锅炉的配风量都是按所需的最大量而设计的。如果配风与煤的比例控制不当，也会产生很大的能耗。因此，风机采用变频调速既可较好地满足配风的控制要求，又可达到良好的节能效果。

4. 有机载热体炉节能改造 俗称导热油锅炉，是印染加工的高温热源装备，主要是为定形机和焙烘机配套。目前国内印染企业大多使用燃煤有机载热体炉，考虑到减少或避免受热面的磨损，主要采用手烧炉排、链条炉排和型煤炉排等燃烧方式。但这些燃烧方式也带来了一些弊病，如需要选用优质烟煤、热效率低以及能源浪费大等，降低了有机载热体炉的使用能效。为此，改进现有的有机载热体炉，提高其使用能效，也是当前节能减排的一项重要措施。

从目前已经获得成功并得到应用的情况来看，燃煤有机载热体炉的节能改造主要包括两个方面。一是提高炉内燃料的燃烧效率，减少机械和化学燃烧不充分而造成的损失；二是减少排烟中的热能损失，通过适当降低排烟温度，控制燃烧中空气过量系数。具体措施有以下几方面。

（1）改进炉膛结构。有机载热炉一般采用层燃方式燃烧，炉膛对煤的着火和燃烧起着重要作用。前炉拱的作用主要是引燃新煤，后炉拱的作用则是强化主燃区和煤渣燃尽。炉拱结构是根据燃料特性而设计的，一种炉膛结构形式只适应于一定的煤种。但在实际应用中，很难保证所购买的煤种与设计的要求相同，因而造成层燃式有机载热体炉的运行效率低于设计效率。

针对上述情况，首先，对前、后炉拱进行改造，增强炉拱的辐射换热强度和烟气流动，强化火床和炉膛内烟火的燃烧，以提高可燃气体的燃烬率。合理的几何拱形和尺寸，可使锅炉达到消烟排尘、安全、高效和经济的运行状态。前炉拱采用拱度高、弧度大的结构形式，有利于炉内高温火焰和烟气的辐射及反射，并使前段动力燃烧区的温度更接近着火点。后炉拱采用拱度低并延伸至炉内的结构形式，可增加有机热载体炉有效受热面积，并利用其水平向上倾斜促使后段燃烧区的高温气流向上穿透，延长烟气在炉内的滞留时间，保证燃煤的充分燃尽。此外，增加卫燃带，提高炉膛内的温度以强化燃料的燃烧；合理调节炉膛内的新鲜风供给量，并尽可能提高其温度；将空气过量系数控制在一个有效的范围，以利于煤的着火条件等，这些都是提高燃煤的燃烧效率的具体措施。

(2)复合燃烧方式。在有机载热体炉的外侧或炉前另外安装一套制粉系统,可对炉内进行喷煤粉燃烧,使炉内同时产生两种燃烧形式,即70%的煤在炉排上燃烧,30%的煤在炉膛内悬浮燃烧。这种复合燃烧方式,利用了炉膛空间,不仅提高了炉膛温度,有利于燃料的充分燃烧,而且还可减轻炉排的热负荷。

(3)循环流化床燃烧技术。将该项技术引入有机载热体炉中需要解决一个关键技术,就是对炉中换热面的磨损问题。在循环流化床燃烧过程中,煤粒与床料在炉膛内产生高速流动,对换热面不断产生强烈冲刷,加快换热面的磨损。为此,采用独立设计的前置循环流化床炉膛,确保炉膛有效容积大于理论值,燃料的燃烧效率大于99%,飞灰含碳量低于5%,分离器效率大于99%,有机载热体炉的热效率大于85%。前置循环流化床炉膛主要包括风冷炉墙(无换热面)和高温分离回送系统。

(4)降低炉排烟温度。与蒸汽锅炉相比,有机载热体炉的排烟温度要高许多,因而造成的热损失也比较大。利用空气预热器对入炉空气进行预热,既可以减少排烟的热损失,又可改善燃料的燃烧状况,提高燃烧效率。此外,通过余热锅炉回收有机载热体炉的排烟余热,也可用于产生热水,达到余热回用的目的。

改造后的有机载热体炉经测定,效率提高了10%左右,炉渣固定碳下降到5%左右,排烟温度、过量空气系数也有较大幅度的降低。由此可见,对印染企业在用的有机热载体炉进行节能改造,不仅有利于节能降耗,而且还具有一定的经济效益。

六、蒸汽的输送及节能措施

在染整加工的用热过程中,蒸汽管道及用汽设备都要向周围的空气失散热量,其中管道中的能量损失明显大于用汽设备。因此,用管道输送蒸汽时,应尽可能采用小管径、短距离,并尽量减小其压力降,将热量损失减小到最低程度。对于染整工艺用蒸汽,宜采用尽可能低的压力和较小过热度,以便充分利用热值较高的蒸汽潜热。具体节能措施可从以下方面着手。

1. 汽水管道的布置 为了达到有效利用蒸汽的目的,蒸汽、热水和凝结水输送管道系统的设计,必须注意安装和使用要求。在布置管道系统时,应考虑到管道与每个设备的位置、管道支撑、管道热态位移和产生的应力、疏水阀门操作以及维修等情况。建筑物内部的管道可支吊在建筑构件上,或者敷设在有盖板的沟道内。在室内布置管道,应敷设在建筑物原有的空间内。一般可在空中从建筑物的钢结构上引出管道支撑件,但建筑物为轻型结构形式时,应从地面架设管道支撑架。室外管道可埋在地下或放置在地面支撑架上,也可悬吊在钢架或混凝土架的拱门上。但管道置于地面支架上,比较经济且简单。

2. 管道凝结水的产生及疏水 蒸汽管道在送汽过程中,无论保温绝热效果如何好,总会向外失散热量的。过热蒸汽管道散热后会降低其过热度,饱和蒸汽管道散热冷却后会造成蒸汽的凝结。蒸汽加热染整设备所用热量是由蒸汽的蒸发潜热来提供,而蒸汽在放热后会变成凝结水,若不排放掉,就会在加热表面上形成水膜,影响蒸汽的自由接触,从而导致热效率下降。因此,蒸汽管道和用热设备应具有良好的疏水性能。

(1)凝结水的产生。输送蒸汽管道的散热损失,必然使管内部分蒸汽冷却成为凝结水。如果压力为0.6MPa的饱和蒸汽流经通径100mm的具有良好保温层的管道时,在冬季大气温度10℃的条件下,每100m管道长度上,每小时要凝结出30kg水。若不及时排除的话,一昼夜后凝结水可达到720kg。其所占容积已接近或超过100m长的管道所具有的容积,显然此段管道将全部被凝结水所充满。因此,不及时排放凝结水,输送的蒸汽热量损失很大。

(2)预热阶段的疏水。在蒸汽管道和用汽设备通蒸汽初始阶段,有一个预热过程,并且蒸汽的流速较低,会形成大量的凝结水。为了缩短疏水过程,一般主蒸汽管应沿着蒸汽流动方向有一定的倾斜度。管道每延续3m,其高度至少要下降12mm。当进入正常运行阶段,因疏水量较少,可采用自动工作的疏水器进行疏水。

(3)疏水管道的设置。正确设置疏水管道,可以有效地提高疏水效率。图12-4为几种疏水管道设置形式。图12-4(a)在大口径管道上焊接一根细接管进行排水是不正确的做法,应该如图12-4(b)设置一个大口径排水罐,供汽支管的凝结水可直接进入疏水聚集处,可避免局部冷却现象。图12-4(c)形式中供汽支管是由母管顶部引出的,当关闭截止阀时蒸汽可能在供汽支管的前段死区中形成凝结水,并从供汽支管向下流出。当凝结水溅到蒸汽母管的高温表面上,就会形成局部冷却而造成腐蚀性疲劳破坏。因此,这种结构形式也是不可取的。图12-4(d)结构形式是比较合理的。

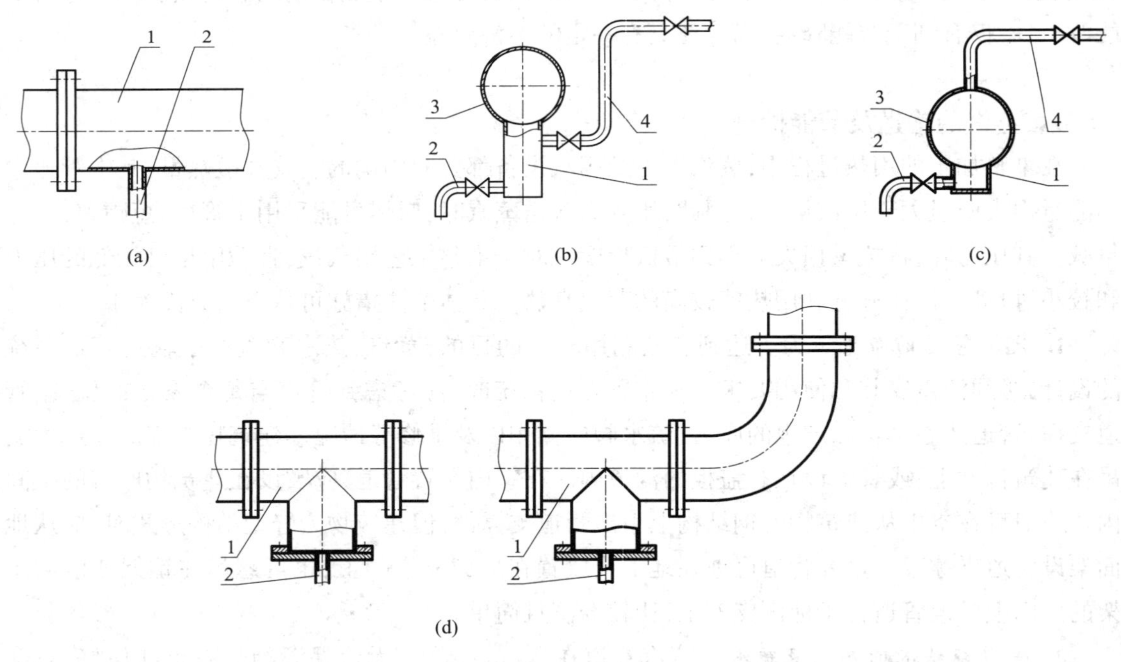

图12-4　疏水管道设置

1—蒸汽母管　2—疏水　3—排水罐　4—供汽支管

在疏水管道中,若在水平管道上装有截止阀,应将阀门平放安装在管线上。如果装设了蒸汽过滤器,为了充分利用过滤网,宜将过滤器平放装在管线上。对于不同管径连接,应采用偏心异径管接头连接,保证管道下平齐,避免积聚凝结水。

(4)凝结水的排放。凝结水是在饱和温度状态排放,实际上处于沸点之下。只要对凝结水稍加热,就会产生沸腾。如果压力低于其饱和压力,凝结水就会发生闪蒸。在需要回收凝结水或闪蒸容器中的凝结水时,沸腾水进入输送系统中的泵中,容易在泵进口处蒸发,造成“汽蚀”现象,影响泵的正常工作。因此,要求水在泵进口处应有足够的压力。

3. 管道中蒸汽的流速 蒸汽在管道中的流速,一般是根据实际经验并经经济核算后来确定。对于一些场合可规定一个许可压降,然后确定管道内的最大允许流速和管道尺寸。通常,一定的流速下,可根据输送蒸汽的比容,求出所需管道的截面积。干饱和蒸汽的流速不宜超过25~35m/s,过高流速会产生噪音和冲蚀。考虑到管道的距离和弯管处的压降损失,流速宜采用15m/s。表12-1列出了不同流动介质与流速的大致对应值。

表12-1 管道内介质流速的选择

管道内流动介质	常用流速(m/s)
过热蒸汽管道:比容 $v=0.025m^3/kg$	30~35
比容 $v=0.05m^3/kg$	35~40
比容 $v=0.10m^3/kg$	40~45
比容 $v=0.20m^3/kg$	45~50
排气管道	18~23
饱和蒸汽管道:压力<0.3MPa	10~20
压力>0.3MPa	15~25
锅炉给水管:压力不变	0.8~1.0
压力可变	2~3
冷却水管:泵前	1~1.5
泵后	1.5~2

4. 管道的保温 在蒸汽的输送过程中,除了要防止蒸汽的泄漏外,还应控制管道热量的失散。为安全起见,管道保温层外表面为金属包覆层的最高不应超过55℃,外表面为非金属包覆层的最高不应超过60℃。如果设备和管道外表面温度超过该值时,应敷设保温绝热层。

绝热层保温材料应满足以下要求:

(1)导热系数低,绝热性能好。导热系数 λ<502J/(m·h·℃)。

(2)耐热温度应高于使用温度,并且在高温下可保持机械性能稳定。一般抗压强度不低于0.3MPa。

(3)热介质温度大于120℃时,保温材料不得含有有机物和可燃物;只有当热介质温度低于80℃时,保温材料内才允许含有有机物。

(4)保温材料要求吸湿性小,对金属管壁无腐蚀,对人体无危害(如青石棉中含有致癌物质,不得使用)。

能够满足上述要求的保温材料主要有膨胀珍珠岩、碱玻璃纤维、泡沫塑料、石棉和矿渣棉等。保温绝热层的经济厚度,应该使绝热层材料费用与热损失费用的总和为最低值。

5. 节能技术分析 蒸汽的输送过程对其有效利用具有十分重要的作用。分析热量损失的影响因素,采取相应的技术措施,可以有效地达到节能的目的。为此,这里列出输送管道中影响蒸汽热量损失的因素及所采取的应对措施,如表12-2所示。

表12-2 输送管道中影响蒸汽热量损失的因素及应对措施

影响蒸汽热量损失的因素		应对措施
蒸汽泄漏	法兰接口、附件、阀门、管子本体	正确安装,采用性能可靠的密封件,保证管子材质质量
蒸汽疏水的热量损失	疏水带走热量、闪蒸蒸汽拥有的热量、新汽损失热量	不直接与风、雨相接触,选择适当的数目和形式,正确安装,回收疏水,加强手动疏水器的管理和维修
管道、阀门等表面散热	管外绝热层材料、绝热层厚度、绝热层施工方法、备用管道数量	减少表面积,减小表面系数,减小温度差
压力损失	管径、管内壁粗糙度、管长及弯头、阀门数目、管内流体流速	降低压力降,降低过热温度,选择合适的管内流体流速
外界条件	风速、风向、天气、气温	选用合适的保温绝热层材料和厚度

蒸汽在输送过程中的热量损失与输送条件有关。在减压后输送蒸汽时,被节流成过热蒸汽的管道热损失最大(增加约11.5%),相反,减压后以饱和蒸汽输送时,热损失可减少7.8%。因此,从热损失方面来考虑,应尽可能采用低压饱和蒸汽进行输送。

七、蒸汽疏水器

蒸汽放出蒸发潜热时必将形成凝结水,而凝结水必须不断排出,才能够保证蒸汽连续放出潜热。因此,蒸汽疏水器具有可将蒸汽中的凝结水自行排出,并可防止蒸汽泄漏的功能。

1. 疏水器的作用及类型 疏水器的作用是将蒸汽与凝结水分离,并使凝结水能够自行排出,即在排出凝结水的同时,又能够防止蒸汽漏出。除此之外,大部分疏水器还能够将空气等不可凝气体,从蒸汽设备或管道中排除掉。不可凝气体(氧等)会对用汽设备的内部产生腐蚀,并且在受热面上可形成导热系数很低的气膜。这种气膜会减弱蒸汽的凝结放热能力,同时还会降低蒸汽的饱和温度,影响热交换的有效温差。

为了保证疏水器的正常工作,发挥其应有的作用,对疏水器一般要提出以下一些要求。

(1)在排出凝结水时,蒸汽能逸出,即要求快开快闭;

(2)排放凝结水时,能够同时排出空气;

(3)适应的压力范围要广,即压力变化不大时,不影响其排放能力,或者允许有较高的背压;

(4)经久耐用,便于检修。

常用蒸汽疏水器的工作原理和结构分类如表12-3所示。

表 12-3 常用蒸汽疏水器的分类

按工作原理分类		按主要结构分类	按型式分类
作用方式	工作原理		
机械式	依靠蒸汽与疏水的比重差	浮桶式	开顶浮桶式
			倒置浮桶式
		浮子式	自由浮子式
			带有杠杆的浮子式
恒温差式	依靠蒸汽与疏水的温度差	双金属膨胀式	双金属条膨胀式
			双金属盘膨胀式
		压力平衡式(波纹管式)	—
		液压膨胀式	
热动力式	依靠蒸汽与疏水的热动力学流动特性差	浮动圆盘式	大气冷却式
			保温套式
特殊作用式	依靠蒸汽与疏水的比重差以及工作气体的流动作用	浮桶式	泵吸式(自动泵)
		浮子式	真空泵式
		电极式	
		脉冲式	—
		导阀式	
		迷宫式	

2. 蒸汽疏水器的选择 选择蒸汽疏水器必须考虑到其工作特性与设备工作特性的适应性、最大压力和温度、疏水排放量、疏水器的材料以及抗水击和耐腐蚀等情况。

(1)工作特性。在实际应用中,疏水器的工作特性主要是指满足设备需要的一些特征。例如想将蒸汽空间的凝结水尽快从蒸汽空间排除出去,就应该采用浮子式或倒置浮桶式疏水器。在需要较大排放凝结水的场合,应该使用浮子式疏水器。

(2)压力和温度。应选择与使用中的压力和温度相适应的疏水器。一般情况下,进入疏水器的蒸汽温度大多是饱和温度。热动力式疏水器不可用于背压较高的条件下,一些印染厂需要回收凝结水余热时,应注意到这种情况。

(3)排放容量。蒸汽疏水器的凝结水排放容量与阀孔通径、作用在阀上面的有效压差和凝结水的温度有关。显然,阀孔径越大,排水容量也越大。有效压差指的是疏水器进、出口压力的差值。疏水器进口压力与设备进汽压力之间总是存在很大差异,当设备冷启动时,凝结水产生的速度极高。高温凝结水在通过小孔进入低压区时会形成闪蒸蒸汽,会减小孔的过流面积,使得疏水器的排放容量减小。因此,不宜以排放冷水的容量来确定疏水器的尺寸。

(4)使用条件。在疏水过程中,总会受到一些不利因素的影响,如水击、过热、冷冻、振动以及腐蚀性凝结水等。它们有可能是其中一种或者几种同时作用在蒸汽装置中。因而选择时应根据具体使用条件来确定选择哪一种形式的疏水器。

(5)选用材质。蒸汽疏水器本体的材质一般都是由碳钢、铸铁或铜制成,其内部是采用不锈钢,目的是提高其耐腐蚀性。蒸汽疏水器材质的选用主要是基于安全的考虑。

有关各种蒸汽疏水器的主要使用特点以及对比情况列于表 12-4 和表 12-5。

表 12-4 各种蒸汽疏水器的主要使用特点

型式		优点	缺点
机械式	开顶浮桶式	动作可靠,无蒸汽泄漏,抗水击力性能强	排放空气的能力差,体积大,有冻结可能;本体内部有蒸汽层,会产生散热损失
	倒置浮桶式	排放空气能力强,无空气或蒸汽阻塞,排放量大,抗水击性能好	体积大,有可能冻结,排放量少时效率低
	杠杆浮子式	排放量大,排空气能力强,有可能连续排放疏水(比例动作)	体积大,抗水击性能较差;本体内部有蒸汽层,有散热损失;排放疏水时有可能带出蒸汽;杠杆机构磨损容易出现故障
	自由浮子式	排放量大,排空气能力强;有可能连续排放疏水(比例动作);体积小,结构简单,浮子和阀座更换容易	抗水击性能较差;本体内部有蒸汽层,有散热损失;排放疏水时有可能带出蒸汽
恒温差式	波纹管式	排放量大,排空气能力强;有可能控制疏水温度;无蒸汽泄漏,无冻结现象,体积小	敏感性差,不适应于负荷的急剧变化和压力变化大场合,只适用于低压;不能用于过热蒸汽;抗水击性能较差
	双金属盘膨胀式	排放量大,排空气能力强;无冻结现象,无蒸汽泄漏;无阻塞现象,抗水击力性能强;适用的工作压力范围宽,有可能利用疏水的显热	不适于负荷急剧变化以及蒸汽压力变化波动大的场合;使用过程中,双金属特性会发生变化,不适于排放量过大的情况
	液体膨胀式	抗水击力性能强;不受蒸汽压力波动或过热温度的影响,可连续排放疏水	需要设置冷却管段,对温度变化反应慢,无法及时排放;不适于负荷急剧变化以及蒸汽压力变化波动大的场合
热动力式	浮动圆盘式	结构简单,体积小,重量轻,不产生冻结,维修简单;可用于过热蒸汽中,排放的疏水可达到饱和温度;安装角度自由,抗水击力性能强	如有空气漏入就无法动作;空气阻塞的危害大;动作噪音大;允许用于背压低场合(背压限制在工作压力的 50%以下),但若背压低于 0.03MPa 时,阀座就会出现乱动或空动现象,造成蒸汽泄漏;不适于疏水排量大的场合
特殊作用式	脉冲式	本体重量轻,体积小;排空气能力强,不易冻结;可用于过热蒸汽场合	排放量大,有蒸汽泄漏;容易出现故障;允许背压低(背压限制在工作压力的 30%以下)

表 12-5 各种蒸汽疏水器的对比特性

疏水器型式	蒸汽损失	空气阻塞	蒸汽阻塞	允许背压	动作检查	抗水击性	排放容量	阀开启和闭合反应时间	比例控制	排放特性	安装角度	冻结	可靠性(持久性)	疏水的显热利用
开顶浮桶式	小	有	有	高	方便	强	大	有时需要	不能	间歇	水平	容易	大	无法利用
倒置浮桶式	小	无	—	高	方便	强	大	有时需要	不能	间歇	水平	容易	大	无法利用
浮子式	较大	高温空气时有	有	高	难	弱	大	不需要	能	连续	水平	容易	小	无法利用
波纹管式	小	无	有	高	难	弱	大	需要长时间	不能	间歇	水平	难	小	可利用
双金属盘膨胀式	小	无	有	高	难	弱	大	需要长时间	不能	间歇	水平	难	大	可利用
液体膨胀式	小	不易引起	无	低	方便	强	大	反应慢	不能	间歇	水平	容易	大	无法利用
热动力浮动圆盘式	较大	有	有	低	方便	强	小	开时长,闭时短	不能	间歇	自由	难	小	无法利用
脉冲式	较大	无	有	低	难	强	小	开时长,闭时短	不能	间歇	水平	难	小	无法利用

3. 蒸汽疏水器的安装与使用 正确选择疏水形式之后,就是如何安装和使用。一般需要考虑疏水位置、配置管道尺寸、空气阻塞、蒸汽阻塞、集中疏水污物、水击现象、耐热、耐腐蚀、凝结水的提升、疏水管道阀件和旁通阀设置以及维修等问题。

(1)疏水位置。显然,在凝结水容易流出的部位设置疏水器才是有效的。如果在直径较大的蒸汽母管底部设置一个很小直径的疏水孔,疏水孔附近绝大部分凝结水会被蒸汽带走,就起不到疏水作用。因而,在汽水分离器的母管上设置疏水器才是最为有效的,并在母管最低位置设置一个直径不小于100mm的排水罐。

(2)管道尺寸。一般情况下,连接疏水器的连通管和排放管的通径,可与疏水器的公称通径相同。其原因是在疏水器排放凝结水的同时,会产生大量的闪蒸蒸汽,若排放管通径不够大,就会产生较高的背压,降低疏水器的实际有效排放量。因此,通往和引离蒸汽疏水器的管道尺寸应尽可能取大一些,以保证疏水器的正常工作。

(3)空气和蒸汽阻塞。用汽装置(如管壳式换热器)用完蒸汽后总会被空气充满,而再次进入蒸汽时还必须将空气排出,否则就会影响换热效率。由于浮子式疏水器可被空气完全阻塞住,设备停用时空气无法排出,阻碍凝结水进入疏水器,所以疏水器上配置了一个空气自动排放阀。

此外,疏水器中也会出现蒸汽阻塞现象,特别是采用较长水平管道进行疏水的方式。产生蒸汽阻塞后,会阻止凝结水排放,影响蒸汽的热利用率。因此,疏水器应尽可能安装在疏水点最近的位置。

(4)集中疏水。将数台用汽设备连接到同一个蒸汽疏水器上,看似节省了疏水器使用数量,但会引起满水或热效率下降。因为数台用汽设备的用汽量,不可能任何时候都相同,各蒸汽空间的压力必定存在差异。用汽高的设备疏水压力一定低于用汽少的设备的疏水压力,如果所有的设备都连接在同一个蒸汽疏水器上,来自高负荷设备(其蒸汽空间压力较低)的凝结水,因挡不住低负荷设备的较高压力,就很难达到疏水器。因此,来自各个蒸汽空间的疏水最好使用各自的疏水器,然后再将每个疏水器的出口管道连接在同一个凝结水回收管道上。

(5)污物。在新的用汽设备使用初期,由于在设备制造和管道安装过程中,有可能残留一些焊渣、加工铁屑等杂物。这些污物最后都会被蒸汽和凝结水带到疏水器处,造成污物卡在疏水器某个部位上,从而影响疏水效果。为此,在疏水器前面应设置一个过滤器,或者采用带有过滤装置的热动力式疏水器。同时,也建议新设备和管道安装之前,应注意清理其内部的杂物,使用之前入水进行多次清洗和排放。

(6)水击现象。用汽设备停用后或开车前会产生凝结水,当快速流动的蒸汽带动它冲击到障碍物(如弯头、阀门、疏水器等)时,就会产生噪音或管道的振动。这就是水击现象。为了防止这种现象,水平输送蒸汽管道应具有一定的倾斜度,每3m距离长降低12mm,同时每隔30~50m的最低点设置一个疏水点,以确保凝结水不滞留在管道中。

(7)疏水管道阀件和旁通阀的设置。为了疏水器的正常工作和便于维修,通常在蒸汽疏水管路中设置一些诸如过滤器、进口阀、出口阀及旁通阀等。当用汽设备启动时,其本身和被加热物均为冷态,而进入的蒸汽将被急剧冷却,产生大量的凝结水,同时设备中还需排除大量的空气等不可凝气体。这时必须通过开启旁通阀,快速将凝结水和不凝气体排除。

4. 疏水量的估算 一般来说,凝结水的瞬间产生量并不等同于疏水器的排放量。用汽设备刚启动时,设备本体和管道以及被加热物的温度都比较低,为升温所凝结的蒸汽消耗量显然要高于正常负荷,因而所产生的凝结水量也大得多。对于每种疏水器来说,间歇排放量的总和至少应等于或大于所产生的凝结水的总和,这就使得在排放期间疏水器的实际排放量大于凝结水的平均产生量。因此,选择疏水器时,应当根据用汽设备的生产特性来确定疏水器的排放裕量系数,并以此作为估算实际排放量的依据。对于染整类蒸汽加热设备,排放裕量系数一般可取2~3。事实上,正常负荷下的凝结水量就是蒸汽的消耗量,通过计算出设备的耗热量,再去除以相应工作蒸汽的蒸发潜热量,即可得出凝结水量。现就有关计算方法介绍如下。

(1)蒸汽管道。分别计算加热(暖管)期产生的凝结水流量和正常负荷时产生的凝结水流量。

加热(暖管)期产生的凝结水流量:

$$Q_1(\mathrm{kg/h})=\frac{m_{金属}\times(T-t_{环})\times c_{金属}\times 60}{L_{蒸发}\times\tau} \tag{12-1}$$

式中:$m_{金属}$——管道、法兰、接管等质量,kg;

T——蒸汽温度,℃;

$t_{环}$——环境温度,℃;

$L_{蒸发}$——蒸发潜热,kJ/kg;

$c_{金属}$——钢材比热容,取0.49kJ/(kg·K);

τ——暖管时间,min。

正常负荷时产生的凝结水流量:

$$Q_2(\mathrm{kg/h})=\frac{q_{管}\times(T_{平均}-t_{环})\times l\times 3.6}{L_{蒸发}} \tag{12-2}$$

式中:$T_{平均}$——管道中的平均温度,$T_{平均}=(T_1+T_2)/2$,T_1、T_2分别为管道开始流入蒸汽和最终流出蒸汽的温度,℃;

l——管道长度或考虑了法兰和阀件后的折算长度,m;

$q_{管}$——考虑到附件、膨胀节、支撑架等在内的管道散热损失,W/(m·K)。

蒸汽管道暖管后的主要热损失就是管道的散热损失。

估算凝结水量还可按经验数据进行计算。对于有绝热层的管道可按"单位平方米"表面积产生凝结水0.65kg/h计算,没有绝热层的管道可按"单位平方米"表面积产生凝结水5kg/h计算。

(2)用汽设备。染整设备的加热方式有直接加热和间接加热两种。考虑到蒸汽凝结水对浴比的影响,以及蒸汽输送过程中可能带有的金属离子对染化料的影响,以采用间接式加热的方式居多。一般采用管壳式热交换器进行冷热流体的热交换,以满足工艺的升温、保温和降温过程的需要。在计算换热装置产生的凝结水量时,除了要考虑将液体和装置从常温升至工作温度所需的热量外,还要考虑换热装置表面的散热损失。

八、蒸汽用于热交换器

蒸汽用于热交换器的换热方式有直接式和间接式两种,直接加热比间接加热的热利用效率高。从传热学得知,热传递主要有热传导、对流和辐射三种传热方式。对于固体材料,因材料边界层之间存在较大的温差,故在固体材料内部进行的传热过程主要是热传导(也称导热)。传热率取决于材料的导热系数、温差以及热流体所通过的横截面积。对流换热是流体(气体和液体)通过物体表面时所产生的一种换热现象,传热率与流体速度、流体特性(导热系数、比热容、密度和黏度)、表面形状以及流体与表面之间的温差有关。对流方式有强迫对流、自然对流和蒸汽凝结所产生的对流。

1. 凝结放热 在所有用汽工艺中,凝结放热是一种非常重要的过程。蒸汽凝结时的放热系数很大,约为5000~15000W/(m·K)。为了提高传热速率,主要是通过强化管内放热过程。而增大管内流体速度或增加内部受热面积(增加肋面),都是提高传热速率的主要手段。凝结方式有两种,一种是蒸汽在冷却面上凝结成连续液膜的膜态凝结,另一种是蒸汽在冷却面上凝结成分散液滴的珠状凝结。其中珠状凝结方式下表面没有被液体全部覆盖,增大了凝结放热系数。

通常,凝汽换热器中总会出现不可凝气体(如空气),而蒸汽中只要含有少量的空气,就会大大降低凝结放热系数。空气不仅在凝结表面上形成空气层,增大了热阻力,减小放热系数,而且因它的存在使得蒸汽分压降低,导致蒸汽的凝结温度降低,即缩小了蒸汽与冷却表面之间的温差,降低了传热率。因此,一般换热器上都设置了一个排放不可凝气体的阀门。

2. 凝汽换热器的结构形式 主要有环套式换热器、管壳式换热器、板式换热器、盘管式换热器等结构形式。环套式换热器结构最简单,是由两根同心管构成。工艺流体从内管中通过,而凝结蒸汽从外管与内管之间的环状夹套中通过。两种流体可按顺流(两流体流动方向相同)和逆流(两流体流动方向相反)运行。管壳式换热器在染整设备中应用较为广泛。它是由一个圆筒壳体和装在其内的一簇小通径的管子组成。管子内流道称为管程,管子外与壳体之间的流道称为壳程。一般凝结蒸汽从壳程中通过,工艺流体从管程中通过。管内流体可以顺流或逆流方式单次通过换热器(称为单流程),也可多次通过换热器(称为多流程)。

板式换热器两种流体被一些迭加起来的板片或隔成框架的板片分隔开,板片的四周边缘均用垫料封住。板片一般做成波纹形,以增大其放热系数、板片刚性以及增加传热面积。板式换热器中板片之间窄缝隙以及波形表面,可使流体形成紊流,因而即使在较低的流体流速和适中的压降条件下,也可获得较大的放热系数,并且在温差较小时仍可保持较高传热强度。试验表明,在相同的热负荷下,板式换热器的总传热系数要比管壳式换热器高2~3倍。板式换热器缺点是只适于压力小于2.5MPa、温度低于250℃的条件下,主要原因是适用于高温的密封垫料不多。另一个缺点是板片缝隙窄,流体内所含较大杂物容易造成管道堵塞。

盘管式换热器是一种简单的换热形式,是由管子绕制成螺旋状,凝结蒸汽从管内通过。相对管壳式换热器,盘管式换热器的传热强度要低。

3. 换热器中的温度分布 冷、热流体逆流交换，可提高温差。换热器中冷、热流体之间的温差是进行热交换的主要驱动力，并且沿着换热器长度而变化。简单换热器顺流和逆流的温差可取对数平均温差，即：

$$\Delta T=(\Delta T_1-\Delta T_2)/\ln(\Delta T_1/\Delta T_2) \tag{12-3}$$

式中：ΔT_1——温差较大的那一端的温差；

ΔT_2——温差较小的那一端的温差。

简单换热器顺流和逆流的温度分布如图 12-5 所示。

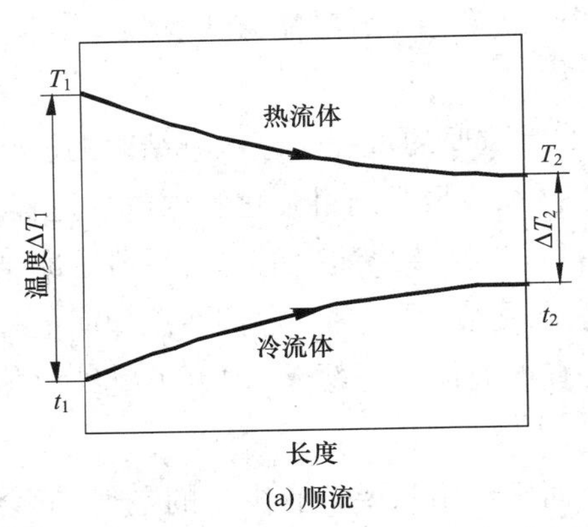

(a) 顺流

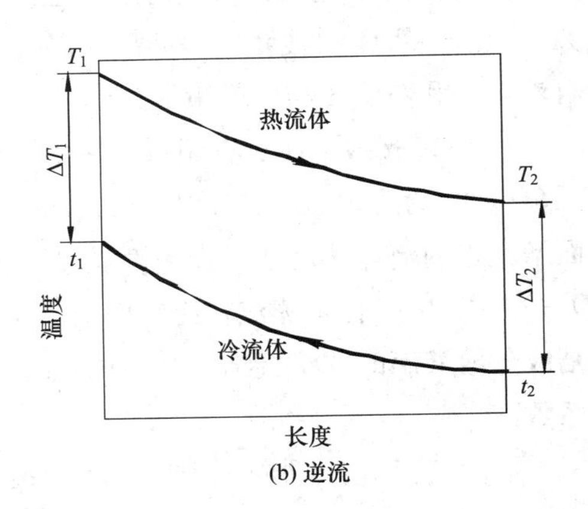

(b) 逆流

图 12-5 简单换热器中的温度分布

4. 强化放热系数 在相同流量条件下，采用小管径可加快高温流体流速，可达到强化换热系数的目的。尤其是列管式换热器，通过强化换热系数，可以达到更高的换热效率。一些小浴比溢喷染色机换热器采用小通径列管，既可以提高换热效率，同时又可减少循环染液占用的空间，为降小浴比创造条件。

九、蒸汽的热利用和减压减温

蒸汽是染整加工中的一种重要能耗。在能源供应日趋紧张的当今，人们在不断开发新能源的同时，充分利用现有的能源也是非常重要的。就现有能源消耗的结构特点而言，工业蒸汽主要通过消耗矿物燃料（如煤、石油和天然气）而产生。因而充分有效地生产和利用蒸汽就成为节能工作的重点之一。

1. 蒸汽分级使用 蒸汽可以连续分级使用，并且用的次数愈多，能量的利用率就愈高。有热电厂供热的印染厂，可选用高压蒸汽用于定形机，用后的低压蒸汽再用于染色机，高温冷凝水可用于前处理及水洗。这样可以做到蒸汽的合理分级利用。

2. 蒸汽的热量计算 染整加工用热设备的热量，都是通过焓和焓差来进行计算的。所谓的焓，就是通过流体温度和压力所表现出来的能量。其表达式为：

$$H=pV+U \tag{12-4}$$

式中：p 表示流体压力，V 表示流体比容，由压力表现出来的能量称为压力能，是将流体增压到现有压力状态下所需的能量，即 pV；U 表示流体内能，是由流体温度表现出的能量，由其分子动能综合得出的能量。显然，焓值随着流体压力和温度的增加而上升。

由热力学得知，同一物质在不同的压力和温度条件下，具有不同的焓值。在同一过程中，两个不同状态之间的焓差可用下式进行计算：

$$H_2-H_1=(p_2V_2-p_1V_1)+(U_2-U_1) \tag{12-5}$$

式中：$U_2-U_1=\Delta U$ 为内能，表示在固定容积下进行加热并使工质温度上升（T_2-T_1）时所需的热量，即

$$\Delta U=U_2-U_1=c_v m(T_2-T_1) \tag{12-6}$$

将气态方程 $p_2V_2-p_1V_1=mR(T_2-T_1)$ 与式（12-6）代入式（12-5）可得下式：

$$\Delta H=c_p m(T_2-T_1) \tag{12-7}$$

式中：c_p 表示定压比热容，$c_p=R+c_v$。上式表示在压力不变的情况下进行加热，使工质温度上升 ΔT 时所需的热量，即工质的焓差。

将水加热成饱和蒸汽的定压加热过程，应当针对不同的相态变化来计算它们的焓值变化。此时，焓的起算温度（即基准温度），可取水的三相点温度 $T_{三相}=273.01\text{K}$。饱和水（饱和水温度为 $T_{饱}$）的焓值计算式：

$$H=mh_1=mc_{p,水}(T_{饱}-T_{三相}) \tag{12-8}$$

式中：h_1——饱和水比焓，kJ/kg；

$c_{p,水}$——水的定压比热容，kJ/(kg · K)。

湿饱和蒸汽的焓值计算式：

$$H_{湿}=mh_{湿}=m[h_1(1-X)+h_2X]=m(h_1+XL_{蒸发}) \tag{12-9}$$

式中：h_2——干饱和蒸汽比焓，它比饱和水比焓大一个蒸发潜热 $L_{蒸发}$，即 $h_2=h_1+L_{蒸发}$，kJ/kg；

X——湿饱和蒸汽的干度。

工业蒸汽热力设备的热量都是采用焓或焓差进行计算。水和蒸汽的比焓值可查蒸汽表和莫理耳图。

3. 蒸汽的热利用效率 用蒸汽染整设备的热利用效率，是关系到节能降耗的一个重要问题。对于相同的加热工艺要求，采用不同的蒸汽加热方式，产生的热利用率也不相同。就常用的间接加热和直接加热两种方式而言，直接加热的耗汽量较少，其热利用率可达90%，比间接加热高许多。而间接加热方式，只有在饱和蒸汽完全凝结的情况下，才能够获得最高的热利用效率。为此，在间接加热的过程中，为了保证加热过程能够连续进行，必须不断地从换热器中排掉凝结水。此外，蒸汽的不同状态的热利用效率也不同，过饱和蒸汽的热利用效率仅为65%～70%。其原因是饱和蒸汽焓值中的蒸发潜热所占的比例很大，其热量要比过热蒸汽中的显热和凝结水的显热高得多。因此，用汽设备应该采用饱和蒸汽。

4. 蒸汽的节流降压及减温 配汽管道中流动的蒸汽经过阀门或孔板时，压力就会急剧降

低。这种现象称之为节流。节流前后的气流动能的变化极小，一般可忽略不计。节流作用不会改变蒸汽的焓值，高压蒸汽通过节流变成低压蒸汽时，蒸汽会产生过热。例如，压力为0.5MPa（绝压）和0.2MPa（绝压）的干饱和蒸汽，所具有的焓值分别为2747.4kJ/kg和2706.3kJ/kg，两者相差约41.1kJ/kg。假设过热蒸汽定压比热容为2.1kJ/（kg·K），若将0.5MPa（绝压）的干饱和蒸汽降至0.2MPa（绝压），那么，这个过程的焓差将使0.2MPa（绝压）蒸汽过热约41.1÷2.1＝19.57℃。此时，如果节流之前蒸汽中含有一定水分，就会产生闪蒸过程，将水分蒸发掉而保持低压蒸汽不过热。

在蒸汽的输送过程中，总会因热量失散而产生凝结水。为了减少凝结水消耗蒸汽热量，一般在使用蒸汽前都要进行过热或减压，使输送的蒸汽处于满足要求的微过热状态，或成为干饱和蒸汽。染整加工中使用的蒸汽压力通常为0.4～0.7MPa，而蒸汽锅炉出口的压力大都在0.7～1.6MPa。一般需要通过减温来降低蒸汽的过热度，控制在一个适当的数值上。

十、用热设备保温措施及要求

连续式前处理设备、染色机及后整理设备需要供热，而工艺过程中的升温和保温阶段，设备外表面与外界存在热交换，尤其是冬季有大量的热量散发到空气中。这些失散的热量不仅使车间的环境温度升高（夏季过高的环境温度影响到操作人员身体健康），同时这部分热量也被白白浪费掉。因此，对用热设备采取一定的保温措施，可以减少热能的损失，保护劳动环境。

1. 染整设备的热损失 染整工艺的前处理、染色、水洗、烘干以及定形设备的散热面所造成的热损耗，在总能耗中占有很大比例。例如间歇式染色机的外表面散热的热损耗占15%、水洗设备的外表面散热及蒸汽泄漏的热损耗占16%、烘燥设备外表面散热的热损耗占12%～20%。显然，减少这部分热损失对节能降耗具有非常重要的现实意义。

染整加工用热设备的热损失，主要是发生在各单元机之间的接口密封、设备的机体外表面以及循环管路外表面等。虽然一些染整设备如烘干机和定形机，因工艺过程需要较高的温度，一般采用封闭的隔热门形式。但隔热门中绝热材料、密封面以及连接部位的隔热效果等，还是会影响到热效率。传统的前处理水洗槽的外表面也是一个很大的散热面，间歇式溢流或溢喷染色机、卷染机的缸体外表面也形成一个散热面，使得大量的热量从这些散热面流失到空气中。如果对这些设备的外表面采取一定的保温措施，就可以有效地减少热能损失。

2. 设备外表面敷设保温层 减少热损失的主要方法，是对暴露在空气中的机体和管路的外表面增加保温绝热层，使其表面温度不高于40℃。对引入设备的蒸汽管道包覆绝热保温层后，热损失可减少90%以上。对于外表面温度高于50℃的染整设备，都应该采取保温措施。例如前处理设备增加隔热层、染色机缸体外表面敷设保温层。

在确定保温层时，要综合考虑保温材料费用和热损失费用，找到一个最经济的厚度值。一般情况下，随着保温层厚度的增加，热损失费用逐渐减小，而保温材料费用却逐渐上升。只有在保温材料和热损失的总费用最低时，才是最经济的厚度。这个厚度也称为经济厚度。

3. 保温材料性能要求 染整用热设备采用绝热保温层,应选择导热系数小的绝热材料,并且使用中要避免受潮。保温后设备的散热损失应小于国家规定的“允许最大散热值”。在保温材料的物理、化学性能满足工艺要求的前提下,应优先选用导热系数低、密度小、绝热性能较好的保温材料。此外,保温材料应具有一定机械强度,一般要求抗拉强度不小于0.3MPa。

第二节 水、余热及丝光淡减回收利用

染整加工过程中需要消耗大量的蒸汽和水,其中蒸汽间接加热所产生的凝结水,以及一些工艺过程使用后的水并没有受到污染,或者受到的污染程度较低,并且还含有一定的热量。如果将这部分水收集起来,还可用于其他工艺。丝光加工中的淡碱,回收之后可以用于织物的煮练。冷凝水和冷却水的回用、染整废水余热回用以及丝光淡碱回收利用属于资源综合利用,其中染整废水余热利用系统回收效率最高可达90%,丝光淡碱使用扩容蒸发器回收淡碱后,可减少污水处理量,并且大大减少调节池的用酸量。本节就这方面的技术作一简单介绍。

一、水的回收利用

印染加工中有一些水虽然已用于某道工序,但是没有受到污染(如冷却水)或者受到的污染程度很小,完全可以加以利用。染整用热设备的凝结水回收,不仅可以用于工艺中,而且通过换热装置可以利用其余热。

1. 冷却水 列管式换热器间接冷却的冷却水没有受到污染,而且经热交换后具有一定的温度,可以用于前处理和染色后的水洗。这部分水可通过回收装置储存起来,然后分配至所需的各个单元机。目前一些比较先进的溢喷染色机,配有冷却水循环利用装置。

2. 高温凝结水 间接加热是利用蒸汽的潜热冷凝放热,产生的冷凝水温度为85℃,并且比较纯净,可以集中回收用于前处理或染色后水洗。凝结水回收主要是对凝结水热量的利用和凝结水本身的回收。对于工作压力超过0.2MPa的用汽设备,或者凝结水收集管道较为分散的情况,可以通过扩容闪蒸方式来利用凝结水的热量。当凝结水压力低于0.2MPa时,闪蒸后的蒸汽已接近于大气压,可以引入低压蒸汽管道中用于其他工艺用汽设备中。

3. 凝结水回收系统 凝结水回收系统有两种形式,即开式和闭式。开式系统的凝结水收集槽敞开在大气中,凝结水与空气直接接触,容易造成疏水器和设备内部腐蚀,但结构简单、投资小。闭式系统工作时凝结水不接触氧,不会腐蚀疏水器和设备内部,并可减少液面蒸发散热损失。缺点是设备比较复杂,初期投资较大。凝结水的热量回用系统主要有面式加热器、内置式或外置式扩容分离、膜式混合加热器以及蒸汽增压引射泵几种形式。其中主要结构包括凝结水收集容器、热交换器及管路等。收集的凝结水经过系统后,凝结水分离出的热能可用于水或空气的热交换,用于其他用热工艺设备,释放出热能后的水可以送回锅炉。这样不仅可减少锅炉补给水费用,而且还可回收凝结水的显热(该热量约占到生产蒸

汽所耗热量的20%)。

二、洗液、染液及余热利用

印染加工中,完成温度控制过程后所排放的水或气体,仍然还具有较高的温度。通过一定的回收或换热装置,可以集中回收再用于其他一些工艺过程中。

1. 洗涤水的循环再利用 水洗处理是染整中耗水最大的一道工艺过程,尤其是活性染料染色后的水洗耗水量更大,对加工成本和污水处理都造成了很大负担。因此,除了降低水洗的用水量和提高水洗效率外,还应该考虑水的循环再利用,特别是水洗不同阶段的重复利用。例如,清浊不同的水、水洗之后进行净化处理的水,都可以用于前道含污物较多的水洗过程。

图12-6给出了几次水洗中各个洗浴污物变化情况。第一次水洗后的7个洗浴中,阴影R、C和H浴中仍然残留着很高浓度的污物,未经处理不能直接利用;而空白的C、H浴中所含的污物相对少很多,可以直接利用。将4个空白的水浴经混合后,盐的浓度约为0.55g/L,水解染料浓度约为31mg/L。因此,第一次水洗后的3、5、6和7浴水,可以重复用于第二次水洗中的2、3、4和5浴,另外只需配用3个新鲜水浴即可。如果还需进行第三次水洗,可依此类推。需要说明的是,这种水洗的循环再利用,对于浅色或者固色率高的染色后水洗,具有明显的节水效果。

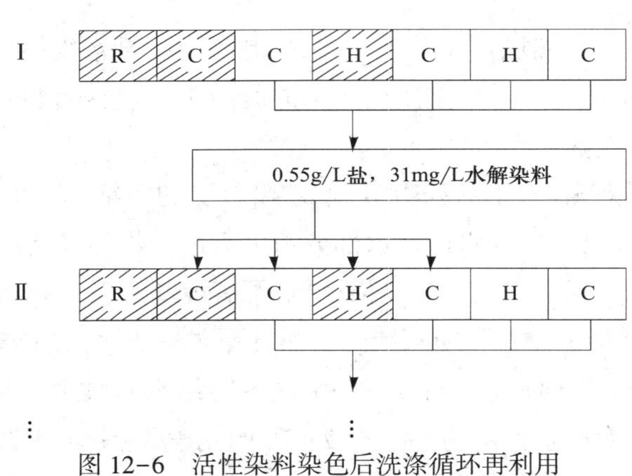

图12-6 活性染料染色后洗涤循环再利用

R—染色残夜;C—冷浴洗液;H—热浴洗液

2. 染液再利用 据资料介绍,国外有印染厂对纯棉、纯涤纶以及涤棉混纺织物分别采用不同染料进行染色,然后利用染后的染液再次染色。具体方法是:用一次染色后的染液对所选织物进行染色,并用上染的百分率来表示色泽的深度,对一次染色后的染液经补加染料和助剂后再进行染色。染完之后用计算机配色系统将染色样品与最初染液中染色的样品进行比较,研究最初样和试验样的色牢度性能。研究结果表明:硫化和还原染料染色后的染液可用于棉织物的中、浅色染色;直接染料染色后的染液经补加1%的染料后也可用于同样要求的染色;活性染料即使染浅色也不能重新利用染浴;分散染料的染液可重新用于涤黏混纺织物染浅色,但不能用于纯涤纶织物染色。通过对酸性汗渍、碱性汗渍、干湿摩擦和水洗色牢度试验,与标准样品相比，试验样品的牢度指标已可达到相当高的水平，并且染料都没有发生降解，染液可以重复使用四次。这种染色方法显然可以节约染料用量。

3. 前处理和染色废液余热 固色之后的排液以及热浴水洗的排放都含有较高的余热，若将这部分余热用于加热新鲜水，则可以节省一部分能源，同时也可省去进污水处理池前的降温过程。目前一些先进的间歇式溢流或溢喷染色机配置了一套废液余热回用装置，而水循环再利用主要是使用厂家自己配置的系统。但从节能减排的角度来考虑，无论是设备制造商还是使用者，都应该承担起节能降耗的责任。

在间歇式溢流或溢喷染色机的热交换器排冷却水口处并联一套管路，并与主循环泵进口相连接。载有余热的废液在热交换器中与进入的新鲜冷水进行热交换后，废液温度下降，被加热的新鲜水进入喷嘴与织物交换。与传统的进冷水后升温热浴水洗相比，织物固色后直接进入热浴水洗并缓慢降温，有利于织物纤维收缩均匀，可避免织物骤然遇冷后产生折痕。

对于连续式前处理机，增加一套辅助换热装置，使高温废液与进入新鲜冷水进行热交换。交换后的废液温度下降，新鲜水温度升高可用于水洗。

三、拉幅定形机的废气净化及余热回收

定形机作为染整加工的主要装备之一，所产生的废气也是最大的。由于废气中含带着工艺过程中产生的油剂、毛屑以及水蒸气等混合物，对人体健康和环境都会产生危害；并且还带走了30%～35%的热量，造成了极大的能源浪费。因此，对定形机的废气治理以及余热回收，已成为染整行业节能减排的重要整治对象。

利用排废气的热能加热自然空气回送定形机烘房或加热水进行能量回用，一方面可以减少新鲜冷空气的升温时间，节省一部分加热能耗，另一方面还可以减少废气余热对大气的温室效应。采用废气湿度排放自动控制装置，自动控制排废气风机电机的转速，可最大限度控制排废气所带走的热量。

1. 拉幅定形机产生的废气特性 拉幅定形机所排放的废气具有以下一些特性。

（1）温度高。拉幅定形机排除的废气中带有较高热量，温度一般在150～200℃。单台机实际排出的废气量平均在10000～25000m^3/h，废气中带走的热量约占全部热量的30%～45%。

（2）成分复杂。织物在纺织和染整过程中为了获得某种性能，需要使用具有不同功能的助剂，并且还会产生纤维毛绒以及水蒸气等。这些杂物在高温条件下会发生挥发，形成油烟。特别是化纤和针织物在纺丝或编织中所带的润滑剂，在织物毛坯的预定形过程中，产生的油烟更大。

（3）对环境的危害性。正由于拉幅定形过程中所排出的废气含有大量危害物，所以未经处理就排放到空气中，会对环境和人体造成危害。

（4）安全隐患。拉幅定形过程中产生的废气含有油烟和纤维毛屑，容易黏附在定形机的风道和烘房内，一旦清理不及时，就容易引发火灾。

2. 废气处理的基本要求 从节能减排的角度来考虑，废气净化与余热回收应结合起来进行。定形机所产生的废气温度一般在150～200℃，必须降至净化设备所要求的温度范围内。

采用静电吸附进行净化处理时，高压静电废气净化装置要求的净化温度不高于75℃；而冷凝吸附净化温度则需要在0℃以下。采用水净化进行处理时，需要对废气进行水喷淋以及活性炭吸附，温度要求降至90℃以下。

3. 废气的余热回收 目前绝大部分定形机的烘房都是采用模块化设计，每节烘房的热风都是独立循环，并且利用上一节烘房废气中的部分余热对补进新鲜空气进行预热。但是排放的废气中仍然带有大量的热能，并且所占的比例约35%。因此，定形机的废气余热回收，主要是指这部分的热能。

定形机的废气余热回收方式主要有两种："气—气"热交换，"气—水"热交换。"气—气"热交换就是将定形机排放的废气热量，通过余热回收装置对需补进的新鲜空气进行加热。"气—水"热交换是将定形机排放的高温废气热能用于加热常温水，用于其他工艺。

4. 余热回收装置的工作原理 目前大部分废气余热回收装置（"气—气"热交换）是采用热管形式进行热能转换。热管是一种超导热体的高效传热元件，具有很强的导热能力，比金属要高几百倍，甚至上千倍。它是利用全封闭真空管内工质的连续相变进行热量的持续转移，其本身并不产生热量。

定形机的废气余热回收装置工作原理是：将排出的高温废气通过换热器的吸热端放出热量，热管将这部分热量又快速传递到换热器的放热端；而新鲜空气通过换热器的放热端时吸收热量，被加热后的新鲜空气在烘房内的负压作用下被吸入烘房内。余热回收装置应安装在定形机烘房顶部的废气出口处，可获得较好换热效果。

5. 废气处理的流程 废气的净化流程由几个主要部分组合而成。主要组成部分包括：毛屑过滤、"气—气"热交换、自动清洗、油烟粉尘净化、活性炭吸附等。

（1）毛屑过滤装置。该装置主要用于处理废气中的毛屑、油烟和挥发助剂等。这些杂物会黏附在热交换器、风道等部位，容易影响换热效率，在高压静电废气净化时容易引发火灾。因此，废气首先需通过过滤装置清理其中的杂物。

（2）"气—气"热交换装置。用于废气的降温处理。相对水喷淋降温，采用"气—气"热交换，既节能又可减少二次污染。

（3）清洗装置。及时清理换热器中的杂物，保持正常的换热效率。

（4）净化装置。主要有两种形式，即水喷淋式和高压静电式。水喷淋主要用于有高温或低温结焦的废气，对油烟、粉尘净化可采用多级水喷淋。高压静电式具有高效节能特点，但清洗时因金属集油极板容易变形和间距变化而发生火灾。

（5）活性炭吸附装置。对于废气中含有毒害且不溶于水的气体，很难通过水喷淋或高压静电方式进行净化，只有采用活性炭吸附或冷凝吸附方法处理。其中以活性炭吸附较为经济，活性炭吸附的条件要求较高。

根据定形机处理的织物、工艺以及废气排放组分的不同，废气净化可采用分级处理工艺。

对于高温废气中含有油烟、粉尘、无异味、无有毒有害气体的场合，可采用工艺流程：

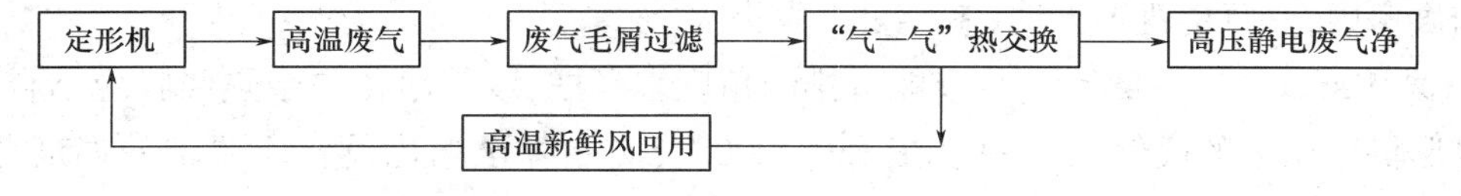

烘房排放的高温废气集中通过风道输送系统，经过自动毛屑过滤后进入“气—气”热交换器。然后分为两路，一路高温新鲜空气被送进烘房，补充到循环热风中；另一路低温废气进入高压静电净化器进行油烟和粉尘净化，然后排出净化后废气。

对于高温废气中含有油烟、粉尘、异味、无有毒有害等污染物的场合，可采用二级净化系统。工艺流程：

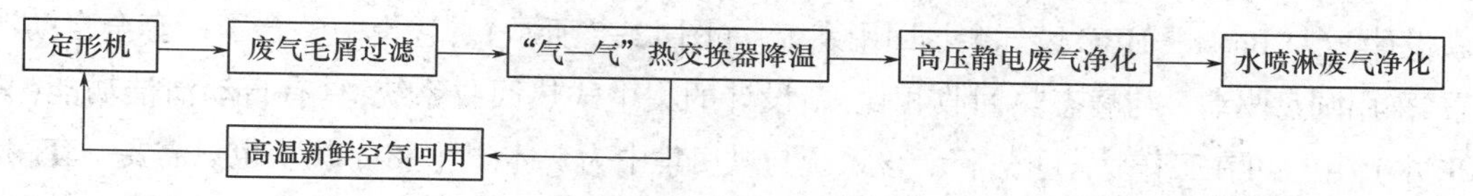

对于高温废气中含有油烟、粉尘、异味、有毒有害等污染物的场合，应采用三级净化系统。工艺流程：

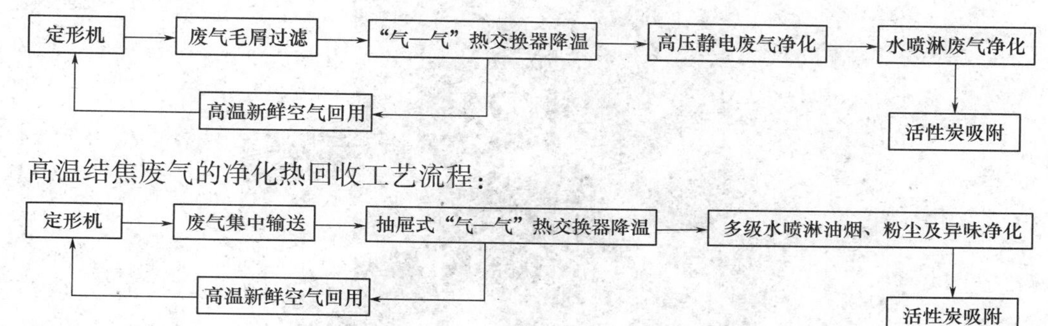

高温结焦废气的净化热回收工艺流程：

6. 典型处理装置 这里介绍德国布鲁克纳(Brückner)和门富士(Monforts)两家拉幅定形机，在余热回收和废气净化方面所采用的一些措施和结构特点。

(1)德国布鲁克纳(Brückner)定形机。该机安装了一套旋风式洗涤装置，从烘房中排出的废气直接进入该装置，以旋转的水/空气所形成的涡流产生细小的浪花来清洗净化。为防止气流将水带走，在后面设置了一个水雾消除器。经冷却后排出的废气温度可降至65℃，并将所回收的热量用于蒸发水分，而废气的臭味可被吸收。污液沉淀在旋风洗涤装置底部的污液储存槽内，达到预定的浓度时再传送到薄膜式蒸发器中。可汽化物重新进入旋风洗涤装置，而残渣作为固体污染物被排放。该机有多级热回收和整体式热回收两套系统(图12-7)可供选用。多级热回收系统采用模块化结构设计，可逐级扩展，热能转换好，生产效率高，节能最高可达

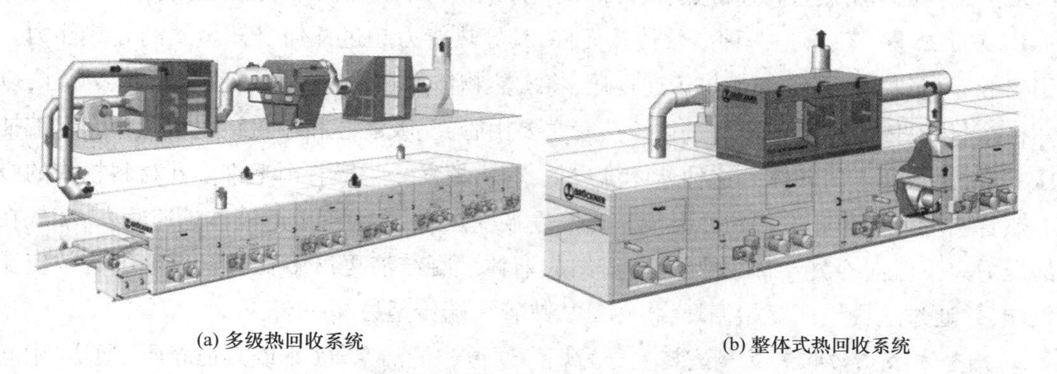

(a) 多级热回收系统　　(b) 整体式热回收系统

图 12-7　热回收和废气净化系统

35%(取决于具体工艺)。整体式热回收系统也采用模块化设计,清洁方便,操作简便。采用铝制翅片热交换器,并有防黏涂层,可不停机进行清洁。热回收装置与烘房连为整体,省去额外安装空间。可为大多数主机配置。

(2)德国门富士(Monforts)Montex-8000型拉幅定形机。2012年中国国际纺织机械展览会暨ITMA亚洲展览会上,该公司推出了这一款最新拉幅定型机。其中最为引人瞩目的是采用了一种新设计ECO Booster HRC废气余热回用系统(如图12-8所示)。它集中整合了一套全自动清洁装置,采用圆盘驱动。与静态热回收相比,新设计的集中式热回收系统,具有自动清洁功能(只需100L水),并且可在工作状态下进行。该系统与烘房集中为一体,即使8节烘房也只需要一套。

图12-8 ECO Booster HRC废气余热回用系统

四、有机载热体炉烟气热能回收

有机载热体炉在染整加工中,主要用于拉幅定形机的导热油加热,具有低压高温的特点。在有机载热体炉运行中,回油温度可达240℃,排烟温度达到300℃以上。若通过热管的超导传热将这部分热能进行回收,可用于水蒸发产生蒸汽或加热水用于前处理和染色工艺。热管式余热蒸汽发生器就是利用热管高速传热,使有机载热体炉出口烟气中所带热能将水蒸发产生蒸汽。

1. 关于热管 热管是一种高效传热元件,其导热能力超过任何已知金属的导热能力。它利用热传导与致冷介质的快速热传递性质,将发热物体的热量通过其迅速传递到热源外,以获得一种冷、热流体的高效热交换过程。热管主要由管壳、吸液芯和端盖组成。热管内部被抽成负压状态,充入适当的液体。这种液体沸点低,容易挥发。管壁有由毛细多孔材料构成的吸液芯。热管两端分别为蒸发端和冷凝端。当蒸发端受热时,毛细管中的液体迅速蒸发,蒸气在微小的压力差下流向冷凝端释放热量,并凝结成液体。凝结液再沿多孔材料靠毛细管效应流回蒸发端,并通过这种周而复始循环,将热量从热管一端传至另外一端。

2. 热管式余热回收装置 该装置分为烟气通道和清洁空气(水或其他介质)通道,中间有隔板分开互不干扰。高温烟气由烟气通道排放,排放时高温烟气冲刷热管。当烟气温度高于

30℃时,热管被激活便自动将热量传导至清洁空气(水或其他介质)通道。在传热过程中,置于烟气通道的热管端吸热,高温烟气流经热管后温度降低,而热量被热管吸收并传导至清洁空气(水或其他介质)通道端。常温清洁空气(水或其他介质)在风机作用下,沿其通道逆向流动冲刷热管,获得热量后温度升高。

3. 热管式余热回收装置特点 热管式余热回收装置具有以下一些特点:

(1)传热效率高。在利用热管的高效导热特性的同时,在热管元件上的受热段增加螺旋翅片,强化了传热。

(2)抗腐蚀性。对热流进行适当变换,将热管管壁温度调整在低温流体的露点之上,可防止露点腐蚀,提高设备的运行能力。避开烟气露点,灰尘不易黏附在肋片和管壁上。

(3)安全可靠性。一般换热装置是间壁换热,冷、热流体分别通过器壁两侧。一旦管壁或器壁出现泄漏,就会造成冷、热流体直接混合。热管余热回收装置则是二次间壁换热,即热流体要通过热管的蒸发段管壁与冷凝段管壁才能传到冷流体。

(4)经济性。该装置结构紧凑,占地面积小,可在原锅炉烟道中直接安装,不需基建投资。通常在6~12个月即可回收全部投资。

(5)安装及维修。安装该装置不需改变原有工艺系统,安装方便简单。单根热管可拆卸更换,维护简便,成本低。使用寿命10年以上。

五、丝光淡烧碱液回收利用

在纤维素纤维的染整加工中,对于一些高档面料的织物都需要用浓烧碱溶液(20%~40%)进行丝光处理,以提高织物表面品质和染色性能。经丝光处理之后的碱液,除了少部分可以用于前处理中的退浆和煮练外,大部分可以回收利用。通过淡碱回收系统,不仅可将淡碱液进行净化、蒸浓后得到回用,而且还可减少污水处理费用。

这里简单介绍一下淡碱液回收系统的主要组成和流程。

1. 淡碱液回收循环使用系统 丝光淡碱液首先经过净化处理,然后经过蒸浓后继续用于丝光。在整个循环使用过程中所损耗的烧碱,可通过加入新的碱剂或未使用过的浓烧碱进行补充。其工艺流程如图12-9所示。

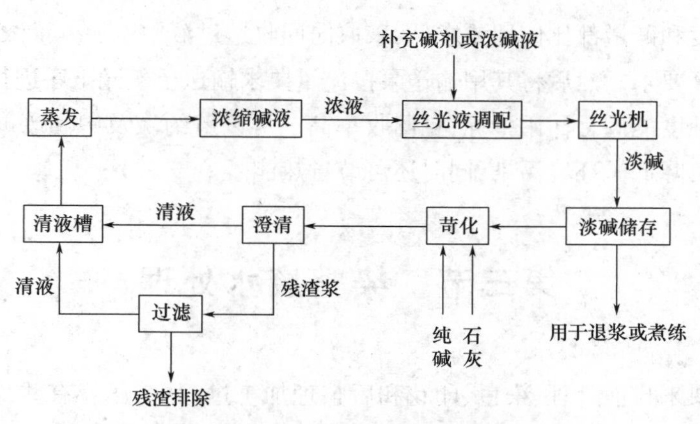

图12-9 淡碱液回收循环使用系统

2. 淡碱液的净化 丝光淡碱液中含有纯碱、短纤维等杂质,必须在蒸发前进行苛化、澄清等净化处理。净化有多种方法,一般采用石灰、纯碱苛化法。既可去除杂质,还可自制新碱。对于回收量较少的工艺流程,省略苛化过程。考虑到碱液不断回收蒸浓循环使用,杂质会逐渐增多,对丝光质量产生影响,还是应该保留苛化过程。

3. 淡碱液的蒸发 淡碱液蒸发设备有多效蒸发和扩容(闪蒸)蒸发两种。多效蒸发是利用蒸发器所产生的二次蒸汽作为后续蒸发器的加热蒸汽,末端采用水喷射冷凝器抽取真空蒸发。扩容(闪蒸)蒸发是利用其自身的显热对溶液进行闪蒸蒸发。其过程是,淡碱液经外加热器将蒸汽加热到所需温度(未沸腾)后进入闪蒸室,在前、后室的温差作用下,热碱液进入后室呈过热状态即产生闪蒸。与多效蒸发器相比,扩容(闪蒸)蒸发器的管内结垢较少,水汽比随所选用的级数数量而变化,加热面积和耗材较多。

4. 膜法回收丝光淡碱液工艺 采用蒸发浓缩工艺对丝光淡碱液进行回收,蒸发过程中只有水分被移除,回收的碱液中会残留污染物,并且还要消耗大量的冷却水。采用特种耐碱超滤膜进行处理,可对丝光淡碱进行回收并循环使用,还可浓缩废液中大量的有机污染物便于处理。图 12-10 为膜法回收丝光淡碱液工艺流程。

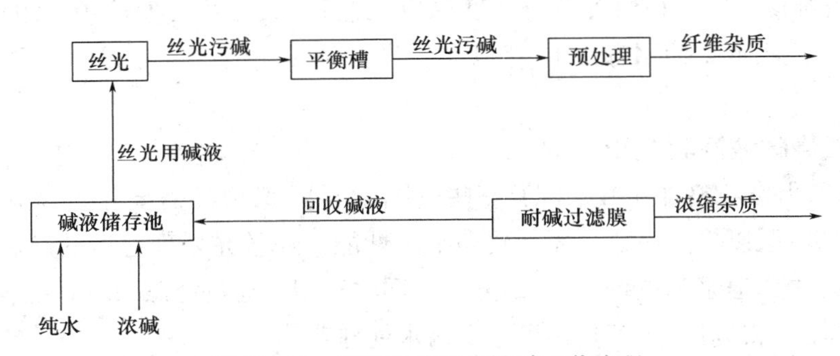

图 12-10 膜法回收丝光淡碱工艺流程

该工艺是先将丝光产生的污碱液收集于平衡槽中。污碱液经预处理去除纤维杂质后,由泵注入膜系统中。在压力驱动下,污碱液中的杂质被膜截留浓缩,最后有用碱和水一起透过膜收集于透过液中。

回收的碱浓度和碱量都比使用要求低,采取向回收透过液中添加少量浓碱和纯水的方法,可达到所需碱浓度要求。然后将其用输送泵按流量要求输送至丝光工序进行循环使用。该方法纯化回收的碱纯度能满足回用指标,且回收率高。可以节约碱及中和废碱液用的大量化学物质,减少了排污,降低了环境污染,同时还可节省热能。

第三节 染整废水处理

染整废水主要来自前处理、染色、印花和后整理加工过程中,尽管有些加工过程产生的废水所占的比例并不高,但废水中所含有的有害物质却很高。例如,碱减量处理废水量仅占总废水的5%左右，但其所含COD却高达20000~80000mg/L，占到COD负荷总量的55%以上。其中的污染物难以生化降解，处理难度也很大。染整废水的性质与加工中涉及的纤维、染料和助剂密切相关，需选择不同的处理方式。染整废水中的污染物主要是有机物，以COD作为主要污染指标。染料并不会引起COD增高，只产生废液色度，而助剂却是引起COD增高的主要因素。其原因是，多数染料对织物的上染率可达70%以上，残留在废水中的染料较少，只有助剂（如渗透剂、促染剂等）几乎全部都留在废水中。

纺织品纤维和助剂的不断发展，为织物的使用和加工方法赋予了新的内涵，但也同时增大了加工所产生的废水处理难度。随着国家对印染环保要求的提高以及印染准入条件的限制，一些传统的处理方法很难达到出水品质的要求。为此，需要开发和应用新的处理方法，提高废水处理效率。就目前的技术发展情况来看，膜分离法是一种具有良好发展前景的处理技术。该项技术具有能耗低、可回收有用物质以及操作简便等优点。

本节就染整废水处理涉及的一些相关技术，以及近年来的发展情况作一简单介绍。

一、染整废水的特点

染整废水从形式看是一种受到污染的水体，但实际上却包含了纤维、染化料和工艺在内的一个大类。污染物的种类及浓度，与其中所包含因素密切相关。例如针织物、丝织物、毛织物以及牛仔织物的染整加工，所产生的污染程度要比棉和化纤染整所产生的污染程度相对小一些。染整废水的特点一是废水量大，绝大部分呈碱性，色泽深；二是废水中主要是有机污染物，可生化性(B/C)低，处理难度大；三是前处理工艺中的退浆、煮练以及碱减量所产生的有机废水浓度很高。前处理废水中的污染物主要有纤维屑、果胶、蜡质和浆料等，印染废水中主要有残留染料和助剂，整理废水中主要是残留的添加物。

二、染整废水的分配及水质

印染加工所产生的废水约占到纺织品加工整个过程废水量的80%，印染行业节能环保的主要任务之一就是废水的治理。印染废水产生的主要原因是使用了各类化学品。而不同的纤维性质不同，都有其对应的前处理、染色及后整理的工艺，所产生的废水量和性质也不同。

1. 染整废水分配　染整加工所产生的废水主要集中在前处理和染色两个工艺过程中。其中前处理要占到废水总量的40%，COD负荷占到60%，主要由织物退浆所造成的。随着织机速度的不断提高，棉纱的上浆率由过去的5%~6%提高到12%~13%。不仅大大提高了COD，而且还增加了退浆的难度。染色过程所产生的废水约占到总量的60%，COD负荷占到40%。

涤纶（聚酯纤维）碱减量处理往往也是造成污染最严重的一道工序。其高浓度的烧碱所产生的COD，连续式加工中约为10000~20000mg/L，间歇式加工约为20000~80000mg/L。对以加工纯化纤为主的印染企业来说，化纤的碱减量处理所产生的废水约占废水总量的5%，但COD的负荷却占50%以上。因此，碱减量废水应采用单独资源回收的措施，在废水中提取对苯二甲酸。

表 12-6 列出染整加工废水产生的分配情况。

表 12-6 染整加工废水产生的分配情况

染整加工对象	产生废水的加工工序	主要污染物
毛织物	染色、缩绒、洗毛等	羊毛脂、染料、助剂、化纤
棉、化纤及混纺织物	退浆、煮练、漂白、丝光、染色、印花、整理	浆料、染料、助剂、纤维中的蜡质和果胶等
苎麻类织物	脱胶、染色、整理	木质素、果胶、染料、助剂
丝类织物	精练(脱胶)、染色、整理	丝胶、染料、助剂
针织物	去油、煮练、染色、后处理	纤维中的果胶和蜡质、染料、助剂等

2. 染整废水量及水质 染整过程中产生的废水量,与织物纤维、工艺和使用的染化料有密切关系。一般废水量可占整个用水量的 85%。各种织物单位产量产品的废水产生量可参见表 12-7。棉或混纺机织物和针织物染整废水水质如表 12-8 所示。

表 12-7 不同织物的废水量

织物品种	棉或混纺机织物 (m^3/100m)	棉或混纺针织物 (m^3/t)	毛织物 (m^3/t)	丝织物 (m^3/t)
废水量	2.5~3.5	150~200	200~350	250~350

注 1. 织物幅宽为 91.4cm;

2. 不同幅宽和厚度的织物采用吨纤维产生量计算染整废水时,可参照《印染行业清洁生产评价指标体系》有关规定、FZ/T 01002—2010 附录 B《印染企业综合能耗计算办法及基本定额》进行折算。

表 12-8 棉或混纺机织物和针织物染整废水水质

加工的织物	pH	色度(倍)	生化需氧量(mg/L)	化学需氧量(mg/L)	悬浮物(mg/L)
纯棉机织物染色、印花	9~10	200~500	300~500	1000~2500	200~400
棉混纺机织物染色、印花	8.5~10	200~500	300~500	1200~2500	200~400
纯棉机织物漂染	10~11	150~250	150~300	400~1000	200~300
棉混纺机织物漂染	9~11	125~250	200~300	700~1000	100~300
纯棉针织物	9~10.5	100~500	200~350	500~850	150~300
涤棉混纺针织物	7.5~10.5	100~500	200~450	500~1000	150~300
棉腈混纺针织物	9~11	100~400	150~300	400~850	150~300
弹力袜	6~7.5	100~200	100~200	400~700	100~300

三、染整废水处理方法及选择

染整加工废水处理方法按其作用原理可分为物化法和生化法。物化法是通过加入絮凝剂、助凝剂,在专门的构筑物内进行沉淀或气浮,去除废水中污染物的一种物理化学处理方法。物化法的加药成本高,且去除污染物不充分,产生的污泥量大。因进一步处理难度大,可能造成"二次污染"。因此,物化法一般不单独使用,仅用于生化处理的前道辅助流程。生化法是利用微生物的作用,对污水中有机物进行降解、吸附而加以去除的一种处理方法。该法可充分降解污染物，并且运行费用相对较低，基本上不产生“二次污染”，因而是染整废水处理中的主要使用方法。

染整加工废水处理方法，应结合废水中的污染物、排放量、排放标准以及技术经济性等方面进行综合考虑，确定最佳处理方案。表12-9列出染整废水中所含污染物及处理方法。

表12-9 染整废水主要污染物及处理方法

水质项目	主要污染物	处理方法
pH	过多的酸或碱	中和、离子交换等
悬浮物	纤维屑、浆料、整理及其他工序中的固体化学品	筛滤、自然沉降、凝聚沉降、凝聚上浮、过滤等
BOD	浆料、表面活性剂、油脂、蜡质、蛋白质、污垢及助剂等有机物	生化、氧化、凝聚分离、泡沫分离等
COD	化学还原性物质	同BOD
金属离子、有毒物质	铜、铁、锌、铬、锡、汞、氰离子及酚类载体等	中和、凝聚、吸附、离子交换、氧化、膜分离、还原等
色度	染料、颜料和天然色素等	吸附、凝聚、氧化

1. 废水处理的主要流程 根据废水处理的具体要求，进行工艺流程的设置。其主要流程是：

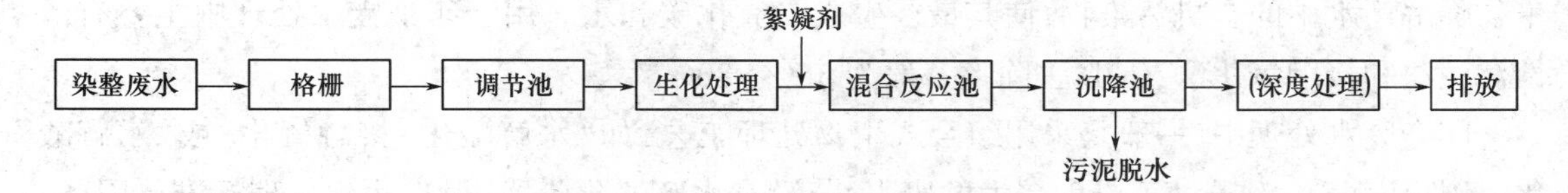

(1)格栅。染整加工废水首先通过格栅，将废水中的布条、短纤维及异物等较大悬浮物截留。一般将格栅设置在生产车间下水道出口处。

(2)调节池。各加工车间排放的废水集中进行调节、均化其水质和水量，以供集中处理。

(3)生化处理。暴露在有氧状态下，通过好氧微生物的作用，使废水中的有机物分解、氧化为无机物并去除。

(4)絮凝剂。促使废水中的细微颗粒相互结合凝聚形成絮凝物，通过凝聚沉降或凝聚上浮方法去除。常用的絮凝剂有硫酸铝、硫酸亚铁、三氧化铁、石灰及碱式氯化铝等。

(5)深度处理。废水经过生化处理后，可去除绝大部分有机物质。但是对于废水排放标准要求较高的情况下，还需要采用深度处理。一般有过滤法、活性炭吸附法、氯氧化法、光化学氧化法、电解氧化法、离子交换树脂法以及反渗透膜法等。可根据废水性质、排放标准以及处理成本等情况进行具体选择。

(6)污泥处理。沉淀后的污泥一般采用机械脱水法处理，不宜采用干化场法，以避免产生“二次污染”。

2. 物化法 其常用工艺为：絮凝沉淀→气浮→吸附→过滤。絮凝沉淀过程是通过加入絮凝剂和助凝剂，并借助一定的外力扰动进行相互碰撞和聚集，产生较大的絮状颗粒，使污染物被吸附去除。一般可去除印染废水中40%~50%的COD和60%~80%的色度。常用物化处理设施的组成有竖流沉淀池、斜管沉淀池、幅流沉淀池和平流沉淀池等。

气浮过程是以小气泡作为载体，对废水中的杂质颗粒进行黏附，使其密度小于水，然后由气泡携带着颗粒浮升至水面与水分离去除。印染废水通过气浮后，一般可去除印染废水中40%~50%的COD和60%~80%的色度。主要气浮设施的组成有传统溶气气浮、CAF涡凹气浮和超浅层气浮等。

吸附是利用固体表面的分子或原子因受力不均匀而具有多余能量的特性，对所碰撞到的污染物进行吸附并使其停留在固体表面上。常用的吸附固体材料有活性炭、硅藻土和树脂吸附剂等。印染废水处理中不常用吸附。过滤主要用于去除化学沉淀和生化过程没有去除的微细颗粒和胶体物质。该法主要用于回水的深度处理，或者针对某些难降解化合物的处理。主要设施的组成有各类过滤池和膜材过滤装置等。

3. 生化法 该处理工艺最重要的两个过程是厌氧和好氧。厌氧包括水解酸化和UASB等，好氧主要包括生物膜法和活性污泥法等。厌氧过程是在无氧条件下，由兼性菌和专性厌氧菌降解有机污染物，使其最终生成二氧化碳和甲烷产物。一般来说，厌氧生物反应过程分为两个阶段：一是水解酸化阶段，二是甲烷发酵阶段。在印染废水处理过程中，主要是将厌氧控制在水解酸化阶段，用以降解废水中部分污染物，并且提高废水的可生化性。印染废水处理采用水解酸化工艺，COD的去除率为20%~40%，色度去除率可达40%~70%。好氧是利用好氧微生物降解污水中的有机污染物，使其最终生成二氧化碳和水。用于印染废水处理中主要有活性污泥法和接触氧化法，COD去除率一般为55%~80%。

印染废水处理中，一般是采用组合式生物处理工艺，如“水解酸化+接触氧化”或“水解酸化+活性污泥”。对于处理难度较大的废水，若没有水解酸化阶段，很难达到处理标准。因此，通常不单独使用厌氧或纯粹只用好氧。

随着环保要求和印染废水排放标准的日趋严格，采用单独的生化或物化处理高、中难度的印染废水，是很难达到排放要求的。只有采用生物处理与物理化学处理技术相结合的综合治理路线，才能够既保留物化除色、前处理去除部分污染物降低生化负荷、去除生化剩余污染物的特点，又可充分发挥生化处理可降解大量有机污染物和一定除色功效的优势。

4. 染整废水处理方法选择 对染整废水处理任何具体方案，都是经过技术、经济和可操作性几个方面综合考虑后而形成的，因而是多种技术的优化组合。对工艺方案不仅要评审其达到目标的可行性，同时还要注意在具体实施过程中的技术参数。因为同样的工艺对同样的废水，会因技术参数的不同，而产生的处理结果不同。除此之外，还应考虑到方案施工质量、设备选型以及运行管理等因素。

考虑到各地的自然条件，在环境温度较低的北方地区，不宜采用生物滤池或生物转盘等生物膜技术。对于地下水位高、地质条件差的地方，不宜选用构筑物深度较大且施工难度较大的工艺。表12-10为达标排放（以COD为100mg/L计）的常规染整废水处理工艺。若要求执行特别排放限值时，应进行深度处理。

表 12-10 常规染整废水处理工艺的选择

织物染整	废水处理工艺
棉及混纺织物染整	混合废水处理：格栅→调节 pH→调节池→水解酸化→好氧生物处理→物化处理 废水分质处理：煮练、退浆等高浓度废水→厌氧或水解酸化→与其他废水混合处理；碱减量处理废碱液经碱回收再与其他废水混合处理
毛织物染整	格栅→调节池→水解酸化→好氧生物处理 对于洗毛废水，应先回收羊毛脂，然后再采用厌氧生物处理+好氧生物处理，最后与染整废水混合并处理或进入城镇污水处理厂
丝类织物染整	格栅→调节池→水解酸化→好氧生物处理 绢纺精练：格栅→凉水池(回收热量)→调节池→厌氧生物处理→好氧生物处理
麻类织物染整	格栅→沉砂池→调节 pH→厌氧生物处理→水解酸化→好氧生物处理→物化处理→生物滤池 如果麻脱胶废水的比例较高，应单独进行厌氧生物处理或物化处理后，再与染整废水混合处理
涤纶化纤类织物染整	碱减量废水：格栅→调节 pH→调节池→物化处理→好氧生物处理。其中碱减量废水应先回收对苯二甲酸后，再混入染整废水处理 染色废水：格栅→调节 pH→调节池→好氧生物处理→物化处理

5. 染整废水处理的几点说明 关于染整废水处理工艺中的一些共性问题，需作出以下说明。

(1)水解酸化池。染整废水中的各种助剂、蜡质、果胶、纤维素和半纤维素等污染物，是造成 COD 增大的主要原因，并且难以降解。只有通过水解酸化工艺，才能够将大分子降解，然后再进行后续的好氧处理。从约 20 种染料和助剂的测定来看，开始水解酸化的时间都在 16h 以上，完成水解酸化时间需 24~26h。水解酸化可降解大分子，提高可生化性和好氧处理效果。

水解酸化容积负荷可选在 0.7~1.5$kgCOD_{Cr}/(m^3 \cdot d)$范围内，水解酸化池的有效深度通常大于 4m，温度可控制在 20~30℃。当水解酸化容积负荷按照主要污染物浓度和成分设定时，应根据难降解污染物的性质和浓度来确定滞留时间。一般来说，针织、丝绸以及毛类织物染整废水的滞留时间应不小于 8h，而浓度较高的棉和涤纶染色废水的滞留时间不小于 24h。水解酸化池设计的关键点是如何保证泥与水的充分混合，不产生沉淀，并且调试时延长细菌培养时间。

(2)分质处理与混合废水处理。对于退浆和碱减量高浓度废水，应采用分质处理，单独处理回收有用资源。这样不仅可以降低废水处理费用，而且经分质处理后的淡废水更容易处理后再回用。目前许多染整设备的废水排放都设置了清浊分流装置，使用厂家只要增设清浊分流主管道即可。

(3)废水的色度。对于废水的色度处理，可采用物化方法，经常使用氯气、次氯酸钠、臭氧、二氧化氯以及紫外线等氧化剂来破坏水中的染料。氯气、次氯酸钠价格最便宜，使用较广，但缺点是在减少色度的同时，又将大部分氧化物残留在水中，可能会造成更大的危害。有研究注意到,废水中有机物被氯氧化后的物质毒性更大,因而要慎重使用。二氧化氯不产生可吸附有机卤素化合物,色度最终接近无色,但成本比较高。

四、常规印染废水处理回用工艺路线

对印染废水处理与回用进行经济分析对比,选择投资少、运行费用低的废水处理工艺路线,是印染企业所必须认真考虑的。这里列举三种方案可供参考。

1. 经生化处理后回用 可分为以下两种工艺流程:

工艺流程一:

印染洗涤废水→厌氧生物处理→好氧生物处理→沉淀→生物碳处理→混入给水处理→用于染色

工艺流程二:

碱减量废水和印染浓水→厌氧生物处理→好氧生物处理→沉淀→排放

若印染洗涤废水按900t/d计,经污水处理达到COD小于100mg/L后。再经给水站处理后回用,可获得25%的回用率。

2. 直接经双膜处理后回用 分为以下两种工艺流程:

工艺流程一:

印染废水→加药混凝沉淀→复合床过滤→超滤→反渗透→用于染色

工艺流程二:

碱减量废水和膜过滤浓水→厌氧生物处理→好氧生物处理→沉淀→排放

印染废水经加药混凝沉淀后,复合过滤产水率约90%;超滤产水率约为75%;反渗透的产水率约为80%,最后可得到47%的回用率。

3. 经生物膜和反渗透处理后回用 分为以下两种工艺流程:

工艺流程一:

印染废水→厌氧生物处理→好氧生物膜反应器处理→反渗透→用于染色

工艺流程二:

碱减量废水和膜过滤浓水→混凝沉淀→厌氧生物处理→好氧生物处理→沉淀→排放

废水经厌氧生物处理和好氧生物膜反应器处理,再经过反渗透处理,可获得75%的回用率。

根据物料平衡计算,对废水处理回用率在30%左右时,可不考虑盐积累对印染产品质量的影响,但超过30%时,应考虑到累积盐分(主要是氯离子)会降低颜色的鲜艳度,需进行除盐处理。

上述三种废水处理工艺路线中,第一种技术上比较成熟,虽然回用率低,但节省电,管理简单。因而比较适于能源紧缺,而水资源较丰富的地区。相比之下,后两种工艺比较适于水资源匮乏,而电费用较低的地区。实际上是一种以电价换水价的方案。

五、膜分离技术用于染整废水处理

膜分离是20世纪60年代后发展起来的一门新型分离技术。具有分离、浓缩、纯化和精制等功能，且高效、节能和环保，因而在环保、能源、医药和石化等领域得到了广泛应用。近年来，该项技术也被引入到染整废水处理中，去除常规处理工艺难以去除的水污染物。

膜分离技术是指在分子水平上不同粒径分子的混合物在通过半透膜时，实现选择性分离的技术。半透膜又称分离膜或滤膜，膜壁上布满微孔，具有选择性分离功能。利用膜的选择性分离实现料液不同组分的分离、纯化、浓缩的过程称为膜分离。与通常过滤所不同的是，膜可以在分子范围内进行分离，且是一种没有相变、不需添加助剂的物理过程。依膜的微孔径大小不同，可分为微滤膜、超滤膜、纳滤膜和反渗透膜。制作膜的材料有无机膜和有机膜。无机膜主要有陶瓷膜和金属膜，其过滤精度较低，选择性较小；有机膜是由高分子材料制成，如醋酯纤维、芳香族聚酰胺、聚醚砜及氟聚合物等。

错流膜工艺中各种膜的分离与截留性能取决于膜的孔径和截留分子量。与死端过滤相比，错流过滤是料液在泵的作用下平行于膜面流动，料液流经膜面时产生的剪切力可将膜面上滞留的颗粒带走，始终保持有一个较薄的污染层。固含量高于0.5%的料液通常采用错流过滤。

1. 微滤 又称为微孔过滤。实际上属于精密过滤，是一个筛孔分离过程。微滤膜分为无机膜和有机膜两种。有机膜的材料有醋酯纤维、聚丙烯、聚碳酸酯、聚砜和聚酰胺等；无机膜的材料有陶瓷和金属等。微滤膜的孔径范围在0.1~1μm，其大小反映了膜的截留特性。微孔滤膜主要是用于从气相和液相中截留微粒、细菌、悬浮固体以及其他污染物，对料液进行净化、分离和浓缩。

2. 超滤 是以膜两侧的压力差为驱动力，按孔径选择分离溶液中所含微粒和大分子的膜分离过程，并可将相对分子质量大于500的大分子有机物(如蛋白质、细菌)、胶体及悬浮固体等微粒截留下来，以达到溶液的净化、分离、浓缩的目的。膜孔径范围在0.05~1nm之间，其截留特性是以对标准有机物的截留分子量来表征。染整加工中含有浆料PVA的废水，经中空纤维制作的超滤膜处理后，可达到中水回用的标准。

3. 纳滤 是介于超滤和反渗透之间的一种膜分离技术，其截留分子量在80~1000的范围内，膜孔径为纳米级。膜的截留特性是以对标准$NaCl$、$MgSO_4$、$CaCl_2$溶液的截留率来表征，通常截留率范围在60%~90%。纳滤膜能对小分子有机物等与水、无机盐进行分离，可同时进行脱盐和浓缩。因此，纳滤可用于对含有直接染料和活性染料等水溶性染料的废液的深度处理，废水脱色率可达99%以上。

4. 反渗透 利用反渗透膜只能反向渗透水分子，截留粒子物质或小分子物质的选择透过性，在膜两侧高于液体渗透压的作用下，实现对液体混合物分离的过程。反渗透膜可截留可溶性的金属盐、有机物、细菌和胶体粒子等，其中$NaCl$的截留率可达98%以上。反渗透膜的微孔孔径比超滤膜小，可使含有弱酸性染料的废液浓缩10倍以上，可去除废液中99%~99.5%的色度以及75%~90%的COD。

反渗透以其产水水质高、运行成本低、无污染、操作方便及运行可靠等诸多优点，除了用于海水和苦咸水淡化、纯水制备以外，也成为染整加工废水处理的重要方法。

反渗透膜处理流程：

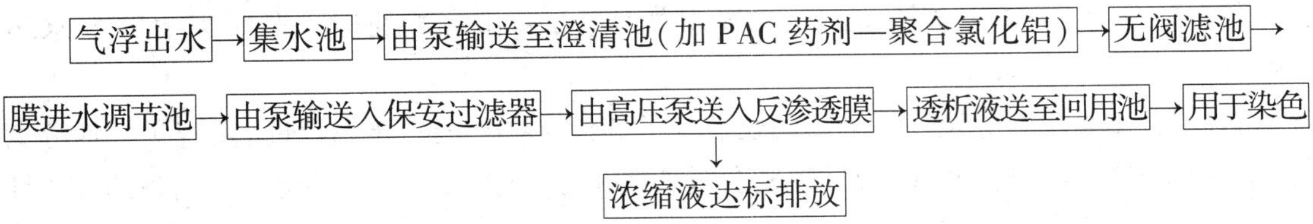

气浮出水→集水池→由泵输送至澄清池(加PAC药剂—聚合氯化铝)→无阀滤池→膜进水调节池→由泵输送入保安过滤器→由高压泵送入反渗透膜→透析液送至回用池→用于染色

由高压泵送入反渗透膜↓浓缩液达标排放

5. 膜分离的工作原理 在膜分离过程中，料液在泵的作用下，以一定的流速沿着滤膜表面流过。料液中大于膜截留分子量的物质分子不透过膜流回料罐，而小于膜截留分子量的物质或分子则透过膜，形成透析液。膜分离系统设有两个出口：一个作为回流液(浓缩液)出口，另一个作为透析液出口。膜通量表示单位时间内通过单位面积的透析液的多少，也表示过滤速度。膜通量与温度、压力、固含量、离子浓度和黏度等有关。

膜分离是一种纯物理过程，具有无相变、节能、体积小和可拆分等特点，因而在水处理中得到了广泛应用。针对废液中不同组分有机物的分子量，可选择不同的膜和膜分离工艺，以提高膜通量和截留率。选择合理的膜分离工艺，可以提高生产效率，减少投资规模和运行成本。其中用于澄清纯化和浓缩提纯的两个膜系统，在膜分离中具有重要的作用。

(1)超/微滤膜系统。超/微滤膜可用于澄清纯化分离，截留的物质颗粒大小范围较大，可取代一般废水处理工艺中的自然沉降、板框过滤和活性炭脱色等工艺过程。超/微滤膜分离组件主要包括：陶瓷膜、平板膜、不锈钢膜、中空纤维膜、卷式膜和管式膜等。

(2)纳滤膜系统。在浓缩提纯工艺上主要采用截留分子量在100~1000的纳滤膜。纳滤膜对二价离子、功能性糖类、小分子色素、多肽等物质的截留率高达98%，而对一些单价离子、小分子酸碱、醇等的透过率可达30%~50%。在染整废水处理中主要用于离子交换的除盐工艺过程。膜组件主要有卷式膜和管式膜等。

第四节　染整设备选型及配置

染整设备的选型对染整加工流程和工艺非常重要，同时对染整加工实现节能减排也有一定作用。纺织品的染整加工设备流程，主要是根据染整加工的织物品种及工艺要求而设计的。新型纤维及面料的出现，对染整工艺提出新的要求；纺织品市场的色彩及风格变化，也对工艺提出了不同的要求。新的染整工艺除了对染化料的工艺配方和工艺条件有不同要求之外，还对设备功能提出了要求。因此，纺织品的不断翻新和变化，注定了染整设备要具有一定的通用性和可调节性。

一些染整设备单元具有一定的通用性，可组合成不同的工艺流程。对于连续式染整加工生产模式来说，设备的主要通用单元无非就是“轧”、“洗”、“烘”、“蒸”，而各种连续式染整工艺就是通过不同通用单元的组合来完成的。有些染整设备具有多种功能，可用于不同染整工艺。如间歇式溢流或溢喷染色机，除了具有染色功能之外，还可用于前处理和后处理。传统的染整加工，总是希望一台设备最好具有多种功能，即一机多用。这对生产规模不大、设备投资有限的印染企业来说，是比较适合的。但是，对规模较大的印染企业就不适合了，特别是从节能减排和经济性方面来讲，前处理采用间歇式染色机加工已显现出诸多的弊病。任何一种设备都有其主要适用范围和功能，而其余的是辅助功能。就使用的经济性而言，以其辅助功能作为主要工艺来使用，显然是不能发挥出设备的最佳效能，即经济性不好。因此，染整设备的选型必须考虑到其用于加工工艺的主要功能，从技术和经济上做出全面评价，以获得最佳的经济效益。

然而，通用单元承担的工艺过程主要是烘燥、水洗、湿热和干热处理，同时需要消耗80%以上的能耗。在这个能耗中，有相当一部分是通过设备热失散、用热效率低以及排液而损失，例如烘燥机的热损失为40%，蒸化机的热损失高达80%，而热定形机的热效率只有18%~26%，并且绝大部分损失的热量没有得到回收利用。此外，染整设备的耗水量也比较大，尤其是前处理、染色及印花后水洗，要占到总耗水量的80%，并产生大量的废水。因此，从节能减排的意义上来讲，不仅是通用单元要具有节能功效，而且设备流程的组合对节能减排也具有很大影响。

一、设备选型基本原则

从节能减排的角度来讲，染整设备选型的总要求是，在满足染整工艺的基础上，具有较高的生产率，技术上先进、经济上合理。而目前染整装备技术的发展趋势，更加注重节能减排功效，其中降低耗水量和能耗是染整设备作为主要节能减排功能的发展方向。设备耗水量低，必然会减少废水排放量，同时也减少了加热所需消耗的蒸汽。

染整设备的功能配置，主要是根据现有染整工艺要求，同时考虑到企业未来发展需要进行选择的。在节能减排方面，必须符合国家的产业政策。为此，染整设备选型应遵循以下基本原则。

1. 满足工艺性 染整设备的适用范围及功能应与本企业扩大生产规模或开发新产品的需求相适应。设备选型首先应考虑的是生产上的适用性，只有生产上适用的设备才能发挥其投资效果。满足染整工艺和产品质量要求是对染整设备最基本的技术要求，一般将这种能力称为工艺性。例如染色机用于纺织品的染色工艺，必须保证被染物的匀染性和色牢度，同时能够根据不同染色工艺的要求，进行温度、加料、织物与染液交换状态等过程控制。对于织物拉幅定形机，应该具有张力、温度、时间、纬密以及织物运行速度等基本控制功能，以确保织物的几何形状、规定尺寸和织物表面效果。用于不同染整工艺的设备，不仅能够满足所需的工艺和产品质量要求，还需要保证相同的工艺过程具有重现性，即工艺的重现性。除此之外，染整设备的操作应简便、可靠，对人的操作技能要求低。

2. 较高的生产率 染整设备生产率表示设备在单位时间(时、班、天、月或年)所加工产品的产量，即单位时间内的加工能力。例如，间歇式染色机一天染多少缸织物；连续式染整设备一小时加工出多少米织物；锅炉每小时蒸发蒸汽的吨数等。染整设备的生产率必须与企业的经营方针、产品的结构、生产规模、技术能力、管理水平、动力以及原材料供应相适应，如果生产不平衡，供应工作跟不上，就不能发挥出设备的最佳效能。一般来说，生产率高的设备，其自动化程度也高，投资大，且维护复杂；若不能达到设计产量，就会使单位产品的平均成本增高。

3. 技术的先进性 在满足生产需要的前提下，要求设备的技术性能指标具有一定的先进性，以利于提高产品质量和延长设备的技术寿命。技术的先进性必须是以生产的适用性为前提，这样才能够获得最大的经济效益。染整设备技术的先进性，涉及设备的结构性能、使用的可靠性、节能环保性以及工艺的可操作性等方面，是综合性能的体现。归纳起来有以下几方面。

(1)设备结构性能的先进性。染整设备应具有先进的结构性能和较高的自动化程度。先进的结构性能能够使设备以最低的能耗和污染完成加工过程，满足产品加工的品质要求，并减少对人的技能依赖性。随着科学技术的发展，染整设备控制功能趋于自动化。不仅节省了劳动成本，更重要的是减少了人为的影响因素，使设备具有更好的工艺重现性。

(2)设备使用的可靠性。使用中的染整设备不仅要求具有较高的生产效率和工艺适应性，而且还应该能够长期保持其技术性能，减少故障率。长期以来，一些设备制造商为了降低成本，虽然主机的机械性能较好，但机电配套件却选择性能不可靠的廉价产品，结果造成设备故障频发，影响产品质量和生产效率。因此，设备技术性能的可靠性，对使用者来说是非常重要的。

染整设备技术性能的可靠性涉及设备结构性能设计的正确性、制造加工和安装的精度，以及机电配套件的可靠性。它只能在相同的工作条件和时间下进行比较。可靠性是指系统、设备及零部件在规定的时间和条件下完成规定功能的能力，其衡量指标有：可靠度、故障平均间隔时间和使用寿命。可靠度表示设备在一定条件下和规定时间内，无故障地完成规定功能的概率。使用寿命是指设备的耐磨损和耐腐蚀的能力。

(3)高效、节能及环保性。染整设备的高效实际上就是高生产效率，它是染整设备机械性能的主要表现形式之一，通常可反映在功率、工艺速度、载量、浴比等参数上。设备的节能主要是指设备单位运行时间的能耗与原材料的利用程度，即能够消耗最少的能源动力，达到最高原材料利用率。

设备的环保性指的是设备的噪声和排放污染物对环境的污染程度。国家新颁布了《纺织染整工业水污染物排放标准》，对染整加工的水污染物排放提出了更高要求。在这之前的《印染准入条件》也提出了准入要求，染整加工企业若达不到标准和条件的要求是不能进行生产加工的。因此，在染整设备选型时，一定要对设备的环保性进行考察，并提出配置净化或控制装置要求。

从实际的应用出发，染整设备的高效、节能和环保功效，不仅能够使现有生产达到负荷的充分利用，同时还可满足企业生产未来发展的需要，具有一定的潜在功效。染整设备的节能减排功能必须是建立在满足工艺要求的基础之上，具有可操作性。不能因片面追求某项节能功效而增加工艺操作的难度，使工艺返工而造成更高的能耗和加工成本。

(4)工艺的可操作性。染整设备应该操作简便，对人的技能依赖性小，且自动化程度高。这样可以减少人为的影响因素，提高工艺的重现性。设备的外形尺寸、动作节奏、报警等应符合人体特点和要求。由于近年来印染行业的节能减排形势非常严峻，并且市场竞争也很激烈，印染企业和染整设备制造商都在采取积极应对措施，难免一些设备制造商在设备的节能减排功效上存在人为夸大现象。例如溢喷染色出现所谓的超小浴比 1∶3 或 1∶4，不加任何限制条件向用户推荐。结果用户在实际应用中，无法控制染色质量，需要花费更大的成本代价来满足这种所谓的超小浴比。显然，这种机器的节能减排功效不具有可操作性。因此，在设备的选型过程中，应该对所选择的某种设备在市场的实际使用情况进行充分调研，而不应仅仅凭设备制造商的宣传做出决定。

4. 经济的合理性 要求设备在满足工艺性和技术性能先进的同时，价格合理，在使用过程中能耗、维护费用低，并且回收期较短。经济的合理性包括使用的经济性、可维修性以及良好的性价比。

(1)使用的经济性。一般来说，技术先进与经济合理是统一的。因为技术上先进的设备不仅具有较高的生产效率，而且加工出来的产品质量也高。但有时两者却是矛盾的。例如，某台设备生产效率较高，而能源消耗量却有可能很大，或者设备中某个零部件较容易损坏。如果从总的经济效益来衡量，这台设备就不具备良好的经济性。又如，某些设备在技术上很先进，自动化程度也很高，适合于大批量连续生产，但在生产批量不大的情况下使用，往往就会浪费设备的能力；并且这类设备的价格一般都比较高，维护费用大。因此，从总的经济效益来看也是不合算的，应该考虑选择与生产能力相适应的其他设备。

(2)可维修性。任何设备在使用期限内，总会遇到某些外界影响或本身的原因出现故障。这就需要考虑到设备使用厂家的方便，减少对生产的影响，并且设备的结构应简单，零部件容易拆装。一些使用一段时间需要更换的零件，应采用标准化设计；并遵循标准化、通用化和系列化设计原则，使这些零件具有可换性。

维修性是指通过修理和维护保养手段来预防和排除设备系统故障的难易程度，也就是设备在维修过程中，能以最小的资源消耗(如人力、设备、工具、材料和备件等)，在正常条件下顺利完成维修的可靠性。这里引用一个定量测定标准，即维修度的概念。其定义是能修理的设备零部件，按规定的条件进行维修时，在规定时间内完成维修的概率。

(3)具有良好的性价比。染整设备是纺织品的一种加工手段，首先是要满足染整工艺要求，符合国家有关节能减排相关政策；其次，根据不同的工艺路线和加工品质的要求，具备相应的结构性能和功能。对一些品质要求较高的纺织品，对设备的性能和功能要求高一些；反之，设备的性能和功能要求则低一些。因此，满足同一染整工艺的设备总是存在加工上的差异，不能单纯的看待设备价格，而应重点考察同类设备的性价比。使用厂家应该根据自己的产品加工要求和档次进行设备选型，同时还要兼顾未来几年企业的产品结构变化，预留一些工艺开发功能。

设备流程主要取决于工艺流程，而工艺流程又是根据被加工织物品种、工艺过程控制以及加工要求来设计。就纺织品染整加工工艺而言，主要分为前处理、染色、印花和后整理四大类，而每一类又可按照纺织品的状态以及最终要求进行划分。随着染整技术的不断发展，染整设备不仅要满足纺织材料、染化料和工艺变化的需要，而且还应具备高效、节能和减排的功能。这里结合节能减排情况，按照染整工艺的分类对染整设备的选型提出一些具体参考方案。

二、前处理设备的选型

尽管染整加工的产品特点及生产要求不同，但从节能减排的角度来考虑，前处理主要体现在高效短流程、少水和低能耗方面。随着纺织品质量要求的不断提高，前处理工艺已显得越来越重要了；同时节能减排的压力对设备和工艺也提出了更高要求，传统的间歇式前处理也正在面临着挑战。与此同时，纤维材料的变化，尤其是弹力纤维的应用，对针织物本身一些特殊性（如卷边、易变形和编织内应力等）而言，更是难上加难。要解决这些问题，织物的前处理设备，特别是针织物连续式加工设备，必须重点研究这类织物的基本特性和工艺条件。

1. 烧毛机 烧毛是织物进行染整加工的第一道工序，也是纯棉或混纺机织物必须经过的一道工序。但针织物就不一定了，只有一些高档的针织物才进行这道工序，而一般针织物基本没有这道工序。其原因是，针织物平幅烧毛工艺流程长，会增加成本，而圆筒烧毛虽然工艺简单，但还存在设备上的技术问题。也正是这种原因，使得针织物烧毛设备的技术发展比较缓慢。

随着酶处理工艺的发展和应用，是否可以通过该工艺去除针织物的表面绒毛，达到布面光洁的效果，已经在研发实验中。如果此项技术研究成功，那么就可以取代烧毛工艺，不仅可以保证布面质量，而且可以省去燃烧气体所造成的废气排放，节省能耗。

2. 丝光机 针织物筒状或筒状平幅丝光过程中，容易出现布边轧痕，织物的经、纬斜以及织物的拉长现象，一般采用剖幅平幅丝光。丝光机的主要控制参数有时间、温度、碱液浓度和织物张力等，其中以采用直辊与针板链相结合形式较为理想。传统的织物丝光均为紧式丝光，但对针织物来说，会产生卷边和张力过大现象。松堆丝光更适于针织物的筒状丝光，不仅可以避免卷边和张力过大，而且具有显著的节能效果。

3. 练漂机 针织物剖幅平幅连续式煮、漂、洗加工设备，近年来一直是使用者和设备制造商所关注的，并且均以瑞士贝宁格（Benninger）的技术思路作指导，但始终没有理想的和相对成熟的装备推出。从该设备的技术角度来看，关键技术主要是如何解决针织物的张力和卷边问题。

4. 水洗机 针织物的连续式水洗设备，特别是经编织物的除油水洗，这几年发展较快。相对间歇式染色机而言，不仅处理效果好，而且生产效率高。这类机型多以瑞士贝宁格（Benninger）和德国欧宝泰克（Erbatech）作为技术参照设计，其大转鼓结构，可以减少织物张力，增强洗液穿透织物的能力，具有显著的高效节能效果。香港立信高乐（Goller）针织除油水洗机，对针织物除油水洗过程中容易出现卷边、张力过大、除油不均匀、易产生织物折痕、工艺重现性差以及能耗大等问题，采取了相应控制措施。对织物的卷边采用转鼓、独立驱动系统和轧车前后进行扩幅等控制，达到了很好的效果。德国寇司特卡里寇（Kuester Calico）滚筒式平幅水洗机的水洗单元也采用了大滚筒结构设计，对针织物产生的张力小。其单槽和双槽两种形式，可适于不同的织物浸渍时间。圆弧形水洗槽与滚筒形成较窄的蓄水容积可使容水量达到最少。剧烈的溶液循环和喷淋系统可加快织物与洗液的交换频率，提高水洗效率。连续式无张力水洗除油缩练机，将除油、水洗和预缩合而为一，可提高生产效率。网状双面水洗转鼓对织物产生张力小，水洗效果显著。该机采用的无张力松弛喷洗槽，织物不仅可获得充分的水洗，而且还可预缩，消除内应力。

从目前织物前处理设备总体来看，重点是在针织物的连续式前处理设备。针织物连续式前处理有许多单元组合形式，具有很强的工艺性，必须有工艺作为技术支撑。如何将设备与工艺结合起来，需要设备制造商与染整企业的密切合作。值得庆幸的是，近年来冷轧堆前处理在许多染整厂得到了应用，并且为企业的节能减排起到了一定作用。

三、染色设备的选型

适于小批量、多品种，是当今染整市场的主要特点，因而一些间歇式染色机显然具有较强的适应性。但从目前应用情况来看，有相当一部分设备制造商及使用厂家，认为染色浴比似乎是节能减排的唯一手段，而忽略了一个重要影响因素，那就是染色的“一次成功率”。

1. 溢喷染色机 罐式溢流或喷射染色机，由于缸体本身结构比较紧凑，浴比已经做到1：8甚至1：6以下了。为了提高单缸容量，减少缸差，现已向多管方向发展，但如何解决管差问题是一个技术难点。在小浴比条件下，染液温度和浓度变化的均匀性、被染织物的折痕和擦伤等问题，对设备的结构和控制方式提出了更高的要求。这也许是溢流或喷射染色机以针对不同被染织物的特性，采用不同形式染色机要比单一形式染色机更为合适的原因。例如针织物、机织物、毛巾类织物和弹力织物，对染色机的形式就有选择性。

目前大部分管式溢流或喷射染色机，虽然许多制造商介绍浴比可以做到1：8，实际上是很困难的，因为槽体内的织物主要是靠染液推动的。一些管式溢流或喷射染色机在槽体底部衬有聚四氟乙烯板（或棒），可以在一定程度上减少织物移动的阻力。管式溢流或喷射染色机单管内槽体分割为两部分，目的是增加单管容布量，但两管以上各管之间的平衡条件没有罐式有利。因此，管差产生的机会相对较多。

2. 气流（液）染色机 气流（液）染色机实现了小浴比（1：4以下）染色，并且适用范围还在不断扩大。根据气流（液）染色机自身的一些特点和功能，仍有许多气流（液）染色工艺没有开发出来。气流（液）染色机除具有高效、节能和低排放等显著特点外，其加工的织物风格也独具一格，尤其Lyocell（天丝）纤维的原纤化处理、海岛型超细纤维的碱溶离开纤处理等，都是其他湿处理设备无法比拟的。设备与染色工艺的结合是发挥和使用好气流（液）染色技术的关键，而真正掌握气流（液）染色机技术的制造商并不多。风机是气流染色机的核心部件，如何降低风机功率已成为设备制造商的重点研发内容。最近国内有制造商研发出一种气液染色机，将气流染色与喷射染色两者结合起来。不仅风机功率比气流染色机降低了50%，而且具有非常好的匀染度，解决了气流染色机存在的一些染色质量问题。这对实现真正小浴比染色，无疑是一件好事情。

3. 经轴染色机 经轴染色机的技术要求较高，关键技术是如何解决布轴的内、中、外及边、中差。主循环泵的流量和扬程、经轴孔的布置形式、染液循环流量的控制等都是主要影响因素。经轴染色的浴比较大（1：10），主要是经轴内空腔较大。原德国特恩（THEN）将热交换器放置其中，或者在内空腔增加一个减容筒，排去部分染液容积，均可减小浴比。经轴染色机在无纺布、高弹力经编针织物染色加工上有一定优势，但国内研究经轴染色机的厂家不多。与经轴染色机配套的打卷机，是保证布轴卷绕密度的关键部分。

4. 卷染机 卷染机在家纺特宽幅织物染色中有较大市场，其特点是浴比小、适于小批量多品种，尤其是以连续式染色为主的加工流程，配置一定数量的卷染机可以快速应对中样的来料加工。恒张力控制是卷染机的技术难点，采用伺服控制固然好，但成本高，一般用户难以接受。目前国内基本上采用交流变频控制，张力波动较大。荷兰汉力森（Henriksen）卷染机的张力控制新理念，张力波动小，避免了织物皱痕，导布辊的新结构减小织物张力，控制采用矢量变频控制。

5. 筒子染色机 筒子染色机是目前纱线染色的主要设备，其特点是染色品质好，浴比小，并且更换不同染笼可染经轴纱、毛条、散纤、绞纱和拉链等。筒子纱染色现趋于大重量筒子，长丝单个筒子重量可达2~3kg，其好处是长丝接口减少，但对筒子染色机的要求更高。同步染色控制是筒子染色机的关键技术，德国第斯公司在这方面是领先的。香港立信的高温筒子纱染色机和意大利诺希达筒子染色机的小浴比1∶4，实际采用的是单向循环，除了染色机的结构性能的保证外，还需要筒子纱前道络筒和染色工艺的配合。意大利纱线筒子染色机制造商始终坚持向用户灌输一种先进的工艺技术理念：质量与成本的关系。随着劳动力成本的不断上升，工厂仅需要几个人管理的全自动化控制染色机已是指日可待了。

6. 连续式染色机 德国门富士（Monforts）连续染色机代表了当今技术发展水平。烘房的模块化设计，可进行各种组合配置，满足多种工艺；织物进出的组合配置，立式穿布环与切向热气流接触方式，都体现出了高效节能的特点。此外，德国门富士湿蒸法（湿短蒸）连续染色机是实现针织物的连续式染色的有效方法，织物张力小，工艺流程短，能耗低。目前之所以还没有得到广泛应用，一是设备价格高，二是还没有到非要使用这种工艺的地步。但是从节能减排的意义来讲，湿蒸法连续染色机是应该得到推广应用的。

7. 冷轧堆染色机 冷轧堆染色可省去盐，节省蒸汽，工艺流程短，是一项节能工艺。但目前仅限于活性染料染色。针织物冷轧堆染色设备，比机织物冷轧堆染色设备技术要求更高，主要是针织物张力控制及卷边问题。如何使针织物在整个染色过程中（浸轧和打卷）所受的张力最小，贝宁格（Benninger）、欧宝泰克（Erbatech）都有各自的结构特点。均匀轧车、染料与助剂的比例混合、加料的计量控制等已经比较成熟。这项染色工艺具有广泛的应用前景。

四、印花设备的选型

目前发展较快的是数码印花技术，每年的纺织展览会数码印花机已成为了印花设备的亮点。印染企业也希望尽快采用该项技术，但由于墨盒以及一些其他技术问题，目前基本上还是停留在试样印花。要完全应用于生产，看来还有一个过程。相比之下，冷转移印花技术却已得到了应用，并受到许多印染企业的青睐。

对于印花加工来说，最为关注的往往是数码印花设备的印花精度、稳定性、操作性、维护性、适应性以及使用成本等。关于印花精度，主要涉及喷头的分辨率、机械精度（步进精度、轴辊的机械精度）以及墨水与喷头的匹配度等方面。目前市场上的喷头有压电喷头、热发泡喷头、写真用喷头和工业喷头,其中印花最常用的喷头为压电式的写真用喷头和工业喷头。压电式写真用喷头以 EPSON 的 4 代头、5 代头和 6 代头为主,5 代头为主流产品,最高分辨率为 1440dpi,其中支持 720dpi 和 540dpi 打印模式,是目前印花机使用最多的喷头。工业喷头一般分辨率为 720dpi 左右。与 Epson 喷头相比,价格相对较高,分辨率低,墨滴大,但使用寿命长。不过,对纤维较粗的纺织品来说,720dpi 以上的分辨率,视觉效果上已经很难区分出来了。考虑到喷头技术对印花精度的影响,一般都是从技术层面来选择的,并且是选用喷头技术比较先进的少数几个制造厂家。

五、后整理设备的选型

纺织品的染整加工,一方面在向高档化发展,创造更高的附加值,另一方面又要防止染整加工中出现的二次污染。因而后整理设备在目前的染整加工中,对节能减排仍然具有很大的影响。因此,将化学整理与机械整理结合起来,开发更多的物理整理工艺,是对后整理设备新功能开发的基本要求。

织物的后整理对提高其附加值起了重要作用。随着织物纤维品种和织造方法的不断变化,织物后整理设备的使用性能和功能也在不断变化。考虑到针织物或弹力织物的特性,在烘干、预缩、拉幅定形、柔软和布面起毛磨毛等后整理工艺过程中,必须严格控制张力、卷边、温度和时间等工艺参数。织物后整理设备在极力满足这些工艺参数的同时,还重点突出了能耗和废气余热回用方面的技术。

1. 松式烘干和预缩机 针织物松式烘干机可开幅或圆筒两用,具有更好的灵活性。其特殊的喷风嘴,对织物可产生“波浪形”气流,有利于针织物的充分回缩。设备采用的织物温度和废气湿度全自动控制,可有效利用热能,减少无效的能耗。一种新型针织物开幅式预缩机,采用橡胶和呢毯组合式,较好地解决了粘胶纤维和丝光棉织物在呢毯预缩过程中的打滑问题,同时又保留了呢毯预缩的效果。该机所配置的辅助装置,可使织物获得一定的轧光效果,扩展了预缩机的使用功能。除此之外,还配置了一台具有磁性的平台和高速精密折叠布台,可保证织物更加平展地进入预缩挤压辊,还可快速打卷。

2. 拉幅定形机 德国布鲁克纳(Bruckner)最新的 Power—Frame 型拉幅定形机,采用了 Split—Flow 分流式热风循环系统,具有很高的烘干能力和节能效果。烘房以每 1.5m 交叉排列的方式,气流和温度可获得均匀的分布。其内置式整纬装置的特殊传动技术,可对织物进行最佳的张力控制,并且通过摄像头,可测量织物密度。其多层拉幅定形机不仅占用空间小,而且可以一个人操作,减少劳动力成本。该机热回收和废气净化系统,将热回收和废气净化组合起来,节能效果更显著。

德国门富士(Monforts)新一代 Montex8000 型拉幅定形机有许多新的设计理念。进布上针部分的新结构,使针织物更加平稳上针。烘房左、右两侧的两个集成式排气管道,不仅结构紧凑,而且废气热量得到利用。其集中式热回用系统可处于动态热交换,并且可在工作状态下进行自动清洗。该机新的热风循环系统,可以使上部和下部之间产生 60℃ 温差,可以满足对上、下有不同温度要求的工艺。该机在第一节烘房内设置的两个旋转网筛和自动清洗系统,可有效提高去除碎毛绒的效果。该机的垂直轨道链条不仅方便针织物的脱针,而且可承受较大的拉力。

六、设备节能功能配置要求

传统的染整工艺对设备的基本功能要求,主要是能够满足织物品种和工艺过程。而现代染整技术更加注重设备的能耗及环保性,这也是为了适应染整行业节能减排发展形势的需要。因此,从节能减排的角度来讲,染整设备的基本功能,必须是以高效率、低能耗、少用水和低排放为前提,满足使用工艺要求的一种配置。也就是说,只要涉及节能减排的设备功能,都应该作为设备的基本功能来配置。目前有一种现象,就是一些设备制造商出于商业利益,将某些设备上涉及节能减排的功能,作为选用配置。如果用户需要配置,就必须另外花钱。这就使得一些资金紧张的染整企业,不得不放弃这些选用配置功能。最终有相当一部分染整企业是以牺牲环境和能耗为代价来获取个体短期的经济利益。显然,这种做法不利于整个染整行业的节能减排。因此,染整设备的基本功能,应该包括使用和节能减排两方面。

这里就设备的节能减排功能,提出一些基本配置要求。

1. 变频控制 染整设备凡具有电机拖动的部分,应该采用变频控制。一方面是可以满足不同工艺速度的要求,另一方面变频器可提高功率因素。两者都可节电。一般的染整设备对传动调速要求并不高,单方向不可逆,平稳启动和停车,多单元同步,但间歇式染色机和印花机的要求相对较高。染整设备中的联合机是多电机级联运行,要求速度同步。变频器只要是多种速度级联同步的方式,就有模拟量输入输出、脉冲列输入输出和现场总线通讯。频率给定有丰富的运算和辅助量补偿功能,可满足不同使用要求。染整设备的使用环境是高温和潮湿,尤其是前处理和染色设备的使用环境,对变频器的防护有一定要求。

染整设备对变频控制主要表现在以下几方面:

(1)一般调速电机的功率范围为1.5~132kW,大多在45kW以下。

(2)间歇式溢流或喷射染色机和筒子染色机主要是主循环泵的流量和扬程变化控制,一般采用泵、风机类变频器调速,要求相对较低;卷染机的变频器要求调速范围宽,主要是对织物卷绕张力控制,并可实现快速正反转。

(3)印花机要求调速范围宽,平滑快速起、制动,对花定位高精度(定位驱动多采用伺服系统)。

(4)水洗设备的负载惯性大,要求变频器能够快速制动。

(5)后整理线的多电机传动要求速度同步精度高,并有张力控制。

(6)有些场合要求变频器采取公共直流母线方案,以省去制动电阻以及能量损耗。

2. 在线检测 包括工艺过程控制和能耗及排放控制。从节能减排的意义上来讲,工艺过程控制虽然是对产品加工过程的质量控制,但过程的质量提高,就是提高了“一次成功率”,实际上也意味着减少了返工而造成的能耗和排放。染整加工过程中的产品质量控制,主要是通过一些工艺参数来实现,如温度、时间、溶液的pH、工艺速度、流量以及加料曲线等。为了保证控制的准确性和重现性，要求在参数变化的过程中，能够对参数进行实时检测，并将检测的信号即时转化为控制。

3. 热源选择 染整工艺过程大多是一个温度变化过程，即升温、保温和降温。而升温和保温需要热能进行交换，热能消耗量以及热利用率就成为设备的主要经济指标。就近几年印染企业的实际应用情况来看，比较成熟的节能热源技术主要有太阳能、天然气。太阳能用于补充热水加热，可以适于绝大部分印染企业，节能及经济效果明显。定形机导热油改天然气有一定局限性，主要适应于天然气比较充足，且价格比燃煤或燃油相对便宜的地域。目前还有将定形机加热导热油，再用于染色机的加热。但从传热学的角度来看，油的比热只有水的1/2，导热系数仅为水的1/5，而动力黏性系数则比水高几倍，甚至十几倍。在相同的流速、管径等条件下，油的放热系数比水就小得多了。若要对水加热达到同样的升温速率，就要增大换热面积。而小浴比溢喷染色机增大换热器的换热面积，又会增加染液循环的无效空间，不利于浴比降低。因此，采用油加热水的经济性应慎重考虑。

4. 余热回收及废气净化 染整工艺过程中的废液或废气排放，总是含带着很大一部分余热。若将这部分余热加以回用，既可节省一部分能源，又可减少后续降温所需的能耗。一些先进的染色机增加一套辅助换热装置，可以利用废液中的余热来预热冷水。定形机的废气排放也含有大量的热能，并且废气中还含有许多有害污染物。在排气系统中加装废气净化和热能回收装置，已成为一项必备装置。目前的废气热能回用技术比较成熟，但废气净化技术还存在一些技术问题，净化的效果还不太理想。

第五节 染整企业的能源管理

印染加工中所需能源（如水、蒸汽和电）需要花钱购买，并且这项费用要计入加工成本中。而这些能源随着市场经济规律会发生变化，就目前情况而言，总是趋于上涨，这也是印染企业无法掌控的。但是，通过科学、合理管理可以减少浪费，降低加工成本。传统的印染加工模式，总是受到市场变化和产品结构的影响，对生产过程的供需平衡也产生影响。大多数印染企业没有采用能够显示实时消耗和成本的信息系统，无法得知当时的能耗情况，只有等一段时间后统计出来，才知道真正的能耗情况。显然，这种生产模式已经不适应当前节能减排的发展形势需要。只有建立能源管理才能够有效地减少能耗，提高生产效率和经济效益。

一、能源管理的目的和意义

工业产品加工过程中总是要消耗能源。据统计，国内的能源消耗主要是集中在工业企业，约占全部能源消耗量的72%。印染加工工艺都是要通过消耗一定的电、蒸汽来完成的，是一个能耗大户。印染传统工艺的能耗也注定了其成为节能降耗的重点企业。随着节能减排形势的发展，印染行业实现能源管理已成为可持续性发展的一项重要手段，也是提高印染行业经济增长质量和效益的必要保障。对此，可以从两个方面表现出其意义所在：一方面是目标能源利用上存在着巨大的节能潜力,如产品能耗高和产值能耗高(即单位能耗创产值低)。有资料显示,我国主要用能产品的单位能耗要比发达国家高30%~90%。也有测算表明,通过产业、产品以及能源消费结构调整,近期的产值能耗节约潜力可达3亿吨标煤。另一方面,节能降耗可以显著提高企业经济效益。据测算表明,企业能源和原材料费用占企业成本的75%左右,如果降低1个百分点,就可节约生产成本100亿人民币。因此,合理使用和节约能源,无论是对企业的经济增长方式的转变,还是承担社会能源利用的权利和义务,都有着十分重要的意义。

由此可见,企业能源管理就是通过综合运用自然科学和社会科学的原理和方法,对能源的生产、分配、供应、转换、储运和消费的全过程,进行科学地计划、组织、监督和调节工作,以达到经济合理地利用能源和尽可能地节约能源的目的。按照能源管理这一目的和要求,目前大多数印染企业还没有真正做到。但是,在节能减排的形势下,印染企业要求获得生存和发展,就必须认真做好这项工作。

二、能源管理系统

能源管理系统是一个信息化管控系统,英文简称EMS。利用能源管理系统可以帮助企业在扩大生产的同时,合理计划地利用能源、降低单位产品能源消耗并提高经济效益。该系统涵盖了能源计划、能源监控、能源统计、能源消费分析、重点能耗设备管理、能源计量以及设备管理等多项内容,企业管理者通过它可以随时准确地了解和掌握企业的能源成本比重和发展趋势。与此同时,该系统还可将企业的能源消费计划任务分解到各个生产部门或车间,准确、清晰地反映出各部门的节能工作职责。

能源管理系统的基本管理职能包括:能源系统主设备运行状态的监视;能源系统主设备的集中控制、操作、调整和参数的设定;实现能源系统的综合平衡、合理分配、优化调度;异常、故障和事故处理;基础能源管理;能源运行潮流数据的实时短时归档、数据库归档和即时查询等。

三、能源管理的主要内容

染整企业能源管理主要包括能源计划管理、能源计量管理、能源统计管理和能源定额管理等。随着能源价格的不断攀升,能源费用在印染企业的生产成本中所占比例高达50%。加工能耗成本为100~125元/百米织物,污水处理成本为4元/吨。能耗中原煤和蒸汽占75%、电力占13%、其他占12%。因此,做好能源管理,采用先进节能技术,科学合理地制订和使用能源定额,是现代印染企业发展的必然趋势。

1. 能源计划管理 能源指数或单耗,指的是单位产量的用能,取决于所加工出来的最终产品性质。对使用能源部门或工艺过程进行使用数据统计或记录,可及时有效地掌控用能情况,并挖掘一切可能的节能潜力。对所有耗能过程进行审计,可准确地记录各工艺过程的用能数据。分析过去和现在的用能数据,并从中发现是否存在节能空间,实施有计划地合理用能。

2. 能源计量管理 对水耗、汽耗、电耗、集中供热及其他能源的用量进行计算与测量,可有效节省资源用量,降低能耗15%~20%。新的印染准入条件,要求印染企业实行能源定量化管理,做到三级计量。在能源计量管理中,要求以数据、制订依据及标准,对工艺过程能耗、生产工序和产品能耗定额以及用能状况进行考评。

染整企业能源计量配备主要包括:进、出厂的一次能源(如煤、天然气等)、二次能源(如电、焦炭、成品油、煤气、石油气和蒸汽等)以及含能(也称载能)工质(如压缩空气、氧和水等)的计量;自产二次能源和含能工质及能源生产单位自用的一次能源的计量;生产过程中能源和含能工质的分配、加工、转换、储运和消耗的计量;生活和辅助部门(办公室、食堂、浴室和宿舍等)用能的计量;为能源平衡测试所需要安排的计量,等等。

3. 能源统计管理 染整企业能源统计是能源管理中的一项重要内容。主要包括三方面:一是通过对企业能源消费量统计,研究能源消耗的规模和构成,然后计算出各消耗能源部位的消耗量,作为分析能源消耗的去向与分配的依据;二是对企业能源的利用情况进行统计,并分析和找出变化原因,以进一步提高能源管理水平;三是编制染整企业能源消费平衡表,表述各种能源变化状态,为研究合理利用能源提供帮助。染整企业通过建立能源统计报表制度,可及时反映各用能部门的能耗状况。能源消耗统计报表应按月逐级上报,能源统计内容必须包括各种能源消耗量统计和能源利用水平(产值单耗和产品单耗等)统计,并且其时段应与企业生产产品或财务报表同步。能源统计主管部门应根据企业或各部门的能源统计资料,定期编制企业能源消费平衡表,绘制企业能流网络图,为企业能源消耗的统计分析或企业能耗审计工作提供帮助。

4. 能耗定额 主要包括:纺织品印染加工的综合能耗定额(如漂白 40kg 标煤/百米布、染色 30kg 标煤/百米布、印花 30kg 标煤/百米布);可比产品综合能耗(2010 年行业标准限额为 42kg 标煤/百米布);用水限额标准(2. 5t 水/百米布,混合用水 3. 5t 水/百米布);工艺能耗标准(可参见 1992 年颁布机台能耗工艺表);混合能耗成本费(按 100 元/百米计:漂白占 40%、染色占 30%、印花占 30%)。纺织品印染加工综合能耗体现在能耗利用率和生产效率两方面,最终反映出企业的节能效果。

5. 采用先进节能技术 随着节能减排形势的发展,一些节能的先进技术正在得到应用。主要有提高设备热效率、按质用能、热电联产和热能综合利用等。对于染整工艺来说,主要是通过"轧"、"洗"、"烘"、"蒸"四个基本组合过程,完成加工流程。织物在染整工艺流程中,大多经过干态变湿态、加热后冷却、再加热等过程,其中染色工艺烘干要经历 5 次,印花工艺轧烘要经历 7 次。这种反复的工艺过程,需要消耗很大的能源。因此,烘干前的织物轧液率,对提高烘干效率,节省能耗就显得十分重要。采用高效轧车,将织物轧液率控制在 60%以下,可显著节省烘干能耗。

染整工艺中的洗涤耗水量较大,如何提高洗涤效率,是染整设备重点研究课题。采用高效强力水洗、低水位、逐格逆流以及上蒸下洗等结构形式,具有显著节能效果。

6. 余热回收和再生能源应用 染整工艺过程中的余热是很大一部分可回收利用的能源,目前许多印染企业都有余热回收系统。特别是连续式前处理设备的废液余热,通过多级换热器进行余热回用,具有较好的节能效果。此外,间歇式染色机的废液余热、换热器降温冷却水以及冷凝水等,均可进行回收利用。

除此之外,一些可再生的新型能源也在印染企业得到应用,如太阳能、生物质能等。采用太阳能热水系统可直接应用于前处理工艺所需热能。生物质能的资源丰富,可利用开发的折合标煤约5亿吨。以其替代燃煤和燃气,不仅污染小,而且可降低用能成本。

第六节　染整企业的合同能源管理

合同能源管理(Energy Performance Contracting,EPC)是由节能企业与专业节能技术服务机构建立的一种新型商业化节能运作模式。实施节能项目的企业与专业节能技术服务机构签订节能服务合同,委托其提供节能技术、装备和资金等全套服务,以此为节能企业节约能源成本而获得项目收益。在执行能源服务合同期间,节能技术服务机构与节能企业分享节能效益;合同终止后,节能设施及节能效益全部归实施节能项目的企业所有。与传统的节能投资方式相比,在合同能源管理模式中,实施节能项目的企业仅分享节能收益,而所有相关风险是由节能服务机构来承担。

合同能源管理中的节能技术服务机构也称为能源管理公司,是以操作合同能源管理机制运作,达到以盈利为目的服务机构。能源管理公司通过带资为企业实施节能改造项目,并提供一系列优质高效节能服务,使企业即使没有先期资金投入,也可获得稳定的节能收益和经济效益。因此,实施节能项目的企业与节能服务公司之间签订能源管理合同,不仅可以解决一些企业缺乏资金投入的困难,而且还可为有效实施节能项目在运作方面提供技术服务,有利于印染行业全面推动节能项目的实施。

一、合同能源管理模式的分类

合同能源管理模式按形式可分为节能效益分享型、节能效益支付型、节能量保证型和运行服务型。

1. 节能效益分享型　节能技术服务公司对节能改造工程前期投入资金,实施节能项目的企业无须承担费用支出。待工程项目完成后,实施节能项目的企业在一定的合同期内,按比例与节能技术服务公司分享该项目所产生的节能效益。具体节能项目的投资额、不同节能效益分配比例、节能项目实施合同年度将有所不同。国家《合同能源管理财政奖励资金管理暂行办法》中规定财政支持这一类型。

2. 节能效益支付型　也称为项目采购型。实施节能项目的企业委托节能技术服务公司进行节能改造,先期支付一定比例的工程投资。项目完成后,并经过双方验收达到合同规定的节能量,实施节能项目的企业再支付余额,或者以产生的节能效益作为支付。

3. 节能量保证型　也称为效果验证型。节能改造工程的全部投入由节能技术服务公司先期提供,实施节能项目的企业无须投入资金。项目完成后,经过双方验收达到合同规定的节能量,再由实施节能项目的企业支付节能改造工程费用。

4. 运行服务型　也称为项目托管型。实施节能项目整个过程中,企业不需要投入资金。项目完成后,在一定的合同期内,由节能技术服务公司负责项目的运行和管理,而实施节能项目的企业仅支付一定的运行服务费用。直到合同终止后,将该项目移交给实施节能项目的企业。

二、合同能源管理的特点

合同能源管理是一种以节省的能源费用来支付节能项目全部成本的节能投资方式。实施节能项目的企业可使用未来的节能效益为企业的发展和技术进步服务，并且降低目前的运行成本。在不用承担节能项目的所有风险的同时，可获得节能效益和盈利的分享。合同能源管理的运营模式表明，基于市场的合同能源管理机制适合于目前印染行业的节能项目实施，不仅染整企业能够在没有资金的情况下尽快获得节能效益，而且一些节能服务机构、能源企业、节能设备生产与销售企业、节能技术研发机构等也发挥作用，增强了节能项目的投资运作的信心和兴趣。合同能源管理的运营成功，除了与目前国内的节能潜力和广阔的节能市场有关外，合同能源管理机制中所显现的一些特点和优势也是非常重要的。

1. 项目全过程服务 合同能源管理中规定，合同能源管理公司必须向客户提供融资、技术、设备及运作等项目全过程服务。正是这种运营机制的优势，才吸引了各种耗能企业的参与。同时合同能源管理又是通过商业化运作，以合同能源管理机制实施节能项目以获得赢利的一种模式。实施节能项目的企业可借助这种节能模式，获得专业节能资讯和能源管理经验，提升管理人员素质，促进内部管理科学化。实施节能项目的企业通过节能改造获得节能效益的同时，不仅可降低用能成本，提高经济效益，而且还可改善环境品质，提升绿色企业形象，增强企业的市场竞争能力。此外，合同能源管理公司承担着合同能源管理的全部责任，可提供更专业和更系统的节能技术。

2. 节能项目的融资 实施节能项目的企业既不需要投入项目实施资金，也不用承担项目技术风险。在项目实施获得节能效益时，还可获得一定的经济利益。在执行合同能源管理中，借助能源管理公司实施的节能服务，改善实施节能项目企业的现金流量，使其能够不投入或少投入资金即可完成节能技术改造，以便将有限的资金投入到其他更优先的投资领域。显然这种运作模式，比较适于目前国内大部分印染企业资金短缺的状况。至于合同能源管理公司的资金来源，主要是自有资金、世界银行贷款或其他贷款。合同能源管理项目投资额一般较大，但投资回收期短，一般投资回收期平均为1~3年。

3. 节能效益分享 在合同能源管理中，实施节能项目的所有介入者如合同能源管理公司、实施节能项目企业、节能设备制造商和银行等，都应从中分享到相应的收益，从而形成一个收益分享运作模式。合同能源管理实施项目的节能率一般在5%~40%，最高可达50%。作为实施节能项目企业，在项目合同期内可分享部分节能效益，在合同期结束后可获得该项目的全部节能效益，并且除了可得到合同能源管理公司投资的节能设备的所有权外，还可获得节能技术、设备选用及运行的宝贵经验。在合同能源管理运营中，设备制造商可收回销售节能产品的货款，银行可及时收回对该项目的贷款。由此可见，合同能源管理是一种节能效益分享的模式。

4. 承担项目风险 合同能源管理中的技术风险和经济风险全部由节能技术服务机构来承担，同时还要以合同形式向实施节能项目的企业承诺可获得足够的节能量。只有在该项目产生节能效益时，才能够分享项目获得的部分节能效益以收回投资和应得的利润。这种节能项目的运作模式，对实施节能项目的企业来说，意味着零投入或少投入、零风险；而对同时具有节能设备和技术的节能服务机构来说，可以充分发挥其各方面的优势，迅速抢占市场。具备专业化的节能技术服务机构，通常都有广泛的节能信息和丰富的运作经验，可减少项目的前期投入。正因为节能项目的大部分风险是由节能技术服务机构来承担，所以合同能源管理公司是一个高风险企业，其运作的成败关键在于对节能项目中各种风险的分析和管理。

5. 节能项目的整合性 与通常市场上的产品或技术的推销不同，合同能源管理公司是通过合同能源管理机制，为客户提供集成化的节能服务和完整的节能实施方案。可以说是一种交钥匙工程。在节能项目实施过程中，合同能源管理公司尽管不是金融机构，也不一定是节能技术拥有者或节能设备制造商，但能够为实施节能的企业提供项目资金，提供先进、成熟的节能技术和设备，并可保证项目的工程质量。因此，合同能源管理整合并优化了各种资源，促进节能项目的实施，可实现与客户约定的节能量或节能效益。

三、能源管理公司的特征

在合同能源管理中，作为投资和技术服务的合同能源管理公司，有着其特殊的职能，与其他投资方式具有很大的不同点。主要表现在以下几个方面。

1. 提供整套服务，以盈利为目的 与设备制造商和销售商不同，合同能源管理公司在为用户提供节能服务时，在资金、技术、设备和运作上提供整套服务，而不像制造商或供应商那样仅提供某种单一设备。因此，这种管理模式既不等同于一般设备制造商的销售行为，也不同于以赚取中间差价为目的的各种贸易公司的销售行为。

2. 承担融资和多项技术服务 合同能源管理公司在为实施节能项目的企业提供采购、安装、调试、运行和维护等多种服务的同时，还要提供所有项目实施运作的融资，因而是一个包含提供融资和多种技术服务在内的体系。相比之下，一般的技术服务和咨询机构，只提供某一方面的技术服务或咨询，而不提供融资服务。

3. 有别于“融资租赁” 租赁一般可以分为经营性租赁和融资租赁。融资租赁指的是在我国现有企业财务制度下，具有融资租赁和所有权转移特点的设备租赁业务。也就是说，出租人根据承租人所要求的型号、规格和性能等技术要求，购入设备租赁给承租人。合同期内设备的所有权属于出租人，承租人只拥有其使用权；合同期满并付清租金后，承租人有权选择按照残值购下设备，完全获得拥有该设备的使用权和所有权。

合同能源管理与融资租赁两者之间存在着很大差别，主要在以下几方面。

(1)融资租赁中的租赁标的物仅限于设备，合同期内所有权仍然归属于出租人，但所有权的实质内容已归于承租方。融资租赁过程中，承租方不仅提取了设备的“累计折旧”，而且租期也占到了整个设备寿命期的80%左右。相比之下，合同能源管理公司所涉及的标的物是整个改造项目，既要提供原材料和设备，还要承担多项技术服务。其中合同期只是寿命期的1/3或更短，并且该期间内整个项目设备所有权上的实质内容也完全归合同能源管理公司所拥有。

（2）融资租赁仅仅对承租方提供出租这一项服务，而合同能源管理公司不仅要为用户提供整套原材料和设备，还要在合同期内提供方案设计、安装调试、检测、维护、培训、咨询以及节能效果保证等一系列服务。

（3）融资租赁过程中，出租人并不向承租人保证出租设备可能的使用效果，不仅承租人自己要承担有关标的设备的维修、改造等费用，还要按照国家相关规定以及租赁合同的相关条款按时向出租人缴纳租赁费。而合同能源管理公司是在向用户保证节能效果的条件下，分享节能后所获效益和盈利。合同能源管理公司所分享的盈利，完全取决于所实现节能量的效益。与此同时，合同能源管理公司还要承担合同期内，并非人员违规操作而引发的设备故障所造成的损失。

（4）融资租赁中每次应收取的资金称为租金，包括租赁资产的原价、利息和租赁手续费（不包括维修、保养等费用）。考虑到货币时间价值因素，各次支付的租金应按照一定利息折算为现值（除最后包括变价收入以外，合同期内应保持不变）。与融资租赁所不同的是，合同能源管理公司每次回收的资金是与所达到的节能量有关，只有达到或超过合同中规定的节能量，才能如数收回合同中规定的金额，并且在合同期内是有可能发生变化的。

随着合同能源管理机制的进一步发展，国内一些公司开始引入融资租赁这种模式，以解决融资问题。也有部分节能服务公司在向融资租赁公司转型，利用融资租赁的一些政策，结合合同能源管理机制的特点，实施节能项目的运作。但无论如何，合同能源管理对印染企业的节能降耗来说，还是具有十分重要的意义。

4. 不同于“贷款” 合同能源管理公司与金融投资公司的放贷不同，虽然它也要承担资金风险和客户信誉风险，但同时还要完全承担技术、合同执行、节能量估计过高以及市场等风险。即合同能源管理公司所提供的是节能项目一条龙服务，还要依照合同向客户保证节能效果。相比之下，作为放贷方的金融投资公司，仅仅是承担资金风险和客户信誉风险，而不需提供整套服务。

5. 与“投资”的区别 与投资相比，合同能源管理公司的服务仅局限于某一个节能改造项目，只承担该项目所需面临的一切风险，并且只能分享在一定期限内该项目所产生的节能效益，而不是整个项目寿命期的节能效益。但对投资来说，投资方向企业投入的资金不仅仅是针对某一个项目，而是作为权益资本投入企业，并且要记入“所有者权益”类账户中。以这种方式向企业投资后，投资方将享有被投资企业的部分所有权，同时也要与企业共同承担在经营过程中所要面临的各种风险。当然，在履行义务的同时，也有权利按投资比例共同分享全部利益。在没有特殊情况下，并没有特别规定这些资金的偿还期限。

总之，合同能源管理模式是合同能源管理公司通过与用户签订节能服务合同，为实施节能项目企业提供能源审计、设计、融资、设备及安装调试、人员培训以及节能量保证等一系列技术服务，并从企业节能改造后所获得的节能效益中收回投资和分享利润的一种商业运作模式。

四、合同能源管理实施过程

能源管理公司也可称为节能服务公司（Energy Service Company，ESCo；或 Energy

Management Company,EMCo)。一般情况下,EMCo与用户签订的合同期限为8~10年。

合同能源管理实施过程包括以下内容。

1. 能源审计 根据实施节能项目企业的实际情况,对各种耗能设备和环节进行能耗评价,测定其当前的用能量和用能效率。通过对能耗水平的测定,提出可能存在的节能潜力,并预测出各种可供选择节能措施的节能量。这是合同能源管理中首先要进行的工作。由节能服务公司(EMCo)的专业人员,对实施节能项目企业的能源状况进行审计,并评估实施节能项目的措施。

2. 实施节能项目的方案设计 经能源审计后,对实施节能项目企业的能源系统现状,由EMCo从提高能源利用率和降低能源成本方面提出具体建议,并利用现有成熟的节能技术,为实施项目进行方案设计。具体内容应包括项目实施方案和运作后节能效益的分析及预测,让实施节能项目企业充分了解项目实施后所产生的节能效益。

3. 能源管理合同的谈判与签署 能源审计和项目方案设计完成后,实施节能项目企业接受合同能源管理,即可进入节能服务合同的谈判。EMCo与实施节能项目的企业签订合同后,即可组织节能项目的施工设计。同时需制订出项目管理、工程时间、资源配置、预算、设备和材料的进出协调等详细规划,以确保工程的顺利实施和按期完成。

4. 节能项目的融资 根据实施节能项目设计的要求,EMCo负责原材料和设备的采购及资金的筹措。融资的渠道主要有自有资金、银行商业贷款、设备供应商最大可能的分期支付以及其他政策性的资助。通过银行贷款融资时,EMCo可利用自身信用来获得商业贷款;也可利用政府相关部门的政策性担保资金,为项目融资提供支持。

5. 项目施工、设备采购、安装和调试 合同能源管理中规定,EMCo负责组织项目的施工、设备采购、安装和调试,但具体实施可由EMCo委托其他有资质的施工单位来完成。考虑到项目一般是在实施节能项目企业中进行,一方面施工方应尽量采取一些措施,减小对运行设备或生产线的影响;另一方面实施节能项目的企业也应给予相应的配合,提供必要的施工条件。

6. 项目运行、设备保养和维护 为了保证设备的运行效果达到预期的节能量,EMCo负责整个项目的运行管理、操作人员的培训、设备的维护和保养。在完成设备安装和调试后即进入试运行阶段。EMCo还将负责培训用户的相关人员,以确保先进节能设备和系统的正常运行。在合同期内,因设备或系统本身原因而造成的损失,EMCo负责维护并承担相应的费用。

7. 节能量监测及效益保证 EMCo与实施节能项目的企业共同监测和确认节能项目在合同期内的节能效果,以确认是否达到合同中所确定的节能效果,并且可作为双方效益分享的依据。此外,双方还可以根据实际情况,采用"协商确定节能量"的方式来确定节能效果。以此可简化监测和确认工作过程。

8. 节能效益分享 对于节能效益分享项目,在项目合同期内,EMCo对项目的全部投入(包括能源审计、技术、原材料和设备、系统运行等)拥有所有权,并与实施节能项目的企业分享项目产生的节能效益。项目合同期结束后,即EMCo为项目投入的资金、运行成本、所承担的风险及合理的利润得到补偿之后,设备的所有权可转让给实施节能项目的企业,并享受全部节能效益。

五、合同能源管理实施中存在的问题及解决办法

合同能源管理作为一种能够使节能服务公司与能耗企业实现互惠双赢的管理模式，对推动各行业的节能减排起着非常重要的作用，同时也为用能企业带来良好的经济效益和社会效益。合同能源管理在欧美等发达国家已经历了30多年的发展，无论是技术上还是商业上都已达到了十分成熟的阶段，并形成了一种新兴产业。我国10年前在世界银行和全球环境基金(GEF)的支持下，也从国外引进了这种节能机制，并在北京、辽宁和山东等地进行示范性推广，取得了一定成效。但是，这一节能模式的发展，并没有达到人们的预期设想，尤其是在染整行业中更是寥寥无几。对此状况，有专业人士分析，主要是在实施过程中还存在融资困难、财务和税收政策不配套、缺乏政策支持和会计实务处理不统一等问题，从而阻碍了合同能源管理机制的推广和应用。

1. 融资问题 目前节能服务公司运营中遇到的主要问题就是融资困难。在合同能源管理市场机制的条件下，要求节能服务公司必须拥有较强的资金实力，而合同能源管理的投入产出周期较长，大项目一般在投入几年以后才能够获得回报。这就使得节能服务公司在后续投入中面临很大的资金压力。对于这一新兴的中、小企业来说，商业资信度相对较低，银行很难向其进行商业贷款。除此之外，目前实施节能的行业与能够提供节能资金的机构缺乏信息沟通，商业投资机构或者私人投资者，并不完全了解节能项目的可盈利性和节能市场的潜力。因无法评估节能投资的潜在风险，而不敢贸然进行投资。在这种市场背景下，节能服务公司不仅融资困难，而且对已投入节能服务项目的运作也难以为继，从而制约了节能产业化发展进程。

节能服务公司虽然是以盈利为目的，但却具有广泛的公益性质，对建立资源节约型和环境友好型社会起到了积极的作用。对此，政府应给予财政、税收和政策上的扶持。如实行减免税收等优惠政策、完善和健全法律法规等，以此来减轻节能服务公司的经营成本和风险。

2. 与现行制度的矛盾 主要是与财务和税收制度的矛盾。对一些实行实报实销财务制度的部门，即使节能效益省下来资金，也无法与节能服务公司进行分享。这不仅导致了节能服务公司无法收回投资，还使耗能单位也失去了引入节能服务的积极性。此外，就现行企业财务制度而言，“先投资后回收”这一节能运作模式根本无法进行财务核算，大多数都是采用变通处理方法。譬如，节能服务公司将一台节能锅炉放在企业使用，在合同期内所有权仍属于节能服务公司，企业只支付节能费。在这种情况下，节能设备的运作费用既不能计入成本，也无法进行折旧。

与税收制度的矛盾主要表现在，现行税收制度对节能服务公司纳税负担过重。合同能源管理的机制中，节能服务公司的运作涉及节能设备选购。而税务部门容易将其视为一般的节能设备销售商，具有转卖节能设备从中获利行为，将节能服务合同作为设备购销合同等同对待。从而将节能服务费视同一般节能设备销售商的加价，纳入增值税的规范畴。即本应该是服务税的部分变成了增值税，导致节能服务公司税收加重。

因此，只有修改关于节能效益分享的会计科目，完善财务会计制度，才能确保节能项目的

顺利实施。

3. 技术与信誉 如何评价项目实施后的节能收益,是技术上是否能够成功实施合同能源管理的一个关键。节能项目实施后,对所产生的节能效益是否达到国家规定或合同中所承诺的节能效益保证,需要一套具有权威性的评价体系作为依据。而目前还缺乏这种节能经济效益评估体系,在一定程度上容易产生节能效益的技术矛盾。其原因在于,节能服务公司本身的专业化不强,大多以社会上集散的技术拼凑而成,而没有自己的核心技术。一些节能公司所提供的节能效果数据,在很大程度上是基于理论测算得到的,在具体实施和运行过程中并不能达到预期的节能效果。这种状况无疑对合同能源管理机制的发展产生了诸多负面影响。

除此之外,用能企业的信誉对节能服务公司的风险也有很大影响。在合同能源管理机制下,节能服务公司投资的不是独立项目,与实施节能项目的企业密切相关,投入的资金只有等到产生节能效益后才能够分享利益。而项目运行过程中,有可能出现实施节能项目企业的变故,如遇到企业改制、重大人事变动及法律诉讼等情况时,就有可能不能保障节能公司应得的收益。

解决这一问题的方法,就是建立节能服务企业的评价体系,对从事节能服务的企业进行技术、融资和规模等方面进行评估和审查,提高节能服务产业的进入门槛。建立节能服务公司和用能企业的信誉档案,通过必要的法律手段,保护已产生节能效益的节能服务公司所应得的利益。

4. 用能企业的疑虑 尽管耗能企业已经将节能视为当前的主要任务,在设备投入及技术改造中也采取了积极的措施,但是对节能产生的经济效益和社会效益仍然存在观念上的偏差,对合同能源管理更是了解甚少。对于企业的设备投资仅仅局限在形式上,而忽视了整个项目前期诊断和后期管理的机制。供需双方只关心项目的进展情况,随意缩短项目合同执行时间,以致无法体现出项目的管理价值。此外,一些实施节能项目的企业接受节能服务后,其免费使用的设备也需要投入资金进行管理和日常维护。一旦项目运营效果不好,也会给用能企业带来一定人力和物力上的损失。

对此,可通过加大宣传力度和培训,建立一些示范企业,不断提高用能企业对合同能源管理的认识。同时对节能服务公司加强项目的监管,让接受合同能源管理的企业真正得到实惠,增强对合同能源管理的信心。

5. 信息获取问题 就目前情况而言,国内几乎还没有能够为企业提供权威、实用的综合节能信息的专业机构。用能企业无法了解或得到具有权威和实用性的综合节能信息,尤其是有关节能项目成本、效益的经济分析和财务分析方面的信息,不能对实施合同能源管理未来作出判断。因此,尽快建立能够为企业提供权威、实用的综合节能信息的专业机构,也是加快实施合同能源管理机制的一项重要工作。

总而言之,合同能源管理作为是一种新型的市场化节能机制,对用能企业实现节能降耗具有非常重要的意义。特别是印染行业作为一个能耗大户,应该借助这种节能模式尽快进行推广和应用。当然,任何一项新技术或新管理模式,不可避免地都会存在一些不足的地方,需要一个完善过程。相信合同能源管理机制对未来的印染行业发展,一定会起到积极的作用。

第七节 染整企业的清洁生产

清洁生产包括生产过程和产品，要求采取整体预防的环境策略来减少或消除其对人类和环境可能造成的危害，并可充分满足人们的需求，产生社会经济效益最大化。清洁生产的具体内容包括：产品或工艺设计的持续改进；使用清洁的能源和原料；采用先进工艺和装备；消减源头污染；减少或避免产品生产和使用过程中产生的污染。具体的要求就是，使用清洁能源、进行清洁生产过程和生产出清洁产品。清洁能源包括节能技术、再生能源的利用和开发以及合理使用常规能源等。清洁生产过程应该是不用或少用有毒害的原料和中间产品，并且能够对原材料和中间产品进行回收。清洁产品要求对人体健康和生态环境不造成污染，并且使用废弃后可以回收利用。

一、清洁生产的意义

清洁生产作为一种新的生产模式，以整体预防的环境策略始终贯穿于生产过程、产品和服务中，能够减少产品的加工和使用过程对人类和生态环境的危害。在过去二十多年的染整发展过程中，尽管人们已经意识到对能源和环境所产生的影响，也采取了一些积极的措施，但更多的是注重末端治理，而忽视了污染源头。随着全球经济的快速增长，能源和环保问题日益突出，给染整行业也带来了巨大压力。仅仅依靠现有的污染治理技术，对所产生的污染进行末端治理，实现环境效益是非常有限的。相比之下，将环境保护由被动转变为主动，对生产过程和产品进行控制，对染整加工的可持续发展更具有重要的意义。

1. 以预防为主的环境战略 对生产过程之后进行污染治理，是传统染整加工的末端治理方法。显然，这种先污染再治理的模式，不仅治理费用高，而且不容易达到真正的治理效果。而清洁生产则涉及产品设计、原料选择、工艺路线和设备、废物利用以及运行管理等所有环节，要求通过持续加强管理和技术进步，提高资源利用率，减少或消除污染物的产生。因而清洁生产强调的是以预防为主的环境战略思想。

2. 集约型增长方式 相对粗放型增长方式，清洁生产要求依靠提高生产要素的质量和利用效率来实现经济增长。通过调整产品结构，采用先进的生产工艺和装备，提高科学管理水平，以最大限度地提高资源利用率和减小污染。

3. 环境效益与经济效益的统一 传统的末端治理需要更高的投入和运行成本。因治理难度大，虽然可获得一定的环境效益，但没有经济效益。清洁生产是从整体上提高生产管理和工艺水平，使得资源得到充分利用，从根本上改善了环境。因此，清洁生产在提高环境效益的同时兼顾了经济效益，对企业防治工业污染起到了更积极的作用。

二、清洁生产的基本特点

1. 需要建立一个系统工程 清洁生产是一项系统工程，染整企业首先必须建立一个具有预防污染和保护资源功能的组织机构，其中包括产品设计、能源和原材料的更新或替代、开发少污染或无污染的清洁生产工艺、污染物排放处置以及物料的循环利用等内容。然后制订科学规划和发展目标,明确职责和职能。

2. 注重预防和有效性 清洁生产重点强调对产品生产过程中所产生的污染进行综合预防。在提高回收利用率的同时,消减污染源,将废物降至最低,达到有效防治污染物产生的目的。

3. 较好的经济性 经过社会效益、经济效益和环境效益综合分析,并有可靠技术保证所实施的清洁生产,可极大地优化生产体系运行,使产品具有较好的经济性和性价比。

4. 与企业发展的适应性 清洁生产必须与企业加工的产品特点和工艺生产相适应,满足企业生产经营发展的需要;同时也要兼顾企业的不同经济发展阶段及经济支撑能力。与企业发展相适应的清洁生产,才能够推进企业生产的发展,保护生态环境和自然资源。

5. 污染物的循环利用 染整加工中的物料不可能100%的转化到产品中,因生产过程中物料的输送、加热反应中物料的挥发和沉淀、操作失误以及设备泄漏等原因,总会造成物料的流失。染整加工中的废水实质上就是染整过程中流失的染化料所造成的,如果对污水进行有效处理,并加以回收利用,既可节约有限资源,又可减少污染。

6. 以环保技术治理末端 清洁生产是一个全过程控制,也包括了必要的末端治理。印染企业的末端处理,往往是集中处理前的预处理过程。这种处理并不需要达标排放,而只要处理到满足集中处理设施可接纳的程度即可。为了达到有效的末端处理效果,需要开发或采用一些投资少、见效快,并可有利于组织物料再循环的实用环保技术。

三、染整企业清洁生产的基本要求

纺织品中的有害物质主要来源于染整加工过程。印染行业的废水排放量占到纺织工业废水排放量的80%,并且染整加工中需要使用大量的化学品,所产生的污染也是最大的。因而,纺织工业要实现节能减排,染整加工必须推行清洁生产。

清洁生产的全过程要求采用无毒或低毒的原材料,运用无污染或少污染的工艺和装备进行生产加工;同时要求产品使用后的处理或处置,对人类健康和环境不构成危害。因此,染整企业的清洁生产必须满足以下一些要求。

1. 采用清洁生产原料 传统染整加工的方式是,根据织物种类、最终产品的使用要求以及加工成本等技术经济指标,选用染化料,确定具体染整工艺路线。这种生产模式,对生产原料主要以满足产品的使用要求为主,而对其所造成的生态影响并不作重点要求。相比之下,生态纺织品加工的基本要求,首先是以选择绿色材料为前提,包括纺织品纤维和使用的染化料。其次要求所投入的原料,应能够消耗最低能耗和产生最低污染。这实际上是从源头上采取的一种措施。能够满足清洁生产的原料主要有以下一些。

(1)天然纤维及可再生纤维。对于纺织品来说,优先选用天然纤维或可再生纤维,天然纤维有棉、麻、丝、毛等,都是绿色纤维,具有优良的特性;再生纤维有Lyocell纤维、竹纤维、甲壳素纤维、聚乳酸纤维和大豆蛋白质纤维等。这些材料易于再回收、再利用、再制造或者容易被降解,并有很高的利用率。

(2)可降解或回收的合成纤维。常规合成纤维大多不具有生物降解性,由其制成的纺织品废弃后会对环境造成严重污染。这些非生物降解型合成纤维只有经过改性后,才有可能具有可降解性。对不可降解的合成纤维改性主要是通过两种途径:一种是在高分子材料的熔融纺丝过程中,将淀粉很均匀地分散在纺丝液中。经这种改性的纤维制成纺织品使用废弃后,自然界中的微生物就会将纤维中的淀粉降解从而使得纤维降解。另一种是在高分子材料中加入光降解剂和辅助助剂,制成一种具有生物降解和光降解两重性能的双降解高分子材料。除此之外,对不能降解的聚合物材料还可进行回收再利用,以减少环境污染。如聚酯瓶片,就是对聚酯制成的饮料瓶进行回收后加以利用,目前国内已形成了一定的聚酯工业化生产回收规模。

(3)浆料。浆纱所用的浆料对染整加工废水产生的污染较大。淀粉虽属于天然浆料,但其中经常含有萘酚等有害防腐剂,主要用于棉纤维。聚乙烯醇浆料很难被微生物分解,且含较高的COD。针对这些存在问题,对淀粉进行变性处理,发展丙烯酸类浆料以及开发组合浆料等,已成为目前浆料向环保方向发展的研究课题或选用对象。

(4)环保型染料和助剂。染化料是染整加工用到的重要原材料之一,也是染整废水产生污染的主要因素。因此,开发和选用环保型染料和助剂,是染整清洁生产的首要环节。染整工艺中应使用环境兼容性好的低污染、低毒性的染化料。大多数天然染料与环境生态相容性好,可生物降解,而且毒性较低,其中用植物染料染色的高支天素丽"绿色"环保型高档面料已经问世。已出现的这类染料有用新型二氨基化合物取代联苯胺及其衍生物制成的弱酸性黑3G和弱酸性黑NG,以及尤丽特中性染料,已获得瑞士TESTEX公司的ECO-passport通行证。还原直接黑BCN染料不含多氯联苯,其生产采用新技术和清洁生产工艺,不仅产品质量高、成本相对较低,而且还是满足欧盟生态标签新标准的金属络合染料。此外,还原海军蓝R不含芳香胺和多氯联苯,且不会分解出芳香胺。其重金属含量达到ETAD标准,是一种环保型染料。

染整清洁生产对助剂的环保性也提出了要求,应具有节能性、可生物降解性、低毒、不能含有环境激素重金属离子以及甲醛量不能超标等质量特性。为满足这一要求,近年来相继出现了一些环保型助剂,如高效三合一精练剂NC-601、生态型纳米前处理剂Green Stone G、无甲醛免烫整理剂PC、无甲醛固色剂DUR以及抗菌防臭整理剂HM98C24J等。在一定程度上为染整清洁生产提供了保障。

2. 生产全过程控制 染整加工过程中,不仅需要消耗水,而且还会产生污水。只有对耗水和产生污水的工艺过程实施节水和减污措施,并贯穿到产品加工的整个生产链中,才能够有效地控制末端废水的总量。就染整加工各工序用水量而言,水洗是前处理、染色、印花或后整理中不可缺少的一道工序,其耗水量在整个染整加工中占有很大比例。而采用高效短流程工艺和具有高效水洗功能的设备,提高水洗效率,能够有效控制和减少耗水量和废水排放量。在这个过程中,染化料研制商应从提高固着率、降低毒性和COD方面进行重点研究,提供性能保障;染整生产企业应对染化料进行筛选,并优化工艺配方和控制方法,同时兼顾环保与经济利益;设备制造商除了提高设备的使用性能外,更要注重设备节能降耗功能的开发和应用。

为此,染整清洁生产必须从两个方面进行全过程控制。一是在整个生产加工过程中,采用无污染或少污染的工艺,以及具有显著节能减排功能的装备;二是在纺织品的整个生命周期

(包括加工、使用直至废弃)中,要求从原材料的选用到使用后的处理,对人类健康和环境不构成危害。染整加工过程的控制主要涉及前处理、染色、印花和后整理工艺过程。

(1)前处理过程。染整加工中前处理所产生的废水量约占印染废水总量的50%~60%,因而是染整加工中控制耗水、耗能和减少排放的重要环节。采用高效短流程工艺,使用高效助剂,缩短处理时间,都是降低或减少助剂和水用量的重要措施。其中前处理工艺的碱氧一步法冷轧堆,比传统的退、煮、漂三步法工艺节省蒸汽和水,并且加工品质也得到提高。还有一些低温、低碱前处理工艺,也具有较显著的节能和减少废水中含碱量的效果。一些具有环保特性的助剂在前处理工艺中也得到了应用,如生物酶前处理,既可省去碱又可减少废水的污染程度。将复合生物酶用于无碱常温退煮工艺,取代了高温强碱去除坯布浆料及其共生物的传统工艺。除此之外,前面介绍的一些染整新技术,如超声波、等离子体等,也应用到织物的表面杂质去除工艺中。

(2)染色过程。由于染色过程中使用的化学品较多,是染整中产生废水污染最严重的一道工序,因而对染色加工过程的控制极为重要。染色过程对污染产生的影响因素涉及纤维材料特性、染化料性能以及工艺方法。例如对纤维进行改性,可改善其染色性能,实现活性染料无盐染色;应用高固色率及高利用率的染料可提高固色率,减少废液中的未上染的染料。

染色工艺设备对染色过程的节能减排具有重要的作用。用于织物浸染的间歇式溢流或溢喷染色机,通过结构和控制功能的不断改进,染色浴比可达到1:(5~6)。不仅节省染料和助剂,还可减少用水和废水排放量。近年来出现的气流染色机、气液染色机,改变了普通溢流或溢喷染色机以染液牵引织物循环的方式,采用循环气流牵引织物循环,使浴比可降至1:(2.5~4)。具有更显著的节能节水和减排功效。有关这方面的染色技术在前面几章已介绍过,这里不再赘述。

(3)印花过程。该加工过程中印花糊料所产生的污染较为严重。为此,采用一些新型糊料可以达到用量少,易于回收和净化的目的。这些新型糊料主要是通过对天然高分子化合物进行改性,并与石油化工原料进行合成而得到的。采用涂料印花,不仅工艺流程短,而且不需水洗,无废水产生。印花技术发展最快的应该是数码喷墨印花、转移印花、电子照相印花等,在很大程度上具有显著的节能减排效果。

(4)后整理过程。织物的后整理主要有化学整理和机械整理两种方式。从节能环保的观点来看,织物机械整理更符合生态加工的要求。织物后整理中的轧光、轧纹、电光、轧花、磨毛、柔软、预缩和起绒等机械整理,可视为清洁生产过程。纺织品的机械柔软整理技术近年来发展较快,不仅可以提高织物复用性和商业附加值,而且不使用或少使用化学品,对加工过程和服务过程都不产生污染。除此之外,泡沫整理加工也具有显著的节能降耗效果,也可作为后整理清洁生产的方法之一。

3. 改进工艺,源头治理 传统染整工艺需要消耗大量的能源,并产生污染,对资源的消耗和生态环境的破坏产生很大影响,因而也制约了自身的可持续发展。采用清洁生产,其过程对生态环境、排放废弃物对人类生存环境以及成品在服用过程中对人体等,均不会造成危害。与前者生产模式相比,采用清洁生产是以消除污染源头为目的,将预防污染的理念贯穿到产品开发设计、染整加工过程以及使用中，使纺织品在各生产工序始终处于良好生态条件下，并达到空气的净化、噪声的降低、污水的处理所要求的生态标准。

4. 无废技术的应用 无废技术指的是在满足人们需要的同时，合理地利用自然资源和能源，并保护环境的一项技术和措施。其内容包括：无废产品的规划和设计、生产及生产工艺改造；用低害或无害原料代替有毒有害原料，综合利用原料与废料；采用高效少废设备；采用封闭循环技术，建立封闭生产圈，使生产废渣达到零排放。无废技术的应用可节约能源，减少污染，对生态环境的保护起了长效的作用。因此，有许多国家将发展无废技术作为保护环境、促进经济发展的一项基本国策。

无废技术采用的是闭路循环的方式，使资源在生产过程中得到充分利用，并且不排放污染物质。换句话说，生产第一种产品后排放出来的废弃物，可作为第二种产品的原料；而第二种产品生产过程中的废弃物，可再作为下一种产品的原料。在全球资源日趋枯竭的今天，特别是印染行业作为能耗和污染大户，发展无废技术、物尽其用，是节约资源、消除环境污染、保护和改善环境的一项重要措施。染整加工实施无废技术可采用：对不同生产工艺进行科学的、合理的设置，形成闭合工艺；发展无污染的生产工艺；以少水或无水工艺代替用水工艺等方式。目前印染行业中的转移印花、松堆丝光工艺、涂料染色或印花、激光制网、喷蜡制网、喷墨制网以及数码喷墨印花等，实际上在一定程度上是无水或少水工艺。从源头消除或减少了印染废水对环境的污染。

5. 清洁生产与技术改造相结合 染整企业技术改造是实施清洁生产的一种有效手段。对企业经济和环境所产生的影响，作出科学全面的分析、比较，并提出和选择包括设备、工艺和原料等方面的技术改造方案，是企业技术改造为清洁生产提供支持的具体表现。

染整工艺是依据纤维类别、染化料、设备性能以及产品的最终要求，设计流程及控制参数。而所依据的条件对染整工艺设计有很大影响，如超细纤维的染深性、染料对温度的敏感性以及产品的各项牢度要求等，都必须通过不同的工艺进行控制，有些工艺还需要通过设备的控制功能才能够实现。因而染整企业工艺和设备，必须与清洁生产的要求相协调。只有通过技术改造，不断提高工艺水平，才能够真正实施清洁生产过程。

6. 循环经济 废物的回收和循环再利用，也是清洁生产的一项主要内容。染整加工中，有许多废物可以进行回收循环利用或作为其他用途。例如，从洗毛废水中可提取羊毛脂和各种化学溶剂作为他用；定形机废气中油脂回收再利用；通过蒸发回收丝光洗水中的碱，再将碱回用于丝光和精练，并可将废水中的碱度降低60%~70%。不同工序的水洗回用可以降低废水排放总量，如将漂白和丝光的水洗液再回用到精练，精练后水洗液再用到退浆。

采用膜技术处理染料废水，将废水分离为浓缩液和透过液，其中浓缩液用于染料回收，透过液可加以回用。这样不仅可以将废水转化为资源进行循环利用，而且对环境还不会造成污染。采用纳米膜处理印染废水，染料去除率可达99.1%，且70%的印染废水可以得到回用。利用膜分离技术还可回收退浆废水中的聚乙烯醇，回收率可达90%以上。由此可见，膜技术处理废水可降低废水的色度和化学需氧量（COD）、生化需氧量（BOD），在清洁生产中起到了非常重要的作用。

四、清洁生产的审核程序与过程

清洁生产审核指的是:按照一定程序,对生产和服务过程进行调查和诊断,找出能耗高、物耗高、污染重的原因,并提出减少有毒有害物料的使用和产生,降低能耗、物耗以及产生废物的方案,进而选定技术上可行、经济上合算以及符合环境保护的清洁生产方案的过程。清洁生产审核是对组织现在的和计划进行的产品生产和服务实行预防污染的分析和评估,在实行预防污染分析和评估的过程中,制订并实施减少能源、资源和原材料使用,消除或减少产品和生产过程中有毒物质的使用,减少各种废弃物排放的数量及其毒性的方案。审核程序的具体过程和要求如下。

1. 筹划与组织 企业高层领导必须对该项工作给予高度重视并参与其中,组织并投入必要的人员和设施,阐明清洁生产所带来的经济效益和环境效益及其意义。首先组建清洁生产审核领导小组,确定企业当前清洁生产审核重点,检查审核工作小组的工作情况,对清洁生产实际工作做出必要的决策,对所需费用作出裁决。组成人员包括公司高层管理、技术、工艺、环保、管理、财务、生产等部门及生产车间负责人。然后成立清洁生产审核工作小组,根据领导小组确定的审核重点,制订审核计划,并计划组织相关部门进行工作。组成人员包括公司高层分管负责人、管理、技术、环保、工艺、财务、采购及生产车间的相关人员。

企业全体员工在审核工作小组的宣传教育下,能够了解和认识到有关清洁生产的一些基本概念,实施清洁生产的意义和目的,清洁生产审核工作的内容与要求以及本企业鼓励清洁生产审核的各种措施。以例会和班组会形式进行宣传的,应作会议纪要。有关清洁生产方面的知识以及清洁生产审核工作的进展情况,可通过简报的形式传递给相关部门。

2. 预审核 目的是了解和掌握企业目前现状,确定审核重点。对生产全过程中可能出现的污染和产生污染情况,进行定性比较或定量分析,针对审核重点设置清洁生产目标。具体内容包括以下几个方面。

(1)调研和分析。具体内容包括企业概况、环保、生产和管理状况等。可对生产、环保和管理等相关部门进行现场考察和收集有关资料,尤其是对生产过程中的能耗和污染集中点或环节,必须组织相关人员进行现场考察,分析和发现问题的所在和影响因素。

(2)对产污和排污状况进行评价。由环保和技术等部门对本企业的产污和排污的现状进行初步分析,并做出评价。

(3)确定审核重点。根据生产过程现状的调研结论,进行分析并确定审核重点。审核领导小组根据所获取的信息,列出企业的主要问题,从中选出若干问题或环节作为备选审核重点。备选审核重点的部门包括:生产车间、工段、操作单元、设备、生产线和污染物产生的流程等。一些污染严重、能耗大的环节或部位,严重影响或威胁正常生产,以及在区域环境质量改善中起重点作用的环节等,都可作为备选审核重点。一般可确定3~5个备选审核重点。

(4)制订审核重点方法。对各备选重点的废弃物排放量、毒性和消耗等情况,进行分析对比和论证后,可在审核小组中进行投票,确定审核重点。一般情况下,综合考虑资金、技术、企业经营目标、年度计划等综合因素，将污染和能耗最大的部位作为第一轮审核重点。

(5)确立清洁生产目标。针对审核重点，应确立短期和中长期清洁生产目标。短期目标是指本轮清洁生产审核所需达到的目标，主要包括环保、能耗、物耗以及经济效益等方面内容。中长期目标是指持续清洁生产中，通过不断完善或技术改进，以及更新装备后所能够达到的水平和能力。时间一般为2~3年。清洁生产目标应具有一定的先进性和可操作性，符合国家相关产业政策，力求达到较高的经济效益。除此之外，还应兼顾到本企业的生产技术水平和装备能力、资金状况，以及国内外同类规模企业的水平等。

(6)提出和实施无低费方案。无低费方案指的是不需或较少投资即可解决问题的方案。一般可由管理和生产部门牵头，组织相关部门，采用座谈、咨询、现场察看以及发放清洁生产建议表等形式，由员工针对各自的工作岗位提出无低费方案。具体内容可从以下几方面着手。

①原料和能源。原料和能源的采购数量应适当控制，既能够满足现有生产需求，同时又没有大量积压。对一些容易损坏和失效，或者储存困难的原料，应严格控制采购数量。应对原料的进料、仓储、出料以及能耗进行计量，杜绝各种浪费漏洞。外购原料应进行检验，控制供货质量。

②工艺与装备。优化染整工艺，缩短工艺流程，对生产全过程控制。提高染整装备控制功能和自动化程度，采用具有节能减排的先进装备，对温度、压力、速度等工艺参数采用在线控制。提高设备综合管理水平，减少跑、滴、漏现象。

③产品和废弃物。加强染整产品质量监控，提高染色“一次成功率”。废液应采取沉淀、过滤后进行集中处理，废液余热及蒸汽冷凝水应进行回收加以利用。

④管理和员工。生产过程应严格执行岗位责任制，遵守操作规程，并做到清洁化作业。不断增强员工技术与环保意识，将清洁生产各项规章制度贯穿到整个生产过程中，做到奖罚分明。

3. 审核 其工作重点是实测物料的输入和输出，建立物料平衡，分析废物产生的原因。具体内容如下。

(1)准备审核重点资料。一般由生产、环保和管理等部门收集已确定审核重点的相关资料，然后编制工艺和设备流程图。资料力求齐全。

(2)实测物料的输入输出。该过程可由生产部门根据审核工作小组提出的要求，在环保计量部门的配合下，对物料的输入和输出进行实测，依标准进行采集并汇总数据。实测的时间和周期可根据企业的具体情况来确定。对周期性(即间歇式)生产的企业，可按正常一个生产周期(即一次配料由投入到产品产出为一个生产周期)进行逐个工序的实测，并且至少实测三个周期。对于连续性生产的企业，应连续(跟班)监测72h。

(3)建立物料平衡。一般由生产部门根据实测的数据编制物料平衡图。

(4)分析废物产生原因。针对审核重点，组织环保、生产、技术和工艺等部门分析废弃物产生原因，提出解决办法。废物产生的原因主要是无低费方案中所涉及的内容。如原料和能源中的纯度、储运、投入量、超定额和清洁能源等；工艺与装备中的转化率、设备布置、稳定性、自动化水平、设备功能与工艺的匹配等；生产过程控制中的计量检测、工艺参数和控制水平等。

4. 方案产生及筛选 该过程主要是针对废物产生的原因，提出方案并进行筛选，为下一阶段的可行性分析提供足够的中、高费清洁生产依据。

(1)方案产生。组织全员征集，由技术人员和聘请专家参与方案的确定。对所有方案应从原料和能源、工艺与装备、产品与废弃物、管理及员工等方面，进行列表简单表述并预估。最后由审核工作小组按可行的方案、暂不可行的方案、不可行的方案进行分类汇总。

(2)筛选方案。组织环保、技术、工艺和生产等部门对方案进行筛选，从中选出3~5个中、高费方案。同时选出二个以上方案进行工程化分析，为下一阶段作可行性分析提供依据。实施经筛定的可行无低费方案，并核定和汇总其实施的效果。汇总的内容包括方案序号、名称、实施时间、投资、运行费、实施要求、实施后可能对生产状况的影响以及经济效益和环境效果。最后编写清洁生产中期审核报告。

5. 可行性分析 该阶段重点主要是，根据市场调查和所收集的资料，从技术、环境和经济等方面对方案进行可行性分析和比较，从中选择和推荐最佳的可行方案。主要包括以下一些方面。

(1)市场调查。针对企业新产品、产品结构调整以及原料所涉及的市场情况，组织相关人员对市场供需进行调查和预测，经技术咨询以及技术人员测算，确定方案。

(2)技术评估。根据技术部门所提供的查新检索资料，组织相关人员对方案的先进性、实用性、可操作性进行技术评估。

(3)环境评估。涉及资源消耗、环境影响以及废物综合利用等方面。可由环保、节能等部门提供相关资料，对方案的废弃物数量、回收利用、可降解性和毒性以及是否产生二次污染等情况进行环境评估。

(4)经济评估。主要是对现金流量分析和财务动态获利性分析。由财务部门提供损益表和负债表，对方案的投资偿还期、净现值、净现值率以及内部收益率进行经济评估。

(5)推荐可实施方案。组织专家和技术人员，按照技术先进的实用性、经济的合理性以及保护环境等要求，对方案进行评审，确定最佳可行的清洁生产方案。

6. 方案的实施 对前几个审核阶段已实施的清洁生产方案成果进行总结，统筹规划、筹措资金并实施方案。对已实施的无低费方案进行经济效益和环境效益的汇总，并从经济效益、环境效益和综合评价三方面，验证已实施的中、高费方案的成果。分析总结已实施方案对组织的影响。

7. 持续清洁生产 编写清洁生产审核报告，对全面工作成果进行总结和分析。具体工作内容包括：建立推行和管理清洁生产工作的组织机构，明确任务、归属与专人负责；制订促进实施清洁生产的管理、激励与奖金等制度，以及工作、实施、研发和培训等持续清洁生产计划。

参考文献

[1]周连兴，吴卫东. 太阳热能工业利用催熟印染企业节能改造[C]. //2010威士邦全国印染行业节能环保年会论文集. 北京：中国印染行业协会，2010：248-250.

[2]孙素敏,陈畅,曹佩文. 浅谈水煤浆技术及其应用[J]. 印染,2009(11):31-34.
[3]李军. 链条炉排导热油炉节能技术改造的原理和技术[C]. //2010 威士邦全国印染行业节能环保年会论文集. 北京:中国印染行业协会,2010:271-274.
[4]宋心远,沈煜如. 新型染整技术[M]. 北京:中国纺织出版社,1999.
[5]张昌煜. 工业蒸汽的有效利用[M]. 上海:上海科学技术出版社,1984.
[6]马春燕,奚旦立. 印染废水分类、组成及性质[C]. //2010 威士邦全国印染行业节能环保年会论文集. 北京:中国印染行业协会,2010:32-37.
[7]陈扬. 印染废水与回用方案的经济对比[C]. //染整行业节能节水、清洁生产、环保新技术交流会资料集. 杭州:浙江省印染行业协会,2007:272-275.
[8]戴瑾瑾. 超临界 CO_2染色产业化设备和工艺研究[C]. //2008 诺维信全国印染行业节能环保年会论文集. 北京:中国印染行业协会,2008:106-115.